böhlau

Ruth Sprenger

Die hohe Kunst der Herrenkleidermacher

Tradition und Selbstverständnis eines Meisterhandwerks

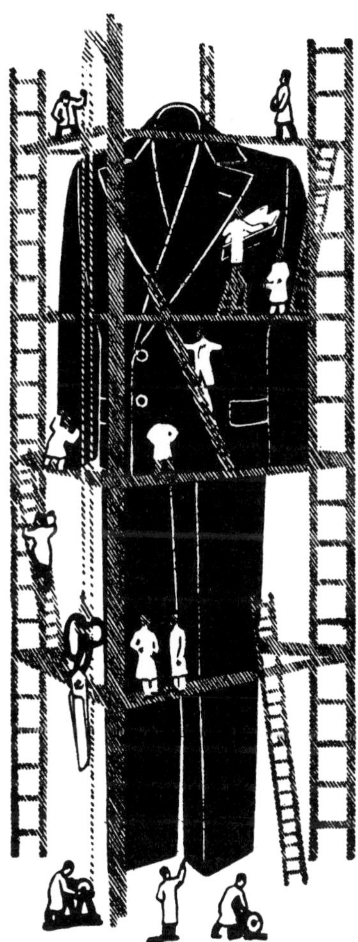

2. Auflage

Böhlau Verlag Wien Köln Weimar

Gedruckt mit Unterstützung durch
das Bundesministerium für Wissenschaft und Forschung

das Kulturamt der Stadt Wien

das Amt der Oberösterreichischen Landesregierung

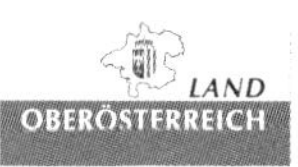

das Amt der Tiroler Landesregierung und

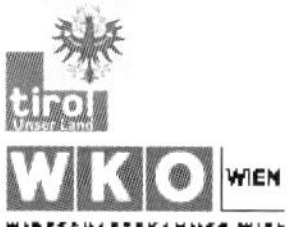

die Wirtschaftskammer Wien

Bibliografische Information Der Deutschen Bibliothek: Die Deutsche Bibliothek verzeichnet diese Publikation in der Deutschen Nationalbibliografie; detaillierte bibliografische Daten sind im Internet über http://dnb.ddb.de abrufbar.

ISBN 978-3-205-77757-1

Covergestaltung: Judith Mullan
Layout: Bettina Waringer
Coverabbildungen: ©von links oben nach rechts unten: Klinger, 1979; Höpler, 1971; ÖNB; Höpler, 1974; Haydn-Gedenkstätte, Wien; R. Sprenger; Ebner, 1975; aus: Sogra, „Der elegante Herr", Wien 1960.

2. Auflage, 2010

Wien · Köln · Weimar
http://www.boehlau.at
http://www.boehlau.de

Druck: Holzhausen Wien

Meinen Kindern
Anika Sophie und Thomas Erich

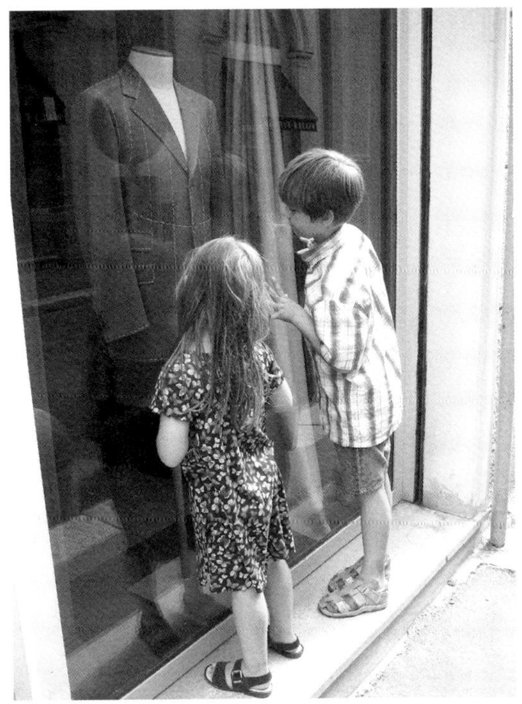

Auslage Brioni bespoken, Milano.

Allen Poeten
des Schneiderhandwerks

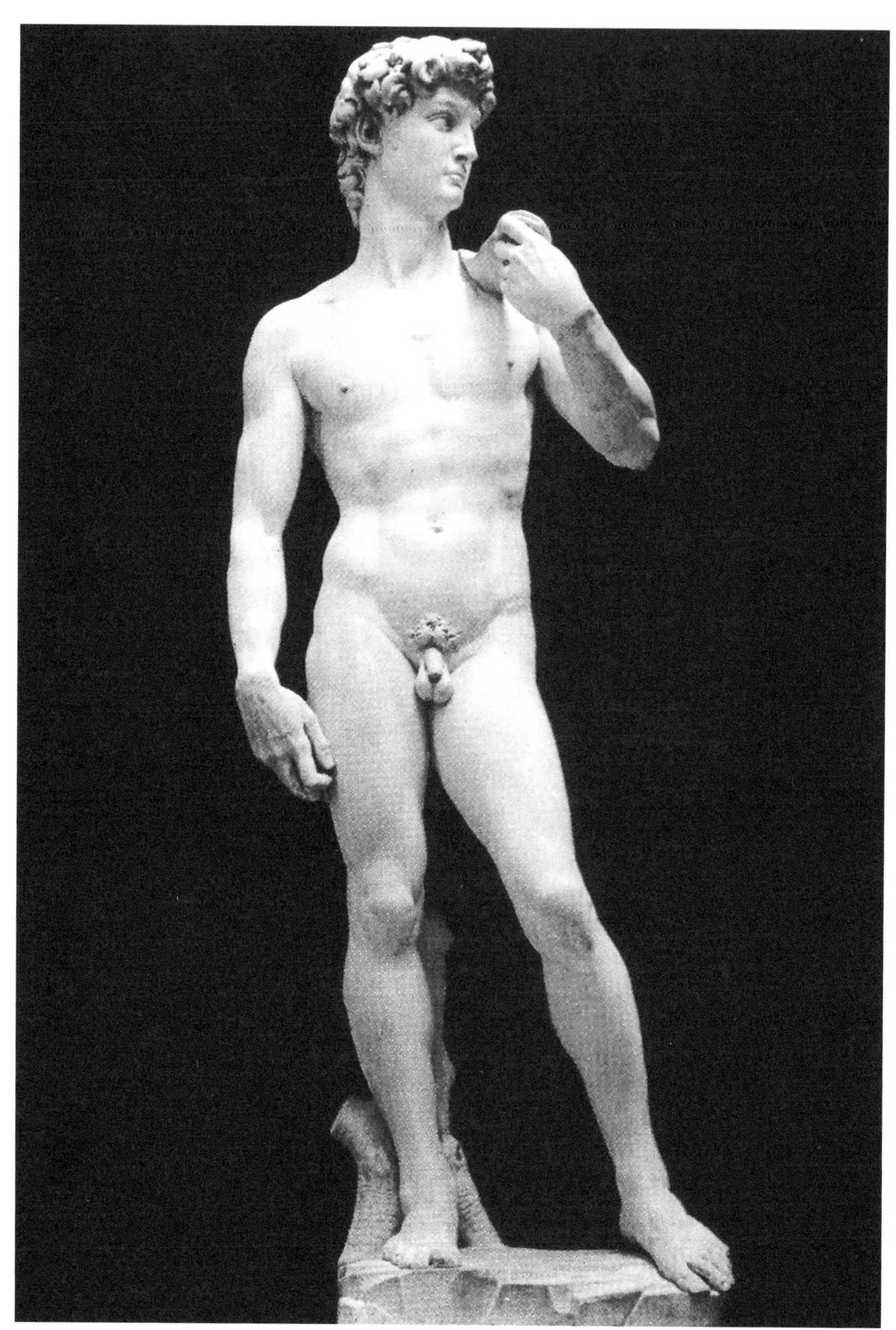

Alles Vortreffliche
ist ebenso schwierig
wie selten.

Baruch de Spinoza

„Erkennen und verstehen
alle Schneider
die Poesie ihrer Kunst?“

Wiener Modenzeitung: Eine Schneider-Apologie, 26. Dezember 1843.

Dank

Alfred Konsal

danke ich sein vortreffliches Beispiel, das aus der unvergleichlichen Poesie seines Schneidermeisterwerks spricht. Ihm verdanke ich den tiefen Einblick in die hohe Kunst der Herrenkleidermacher.

Anton Zdrazil

danke ich für seine augenzwinkernde, fachmännisch-humorvolle Verführung zum Sakko.

Für die Unterstützung meiner Recherchen danke ich
der Österreichischen Nationalbibliothek,
der Modesammlung der Stadt Wien,
der Bibliothek der Universität für Angewandte Kunst und
der Wiener Universitätsbibliothek.

Für ihren Beitrag zur Verwirklichung dieses ehrgeizigen Projekts danke ich
dem Kulturamt der Stadt Wien,
der Wiener und Steirischen Landesinnung der Kleidermacher(innen),
Oberösterreichs Landeshauptmann Josef Pühringer,
Landesrat Viktor Sigl,
der Wiener Wirtschaftskammer und
der Vorarlberger Landesregierung.

Ich danke den vielen österreichischen, deutschen, italienischen und englischen Schneidern, die ich besucht habe.

Ruth Sprenger

Inhalt

I. Vorstiche: Annäherung an ein herrliches Thema 11

II. Zum Verständnis der Herrenmodegeschichte des eleganten Herrn 15

1. Anglomanie und Aufklärung in Mode 16
2. Instanz der Eleganz: George Bryan Brummell 19
3. Mann und Modebild: Das nackte Ideal 22
4. Eleganz und Elegie: Requiem auf die Farbe 23
5. Geschichte im Anzug: Eleganz in Fortsetzungen 25
6. Ikonen männlicher Eleganz: Style, Style, Style 40
7. Innovative Eleganz: Das italienische Statement 43

III. Zur Geschichte der Herrenkleidermacher 49

1. Der unaufhaltsame Aufstieg eines Meisterhandwerks 49
2. Mann, Macher, Mythos: Herrenschneider „bespoken" 50
3. Wege zur perfekten Nacktheit: Die Kunst der Abstraktion 53
4. Dandys and Gentlemen: Schneiderkunden 57

IV. Wiener Schneidergeschichten 61

1. Die Schneider an der Savile Row des Ostens 61
2. Weltberühmte Poesie eines Schneiders: Joseph Gunkel (1802–1878) 66
3. „Ein beneidenswerter Höhepunkt": Adolf Loos und die Wiener Herrenmode 69
4. Dreimal Konsal: Vererbte Schneider-Leidenschaft 71
5. Pionierarbeit: Der Wiener Modering 78

V. Zur Ästhetik des modernen Maßsakkos 85

1. Klassik und Modernität: Zur Architektur des Sakkos 85
2. Besprochene Liebe zum Detail 89
Um Hals und Kragen: Fassonstudien 89
Vordere Kante, Kantenabstich und Saum 93
Stellungsfragen: Der Knopfverschluß 94
Schulter, Ärmelübergang und Brustpartie 95
Der Ärmel 97
Rückenansichten 98
Taschen 99
Schlitze 100
Innenleben 101

VI. Die Kunst eines gelungenen Sakkos 103

1. Das richtige Maß: Anatomie, Geometrie und Schneiderauge 105
2. Titel der Kunst: Schnitt und Schneiden als Prinzip 112
3. Die Woll-Lust der Wolle: Dressurakte 116
4. Die Arbeit an der Front: Gerüst für ein Sakko 121
5. Dreidimensionales Vorspiel: Ein Sakko, auf die Probe gestellt 126
6. Scharf und hohl: Die vordere Kante 130
7. Das Sakko nach seiner Fasson: Schneiderhandschrift an Revers und Kragen 134
8. Eine gewonnene Partie: Die hohle Schulter 141
9. Über eine schwierige Beziehung: Armloch und Ärmel 145
10. Von hinten besehen: Der tadellose Rücken 152
11. Der letzte Akt 154
12. Anblicke: Das glückliche Los des Schneiders 156

VII. Der große Unterschied: Schneiderkunst und Konfektion 159
VIII. Kleine Philosophie der Herrenschneiderei 167
IX. Rückstiche: Schneider mach(t)en Leute 183
X. Schneider-Stichwörterverzeichnis 187
XI. Literaturverzeichnis 233

I. Vorstiche: Annäherung an ein herrliches Thema

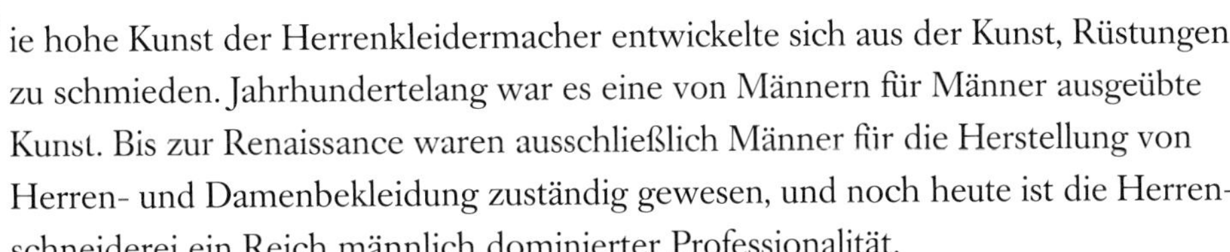

Die hohe Kunst der Herrenkleidermacher entwickelte sich aus der Kunst, Rüstungen zu schmieden. Jahrhundertelang war es eine von Männern für Männer ausgeübte Kunst. Bis zur Renaissance waren ausschließlich Männer für die Herstellung von Herren- und Damenbekleidung zuständig gewesen, und noch heute ist die Herrenschneiderei ein Reich männlich dominierter Professionalität.

Erst als sich die intellektuellen Kräfte des Menschen entfalteten, machten sich Schneider mit der Schere daran, Stoff in Teile zu schneiden und, den Formen des Körpers angepaßt, mit zum Teil verblüffender Kunstfertigkeit wieder zusammenzufügen. Kaum ein anderes Kunstwerk ist so der Vergänglichkeit preisgegeben wie die Kleidung des Menschen. Dennoch ist sie ein Zeit- und Kulturdokument, an dem sich die menschliche Phantasie in reichem Maße zu betätigen und ebenso handwerkliche Fähigkeiten in jeder Weise zu entfalten vermögen.[1]

Es sei hier der Versuch gewagt, mit dem Beispiel eines Schneider-Meisterwerks aufzuzeigen, was dazu gehörte und gehört, die Garderobe des eleganten Herrn zu schaffen, und an diesen Schneidermeisterschöpfungen die Wahrnehmung dafür zu wecken oder zu schärfen, *wieviel* dazu gehört, diese Sache *vortrefflich* zu machen. Diese Denkwürdigung könnte eine oft unterschätzte und nicht selten mißlich abgeurteilte Arbeit und einen ganzen Berufsstand in ein besseres Licht rücken. Alfred Konsal schuf vier Jahrzehnte lang mit Besessenheit und leidenschaftlichem „Handwerker-Ernst"[2] wahre Meisterwerke von künstlerisch wie handwerklich hervorragendem Rang, ganz im Sinne der gerühmten Wiener Schneidertradition der vergangenen zwei Jahrhunderte.

Das Anliegen dieses Buches weist in zweierlei Richtungen: es fokussiert den Blick auf Alfred Konsal in jener Hinsicht, die Meisterschaft seiner Arbeit anschaulich, zugänglich und auch erklärlich zu machen, um einer Mythen- oder Legendenbildung entgegenzuwirken, wo sie fehl am Platze ist. Es soll an Alfred Konsals einzigartigem Beispiel gezeigt werden, zu welcher Höhe sich das Schneiderhandwerk steigern kann, daß es Maßstäbe setzt für andere Werke.

Konsals nachgezeichnetes Lebenswerk soll andererseits einer lähmenden Verabsolutierung entgegenwirken, die einem blinden Nachahmungseifer in die Hände

1 Vgl. Braun-Ronsdorf, Margarete: Modische Eleganz. Europäische Kostümgeschichte von 1789 bis 1929. München 1963, S. 8.

2 Michels-Wenz, Ursula (Hg.): Nietzsche. Wie man wird, was man ist. Ermutigungen zum kritischen Denken. Frankfurt a. M. 2000, S. 278.

arbeiten könnte. Soviel sei vorweggenommen: Konsals Meisterstücke stellen Beispiele in den Raum, die zunächst zur Betrachtung auffordern, in weiterer Folge vielleicht Ansporn sein wollen, der täglichen Arbeit eines (Herren-)Maßkleidermachers die Annäherung an ein überzeugendes Ideal einen Namen zu geben. Es ist das Streben nach einem Ideal, das als Ziel der Maßarbeit die Botschaft vermitteln könnte: Werden Sie unvergleichlich! Alfred Konsal wurde unvergleichlich.

Daß Kleider Leute machen, galt schon vor dem Erscheinen von Gottfried Kellers berühmter Novelle[3] als Gemeinplatz. Nach der Demokratisierung der Mode im 19. Jahrhundert und im Zeitalter globalisierter Modetrends kommt die Kleidersprache zwar ohne Renommee aus, weil Kleider nicht mehr selbstverständlich von Rang, Stand und Namen ihrer Träger sprechen. Auch gibt es keine „wissenschaftliche Untersuchung jenes Zeichensystems aus Stoffen, Falten, Formen und Farben, mit dem der Körper spielt und durch das er spricht“[4]. Und wer sich nicht nur anzieht, sondern kleidet, findet immer Neider und Spötter. Diesem Luxus verfallen nicht nur jene Herren, die sich für ihren Anzug den feinsten Stoff und den besten Schneider wählen. Kleidung, Mode ist immer im Gespräch, die Meinungen über sie pulsieren auf offener Straße.

Ein Mann, der sich von einem Maßschneider einkleiden läßt, läßt über sich sprechen. Sein maßgeschneidertes Sakko spricht über seinen Geschmack, seinen Job, sein gesellschaftliches Umfeld. Die Wahl des Materials, der Linienführung und Verarbeitung verweisen auf sein Qualitätsbewußtsein, seinen Stil, sein Selbstbild.

Ein Mann, der sich ein Sakko nach Maß anfertigen läßt, läßt das Sakko an und für sich und nicht zuletzt über den Schneider sprechen. Der Schöpfer eines Sakkos hat niemals den Rang und Namen, der einem modernen Modedesigner zuteil wird, dessen „Handschrift“ man an seinen Kreationen erkennt.

Aber die persönliche Note eines Maßschneiders, die Art und Qualität seiner Arbeit machen ihn auf sehr subtile Weise zum Macher, d. h. zum Macher von Kleidung, die einen Menschen individuell „ausstaffiert“, seine Persönlichkeit herausstellt und nach allen Möglichkeiten der Handwerkskunst den Herrn ins beste Licht rückt. Ein Maßschneider kleidet Persönlichkeiten, die sich der sprachlichen Wirkung ihrer Kleider und der Unterschiede zwischen Maß- und Konfektionsprodukt sehr bewußt sind. Ihre maßgeschneiderten Kleidungsstücke sprechen vielfach jedoch nur zu jenen Menschen, die ihrerseits einen ausgeprägten Sinn für Kleidung im allgemeinen und Herrenmode im besonderen haben. Das mag als allgemeines Spezifikum einer auf Individualität und Eleganz in Sachen Kleidung kaum reflektierenden Generation gelten und damit ein Problem für den Fortbestand des Schneiderhandwerks darstellen. Was einen Maßanzug auszeichnet, mögen nur jene wissen, die (mindestens) einen besitzen. Es könnte als ureigenstes Anliegen gelten, dem Leser und potentiellen

3 Vgl. Gottfried Keller: Kleider machen Leute (1874).

4 Schlaffer, Hannelore: Kleidersprache. Über die Mode. Zürich, 2005, S. 7.

Kunden den Sinn und die Sensibilität für Maßkleidung zu vermitteln, wodurch die Arbeit eines Maßschneiders besticht: Alfred Konsals Werk zum Beispiel.

Dieses Buch gewährt bewußt gewählte Einblicke in die hohe Kunst der Herrenkleidermacher. Seine Ausschnitthaftigkeit ergibt sich aus dem Rahmen, den eine Veröffentlichung zu diesem Thema schafft, und dem weiten Feld, das sich dem vertieften Studium dieses ernsten und heitersten Handwerks auftut: repräsentative Einblicke, die unvollständig und ohne absoluten Anspruch Ausschnitte und Sternstunden der Herrenschneiderei wiedergeben, in ein Bild fassen, auf Papier heften, was dieses großartige Handwerk zuweilen halb geheimniskrämerisch, halb aus schüchterner Bescheidenheit verborgen hielt.

Der vorangestellte Blick auf die Entwicklungsgeschichte des modernen Anzugs eröffnet das Verständnis für die vermeintliche Strenge hinter dem Männermodebild und ihrer wesensmäßigen Verankerung im Kunsthandwerk der Herrenkleidermacher.

II. Zum Verständnis der Modegeschichte des eleganten Herrn

Jede Modegeschichte befaßt sich mit dem „Eigenleben der Mode"[1], mit dem wechselhaften Fluß von Form und Linie, sich verbreiternden Schultern und auf Tuchfühlung gehenden Hüftpartien. Im ungleichmäßigen Rhythmus wechselt sie große und kleine Elemente in unterschiedlicher Geschwindigkeit. Sie reflektiert immer das „Temperament der Geschichte, aber sie ist als Spiegel nicht wirklich perfekt, ist vielmehr nur ein Hinweis auf eine bestimmte Zeit".[2]

Der Blick auf den Verlauf der Herrenmodegeschichte ist vielleicht schlechthin voreingenommen. Er erhebt sich aus der Frage nach der Differenz, nach dem Unterschied von (moderner) Damen- und Herrenmode. Seit Mitte des 18. Jahrhunderts wurde die allgemeine männliche Mode weniger spektakulär und erregte weniger Aufmerksamkeit, obgleich sie sich großer Respektabilität erfreute. Es heißt, die Herrenmode sei mit der Französischen Revolution „in den grauen Puritanisierungsprozeß"[3] geraten, der bis heute andauert.

Ab etwa 1775 wandte sich die Herrenmode vom barocken Ideal innovativer männlicher Ausdruckskraft allmählich ab. So vollzog sich in der Herrenschneiderei ab dem späten 18. Jahrhundert eine Abkehr von höfischer Eloquenz und eine Hinwendung zu größerer Einfachheit. Die männliche Mode wurde schmaler und immer zurückhaltender, während die Damenmode in ihrem Phantasiereichtum expandierte. Die „weibliche Fülle" wurde von Malern und Kupferstechern in den Vordergrund gestellt, während sich „männliche Kompaktheit im Hintergrund"[4] zeigte. Die verfeinerten Fertigkeiten männlicher Schneider und die phantasiereichen Bemühungen der weiblichen Modistinnen ließen tiefe Unterschiede zwischen Damen- und Herrenmode entstehen. Die weibliche Mode wurde autonomer, während die Männer „sich in Ruhe auf die etablierte Schneidertradition der Erzeugung eines akzeptablen Körpers"[5] verließen.

Die Revolution im Anzug des eleganten Herrn brachte eine zentrale, demokratische Wendung: Jedermann konnte Homo elegans werden, ohne von adliger Herkunft zu sein. Der englische Dandy wurde zum Urtypus des Privatmanns, dessen

1 Hollander, Anne: Anzug und Eros, Berlin 1995, S. 33.

2 Ebenda, S. 34.

3 De Boor, Lisa: Kleidung als Urbild. Hemd, Hut und Hose. 2. Auflage, Stuttgart 1981, S. 20.

4 Hollander, A., S. 123.

5 Ebenda, S. 124.

modische Eleganz seinem Geldbeutel und Geschmack entsprach: Der Gentleman war zum Menschentypus der modernen Herrenkleidung avanciert.[6]

Die unterschiedliche Wirkung, die Herrenmode seit Brummells Tagen erzielt, läßt sich scheinbar aus ihrem implizit „vernünftigen" Entwurf erklären. Die komplizierten abstrakten Phänomene dahinter führten seither nie zu einer generellen Reform der männlichen Garderobe. Sie behielt ihren „Konservativismus" als Ausdruck eines verläßlichen, bewährten und kleidsamen Stils der Abstraktion und stillschweigender Überlegenheit. „Die sexuelle und gesellschaftliche Realität der Männer fand offensichtlich in der Herrenmode, die sich seit 1800 herausgebildet hatte, ihren angemessenen Ausdruck."[7]

Die Zuschreibung einer sich selbst perpetuierenden symbolischen und emotionalen Kraft[8] im modernen Anzug ergibt sich aus dem beobachteten Widerstand, den Herrenmode gegenüber vordergründig sichtbaren Veränderungen zeigt. Seine visuelle Form gewann und behielt ihre Autorität durch innere Veränderungen, subtil und ernsthaft wie ihre Grundkonzeption, durch den Weg der Perfektionierung.[9] Diese Perfektion scheint einer „techné" zu folgen, die in der Nachahmung der Natur deren Effizienz und Eleganz einzuholen und im Konzept der Vervollständigung durch eine schützende Hülle befriedigend umzusetzen versucht. In formaler Kontinuität bewies der Anzug des Homo elegans seinen Mode-Erfolg und seine ästhetische Gültigkeit, deren Autorität zwar angefeindet, jedoch ungebrochen gültig ist.

1. Anglomanie und Aufklärung in Mode

Im Gegensatz zu Paris war London im 18. Jahrhundert das Zentrum wahrhaft fortschrittlicher männlicher Bekleidung. Neue Ideen über die korrekte Kleidung des Herrn tauchten zuerst in England auf, das zu jener Zeit eine technologisch sehr fortgeschrittene, reiche und demokratische Nation war. Die Engländer hatten ihren absoluten Monarchen bereits ein Jahrhundert zuvor geköpft, ehe Ludwig XIV. in Frankreich an die Macht gekommen war.[10]

So war die sartoriale Anglomanie ein Phänomen, das mit der intellektuellen und politischen Anglophilie einherging, die in der zweiten Jahrhunderthälfte die aufgeklärte französische Aristokratie erfaßte. Das englische Vorbild in Philosophie, Politik und Gesellschaft verbreitete sich seit den 1740er Jahren.

Die englische Mode erkannte bereits im 18. Jahrhundert den Bürger als Leitbild an und wurde zum Zeichen bürgerlicher Freiheitsbestrebungen. Früher als die Bürger auf dem Kontinent setzte sich das Bürgertum Englands über die Standesvorurteile des Hofes hinweg und bevorzugte die Tuchröcke, die die arbeitenden

6 Vgl. Castronovo, David: The English Gentleman: images and ideals in literature and society. New York 1987, zitiert nach Nicolay, Claire: Origins and reception of Regency Dandyism: Brummell to Baudelaire. Chicago 1998, S. 73: "everyone would be respectable and proper in dress who considered himself a gentleman."

7 Hollander, A., S. 203f.

8 Ebenda, S. 12.

9 Ebenda, S. 12.

10 Ebenda, S. 131.

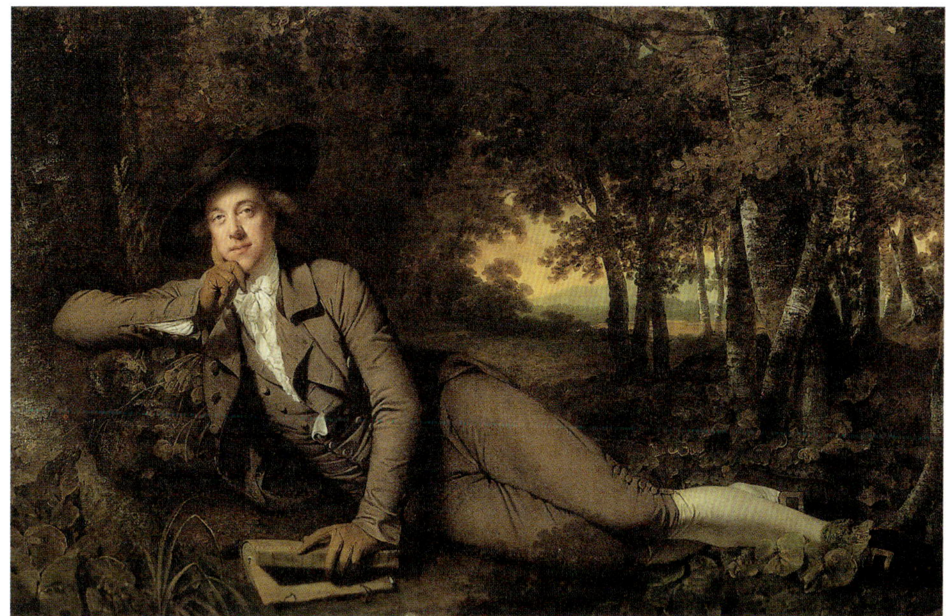

Josef Wright of Derby, 1781: Portrait von Sir Brooke Boothyby in intellektueller Pose: Das definierende Image englischen Geschmacks am Ende des 18. Jahrhunderts. Gestylt in jedem Detail, trägt er einen „well-tailored“ Frackanzug und liest Rousseau.

Schichten zu Beginn des 18. Jahrhunderts trugen. Der Tuchrock (Frack) verdrängte den Justaucorps in die höfische Garderobe. Anfänglich nur durch die Wahl des dunklen Wollstoffs vom hellen, seidenen Justaucorps zu unterscheiden, erhielt der Frack seinen typischen Schnitt im Lauf des 18. Jahrhunderts. Von Anfang an hatten die Tuchröcke einen Kragen und engere Ärmel, die bis zu den Handgelenken reichten. Der Frackschnitt wurde vermutlich von der Uniform übernommen, deren Entwicklung eng mit der des bürgerlichen Anzugs verbunden war.[11]

Gegen Ende des 18. Jahrhunderts wurden vor allem Pferde zum Inbegriff französischer Anglomanie. Diese Pferdeliebe war Bestandteil des englischen Landadels. Er pflegte eine unstillbare Vorliebe zur Jagd, eine Neigung zu Sport im ursprünglichen Sinn von Freude, Spaß und Spiel. Daraus entwickelten sich diverse Clubs, die im 19. Jahrhundert selektiv allmählich ein neues Vorbild von Männlichkeit hervorbrachten: den „gentleman“, der sich durch ein sicheres Gespür für „good taste“ profilierte. Die englische Schlichtheit der Kleidung wurde zum Symbol für einen Herren, der viel Land und einen vernünftigen Geist besaß.

Der Geist der Verneinung brachte ein neues Verständnis bürgerlicher Eleganz hervor. In der Epoche zwischen der Französischen Revolution und dem Wiener Kongreß begann der englische Herrenanzug seine europäische Erfolgsgeschichte. Die Betonung der Bürgerlichkeit lag in drei signifikanten Merkmalen, die diese neue männliche Eleganz auszeichnen sollte: der schlichte Schnitt, die englische Wolle und die gedämpften Naturfarben. Der Anzug war darüber hinaus das erste Kostüm,

11 Vgl. Thiel, Erika: Geschichte des Kostüms. Die europäische Mode von den Anfängen bis zur Gegenwart. 7. Auflage, Berlin 2000, S. 261.

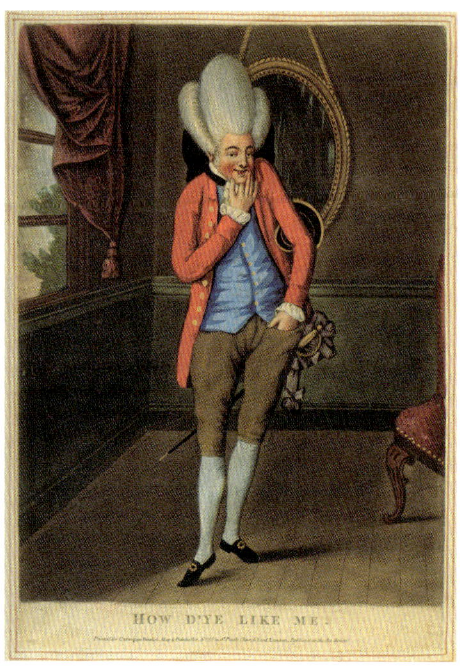

Macaroni, ca. 1772. In: Donald, Diana: Followers of Fashion, S. 36.

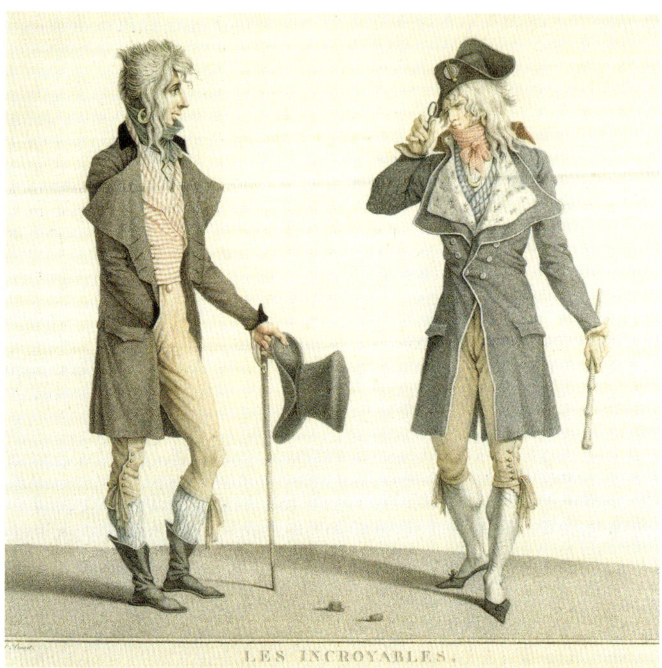

Les Incroyables, ca. 1797. In: Donald, Diana: Followers of Fashion, S. 36.

das eine ausschließlich ruhende Machtausübung idealisieren sollte: die Macht des Administrators und des Konferenztisches. Er war im wesentlichen für die Gesten des Sprechens und des abstrakten Kalkulierens gemacht. Der englische Gentleman lancierte den Anzug im Sinne des neuentstandenen Klischees der demonstrativen Zurückhaltung.[12]

Die revolutionäre Hinwendung zu einer bürgerlich-aufgeklärt konnotierten Herrenmode verdrängte allmählich jene in Verruf gekommene, opulente höfische Kleidung, die nur mehr zu förmlichen Auftritten bei Hofe getragen wurde, ehe sie ganz dem Understatement des englischen Anzugs wich. Dieser modisch-aufgeklärte Verzicht in der Distanznahme zur weiblichen Mode einerseits und der Steifheit und Opulenz höfischer Eleganz andererseits kann als Zeichen der Überlegenheit männlicher Bekleidung[13] gewertet werden.

Die englische Mode tauschte die „höfische" Seide gegen „bürgerliche" Wollstoffe, obgleich sie durchaus nicht frei von Standesvorurteilen blieb. In Klubs traf sich die tonangebende, elegante Welt. Als Gegenbilder und Wegbereiter der neuen bürgerlichen Herrenmode waren ihre Mitglieder bereits Vorläufer der „Dandys", junge Männer aus höheren Gesellschaftsschichten, die im England der 1760er Jah-

12 Berger, John: Der Anzug und die Photographie. In: Berger, John: Das Leben der Bilder. Die Kunst des Sehens. Aus dem Englischen von Stephen Tree. Berlin 1981, S. 33.

13 Vgl. Hollander, A., S. 131.

re eine von Italien inspirierte, bizarre und extravagante Mode übernahmen. Diese „Macaronis" schwelgten in großen gepuderten Perücken, üppigen Stickereien, Edelsteinen und weißen, zu riesigen Schleifen gebundenen Halstüchern.

In Frankreich wurde ein ähnlich übertriebener Stil von den „Incroyables", den „Unglaublichen" zelebriert. Der Frack mußte schlecht sitzen, die Weste schief geknöpft sein. „Auch hier lag die Provokation im Übermaß, das sich diesmal in überbetonten Schultern, breiten Aufschlägen und besonders langen Halsbinden niederschlug. Für die exzentrischen Halstücher waren mehrere Meter Stoff erforderlich, da sie bis zu zehnmal um den Hals gewickelt wurden."[14]

Die gezierte, überladene Kleidung der Macaronis und Incroyables demonstrierte mit ihren Übertreibungen jenes Gegenbild männlicher Eleganz, das mit George Bryan Brummells Auftritt die schlichte, modische Vollkommenheit als zeitgemäß krönte.

2. Instanz der Eleganz: George Bryan Brummell

Die Modegeschichte zeigt, daß sie nicht ohne Instanzen auskommt: Fürsten, Dandys und Ästheten haben der Mode gedient, indem sie sich ihrer bedienten. Am bedeutenden Wendepunkt der männlichen Modeentwicklung lebte in England ein Mann, der als Vorbild männlicher Eleganz für immer in die Geschichte eingehen sollte: *George Bryan Brummell.* Zwischen 1800 und 1816 war sein Geschmack in der guten Gesellschaft Londons tonangebend. Brummell war Mann und Ästhet von überlegenem Geschmack, noblen Manieren, unvergleichlicher Ausstrahlung und außergewöhnlicher Schönheit. Zeitgleich mit Napoleon herrschte er über Europa, ganz London verneigte sich vor seiner unterkühlten und gleichgültigen Haltung.[15] Während Napoleon in Frankreich die

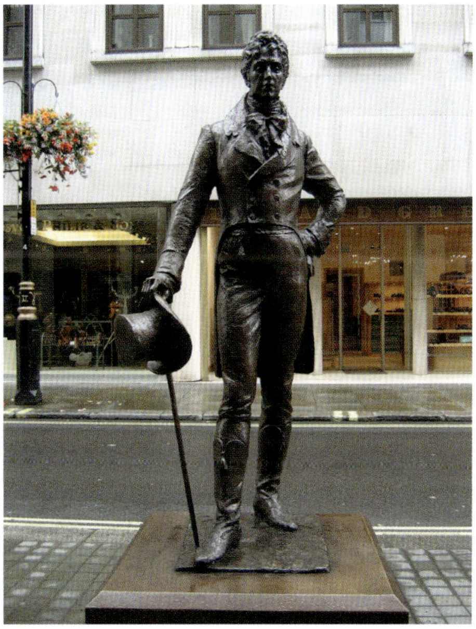

In Ehrwürdigung des sartorialen Erbes des „Leaders of Fashion" steht George Bryan Brummells Denkmal in der Londoner Jermyn Street am Ausgang der Piccadilly-Arcade. © R. Sprenger

14 Fink, Thomas und Mao, Yong: Die 85 Methoden, eine Krawatte zu binden. München 2006, S. 23.

15 Schickedanz, Hans-Joachim: Ästhetische Rebellion und rebellische Ästheten. Eine kulturgeschichtliche Studie über den europäischen Dandyismus. Frankfurt a. M. 2000, S. 49.

Hoftrachten restaurierte, schuf Brummell gleichsam das „bürgerliche Gesetzbuch der Herrenmode", das ebenso wie die kapitalistische Gesellschaft nicht mehr die Herkunft, sondern das Geld als Maßstab anerkannte.

Brummell trat auf, als neue ästhetische Ideen in der britischen Mode auftauchten, aber noch nicht etabliert waren. Er etablierte das postrevolutionäre Verständnis moderner Männerkleidung: ungepudertes Haar, lange Hosen, minimalistische Zierden, gedämpfte Farben. Seine Modeopposition war radikal und wirkte als Initialzündung aller weiteren modischen Veränderungen der männlichen Eleganz. Mit seinen Anschauungen beherrschte Brummell die gute Gesellschaft Englands absolut. Der Aufgabe, nichts als eleganter Edelmann sein zu wollen, widmete sich Brummell in einer Weise, die ihn für seine Mit- und Nachwelt zum Typus des Dandys machte.

Brummells unübertreffliches Beispiel demonstrierte den Inbegriff aufgeklärter, tadelloser Eleganz: Sein großes, unumstößliches Axiom der Kunst des Anzugs: „Gut gekleidet sein, heißt nicht auffallen!", verpönte alles, was von den bürgerlichen Normen abwich. Er zog Schwarz vor und betonte, nicht die Ausschmückungen des Anzugs seien für Eleganz maßgebend, sondern der ausgesuchte Schnitt und die Art, wie der Anzug getragen werde.[16] Wahre Eleganz entsprang überdies der Qualität der verarbeiteten englischen Wollstoffe. Ein Mann, der Anspruch auf Eleganz erhob, durfte nicht mehr Samt und Seide tragen, er mußte sich mehrmals am Tage umkleiden und zu jeder Gelegenheit die passende Kleidung wählen. Eine besonders wichtige Rolle spielte dabei die Halsbinde, mit der sich Brummell vier Stunden am Tage beschäftigte. Mehr als irgendein anderer beeinflußte er den Geschmack in der Herrenmode im Sinne ruhiger Zurückhaltung.

Brummell verkörperte jene Art des Helden, der durch die Schneiderkunst erschaffen worden war. Er bewies, „daß das überlegene männliche Wesen nicht mehr von erblichem Adel war. Seine Vortrefflichkeit war gänzlich persönlicher Natur, nicht gestützt durch Wappenschilde, Ahnenhallen, riesige Ländereien oder auch nur eine feste Adresse. Es war klar, daß er auch ohne Einkommen leben konnte. Seine Kleidung mußte nur ihrer eigenen schneidertechnischen Integrität nach perfekt sein, das heißt nur ihrer Form nach, unbelastet von jeglichen äußerlichen Anzeichen eines Wertes, der auf den Rang schließen ließ. [...] Ein guter Schnitt ohne schmükkendes Beiwerk betonte andererseits die einzigartige Grazie des individuellen Körpers – er schafft sie sogar im Sinne der besten Schneidertradition. Der Rang eines Mannes oder seine Taten sind für den eleganten Schnitt seines schlichten Rockes irrelevant; es zeigt sich, daß nur seine persönlichen Qualitäten zählen. Somit wirkte das klassizistische Kostüm in seiner Zeit so, als ob es Gleichheit herstellen könnte, und trotz aller Abwandlungen, die es danach erfuhr, behielt es diesen Wesenszug, da es gutaussehende Männer aller Klassen kleidete."[17]

16 Hansen, Henny Harald: Knaurs Kostümbuch. Die Kostümgeschichte aller Zeiten. Aus dem Dänischen übersetzt von Wolfheinrich von der Mülde. Kopenhagen 1954, S. 215f.

17 Hollander, A., S. 147f.

Der Dandy Brummell'scher Prägung war eine ausschließlich urbane Erscheinung, undenkbar ohne die Institutionen wie Clubs, große Ballhäuser oder einflußreiche Salons.[18] Diese Örtlichkeiten ermöglichten es dem Dandy erst, sich als Kunstwerk zu zeigen. So ist der Dandy Künstler und Kunstwerk in einem: die Idee des Gesamtkunstwerks setzt er in der Kunst seiner Kleidung um, die wie eine zweite Haut sitzt und die Kunst wieder zur Natur macht. Was dabei nach Oberflächlichkeit aussieht, ist beim Dandy Brummell die nach außen gekehrte Innerlichkeit in der Einheit von Inhalt und Form.[19] „Körper und Kleidung bildeten bei Brummell eine Einheit, mehr noch: sie hatten sich durchdrungen. Innerlichkeit und Äußerlichkeit waren eins geworden: seine Kleidungskunst war das Spiegelbild seiner inneren, seiner seelischen Beschaffenheit."[20] Das Ziel des Dandys war die Errichtung einer neuen Aristokratie des Geistes und des Geschmacks, indem er die letzte Chance zum Heldentum ergriff, die dem Individuum der Moderne noch blieb.[21]

Brummell schloß gleichsam einen sartorialen Kontrakt. Er engagierte die besten Londoner Schneider, um sein unübertroffenes Äußeres nach seinen Vorgaben zu gestalten. Sein Beitrag zur Herrenmode ist als offenkundig exklusiv zu begreifen. Brummells initiierter neuer Weg der männlichen Garderobe war Indikator einer demokratischen Modeauffassung, hob andererseits die Klassenunterschiede nicht auf, sondern vielmehr auf eine höhere Ebene: Distinktion durch die Kleidung wurde zur sartorialen Vorgabe des neuen, geadelten Bürgertums.

Die Herrenmode wurde durch Brummells Autorität erst recht zur Bildungsinstitution des aufstrebenden Bürgers. Er lernte in ihr den Gebrauch von Zeichen als Disziplin jedes Spracherwerbs. Die Haltung, die die neue, farblose Eleganz verlangte, trug wesentlich zur Wirkung seiner gesamten Persönlichkeit, aber nicht zuletzt zum alltäglichen Gang der Geschäfte bei. Nonverbale Kommunikation funktionierte bewußt und kontrolliert nur in dem Maße, in dem die Sprachbeherrschung dieses subtilen Zeichensystems Sache des Bürgers, noch mehr des Gentleman wurde. „Kleider machten von nun an Bildungsbürger. Nur der, dem Bild, Bühne, Buch zugänglich waren, konnte den Anforderungen der Mode genügen. Da sich neben der Öffentlichkeit eine Privatsphäre entwickelte, wurde der Gang aus dem Haus zum Auftritt seines Geistes. Jeder hatte ein Hauskleid und ein Bildungskostüm."[22]

Nach Brummell hat sich die ursprüngliche Intention des Dandytums durch veränderte gesellschaftliche Bedingungen notwendigerweise ausgehöhlt. Gekennzeichnet durch einen unerhörten Kleideraufwand, der jedoch nicht der auffälligen Extravaganz, sondern dem Ideal raffinierter Schlichtheit im Modischen verpflichtet war, benötigte der Dandy ein fachkundiges Publikum. „Es gibt heute keine elegante aristokratische Gesellschaftsschicht mehr, die die Eleganz des Dandys zu schätzen wüßte bzw. das nötige Urteilsvermögen besäße. Vor wem soll der Dandy also

18 Schickedanz, Hans-Joachim: Ästhetische Rebellion und rebellische Ästheten. Eine kulturgeschichtliche Studie über den europäischen Dandyismus. Frankfurt a. M. 2000, S. 15.

19 Ebenda, S. 21.

20 Ebenda, S. 41.

21 Ebenda, S. 17.

22 Schlaffer, Hannelore: Kleidersprache. Über die Mode. Zürich 2005, S. 54.

brillieren, wen soll er beeindrucken?“[23] Ohne Publikum, auf das seine Handlungen und Zeremonien ausgerichtet ist, „verpufft der modisch-stilistische Nuancenreichtum im Nichts“.[24] In seinen Verfallsformen verkehrte sich das ursprüngliche Ideal des Dandys; er wurde zum Modehelden, der um jeden Preis auffallen wollte.

Der Dandy, der durch Brummell modisch tonangebend wurde und das damalige Ideal des von den Zinsen seines Vermögens lebenden Rentiers verkörperte, mußte nach 1850 weniger zeitraubenden Vorbildern weichen. Die Betonung der Qualität des Schnittes und der Wollstoffe sowie die Differenzierung nach Zweck und Gelegenheit sind jedoch die Grundlagen der bürgerlichen Herrenmode geblieben.

3. Mann und Modebild: Das nackte Ideal

Das Aussehen des modernen Mannes in moderner Kleidung wurde nicht ohne Neugestaltung des idealen Mannes vollzogen. Der modernisierte Mann unterschied sich nun deutlich vom birnenförmig ausstaffierten Männerkörper. Der kollektive Blick für die Figur wurde abrupt umgeschult. Seither „sind alle modernen Anzüge so geschnitten, daß sie einen männlichen Körper suggerieren, der von breiten Schultern und einer muskulösen Brust aus schmal zuläuft, einen flachen Bauch und eine schlanke Taille hat, schmale Hüften und lange Beine. Moderne Fortführungen der eleganten Jacke, der Weste, des Hemdes und der Hosen seit 1800 erforderten nicht nur neue Stoffe, sondern ein neues anatomisches Fundament.“[25] Dieses Fundament schien im heroischen männlichen Akt der klassischen Antike gefunden zu sein.

Es war die nackte Gestalt, die Neuentdeckung der Französischen Revolution, die sich schließlich im 19. Jahrhundert als Maßstab aller öffentlichen Erscheinung durchsetzte.[26] In ihr erschien das rechte Maß für die authentische Selbstgestaltung des Mannes. Als Inkarnation des aufgeklärten Naturbegriffs verkörpert und vergeistigt der nackte Mensch in der antiken Skulptur seine vollkommenste, vorbildliche Erscheinung.[27] Die visuelle Wahrnehmung der Antike hatte eine Renaissance erlebt, weil sie zu den Ideen der Zeit über Natur, Fortschritt und Vernunft und den Idealen der Französischen Revolution paßte. Heroische, antike männliche Figuren wurden nun zum neuen Ideal männlicher Vitalität, zum modernen Maßstab für männliche Schönheit.[28] „Die Grundstruktur des Körpers wurde wiederentdeckt, aber gänzlich nach antikem Muster. Das System klar umrissener Glieder, Köpfe und Muskeln und harmonischer Proportionen, die im antiken Akt perfektioniert worden waren, galt als authentischste Sichtweise des Körpers, als die reale Wahrheit der natürlichen Anatomie, die platonische Form.“[29]

23 Drühl, Sven: Die individuelle Künstleruniform. In: Mentges, Gabriele, u. a. (Hg.): Schönheit der Uniformität. Körper, Kleidung, Medien. Frankfurt a. M. 2005, S. 130.

24 Ebenda, S. 130.

25 Hollander, A., S. 135f.

26 Schlaffer, Hannelore: Kleidersprache. Über die Mode. Zürich, 2005, S. 56.

27 Ebenda, S. 56.

28 Vgl. Hollander, A., S. 137.

29 Ebenda, S. 138.

Der männliche Körper erhielt – wie durch die frühere Rüstung, nur besser – eine vollständig neue Hülle, die einen schmeichelhaften modernen Kommentar zu seiner Grundform abgab, eine einfache und gegliederte neue Version, die die nackte Gestalt ersetzte, aber diesmal ohne sie einzuengen, auszupolstern, zu versteifen oder übermäßig zu schmücken. Der moderne Anzug verbarg zwar immer noch jeden Zentimeter Haut, glitt aber nun über die Oberfläche und bewegte sich mit den Bewegungen des Körpers, machte aus dieser Kombination ein Kunstwerk.[30]

Die Schönheit vollendeter Herrenschneiderkunst trug das Potential in sich, den Mann im Anzug in abstrakter, idealer Nacktheit zu kleiden. Die bekleidete Form war jetzt eine Abstraktion der nackten Gestalt, ein neuer, in natürliche Wolle gehüllter, idealer nackter Mann.[31] Schneiderkunst hatte die perfekte Nacktheit eines unvollkommenen Körpers zu suggerieren. Die fortan anspruchsvollen Eigenschaften des Anzugs intensivierten den erotischen Charakter der neuen männlichen Mode zu Beginn des 19. Jahrhunderts. Während weniger gut sitzende, barocke Kleidung leichter zu tragen gewesen war, mußten perfekt sitzende Anzüge und Halstücher mit graziöser Haltung und von Bewegungen getragen sein, die mühelos aussahen, da sie die angeblich nachgeahmte Natur beschworen. Natürlichkeit und Leichtigkeit zeichneten nun den Träger aus, eine Art „überlegene Nonchalance" kam zutage, eine scheinbar mühelose Anstrengung, die ihrerseits stark erotisch aufgeladen war.[32]

4. Eleganz und Elegie: Requiem auf die Farbe

Nicht nur die körperlichen Proportionen, sondern auch die ideale Farbe der Antike hatte für die neue Eleganz des Mannes durchschlagende Wirkung. Denn die gesamte klassizistische Kunst des 18. Jahrhunderts legte zudem Wert auf klare Monochromie. „Die Unterdrückung des Spiels der Farbe führte dazu, daß die natürlichen Umrisse des Körpers und seine Gestalt besser gewürdigt wurden."[33] Die antike Farblosigkeit erwies sich als Tugend und anerkannte ästhetische Kraft. Farbe galt nun als Bekenntnis zu Verschwendung und Gedankenlosigkeit, denn sie gehörte in die adlige Welt vor der Revolution. Das Aufgeben der Farbe kann als Mittel sichtbarer Distanzierung vom despotischen höfischen Pomp verstanden werden, damit aber auch als positive Stellungnahme auf der Suche nach klassischer Authentizität. „Geistige Bildung adelte sich fortan durch äußerliche Unscheinbarkeit und Farblosigkeit."[34] So bedienten sich die englischen Schneider des neugewonnenen Prestiges gedämpfter Farben und matter Stofflichkeit. Implizit wurden dadurch genau jene klassischen Tugenden suggeriert, die die antike Nacktheit verkörperte, einschließlich

30 Hollander, A., S. 89f.

31 Ebenda, S. 148.

32 Vgl. ebenda, S. 160.

33 Ebenda, S. 149.

34 Schlaffer, Hannelore: Kleidersprache. Über die Mode. Zürich 2005, S. 35.

einer überlegenen Schönheit.[35] „In Übereinstimmung mit der klassizistischen Formel für richtige Naturwiedergabe war eine perfekte Komposition der Linien die wahrere und schönere und daher *bessere* Errungenschaft als jeder aufgesetzte, schimmernde und vielfarbige Glanz, und das galt für Maler wie Schneider."[36]

Der eingeschlagene Weg der Eleganz manifestierte sich neben dem architektonisch einfachen Bau des Frack- und Sakko-Anzugs im bewußten Verzicht auf die bisherige Farbigkeit und Aussage der Farbe. Zurückhaltung im Sinne einer gezielten Verweigerung und Beschränkung auf vorgeschriebene Farben lieferte fortwährend die sichbare Verbindlichkeit, Beständigkeit und Verläßlichkeit in der Herrengarderobe. Die Innerlichkeit bzw. Abstraktion im Anzug verlangte nach verschwiegener Stoffqualität und gedämpftem Blau, Schwarz, Grau oder Braun. Die Garderobe erhielt ihre Auszeichnung durch ihren inneren Wert und übte den fortschreitenden Verzicht auf demonstrativen Prunk einer bunten Stellungnahme.

Die asketische Eleganz Brummells ließ sich neben der durchdachten Einfachheit und dem Wie des Tragens aus einem dritten Element erschaffen: der Farblosigkeit. Die Absage an die überkommene Farbenfreude der männlichen, höfischen Mode geschah dabei nicht ohne politische Aussage. Die neue Ästhetik formierte sich unter dem Aspekt der Käuflichkeit und vermied den Anschein von Exklusivität: „understatement" wurde „fashionable"[37] und verbarg gründlich, daß die neue Art, sich elegant zu kleiden, nicht weniger zeitlichen noch monetären Aufwand erforderte als die sichtbar-verschwenderische Kleidung. Die neue Mode wurde um diesen elitären Aspekt des zurückhaltenden Geschmacks erweitert. Ein Erkennungszeichen der Distinguiertheit des Gentleman wurde und blieb die Wahl ernster Farbtöne: „Wirkliche Vornehmheit ist farblos, gleichsam inkognito. Sie fällt nicht auf, sie verschwindet in der Menge. Sie will nicht etwas scheinen, sie will sein."[38]

Rückfälle ins Bunte geschahen zwischendurch, blieben aber bis dato ohne nachhaltige Wirkung auf die Gesetzmäßigkeit, auch in der Wahl der Farben des Anzugs nicht von der gebotenen Zurückhaltung abzukommen. Schwarz als eleganteste aller Farben setzte sich im 19. Jahrhundert durch. Der rigorose Verzicht auf die Farbe, das gewählte Schwarz, legte ein weltanschaulich nüchternes, auf Protest stoßendes Bekenntnis ab: „Der schwarze Anzug, den die Herren unserer Zeit tragen, ist ein schreckliches Symbol. Um dahin zu gelangen, war es nötig, daß die Rüstung Stück für Stück, die Stickereien Blume für Blume fielen. Die menschliche Vernunft hat alle Illusionen zerstört, aber nun trägt sie auch Trauer, weil sie getröstet werden will."[39] Farben hat der Herr fortan mit äußerster Vorsicht zu gebrauchen: Krawatte, Weste und Knopflochblume sind die auserkorenen Accessoires männlicher Kleidung, um den nachrevolutionär schlichten Anzug des Mannes zu beleben.

35 Vgl. Hollander, A., S. 150.

36 Ebenda, S. 150. (Hervorhebung von Hollander)

37 Nicolay, Claire: Origins and reception of Regency Dandyism: Brummell to Baudelaire. Chicago 1998, S. 71.

38 Koebner, F. W. (Hg.): Der Mann von Welt. Ein Herrenbrevier. Berlin, 1920, S. 10f.

39 Alfred de Musset, zitiert nach Boehn, Max von (Hg.): Die Mode. Menschen und Moden im 19. Jahrhundert. 1818–1842. 5. Auflage, München 1924, S. 144.

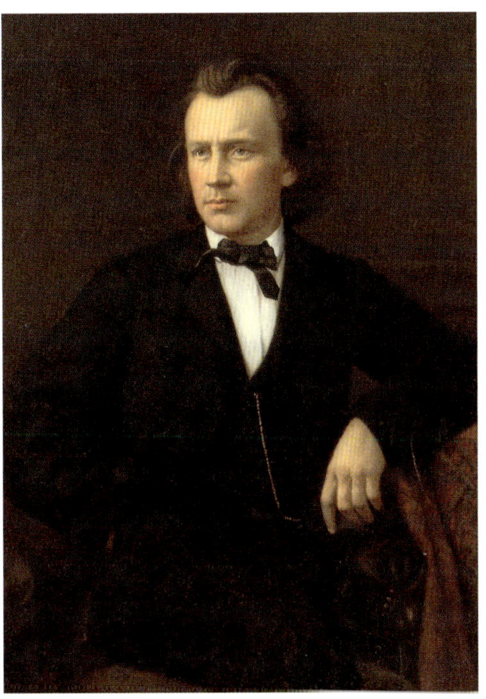

Johannes Brahms im kompletten, dreiteiligen schwarzen Tagesanzug, um 1860. Ölgemälde von Carl Jagemann.

Die immer wieder bemerkbare Tendenz zu mutiger Farbigkeit kam beim maßgebend gekleideten internationalen Herrenpublikum niemals mehr recht zur Geltung. Im „Zeitalter der Arbeit"[40] hat Mann sich auf fortwährenden Farbverzicht festgelegt. Selbst farbig gemusterte Stoffe, die die Strenge der architektonischen Komposition des Anzugs beleben oder besänftigen, erzielen generell eine monochrome Gesamtwirkung. Schwarz rangiert als anerkannte Non-color-Farbe von bewährter, unübertrefflicher Eleganz. Das Vorherrschen einer oder gar verschiedener, ausgesprochen bunt wirkender Farben kommt für klassische Eleganz nicht mehr in Frage. Die Farbe in der eleganten Herrenmode gilt als tot.

5. Geschichte im Anzug: Eleganz in Fortsetzungen

Die Geschichte männlicher Kleidung setzte die Vorherrschaft innovativ britischer Schneiderkunst in kontinuierlicher Fortsetzung um. Die modische Identität und Dominanz des englischen Stils bewies sich in der evolutionären Kraft, ein architektonisches Gerüst dem Zeitgeist und Bedarf des Trägers in Reflexion, Variation und Abstraktion eines vorhandenen Archetypus anzupassen. Der Weg männlicher Eleganz schritt nach Brummells Modediktat durch fortwährende, jedoch zurückhaltende Veränderungen des etablierten Grundentwurfs voran.

Zu Beginn des 19. Jahrhunderts war die neue Herrenkleidung in ihrem Grundzügen schon festgelegt. Ihr oberstes Gesetz war unaufdringliche Eleganz. Je schlichter die Formen und je dezenter die Farben der Herrenkleidung wurden, um so mehr wurde auf guten Schnitt und tadellose Verarbeitung Wert gelegt. Die Kunst, mit den zur Verfügung stehenden Stücken richtig umzugehen, die richtige Krawatte, die richtige Weste, den richtigen Hut, Mantel usw. zu wählen, wurde immer raf-

40 Brummel, Georges: Der gut gekleidete Mann. Ein Berater für Geschmack und Korrektheit in der Herrenkleidung. Dresden, 1910, S. 7.

finierter. Es war ein unverzeihlicher Fehler, seine Unkenntnis dieses Codes zu verraten.

Mit der Französischen Revolution wurden der schwarze Tuchrock und die Pantalons[41] zum Ehrenkleid des Bürgers erhoben. Die modernen langen *Hosen* erblickten zeitgleich mit dem englischen Frack das Licht der Welt. Sie stammten vom Sansculotten-Kostüm der Arbeiter, der Sklaven und Seeleute, dessen „Arbeiterklasseneinfachheit"[42] dem modernen Schneideranzug der Engländer als Vorlage für das neue, subtile Schneiderschema taugte. Die Hosen bedeckten die Beine fortan röhrenartig, wie es die Ärmel des Rockes taten, als wollene, zwanglos und locker sitzende Alternative zu den hautengen Rehleder-Hosen und den seidenen Culotten des ausgehenden 18. Jahrhunderts. Man hat die Pantalons ganz weit oder ganz eng getragen, in letzterem Fall kaschierte man etwaige körperliche Mängel durch das Anbringen falscher Schenkel und Waden.[43]

Die *Weste* wurde bereits im Laufe des 18. Jahrhunderts vereinfacht. Nach der Jahrhundertmitte verlor sie ihre Ärmel, ihr Rücken wurde nur noch aus Futterstoffen hergestellt, und die Schöße schrumpften, bis sie in den 1780er Jahren ohne Schoß gerade abschloß.[44] Die klassische englische Weste wurde aus weißem Pikee hergestellt, aber auch alle anderen Materialien und Farben waren erlaubt. Der elegante Mann besaß zudem eine große Anzahl von Westen, die ihm in ihrer neuen Gestalt die Möglichkeit zur Luxusentfaltung boten. Zusammen mit der Weste wurde die Krawatte im 19. Jahrhundert zum Inbegriff der Eleganz. Der elegante Herr verkörperte so ab der Mitte des 19. Jahrhunderts jenen bürgerlichen Realismus, der sich bis heute in der von Schneidern kultivierten Herrenmode als gültige, „moderne" Silhouette zeigt.

Der *Frack* des Bürgers behauptete sich ein Jahrhundert lang als das Hauptkleidungsstück des Mannes. Mit ihm wurde die schwarze Farbe von der Mode als vorbildlich erklärt und während des ganzen 19. Jahrhunderts als bürgerliches Standesabzeichen beibehalten.[45]

Der elegante Herr des Biedermeier bewies ein letztes Mal Mut zur Farbe. Der Herr von 1830 trug beispielsweise einen russischgrünen Tuchfrack zu haselnußbrauner Weste und veilchenfarbener Hose. Gerade zur Biedermeierzeit wurde mit der Weste ein abwechslungsreiches Modespiel getrieben. Schnitte und Fassonformen entsprachen der Farbenvielfalt der Weste. Die Weste selbst avancierte zum wichtigsten Kleidungsstück des modebewußten Herrn.[46] Sie durfte mit Blumenmustern bestickt, gestreift, kariert oder getupft sein. Mehrere Westen aus unterschiedlichen Materialien übereinander zu tragen galt nach dem Wiener Kongreß als besonders beliebt. Seide, Samte und Kaschmir demonstrierten Luxuriösität und die persönliche Note des Trägers, ebenso der Halsbinder. Das Krawattenbinden wurde bald

41 Pantalons nannte man die röhrenförmig lange Hose nach dem Komischen Alten der italienischen Komödie, der mit langen roten Hosen gekleidet war. Diese Pantalons hatten zunächst einen Steg und waren oben so weit, daß sie der Hüfte Breite gaben.

42 Hollander, A., S. 91.

43 Boehn, Max von (Hg.): Die Mode. Menschen und Moden im 19. Jahrhundert. 1790–1817. 4. Auflage. München 1925, S. 141.

44 Vgl. Thiel, Erika: Geschichte des Kostüms. Die europäische Mode von den Anfängen bis zur Gegenwart. 7. Auflage, Berlin 2000, S. 262.

45 Ebenda, S. 289.

46 Historisches Museum der Stadt Wien (Hg.): Wiener Mode aus dem Biedermeier. Wien 1991, S. 31.

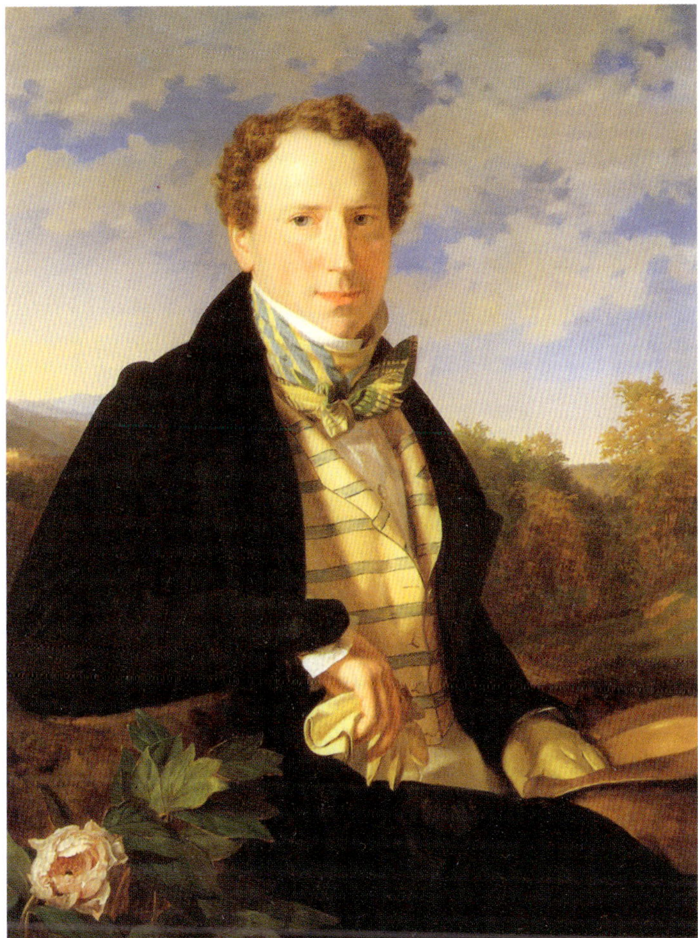

Ferdinand Georg Waldmüller: Selbstbildnis 1828. © Österreichische Galerie Wien/120.

zur Kunst erhoben, da man dem „Halsschmuck“ des eleganten Herrn in Brummells bürgerlichem Weg variabler Nachahmung eine gesteigerte Bedeutung und Aussagekraft beimaß.

Die Pantalons, meist in hellem Kontrast zum immer dunkler werdenden Gehrock, reichten bis über die Stiefeletten und waren mit einem Steg versehen. Nur noch am Hofe und zum Ballanzug wurden Kniehosen getragen, die erst Ende der 1840er Jahre endgültig den schwarzen langen Hosen für den Abend Platz machten.

Zwischen dem Wiener Kongreß und der Revolution von 1848 blieb der Frack das wesentlichste Kleidungsstück: in schlanker Silhouette mit scharfer und hoher Taillierung, feminin anmutenden Konturen, hohen Kragen und relativ stark abfallenden Schultern von geringer Breite, bauschigen Armkugeln und Schößen, die bis zur Kniekehle reichten. Die Hüftpartie war rockartig erweitert. In den 1830er Jahren wurde der Frack besonders farbenfroh getragen.

Mit der ausschließlichen Verwendung dunkler, vor allem schwarzer Tuche mutierte der Frack nach 1850 zum ausgesprochenen (großen) Abendanzug, den es weder im Biedermeier noch in der Romantik gegeben hatte. Als elegantester Herrenanzug blieb er für große Bälle und Diners am Beginn des Jahrhunderts ausnahmlose Pflicht. Die Front des zur Abendgarderobe mutierten Fracks war (und ist) nicht knöpfbar, behielt aber seine trapezförmig angeordneten Knöpfe als Zierde. Vorne schloß der Frack in der Taille geradlinig ohne Schoß, der Rücken zeigte einen schmalen, leicht abgerundeten und geschlitzten Schoß. Obligatorisch ergänzt wurde der Frackanzug durch die Frackweste (mit Revers und V-Ausschnitt) aus weißem Pikee und dem ebenfalls weißen Frackhemd mit Vatermörderkragen. Die steife Brust des Frackhemds war mit schmückenden Perlen- oder Goldknöpfen zu schließen. Die Frackhose wurde mit Seidentressen oder -galons und ohne Stulpen getragen.

Unaufhaltsam schritt die scheinbare Gleichförmigkeit der Herrenmode voran. Der glockige Frack des Biedermeier-Herrn verkörperte die letzte Stufe phantasievoller Eleganz. „Die elegant geschwungene Kurve der Biedermeierzeit ging in die Silhouette wuchtiger Männlichkeit und Zweckmäßigkeit über.“[47] Aus dem „romantischen“ Alltagsrock entwickelte sich der *Gehrock*, der zum neuen Alltagsrock des Bürgers avancierte. Um 1830 wurde der Gehrock zur eleganten korrekten städtischen Arbeitskleidung für den Tag. „So entstand eine Kleiderordnung für Geschäftsleute und Angehörige höherer Berufsstände, die nüchterner war als die ursprüngliche ‚nackte‘ Mode mit ihrem expliziten Fokus auf den Genitalien. In der folgenden Zeit verhüllten alle Tagesjacken die Lendengegend; formelle Vormittags- und Abendkleidung hielten an der älteren und ‚nackteren‘ Idee fest, bis der Smoking erfunden wurde, um selbst des Nachts den Mann mit seiner beruflichen Persönlichkeit in Einklang zu bringen. Als Kompensation für die verhüllende Jacke wurde das Halstuch noch leuchtender und suggestiver, erhielt allmählich eine kräftigere Farbe, größere Steife und wurde noch später mit einer aufregenden Horizontalen assoziiert. Das ganze Kostüm blieb durch und durch erotisch, wurde aber noch abstrakter.“[48]

Die Halsbinde eines Gentleman, zur Restaurationszeit allgemein schon Krawatte genannt, bildete den Höhepunkt der zurückhaltenden Kleiderpracht. Für den Dandy war das Halstuch das Symbol seiner Eitelkeit und das Wahrzeichen seiner Weltanschauung geworden. Der Kunst des Krawattenbindens widmete man sich stundenlang, um sich ihrer Idealform anzunähern, die in zahlreichen Traktaten berühmter Dandys beschrieben waren. Ihr extremes Beispiel kultivierter Lebensart fand in alltäglicher Nachahmung ihre Mäßigung.

Nach 1850 entwickelte sich in England aus dem Gehrock allmählich der *Cutaway*. Seine vorderen Schoßkanten wurden immer mehr zur Seitennaht hin abgeschrägt, während die hinteren Schöße voll blieben. Durch seine schmale und langge-

47 Sichart, Emma von: Praktische Kostümkunde in 600 Bildern und Schnitten. Zweiter Halbband: Von der Mitte des 16. Jahrhunderts bis zum Jahre 1870. München 1926, S. 444.

48 Hollander, A., 161f.

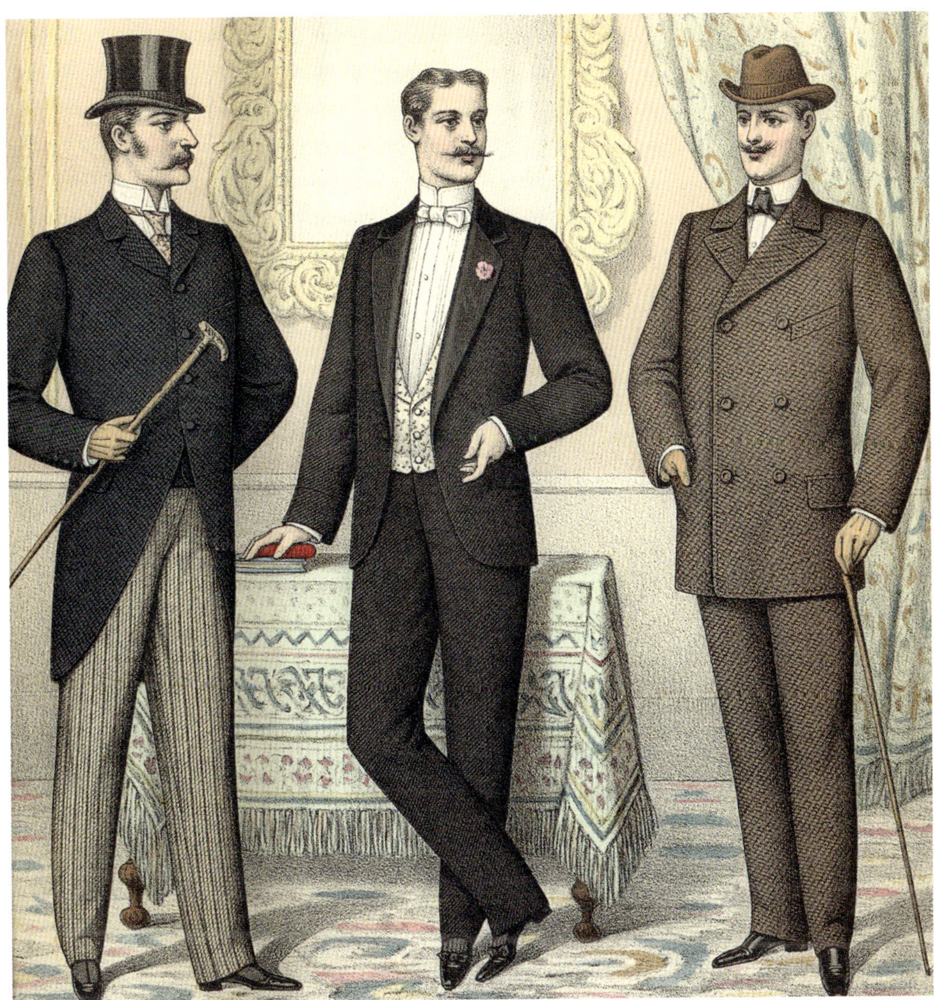

Jackett-Anzug, Smoking-Anzug und doppelreihiger Sakkoanzug. (Europäische Modenzeitung für Herren-Garderobe, 11/1897).

zogene Fasson kam die silbergraue Weste gut zur Geltung. Die Weste zum Cut war meist mit Revers und zweireihig gearbeitet.

Um 1850 tauchte der vollständige *Sakko-Anzug* auf, d. h., alle Teile der männlichen Kleidung erhielten dieselbe Farbe. Ab den 1860er Jahren wurde er immer mehr zum Straßen- oder Geschäftsanzug. Das Sakko hatte keinen Schoß und erhielt einen geraden, sackartigen, bequemen und zweckmäßigen Schnitt. Zwischen 1870 und 1890 wurde die männliche Kleidung durch Cut, Gehrock und eine besondere, leichte und hellfarbene Sommerkleidung bereichert. Gegen Ende des 19. Jahrhunderts wurde der Sakkoanzug zum fast ausschließlichen Tagesanzug, dessen Weste im allgemeinen mit sogenanntem Crochet gearbeitet wurde und dessen Beinkleider eng anliegend und ziemlich lang geschnitten waren. Etwa um 1870 entstand der Doppelreiher, der bald im sportlichen Genre populär wurde.

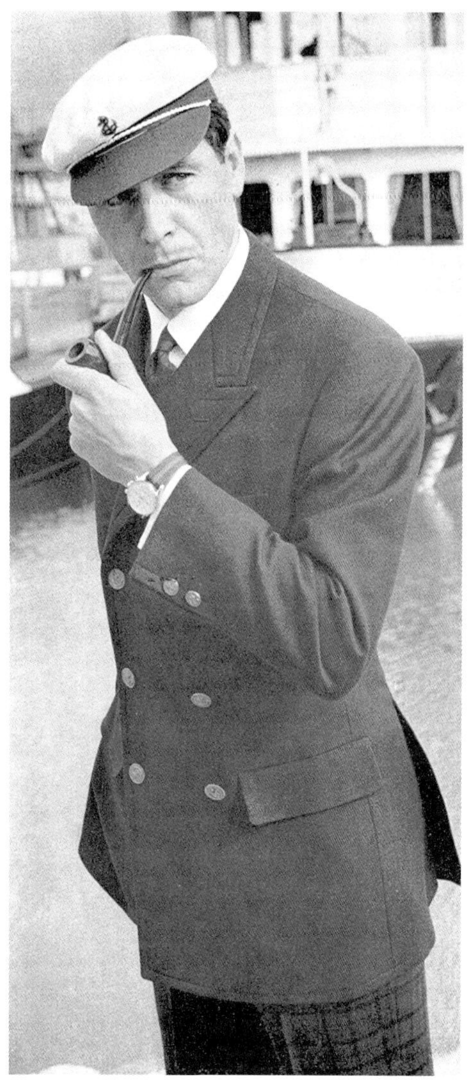

Blazer von Rettl, Wiener Modering.
© Grein 1964.

In der Gründerzeit (1870–1890) waren alle Grundelemente der Herrengarderobe festgelegt. Sie folgten streng dem englischen Modediktat und bestanden aus den Anzugtypen des Sakkos, Gehrocks und Fracks. Der knielange, meist zweireihige Gehrock war der offizielle Tagesanzug. Bis zum Zweiten Weltkrieg blieb der Cutaway der private Repräsentationsanzug für den Tag.

In den 1880er Jahren kam der *Smoking* auf. Zunächst als Gewand der vier Wände festgelegt, erweiterte sich die Möglichkeit des Smokings bis zur breitesten Öffentlichkeit. Die englischen Gentlemen vertauschten nach dem Diner den Frack für eine halbe Stunde mit dieser „Rauchjacke", um ihre Damen nicht durch den anhaftenden Zigarrendunst zu belästigen. Die Fräcke wurden inzwischen vom Diener in den Garderoben gereinigt. Alsbald fand der Smoking mit seiner zum Frack vergleichsweise nonchalanten Wirkung als kleiner Abendanzug volle Anerkennung.

Zur selben Zeit kam der *Blazer* auf als „best suit of working class men": eine Version des Sakkos, „reefer" genannt, mit eckiger, doppelreihiger Front. Sie war anfänglich die Clubjacke der englischen Segelvereine und ganzjährig tragbar. Im 20. Jahrhundert kennt man den Blazer mit Fantasieemblem in Marineblau mit Messingknöpfen, kombiniert mit (grauer) Flanellhose. Diese Kombination erinnert noch an seine ursprüngliche Konnotation der Oberschicht, an Marine und Jachtclub.[49] Der Blazer blieb ein unbestrittener Klassiker männlicher Eleganz, der heute ein vielseitiges Erscheinungsbild zeigt. Als Element des kombinierten Anzugs eignet er sich für den Geschäftsalltag wie für Freizeitaktivitäten.

Um die Wende zum 20. Jahrhundert wurden Phantasiewesten modern; sie hellten das Grau und Schwarz der Anzüge auf. Zwischen 1900 und 1914 galten weiße Westen als besonders elegant. Zu Beginn des Jahrhunderts hatte sich der Umlegekragen am Hemd durchgesetzt. Nur das Frackhemd behielt den Stehkragen mit Ecke (Vatermörder). Die Etikette verlangte für die gesellschaftliche Abendkleidung den sogenannten Schwarz-Weiß-Stil, der sogar die Farbe der Knopflochblume vorschrieb: Weiß. Noch nie zuvor hatte man sich derart rigoros jeder Farbe in der Herrenmode enthalten.

49 Vgl. Hollander, A., S. 279.

Cutaway und Gehrock, 1920.

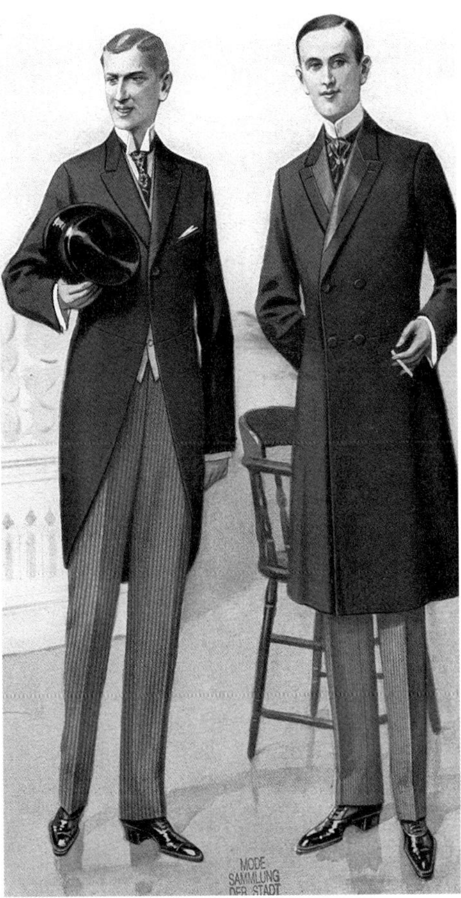

Um 1910 war das Sakko mit sehr kurzer Fasson, auf drei oder vier Knöpfe geschlossen und sackartig gearbeitet. 1913 änderte sich die Sakkofasson, man trug langgezogene Revers bis zur Taille, die die Weste zur Geltung brachten. Auffallend war ein sehr schräger, fliehender Abstich. Der Zweireiher war zu dieser Zeit weniger beliebt. Farblich zeigte sie sich die Vorkriegsmode in bewährter Dezenz.

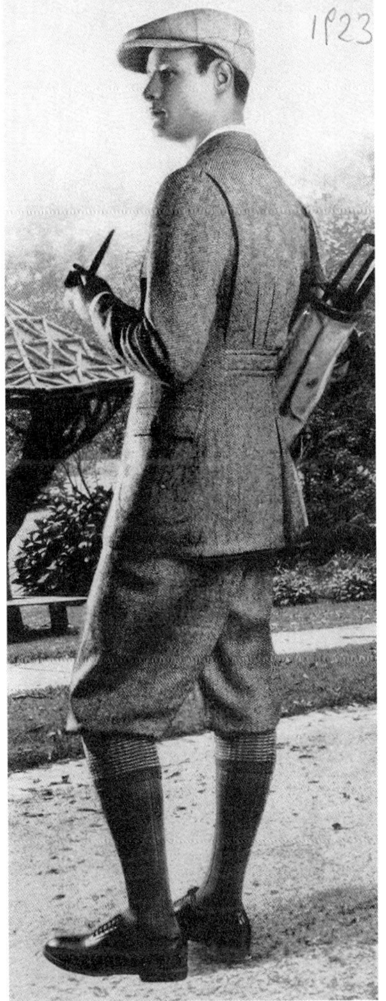

Norfolk-Anzug, 1923.

In den 1920er Jahren war der Sakkoanzug selbst im konservativen England „salonfähig" geworden und verdrängte allmählich den tagsüber korrekten Cutaway. Der Gehrock hatte an Popularität stark eingebüßt. Auch der Cutaway wurde nicht mehr forciert und zunehmend aus der männlichen Garderobe verdrängt. England hatte den Höhepunkt in modeschöpferischer Hinsicht überschritten und griff auf den Stil um 1912 zurück. Das englische Sakko zeigte das populäre Modell des Prinzen von Wales, ein einreihiges Zweiknopfsakko,

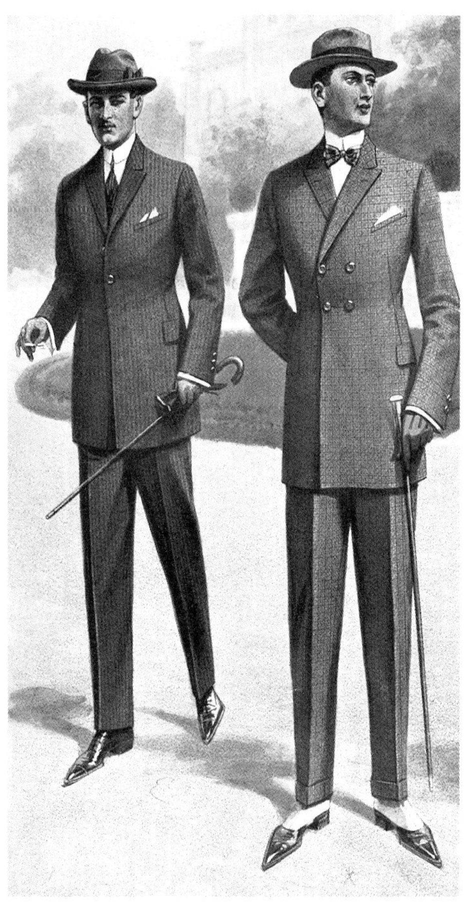

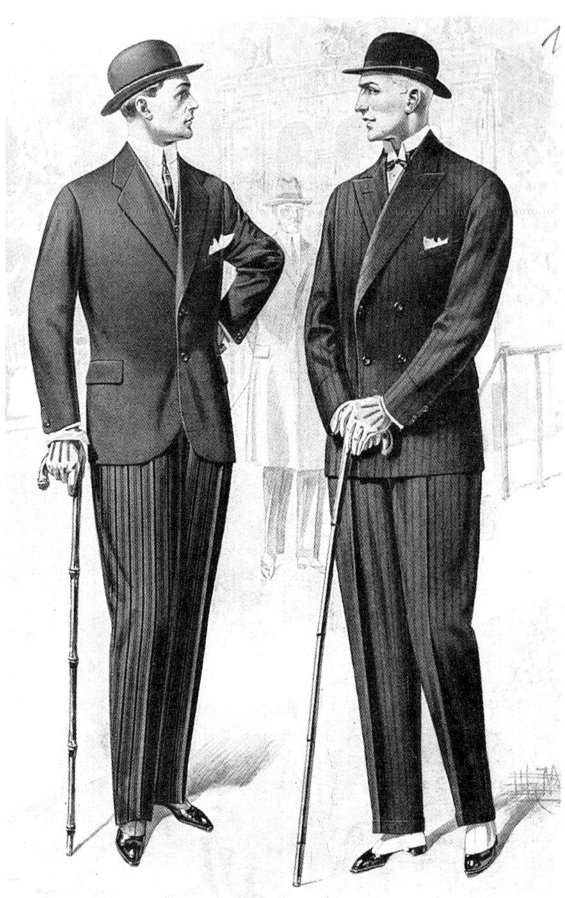

Tagesanzüge, 1923. Oben rechts: Stresemann und korrekter Doppelreiher, 1926.

abgerundete Schultern in natürlicher Breite, etwas kürzer mit mäßiger Taille und sehr scharfem Abstich. Die Hosen dazu wurden sehr weit getragen, die in gerader Linie zum Schuh auslief.

Als ausgesprochener Sportanzug erfreute sich der Norfolk, kombiniert mit Knickerbocker, bereits um die Jahrhundertwende von Edward VII. lanciert, höchster Beliebtheit.

Nach dem Ersten Weltkrieg löste Mann sich langsam von den strengen Gentleman-Vorgaben, nach denen man die Garderobe jeder Gelegenheit des Tages anzupassen hatte. Derselbe Anzug schien den ganzen Tag tragbar, die Hemden durften einen weichen Kragen haben. Männerkörper wurden durch aktiven Sport trainierter und geschmeidiger. Die Taille wurde schmaler, das Sakko verlor sein sackartiges Erscheinungsbild und zeigte sich schmaler, mit gepolsterten Schultern und legerem Ärmelansatz. Der Sakkoanzug ließ den Oberkörper durch die hochgerückte Taillierung gedrungen wirken. Als Gesellschaftsanzug wurde er ab 1925 oft durch den

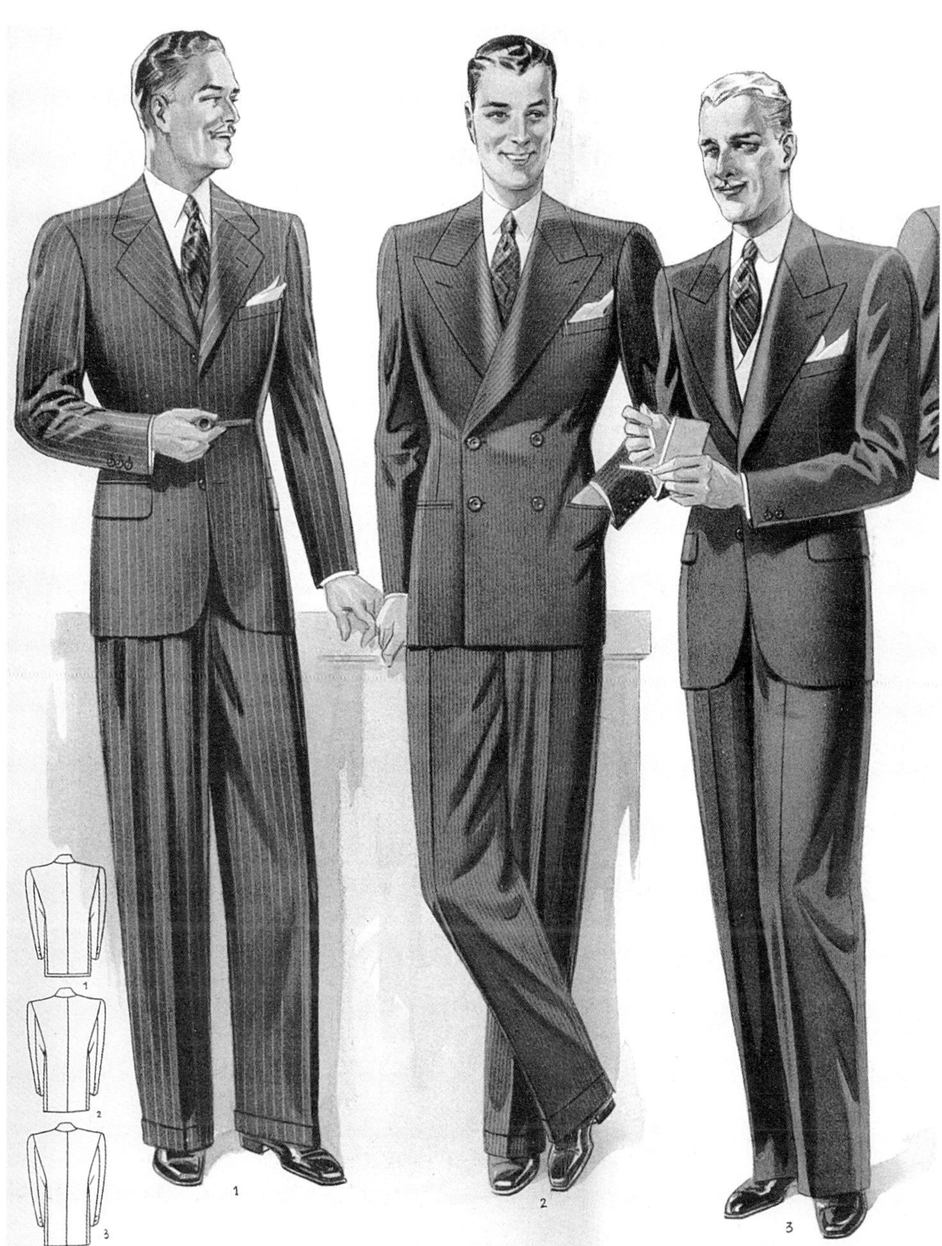

Drei korrekte Tagesanzüge der 30er Jahre. In: Der Wiener Schneidermeister. Chic Parisien-Bachwitz AG, Wien 1938.

Stresemann ersetzt. Brust- und Rückenpartie gewannen an Fülle, Taille und schmale Hüften wurden betont.

Um Hemd und Krawatte besser zur Geltung zu bringen, schuf der Modewechsel der Zwischenkriegszeit für zweireihige Modelle eine Frontveränderung. Der vergrößerte Ausschnitt der Trapezfront brachte längere Revers mit sich, derentwegen die

Knopfanordnung korrigiert wurde, weil der oberste Knopf nicht mehr zu schließen war. Statt der bisher parallelen Knopfstellung der beiden Knopfreihen wurde die nun aus vier Knöpfen bestehende Front als Trapez angeordnet, einem Schließknopfpaar und dem darüber angeordneten Knopfpaar mit nach außen versetzten Zierknöpfen.

Weltmännische Lässigkeit bestimmte das Bild des modischen Herrn der 30er Jahre. Figurbetont geschnitten, unterstrich das relativ kurze Sakko durch Achselpolsterung die breiten, männlichen Schultern. Die modische Linie wurde von Edward VIII. mitbestimmt, der wegen seiner Heirat mit der zweimal geschiedenen Walli Simpson 1936 abgedankt hatte. Das Revers war meist breit und kurz. Beim Dreiknopfsakko wurde nur der mittlere geschlossen. Der doppelreihige Sakkoanzug wurde zum formellen Anzug für den Tag. Die bequem und gerade geschnittenen Hosen besaßen stets Stulpen. Nadelstreif war der bevorzugte Stoff.

Die Männer der 40er Jahre trugen figurbetonte, konservativ geschnittene Modelle: gepolstert breite, männliche Schultern, dezente Taillierung mit hüftnahem Verlauf. Einreiher erhielten den Vorzug. Die Hosen saßen bequem, die Beine waren gerade und weit geschnitten. In den 1940er Jahren herrschte in der Herrenmode eine Art Ausnahmezustand. Die Zeit des Zweiten Weltkriegs verordnete der Herrengarderobe aus kriegsbedingtem Stoffmangel rationierende Maßgaben für Anzüge (Falten- und Stulpenverbote) an jeder Art von Oberbekleidung. Nach dem verlorenen Krieg wurden aus den Mehlsäcken der Amerikaner Sakkoeinlagen, eingefärbte Decken wurden zu Mänteln verarbeitet. Geschlossen wurden solche Modelle mit sogenannten Notknöpfen aus Pappe, Blech und ungepreßtem Holz. Von der Eleganz der 1930er Jahre war man weit entfernt.

Während die Uniform vor aller Mode zu tragen war, entstand etwa 1943 die Aufmachung der „Zazous", der jungen, exzentrischen Jazzfans.[50] Ihre Begeisterung für den von den Nazis verbotenen amerikanischen Jazz und ihr gewähltes Erscheinungsbild war ein ebenso expressives Mittel der Rebellion wie zur Zeit der Incroyables. Überlange, grellfarbige Jacken mit abfallenden Schultern und kurze Röhrenhosen, die die bunten Socken sehen ließen, definierten eine jugendliche Silhouette und markierten eine erste populäre Jugendbewegung, die sich modisch gegen die allmächtige Welt der Erwachsenen formierte. Sie bildeten das französische Pendant zum englischen Teddyboy, der die jugendliche Revolte mit Rückgriff auf edwardianische Stilelemente fortsetzte. Der Look der Teddyboys galt als modische Antwort auf die nostalgische Eleganz ihrer Väter, der „Neo-Edwardianer", die in den 50er Jahren in Verteidigung der englischen Schneidertradition einen streng reglementierten Stil erneut propagierten. Dieser Mid-Century-Look bezeichnete den Stil um 1950, der alle Merkmale des Stils der Jahrhundertwende, wesentlich geprägt von Edward VII., erneut aufleben lassen wollte. Das einreihige Vierknopfsakko mit kurzer Fasson erfreute sich vorübergehender Beliebtheit.

50 Baudot, François: Die Mode im 20. Jahrhundert. Aus dem Französischen übertragen von Sabine Herting. München 1999, S. 128.

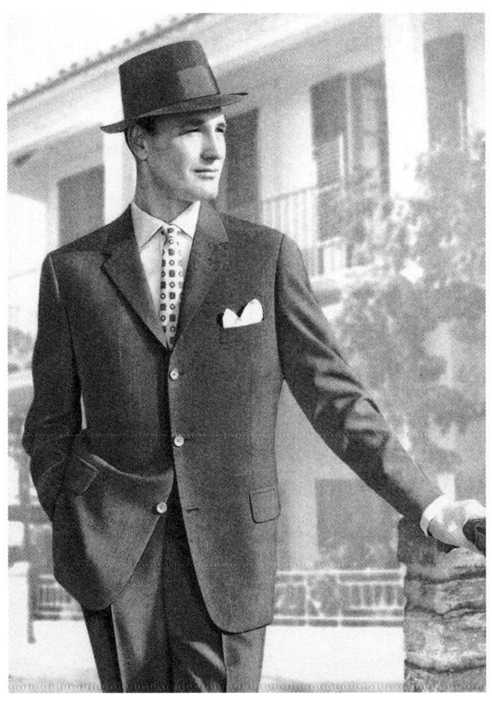

Tagesanzug, 1960. In: Sogra, „Der elegante Herr", Wien 1960.

Für starke Bauchfiguren blieb es ein unvorteilhaftes Modell.

In den 50er Jahren wurde der Sakko-Anzug zur Allround-Bekleidung. Die Sakkos der 50er Jahre zeigten natürlich abfallende, etwas verbreiterte Schultern mit leicht abgerundetem Übergang in den vollen Ärmel, flach anliegende kurze und schmale Kragen mit entsprechend hoch angesetztem Revers. Auch die Knopfstellung rückte nach oben. Alle Modelle verfügten über bequeme Brust- und Rückenweite, einen keilförmigen Schnitt mit diskreter Taillierung und eine etwas kürzere Form. Die Bundfaltenhosen wurden mit reduzierter Fußweite (ca. 24 cm) getragen.

Bis Mitte der 60er Jahre gab es in der Männermode keine einschneidenden Veränderungen. Dann aber wurden die Anzüge enger und taillierter geschnitten. In den 60er Jahren standen Zweiknopfeinreiher mit leicht betonter Taille in hoher Gunst. Man begann, mit den Reversformen zu spielen. Beinahe schlagartig – von Beatles und Pop-Art beeinflußt – wurde ein neuer Stil bemerkbar, der sich scheinbar daraus erklärte, daß Männer jünger und attraktiver aussehen wollten.[51]

Die Sakkos wurden immer taillierter, besonders die italienischen Modelle. Die Farben des Teenageranzugs hellten sich etwas auf, auch kamen gegen Ende der

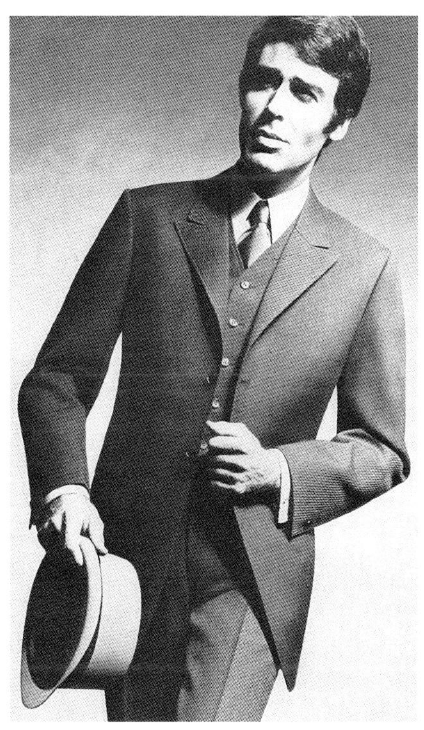

Dreiteiliger Anzug. Modell: T. Gilbey. In: Bekleidung und Wäsche, 5/68.

51 Vgl. Loschek, Ingrid: Mode im 20. Jahrhundert. Eine Kulturgeschichte unserer Zeit. München 1984, S. 277.

60er Jahre gemusterte Anzugstoffe (Jacquardstoffe) auf den Markt. Blue jeans stiegen zur Freizeithose schlechthin auf. In ihnen opponierte die Jugend gegen die konservative Kleidung der älteren Generation. Die blauen, verwaschenen Hosen widersprachen dem britischen Begriff tadelloser Kleidung, ihr Verzicht auf Bügelfalte und feine Ordentlichkeit entsprach dem Abkommen von der Haltung, Kleidung als Spiegel sozialer oder geistiger Zugehörigkeit zu werten. Gleichzeitig gewann auch der bequeme Pullover die Akzeptanz als Bestandteil der männlichen Alltagsgarderobe. Weiße und farbige Hemden ergänzten den Tagesanzug. Die Hosen waren körpernah geschnitten. Die Jugend trug sie gerne mit ausgestelltem Hosensaum (Trompetenform). Die Versuche, die konservative Herrenmode aufzulockern, bestimmten die Grund-

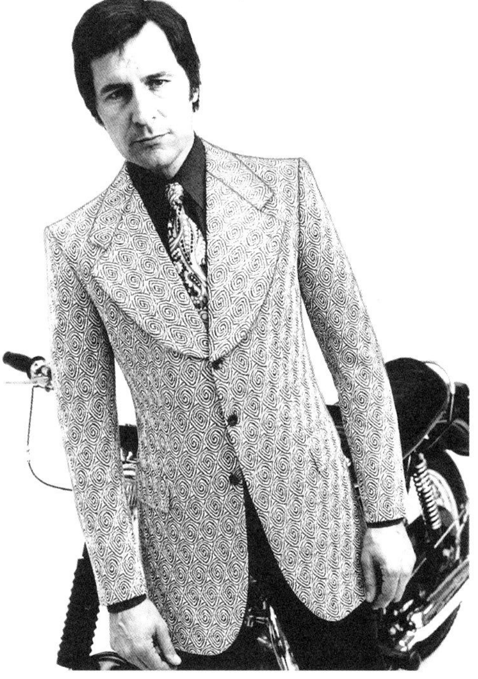

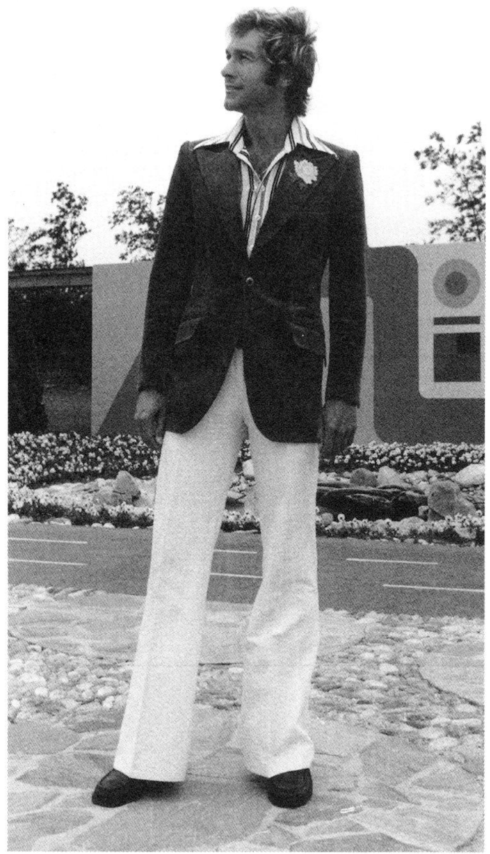

Sakkomodell: A. Konsal. © Höpler 1971.

Einknopfsakko. Modell: A. Konsal. © Ebner 1975.

idee der modischen Linie, die auf ein schmaleres, schlankeres Aussehen zielte, das den Herrn jünger und vitaler erscheinen lassen konnte.

In den 70er Jahren trat ein neuer Männertyp auf. Großflächige und farbige Dessins fanden Platz in der Herrengarderobe. Es war die große Zeit des körperengen Anzugs mit engem Armloch und starker Taillierung. Reverspartien erreichten überdimensionale Breiten, denen sich Hemdkragen- und Krawattenbreiten anpaßten. Extrem breite Krawatten lösten ähnliche Reaktionen aus wie die pompösen Halstücher der Macaronis und Incroyables ein Jahrhundert zuvor. Die Schulterlinie wurde mit Vorliebe konkav und mit markantem Ärmelansatz gearbeitet. Die Hosenlinie zeigte sensationelle Fußweiten (30 cm und mehr), deren breite Umschläge (7–8 cm) eine Revolution der Herrenmode markierten.

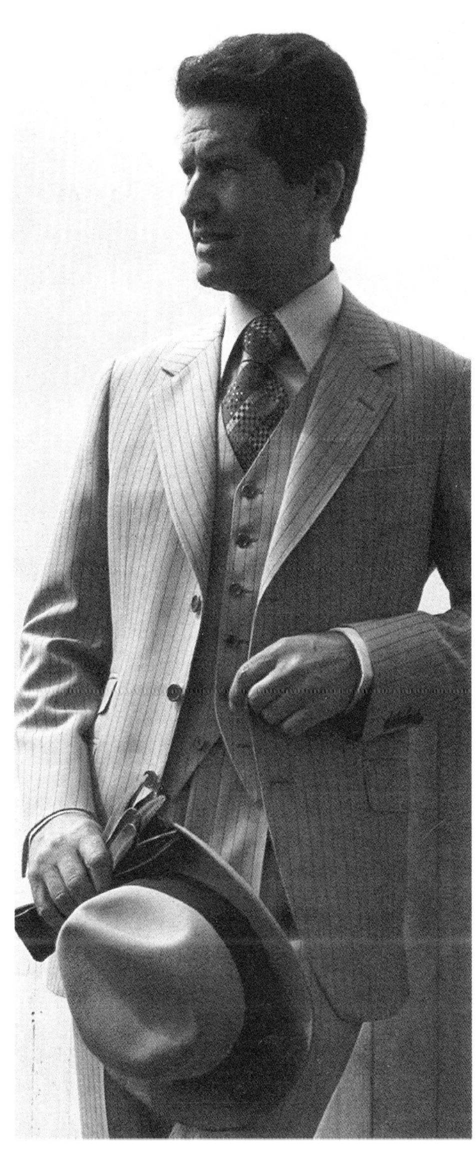

Dreiteiliger Anzug. Modering 1977, Modell Merstallinger. © Parisini.

Die modische Sakkolinie setzte den Trend der letzten Jahre fort und charakterisierte sich im schlanken, jugendlichen Erscheinungsbild des Mannes. Das aktuelle Sakko war schlank im Schnitt, elegant in der Optik, interessant in Dessin und Farbgestaltung. Mann fand es jetzt erst richtig schick, Figur zu zeigen. Die knappe Fasson war vor allem für junge Männer gedacht. Die engen Hosen, Hemden und Sakkos schränkten die Bewegungsfreiheit anfangs der 70er Jahre erheblich ein.

1975 dominierte der körpernah geschnittene einreihige Anzug, der elegant oder sportlich meist auf zwei Knöpfe geschlossen wurde. Mögliche Varianten lagen vor allen Dingen bei der Stoffauswahl. Die Hosen verzichteten meist auf Umschläge. Die besonders eleganten Modelle wählten den Einreiher auf zwei Knöpfen mit

Spitzfasson. Das modische Revers lag bei Ein- und Doppelreiher um 1975 besonders tief. Brusttasche und Knopfstellung rückten etwas tiefer, gleichzeitig wurden die Sakkos kürzer. Als „neu" erschien das abfallende Revers beim einreihigen Smoking. Der Gatsby-Look brachte nostalgische Eleganz in sommerlichem Weiß und Eierschale. An sportlichen Modellen zeigten sich nach langen Jahren einer glatten Rückenmode wieder Golffalten oder Rückengurte sowie abweichende Schnittlösungen und Hosen mit relativ breiten Umschlägen.

Ab 1977 erfuhr der einreihige Dreiknopfanzug eine Begünstigung. Die Evolution der Herrenmode ging weiter. Mit neuen Tragegewohnheiten war der Anzug mehr denn je auf Funktionalität ausgerichtet. Der modische Zweireiher mit nur einem Schließknopfpaar zwischen Taille und Tasche gewann an Bedeutung. Zugleich wurde versucht, dem Doppelreiher sein korrektes Image zu nehmen. Das schmalere Revers gehörte organisch zum neuen, komfortablen und geschmeidigen Modebild. Die neue, leicht verbreiterte Schulterlinie zeigte einen weichen Übergang in den Ärmel, die etwas breitere Brust rollte weich vor dem Arm an. Die Fußweite der Hosen wurden reduziert. Das Sakko blieb nach wie vor relativ kurz.

Ab 1979 wurden die Schultern deutlich verbreitert, die Sakkos kürzer und der Rücken besonders bequem aufgelockert. Bei der Kürze der Sakkos verzichtete man auf Schlitze. Als modische Hose setzte sich die Bundfaltenhose durch.

Die 80er Jahre brachten das Ende des engen Anzugs. Die aufkommende Modelinie zeigte eine konträr lässige, leichte und bequeme Interpretation männlicher Eleganz. Dem Trend zu extrem niedrigen Stoffgewichten entsprach der Ruf nach superleichter Verarbeitung. Neben der Funktionalität der Details wurde das Material der wichtigste Schwerpunkt. Ein- und zweireihige Modelle mit verschiedenen Knopfstellungen wurden gleichermaßen modebestimmend. Die Schulterpartie war betont breit und leger, der Sitz der Anzüge lässig. Auch Hosen zeigten bequeme, legere Schnitte. Die Silhouette zeigte sich oben breit und unten körpernah bei relativ mäßiger Taillierung. Ein möglichst rund gestalteter Schulterübergang zum voluminös breiten Ärmel war vorherrschend und löste den eckig wirkenden Schulterabschluß mit ausgearbeiteter Ärmelkontur ab. Die Kragen waren zumeist lang und bewirkten somit eine tiefliegende Crochetnaht. Der Zweireiher übertraf den Einreiher zwischendurch an Beliebtheit. Die internationale Modelinie demonstrierte den *Athleten-Look:* extrem breite Schultern, eine stark aufgelockerte Taille, eine sehr tiefe Knopfstellung und eine bedeutend kürzere Sakkoform. Dieser sogenannte unkonstruierte Sakkolook war Kennern der Herrenmode nicht neu und fand außerhalb eines jugendlichen Kundenkreises kaum Gefallen.

Kombinationen kamen ganz groß in Mode und wurden als „neuer Anzug" anerkannt. Als aktuelle Anzugform erlaubten sie unterschiedliche Taschenformen und

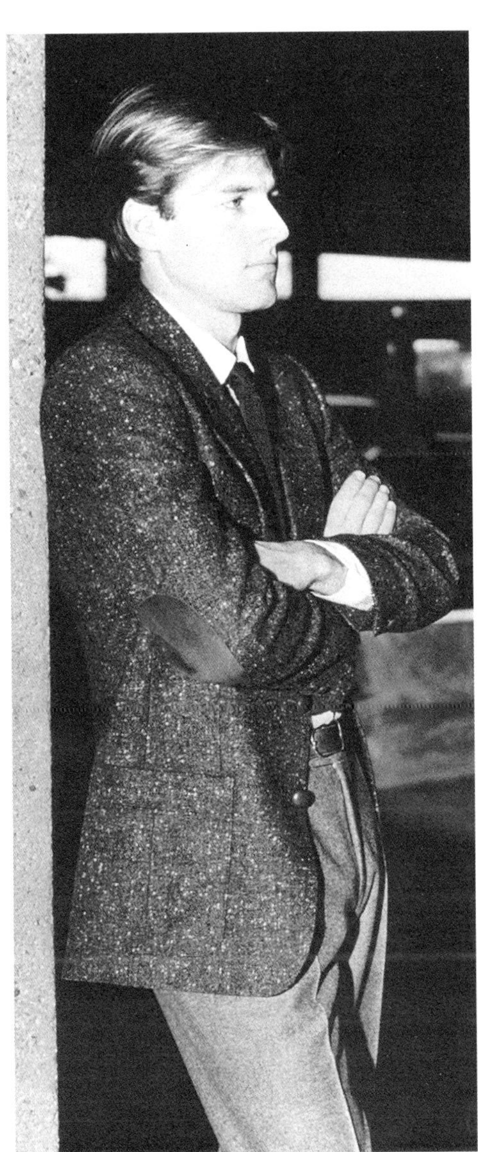

Sportliche Kombination mit aufgesetzten Taschen, Herrrenjournal, 1983.

Knopfstellungen, aber vor allem viel Freiheit bei der Wahl des Materials und der Musterung. Nur ganz typische Streifenstoffe ließen sich nicht zum Kombinationssakko verarbeiten. Eine Renaissance des sportiven Anzugs brachte selbst eine kurze Wiederbelebung des Norfolkanzugs der 20er Jahre. Die totgesagte Knickerbocker wurde in Kombination mit Sportsakkos wieder aktuell.

In den 80er Jahren erhielt der Smoking für abendliche Festlichkeiten einen modisch neuen Stellenwert in zahlreichen Gestaltungsvariationen, entweder als Smokinganzug oder als Kombination. Fantasievoll wirkte er durch die Wahl des Materials und die aufgelockerten Fassonvorgaben. Die Freizeitmode trat stark in den Vordergrund. Die Mode für den jungen, sportlich orientierten Mann zeigte sich kurz und breit und hob sich damit in voller Absicht von üblichen Kleidergewohnheiten ab. Legere Klassik versuchte einen Mittelweg sportlicher Eleganz.

In den 90er Jahren wichen die Extreme der 80er-Schultern einer neuen Sachlichkeit und wurden in Richtung *legerer Eleganz* korrigiert. Oft wurden die Grenzen von Freizeitlook und Geschäftskleidung fließend. Starre Bekleidungsregeln schienen ihre Gültigkeit verloren zu haben. Insgesamt machte sich ein Trend zu mehr Luxus in der Herrenmode bemerkbar, vor allem in der Wahl kostbarer Materialien. Kleidung avancierte langsam wieder zum Statussymbol. Zu Beginn der 90er Jahre hatte sich eine neue Anzugsilhouette etabliert: weiche, leicht gerundete Schulterlinie, bequeme Brustpartie mit dezent angedeuteter Taille. Der einreihige Anzug gewann in der Drei- oder Vierknopfversion mit reduzierter Silhouette und verlängerter Optik an Bedeutung. Die Schultern in natürlicher Breite wurden fallend oder gerade, die Revers kürzer und mit sportiver Note geschnitten. Die Bundfaltenhose mit gemäßigter Weite im Oberschenkel behielt ihre Aktualität. Die „Schwarzwelle" der 80er Jahre schien durch modische Farbkombinationen abgelöst. Sportswear etablierte sich zunehmend als Tagesmode.

Die Silhouette am Ende des Jahrtausends erschien körpergerecht und leicht tailliert. Lässige Eleganz dominierte, der korrekt gekleidete Managertyp im Businessanzug war out, das individuelle Einzelstück erlebte eine neue Nachfrage. Ab 1995 waren die Sakkos noch näher an den Körper gearbeitet, die Schultern nicht mehr so breit. Man sprach vom „Maßschneider-Stil", „maßgeschneiderter Optik", die wieder gefragt waren. Die Farbpalette schien zurückgenommen.

Das neue Jahrhundert hebt an mit der Renaissance klassischer Eleganz in jugendlicher Interpretation. Kaum einer mag die Frage stellen, wie sich die präsentierten „Must haves" der Herrenmode mit dem Prädikat „tailor-made" schmücken und dabei an der unbeachteten, traditionsreichen, beeindruckenden Erfolgsgeschichte des Kunsthandwerks der Herrenkleidermacher vorbeidefilieren. Seit der Jahrtausendwende sieht sich die Herrenmode dem Trend zu hochwertigsten Materialien und hochwertigster Verarbeitung verpflichtet, wobei *klassische Eleganz* und unkonventionelle Elemente das Modellbild prägen. Die Kollektionen[52] behalten ihre schlanke Silhouette, die nach hoher Schneiderkunst anmuten soll: das dem Untergang geweihte Kunsthandwerk in scheinbar perfekter Imitation durch die hochtechnologisierte Bekleidungsindustrie.

Die Kontinuität, die die Entwicklung der Herrenmode in den letzten zwei Jahrhunderten, während einer Zeit extremer gesellschaftlicher Umbrüche und wissenschaftlichen Fortschritts, kennzeichnet und das kostümgeschichtliche Desinteresse zur Folge hatte, wurde wiederholt als „große männliche Verweigerung"[53] interpretiert. Der anscheinende Ausstieg der Männer aus dem seither weiblich dominierten Modegeschehen ist bei näherer Betrachtung nur aus dem Weg der Innerlichkeit und Abstraktion zu erklären, den die Herrenmode weiterhin als adäquate Folie aller männlichen Selbstentwürfe weiter verfolgt. Daß sich die modegeschichtliche Aufmerksamkeit dem Gegenstand der Herrenmode zuwenden wird, ist nicht zu erwarten, solange sich die Natur ihrer getragenen Erscheinungen vor allem durch das bewährte Schema auszeichnet, am Leben erhält und vornezu transformiert: in variabler, zugespitzter Abstraktion.

6. Ikonen männlicher Eleganz: Style, Style, Style

Der Superstar Brummell, von dem kein einziges vollständiges Bildnis existiert, hatte ungezählte Nachfolger und Eiferer. Die Herrenmode folgte seinem mächtigen Diktat fortan ohne explizierte Bezugnahme auf Brummells durchdringende Autorität. Die Herrenmodegeschichte spricht vielfach aus der illustrierten Kunst, sich als eleganter Herr zu kleiden, die Prominente aller Couleurs und Geistesrichtungen im Verlauf der Jahrzehnte anzuwenden verstanden. Sie markieren damit nicht nur die Exzentrik und Sprachkraft, die sie durch ihren Kleiderstil verkörpern, sondern dokumentieren

52 Florenz: Der Gentleman der Pitti Uomo. In: Rundschau, München 3/2005, S. 10.

53 Flügel, J. C.: zitiert nach Hollander, A., S. 43.

zugleich auch Relevanz und Referenz ihrer modisch inszenierten Persönlichkeit. Bis zum Zweiten Weltkrieg bezog die Herrenmode alle maßgeblichen Stil-Anregungen aus England. Die eigens der Herrenmode vorbehaltenen Journale wie „The Merchant Tailor“ oder „The Gentleman“ geben davon beredtes Zeugnis.[54]

Edward VII.

Edward VII. (1841–1910), Prinz of Wales, ist verantwortlich für den Durchbruch des Norfolk-Jacketts, einer besonders ländlichen Jacke. Er fand die amerikanische Mode abscheulich, weil sie erlaubte, ohne Rücksicht auf Konventionen die verschiedensten Dinge durcheinander zu tragen.[55]

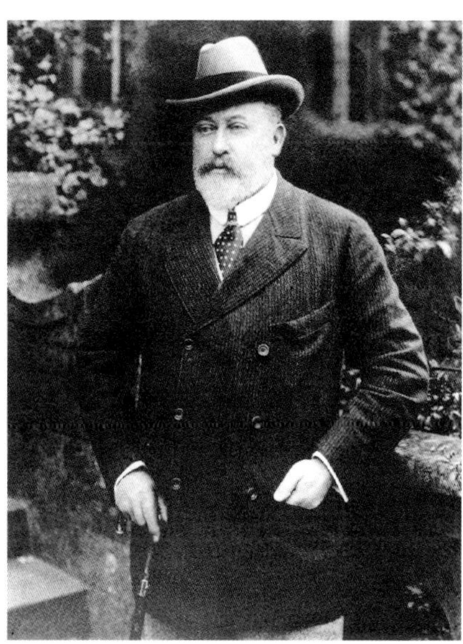

© McDermott, Catherine: S. 22.

Der untersetzte Prinz of Wales ließ die Rockschöße seiner Dinnerjacketts und Smokings einfach abschneiden und öffnete den untersten Westenknopf, damit sein umfangreicher Bauch Luft bekam. Bis auf den heutigen Tag gehört es zum guten Ton, wie Edward den untersten Knopf der einreihigen Weste offen zu lassen. Er lancierte damit ein fortan festgeschriebenes Detail der Herrenmode.[56] Mit dem Stil Edwards VII. verband man die Vorliebe für Ärmelaufschläge und den Samtkragen am Paletot sowie die besonders typische einreihige Front mit vier Knöpfen. Der Doppelreiher zeigte stets parallele Knopfanordnungen mit drei Knopfpaaren. Die Fasson war dadurch generell kurz gestaltet.

Das bereits ab Mitte des 19. Jahrhunderts beliebte Glencheckmuster erhielt nach dem berühmten adligen Liebhaber dieses Musters den Beinamen „Prince-of-Wales-Muster“, das im in Sachen Herrenmode ebenso tonangebenden Wien als „Esterházy-Muster“ bezeichnet und am Graben von Fürst Nikolaus Esterházy und dessen Nachahmern als beliebter Anzugstoff geordert wurde.

54 Braun-Ronsdorf, Margarete: Modische Eleganz. Europäische Kostümgeschichte von 1789 bis 1929. München 1963, S. 175.

55 Vgl. De Greef, John: Männermode. Sakkos & Anzüge. Bonn 1989, S. 45.

56 Ebenda, S. 46.

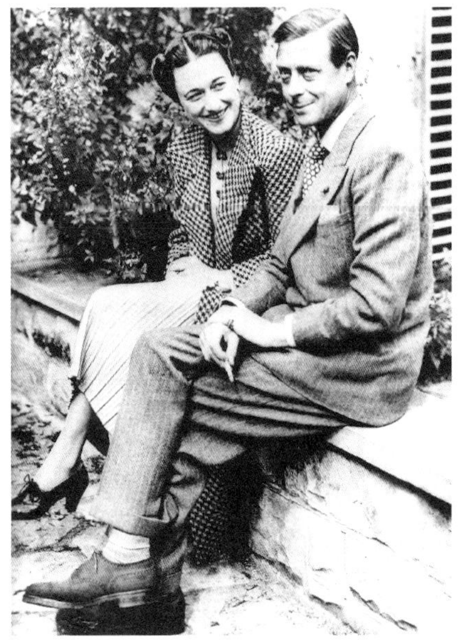

© McDermott, Catherine: S. 23.

Edward VIII. (1894–1972)

Wie sein Großvater, half der Duke of Windsor und Prince of Wales die Britishness durch seinen persönlichen Sinn für Stil zu bewerben. Er war Stammkunde des Savile-Row-Schneiders Scholte, bei dem er bevorzugterweise doppelreihige, graue Kreidestreifanzüge fertigen ließ. So popularisierte er in den 1930er Jahren einen neuen klassischen Look. Sein Look im „London cut" bot den Männern seiner Zeit eine Mischung aus Klassik und Ungezwungenheit.[57] Auch als Meister des Mustermixes (Anzug, Hemd, Krawatte) setzte er Akzente der männlichen Garderobe. Er popularisierte den Windsor-Knoten, obgleich er ihn nicht erfunden hatte, kombiniert mit gespreiztem Hemdkragen. Seine Anzüge trug er gerne im „Prince of Wales"-Muster, einem Glencheck, der heute zu den Klassikern unter den Herrenstoffen gehört. Die Briten liebten ihren „inkorrekten Prinzen"[58], der auch den „pull over" populär gemacht hatte.

Nach dem Zweiten Weltkrieg übernahmen Massenmedien erzieherische Funktion in Sachen Mode. Vor allem der Film zelebrierte in beispielhaft gekleideten Leinwandhelden die „mission in style". Weltberühmte Schauspieler diktierten in ihrem Outfit Trends, Schönheitsideale und beeinflussten den allgemeinen Geschmack. Die Filme provozierten ihre namenlosen Nachahmer, die den Weg zum Schneidermeister nahmen. Das Medium Film verewigte Bahnbrecher und Vorbilder der Eleganz, zuweilen allerpersönlichster Eleganz, die zwar nicht für jedermann geschaffen war, den Nachdenklichen aber doch zur Frage provozieren konnte, wie

57 Baudot, François: Die Mode im 20. Jahrhundert. Aus dem Französischen übertragen von Sabine Herting. München 1999, S. 102.

58 Koebner, F. W.: Der inkorrekte Prinz. In: Kühn, R. M. (Hg.): Herrenwelt. Berlin 1925, Heft 1, S. 2.

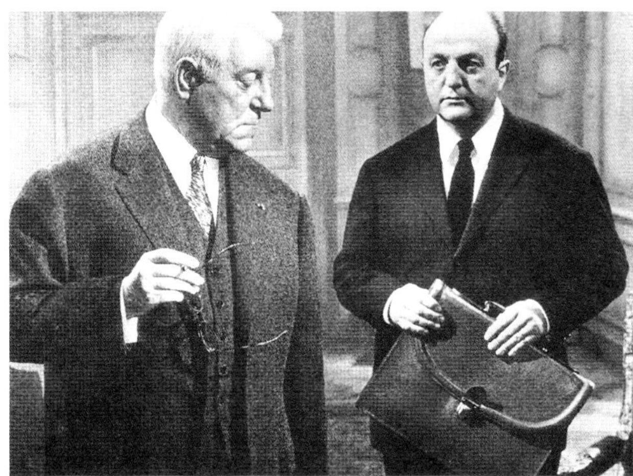

Jean Gabin und Bernard Blier in „Les grandes familles" (Die großen Familien), 1958. © Brunelin, André: Jean Gabin. Sein Leben – seine Filme – seine Frauen. Berlin 1991.

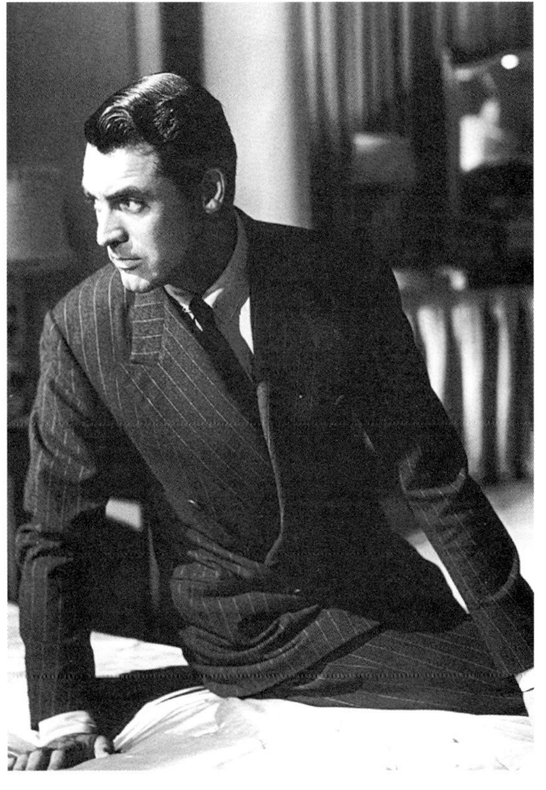

Cary Grant in „simply understated elegance". © Torregrossa, Richard: Cary Grant. A celebration of style. New York 2006, S. X.

man sich persönlich kleiden sollte. Mann wollte aussehen wie David Niven, Fred Astaire, Cary Grant oder Jean Gabin. So waren die Stars von Bühne und Film die großen Modevorbilder und damit Trendsetter, die das Geschäft der Herrenkleidermacher belebten.

Cary Grants Leben stützte sich auf die „sartorial philosphy", die Stil als Statement eleganter Einfachheit in allen Bereichen des Dasein umzusetzen sah: Stil als „elimination".[59] Cary Grants Anzug aus dem Film „North by Northwest" (1959) stammte von Kilgour, French & Stanbury (8 Savile Row). Der überproportional große Kopf des Schauspielers wurde optisch korrigiert durch überbaute Schultern (1 Inch), die ihn wie ein perfektes Idol aussehen ließen.[60] Amerikanische Kunden wurden während und nach dem Zweiten Weltkrieg in der Tat wichtig für das Schneiderleben der Savile Row.

59 Torregrossa, Richard: Cary Grant. A celebration of style. New York 2006, S. 121.

60 De la Haye, Amy (Hg.): The cutting edge. 50 years of British Fashion 1947–1997. London 1997, S. 43.

7. Innovative Eleganz: Das italienische Statement

„Gerade die Dogmen, die es der britischen Herrenwelt ermöglichten, ihren Geschmack als tonangebend von der gesamten zivilisierten Welt anerkannt zu sehen, haben unter dem blauen Himmel Roms am allerwenigsten Geltung. Denn diese Dogmen sind: Unauffälligkeit, Korrektheit, Anpassung an Ort, Umgebung und Stunde, betonte Einfachheit. Die Jeunesse dorée Roms aber will auffallen."[61] Schon die Farbenfreudigkeit des modischen Beiwerks der italienischen Herrenwelt rief in den 1920er Jahren die Opposition der deutschen und englischen Kritik hervor und die Feststellung, daß Beau Brummell in diesem Lande wahrscheinlich so gut wie unbekannt sein dürfte.

61 Koebner, F. W.: Römische Eleganz. In: Kühn, R. M. (Hg.): Herrenwelt. Berlin 1924, Heft 4, S. 18.

Nach zwei Jahrhunderten modischer Vorherrschaft erwuchs der legendären englischen Herrenmode erstmals und nachhaltige Konkurrenz aus Italien. Das bahnbrechend neue, mutige Statement italienischer Herrenmodemacher präsentierte eine konträre Interpretation britischer Herrenkleidermacherkunst. Es war der Belebungsversuch des klassischen Anzugs nach italienischer Fasson, der nach 1945 die Herrschaft innovativer Eleganz anbrechen ließ. Die Italiener boten mit ihrer stark expandierenden Industrie und ihrer grundverschiedenen Mode-Mentalität erstmals eine Alternative zum britischen Angebot.

Die intendierte Wirkung eines italienischen Anzugs läßt sich als Widerspruch zu Brummells Definition maskuliner Eleganz auffassen: als leichtes, farbenfrohes, manchmal gewagtes modisches Statement statt des bewährten englischen Understatements. Modebekenntnisse scheinen fortan zulässig. Der Verzicht auf die stilprägende Zurückhaltung des klassischen Anzugs machte die italienischen Herrenmodemacher – allen voran Brioni – zu „Modeschöpfern". Modische Tabubrüche waren angesagt: auffällige Stoffe, leuchtende Farben und andere Schnitte kleideten den Italiener und das eroberte Amerika.

Nazareno Fonticoli und Geatano Savini gründeten 1945 ihr legendäres „Atelier Brioni"[62] in Rom. Gegen die Tristesse und die mehr oder minder starren Gesetzmäßigkeiten klassisch-englischer Eleganz, gepaart mit hoher angewandter Schneiderkunst, experimentierten ihre mutig und erfolgreich vermarkteten Kreationen mit Lebensfreude und streitbarer Extravaganz. 1952 beendete Brioni mit einer Modeschau im Palazzo Pitti (Florenz) durch die Präsentation einer Modekollektion für Herren dieses bisher der Damenmode vorbehaltene Ritual. Als Wegbereiter und Schöpfer der sichtbaren Lebendigkeit in der Herrenmode behauptet sich Brioni seither weltweit mit trendbestimmendem Erfolg. Mit der Gründung des Labels „Brioni Roman Style" 1960 gelang Brioni überdies – dem Ruf der Zeit folgend

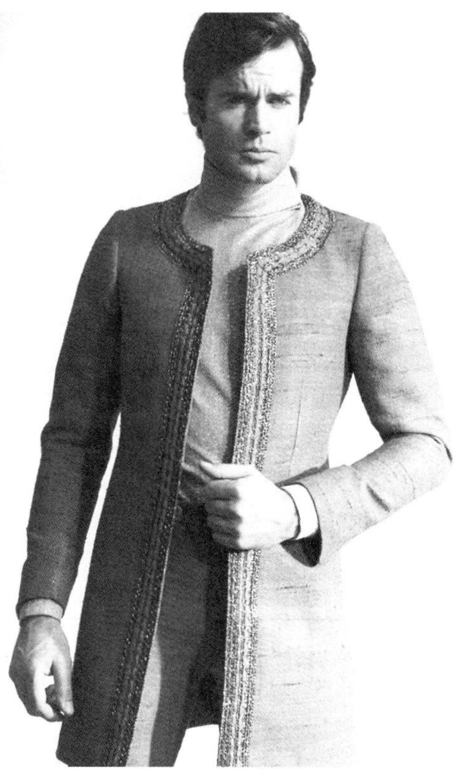

Brioni-Modell der 60er Jahre im Maharadscha-Stil. © Archiv Brioni.

62 „Brioni" in Anlehnung an den Namen für eine Insel im Adriatischen Meer vor Triests Küste, die zwischen den Weltkriegen ein Treffpunkt der luxussporttreibenden Elite war.

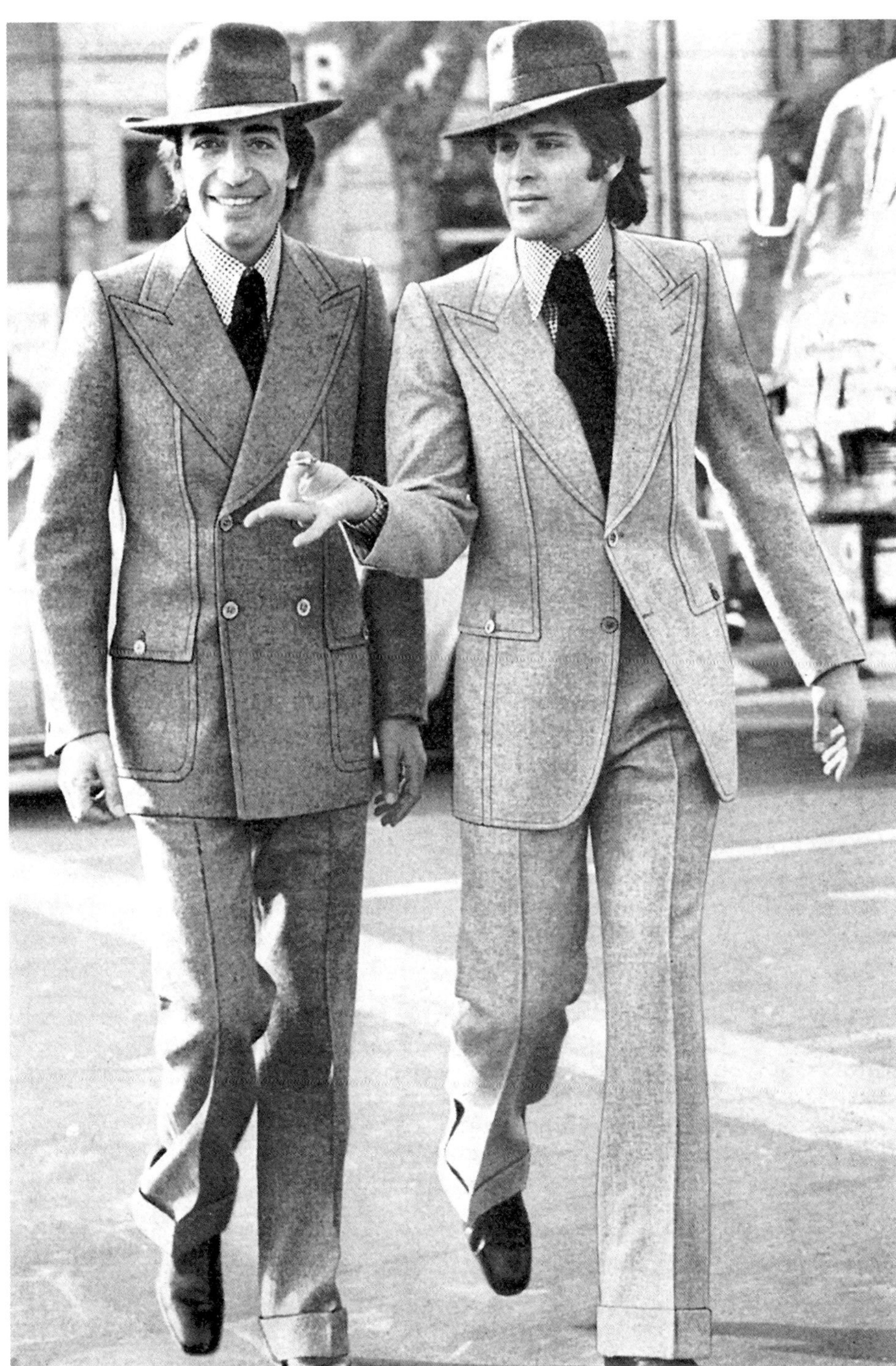

Graue Flanell-anzüge von Litrico. Rund-schau 4/1973.

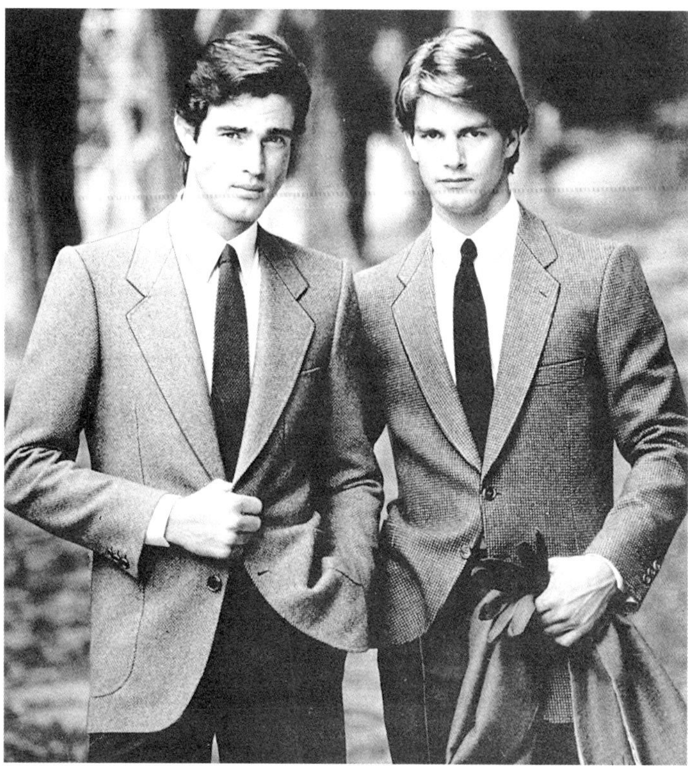

Jugendliche Kombinationen von Ugo Coccoli, Turin. Rundschau 2/1984.

– die Vermählung von Maßbekleidung und Serienprodukt.[63] In Penne (Abruzzen) werden bis heute nach einem einzigartigen Fertigungssystem Anzüge prêt-à-porter nach höchsten Maßstäben des Schneiderhandwerks zu einem gut Teil handgefertigt.

In den 60er Jahren wurde die neue, aber klassische italienische Verjüngung der männlichen Silhouette durchschlagend. Die Anzuglinie schmiegte sich näher an den Körper. Gemeinsam mit der aufflammenden Begeisterung für Jeans erschütterten die Protestbewegungen dieser Jahre den Konservativismus der Herrenmode. In Brionis Maharadscha-Stil traten nach zwei Jahrhunderten Abstinenz wieder Gold und Silber in der männlichen Garderobe in Erscheinung.[64]

Neben Brioni verstanden es auch andere hervorragende Herrenschneider wie Angelo Litrico und Ugo Coccoli, mit ihren Kreationen dem konservativen Sakkoanzug eine jugendlich-flotte Linie zu geben.

In den 70er Jahren war Italien erst recht das Land der besten modischen Anregungen. Die bereits als klassisch geltende italienische Linie blieb tonangebend. Italienische Herrenmodemacher brachten in kühnen Vorschlägen unkonventionelle Gestaltungsdetails für das Sakko: außergewöhnliche Nahtführungen sowie Revers- und Taschenformen, paspelierte Biesen, verdeckte Knopfleisten sowie Leder an

63 Chenoune, Farid: Brioni. Magier der Mode. Aus dem Französischen übertragen von Caroline Gutberlet. München 1999, S. 15.

64 Ebenda, S. 78.

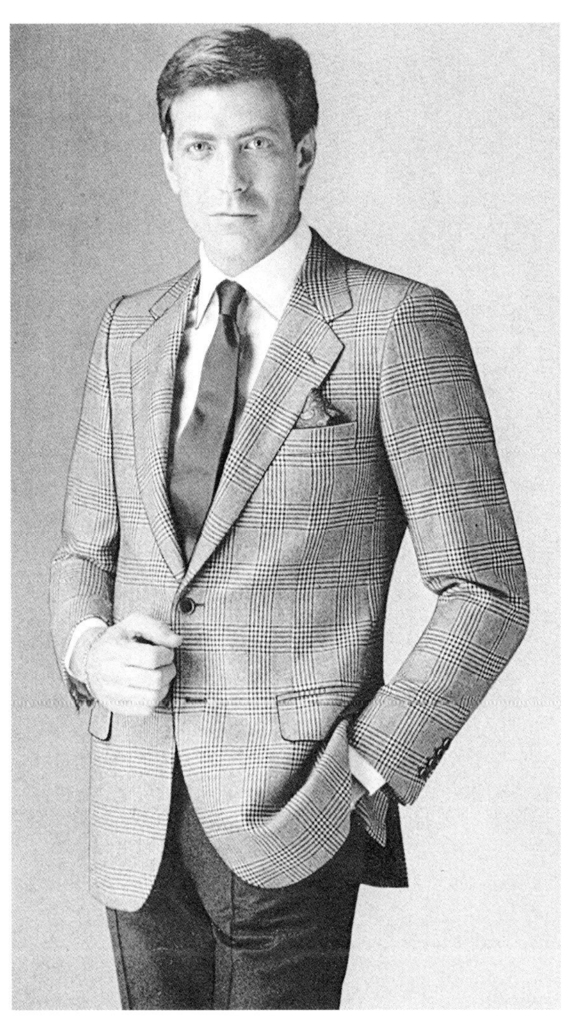

Sakko in klassisch schöner Brioni-Handschrift. In: Rundschau, 5/1984.

Nähten und Kanten, Einfassungen, Taschen, Knöpfen und Knopflöchern. Kombinationen fungierten als aufgelockerte Interpretation des klassischen Anzugs.

Durch die Jahrzehnte blieb ein körpernaher Stil kennzeichnend für italienische Modelle, die die Taille gut herausarbeiten und manchmal sogar etwas höher legen. Als Ideal schwebt eine sportliche, männliche Figur vor, eine schmale, dem Körper folgende Silhouette mit natürlicher Schulter und leichter Taillenzeichnung ohne Übertreibungen.

Selbst bei Brioni hat sich inzwischen ein „zeitloser", geläuterter Begriff internationaler Eleganz „Made in Italy" als vorrangig durchgesetzt. Mit beeindruckender Kontinuität bewies und beweist sich jedoch vor allem die Qualität italienischer Schneiderkunst, die ihren Meistern in der Geschmeidigkeit der Machart den Rang der besten Schneider der Welt zuteil werden läßt.[65]

Mit der Etablierung des italienischen Stils und ihrer richtungsweisenden Trendvorgaben wurde der klassisch-britischen Linie scheinbar endgültig die konservative Rolle zugesprochen. Die Londoner Savile Row büßte ihre traditionsträchtige Vorrangstellung ein und führt seither ein Schattendasein neben dem Modegiganten Italien. Das Vorbild italienischer Eleganz beweist sich bis zum heutigen Tag mit Durchsetzungs- und Überzeugungskraft.

65 Chenoune, Farid: Brioni. Magier der Mode. Aus dem Französischen übertragen von Caroline Gutberlet. München 1999, S. 12.

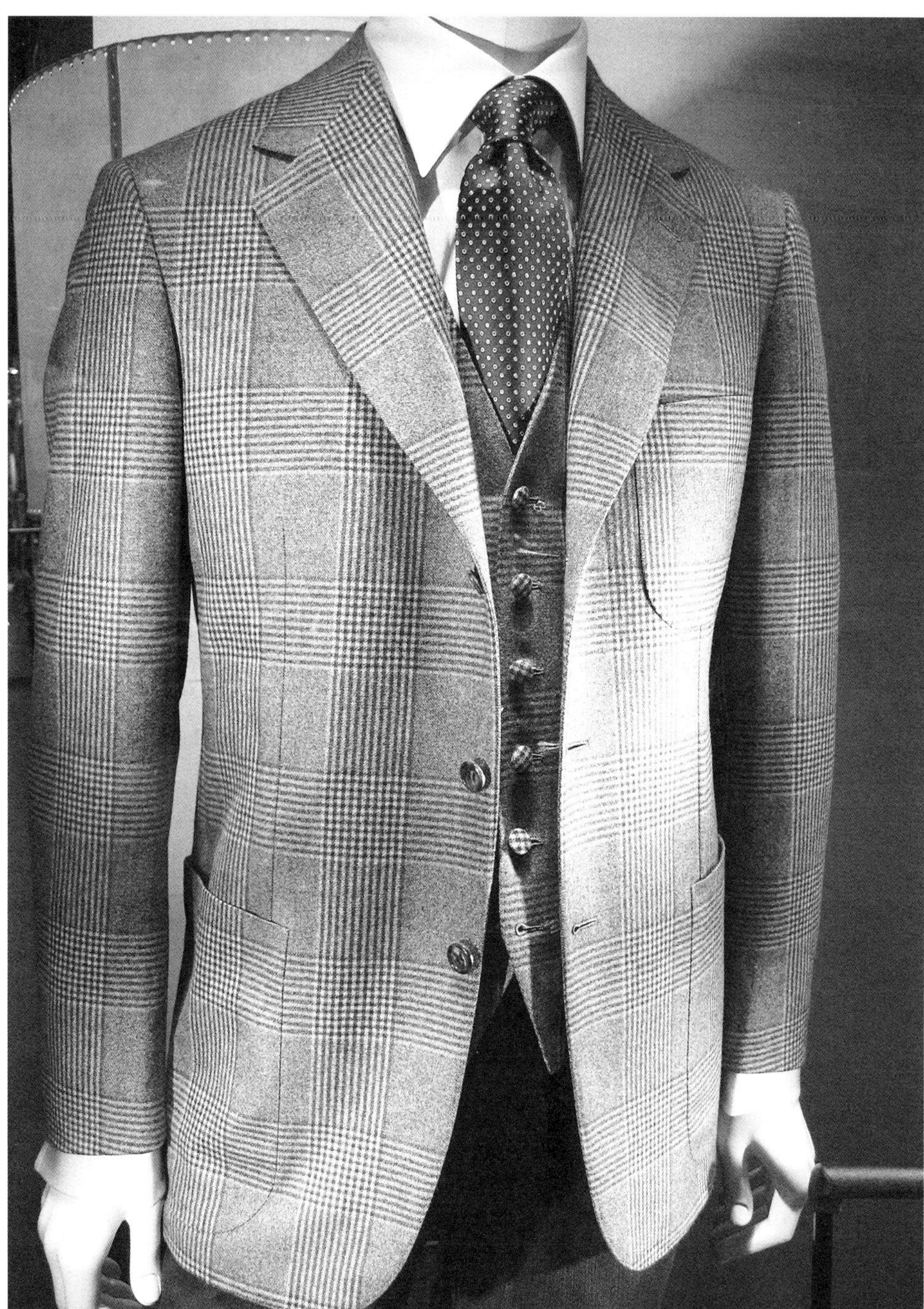

Brioni-Auslage: Sportsakko mit aufgesetzten Taschen, Milano 2005. © R. Sprenger.

III. Zur Geschichte der Herrenkleidermacher

1. Der unaufhaltsame Aufstieg eines Meisterhandwerks

Die „Erniedrigung des Schneiders“, die man im Zeitalter bestehender Kleiderordnungen festzustellen hatte, endete mit der Aufklärung und fortschreitenden Demokratisierung der Mode. Während der Schneider bis zum 17. Jahrhundert von der Mode gleichsam beherrscht wurde, mutierte er nun zum „Herrscher“ der Mode. Die Zeit der Kleiderordnungen ließ den Ständeunterschied glänzend hervortreten und konnte dem Schneider nicht zur Selbständigkeit verhelfen. Er hatte nichts anzuordnen, sondern nur auszuführen, was man ihm auftrug. Dazu kam noch, daß der kostspielige und fortwährend wechselnde Flitter die Stofflagerung unmöglich machten. Das Bild des Schneiders wandelte sich zu dem des Kaufmanns und Geschmacksrichters in einer Person, der sein Gebiet vollständig beherrscht und alles Ansehen genießt, sofern er sein Handwerk von Grund auf versteht.[1] „Vom anonymen Handwerker wird der Schneider zu einer Schlüsselperson des gesellschaftlichen Lebens. Gerne macht man bei ihm Schulden, die ein gewisses ‚Standing‘ unter Beweis stellen. Die romantische Literatur wimmelt von jungen Männern, für die die Anprobe und die Rechnung des Schneiders die Stellung von Seelenzuständen einnehmen.“[2]

Nur einer sehr alten Schneidertradition konnte es gelingen, die Kreation des natürlichen Mannes durch Schnitt und Paßform in Kleidungsstücken aus Wolle sichtbar und tragbar umzusetzen. Die strikte Verwendung natürlicher Materialien und die durch Schnitt und Sitz veredelten Proportionen der männlichen Gestalt verliehen dem modernen, bürgerlichen Mann und dem Aristokraten den ästhetischen Anschein von Integrität. Aus einer vorhandenen englischen Tradition der Einfachheit entwickelten die englischen Schneider ihre klassizistische Version des Anzugs, in dem Grazie und Nützlichkeit verschmolzen. So kann der von Herrenschneidern geschaffene Mann im Anzug als größter klassizistischer Beitrag zur Kostümgeschichte gelten.[3]

Der Wandel der Männerkleidung im 19. Jahrhundert blieb weiterhin eine Sache subtiler Veränderungen der geschneiderten Grundform und ihrer Grundmaterialien[4]. Die formale Angleichung der Herrenmode aller Gesellschaftsschichten ließ ein

1 Vgl. Mottl, Wendelin: Sonst und Jetzt! Reflexionen über die heutige sociale Stellung des Kleidermachers. In: Europäische Modenzeitung für Herren-Garderobe, 13. Jg., Nr. 11, Dresden 1863.

2 Baudot, François: Die Mode im 20. Jahrhundert. Aus dem Französischen übertragen von Sabine Herting. München 1999, S. 58.

3 Vgl. Hollander, A., S. 164.

4 Hollander, A., S. 90.

Qualitätsbewußtsein entstehen, das nicht mehr mit Prunk, sondern mit Stil zu tun hatte. Leben wurde zu einer Frage des Stils (O. Wilde), strenge Nüchternheit zur modischen Botschaft. Die neue britische Eleganz setzte ihre kontinentale Erfolgsgeschichte als ausschließlich männliches Unterfangen fort. Die Herrenschneider als Schöpfer und Instanzen des geschaffenen Stils adelten ihr Meisterhandwerk durch ihre Perfektionierungsbestrebungen und verpflichteten sich stillschweigend dem Image des mysteriösen Machers.

2. Mann, Macher, Mythos: Herrenschneider „bespoken"

Der Schneider, als Architekt und Kunsthandwerker betrachtet, beabsichtigt nach dem englischen, vornehmen Prinzip der Bekleidung die unauffällige Wirkung des Trägers, ihn seinen individuellen körperlichen (baulichen) Vorgaben entsprechend zu bekleiden, was heißen will: Die Wirkung seines Werks wird hervorgerufen durch das Material und durch die Form des Sakkos. „Ein jedes material hat seine formensprache, und keines kann die formen eines anderen materials für sich in anspruch nehmen. Denn die formen haben sich aus der verwendbarkeit und herstellungsweise eines jeden materials gebildet, sie sind mit dem material und durch das material geworden. Kein material gestattet einen eingriff in seinen formenkreis. Wer einen solchen Eingriff dennoch wagt, den brandmarkt die welt als fälscher. Die kunst hat aber mit fälschung, mit lüge nichts zu tun. Ihre wege sind zwar dornenvoll, aber rein."[5]

Schneider wurden Männer des Erfolgs, indem ihre beherrschte Technik des Umgangs mit Material und Form unermüdlich nach Verfeinerung und einer auf leichte Effekte verzichtenden Perfektion strebte. Der Eifer, unablässig am Fortschritt dieser angewandten Kunst zu arbeiten, kennzeichnet alle schnittechnischen Errungenschaften des 19. Jahrhunderts und auch die vielen ungewürdigten Bemühungen mehrerer Schneidermeister, verschiedene Werkzeuge zu entwickeln, die dem Handwerk der Herrenkleidermacher von Nutzen sein konnten.

Peter Rosegger, selbst Schneider, schreibt über die Kunst seines Handwerks: „Und was die Hauptsache ist, Kopf muß einer haben! Was an einem krummen, buckligen einseitigen Menschenkinde verdorben ist, das soll der Schneider wieder gutmachen. Der Schneider muß aber nicht allein den Körper seines Kunden, er muß auch sozusagen sein ganzes Wesen erfassen, um ihm ein Kleid zu geben, das paßt. Und ebenso muß er den Stoff kennen, von dem er den Anzug zu verfertigen hat. Manches Tuch dehnt sich, manches kriecht zusammen; dieses hält die Farbe, das andere schießt ab."[6]

5 Adolf Loos: Das Prinzip der Bekleidung. In: ders.: Ins Leere gesprochen. Schriften in zwei Bänden, 1. Band, Innsbruck 1931, S. 111.

6 Rosegger, Peter, zitiert nach: Amt für Berufserziehung und Betriebsführung der Deutschen Arbeitsfront unter Mitarbeit der Arbeitsgemeinschaft Herrenschneiderhandwerk: Das Berufsbild des Schneiders. Berlin 1937, S. 13.

Darin ist ausgedrückt, was den Beruf des Schneiders von den meisten anderen Handwerken unterscheidet: Der Schneider arbeitet für den lebenden Menschen, weshalb er seine ganze Arbeit auf den künftigen Träger des Kleidungsstücks abstimmen muß. Er legt gewissermaßen seine ganze Geisteskraft in das Werk seiner Hände, um ein Kleidungsstück individuell gestaltet und formvollendet umzusetzen.

Nach den sozialen Umwälzungen der Französischen Revolution und der neu postulierten Gleichheit stellte das aufstrebende Bürgertum, das sich nicht mehr wie der Adel über Luxusstoffe und Verzierungen, sondern über den perfekten Sitz und die exklusive Verarbeitung seiner Garderobe definierte, ein viel feineres Zeichensystem auf, das nur für Eingeweihte lesbar war. Die Distinguiertheit fand in der Feinheit der Machart ihren subtilen, detailverhafteten Ausdruck und verlangte dem Schneider die volle handwerkliche Beherrschung seines Faches ab: Der Schneider wurde zum Macher und die Paßform zum alles entscheidenden Maßstab. Bürgerlicher Tadellosigkeit sollte ein faltenloser Sitz der Kleidung entsprechen. „Die zwangsläufig durch das Tragen entstehenden Falten mußten weitestgehend minimiert werden. Hierfür war ein Kompromiß notwendig zwischen der Bewegungsfreiheit und der angestrebten Faltenlosigkeit. Bis heute gibt es gültige Definitionen in der Maßschneiderei z. B. eines perfekt eingenähten Ärmels. Ob diese Perfektion erreicht ist, zeigt sich nur in einer bestimmten Armhaltung, in der der Ärmel ‚richtig‘ fällt.“[7] Die Gesamterscheinung der neuen herrschenden Klasse mußte – ganz nach dem bürgerlichen Gesetzbuch Brummells – eine disziplinierte, distinguierte und gezielt unauffällige sein. Der Maßschneider hatte dem Bürger seine Rechtschaffenheit und Kreditwürdigkeit auf den Leib zu schneidern. In Folge kam es zu einer ungemeinen Aufwertung des Schneiderhandwerks, die Kunst des Schneiders wurde zum Statussymbol.[8] Der Maßschneider sollte fortan der Berater des Kunden in allen Modeangelegenheiten sein und nicht davon abrücken, in der „einfachen“, aber guten Ausführung die Marke des eleganten und vornehmen Mannes zu betonen.

Während die Herstellung von Damenkleidung für die meisten Frauen eine intime häusliche Angelegenheit war, blieb die Herrenschneiderei „für den Kunden mysteriös (es sei denn, er war selbst Schneider), wobei die gesamte technische Arbeit von überragenden Handwerkern gänzlich außerhalb des Blickfelds des Kunden geleistet wurde, sobald er angegeben hatte, was er wollte, und dafür Maß genommen wurde.“[9] Herrenschneidereien lieferten neben dem fertigen Produkt immer schon alle Materialien zur Herstellung, da diese beiden Elemente für die männliche Kundschaft untrennbar schienen und scheinen. Männer versuchen sich nicht in Modezeichnungen, sie durchstöbern auch keine Stoffgeschäfte. „Der Entwurf eines Anzugs war überdies die Variation einer schon bestehenden Form, wobei die Variation oft nur in einem neuen Stoff oder Zierat bestand, deren Idee vom Schneider kam,

7 Kraft, Kerstin, S. 74.

8 Ebenda, S. 74.

9 Hollander, A., S. 189.

der beides lieferte. Wenn er den Auftrag bekam, kümmerte sich sein Geschäft um alles von Anfang bis Ende."[10]

„Männliche Kleidung, und davon abgeleitet die männliche Wertschätzung der persönlichen Erscheinung überhaupt, erfuhren weiterhin eine Achtung, die dem Respekt entsprach, der allen ernsthaften männlichen Unternehmungen gezollt wurde, den technischen wie den kreativen. Die Herstellung der männlichen Kleidung war tatsächlich eine ernsthafte Angelegenheit. Das genaue Maßnehmen und das Anpassen der sorgfältig entworfenen Schnittmusterteile, die für den Anzug gebraucht wurden, gehörten ebenso dazu wie verfeinerte Fertigkeiten für den Schnitt, der sie in Stoff übersetzte, und für die Konstruktion der inneren Schichten, die den Sitz der Kleidungsstücke erzeugten. Vor allem waren handwerkliche Fertigkeiten für die Anpassung an die individuelle Figur [...] erforderlich. All dies gibt es im Handwerk der Maßschneiderei heute noch."[11]

Es gehört zu den vornehmsten wie schwierigsten Aufgaben künstlerischer Betätigung, den menschlichen Körper in jenes Formgefühl mit einzubeziehen, das Ausdruck jeweiligen Stilwillens ist. Durch die Proportionen des menschlichen Körpers und seiner eigengesetzlichen Bewegungsmöglichkeit sind dem Gestalter Grenzen auferlegt.[12] Das künstlerische Gestaltungsvermögen strebt letztlich nach jener sublimen, modischen Eleganz, die als schöpferische Leistung Anerkennung verdient. Diese Entwicklung modischer Eleganz auf dem Gebiet der Herrenkleidermacher läßt sich nicht ohne die Meisterschaft des Handwerks erlangen.

Stilistische Veränderungen ergeben sich in der praktischen Kunst der Herrenkleidermacher daher niemals plötzlich, weil die vorhandenen technischen Mittel und Materialien heftige Geschmacksänderungen tendenziell dämpfen und eingespielte Vorgehensweisen ungezügelte Phantasien bremsen. Es ist Zurückhaltung notwendig, damit der zu bekleidende Körper sozial verständlich bleibt und nicht lächerlich wird. Der geübte Schneider versteht sich auf die Kunst, die (fallweise extravaganten) Vorstellungen des Kunden in ein brauchbares Produkt zu übersetzen. Während die weibliche Mode autonomer wurde, konzentrierte sich die etablierte Schneidertradition auf die Erzeugung eines akzeptablen Körpers. Bis heute nehmen die zumeist männlichen Herrenkleidermacher das Herstellen eines vorteilhaften und angenehmen Äußeren als zentrale Aufgabe ihrer Arbeit wahr. Als meisterliche Anwender jener Zeichensprache, die sie durch Praxis und Innovation beherrschten und perfektionierten, wurden die Herrenschneider zu den schöpferischen Machern der bürgerlichen Garderobe, die vom Verlangen nach Nüchternheit und Zurückhaltung, Distinktion und Verläßlichkeit spricht.

10 Hollander, A., S. 189f.

11 Ebenda, S. 115.

12 Vgl. Braun-Ronsdorf, Margarete: Modische Eleganz. Europäische Kostümgeschichte von 1789 bis 1929. München 1963.

3. Wege zur perfekten Nacktheit: Die Kunst der Abstraktion

Die Nachahmungsbestrebungen der schönen Künste des 18. Jahrhunderts fanden in der angewandten Kunst der englischen Schneider eine adäquate, klassizistische Übersetzung. Die Verwandlung des artifiziellen Rokoko-Mannes in einen edlen, neuen, antik-natürlichen Mann versprach den perfekten klassischen Körper, der in radikaler Schlichtheit und bemühter Natürlichkeit in moderne Kleidungsstücke gehüllt wurde.

Die aufgeklärte Grundkonzeption des neuen Ideals klassizistischer Einfachheit hatte das Bild schmuckloser männlicher Perfektion zu vermitteln. Auf dem Umweg der zweiten Haut war die bekleidete Illusion perfekter Nacktheit zu schaffen, deren materielle Umsetzung dem Kunsthandwerk alsbald Macht und Ansehen verschaffte. Dieses Ideal bot eine vollständige Hülle für den Körper, die dennoch aus separaten, in unterschiedlichen Lagen angeordneten Einzelteilen bestand. Arme, Beine und Gesäß wurden sichtbar markiert, aber nicht eng umschlossen, damit schwungvolle Bewegungen keinen unangenehmen Druck auf Nähte und Verschlüsse ausübten. Die Unregelmäßigkeiten der individuellen Körperoberfläche wurden dadurch harmonisch überspielt und nicht emphatisch modelliert.[13] Mit seinen subtilen Linien verweist das Sakko „abstrakt" auf die darunterliegenden Formen des männlichen Körpers, der sich durch sorgfältige Modellierung nur an bestimmten Stellen bei diversen Bewegungen durchsetzt. Die diskrete Polsterung des Brustkorbs und der Schultern erschuf das Erscheinungsbild selbstsicherer Männlichkeit in dynamischer Abstraktion.

Die Ernsthaftigkeit, mit der Herrenschneider die Fortschritte auf dem Gebiet der Schnittechnik und der Verarbeitungsweisen erzielten, entsprang dem Weg, den die moderne männliche Eleganz nach der Französischen Revolution eingeschlagen und spätestens mit Brummell unbeirrt weiterverfolgt hatte: Perfektion als Weg der Innerlichkeit. Das Ideal des männlichen Anzugs entstand vornezu neu in der Verbindlichkeit seiner visuellen Form. Die Kunst der perfekten Hülle für einen begrenzt ansehnlichen Körper stand so zugleich immer im Dienste der Steigerung erotischer Anziehungskraft des Subjekts. Die wissenschaftliche Zugangsweise diente schließlich diesem Bestreben, bewiesene, verläßliche und nachvollziehbare, mithin auch reproduzierbare Meisterstücke im Schneiderhandwerk durch methodisch-systematische Fortschritte hervorzubringen. Der Anspruch, vor den sich die Bekleidungskünstler gestellt sahen, blieb aufgrund der ästhetisch beschränkten Möglichkeiten bei mannigfaltigen Vorgaben unvermindert hoch.

Den kolossalen Herausforderungen, die sich an diese anspruchsvolle Zielvorgabe knüpften, verpflichteten sich namhafte Schneider in unerschütterlichem Fort-

13 Hollander, A., S. 19.

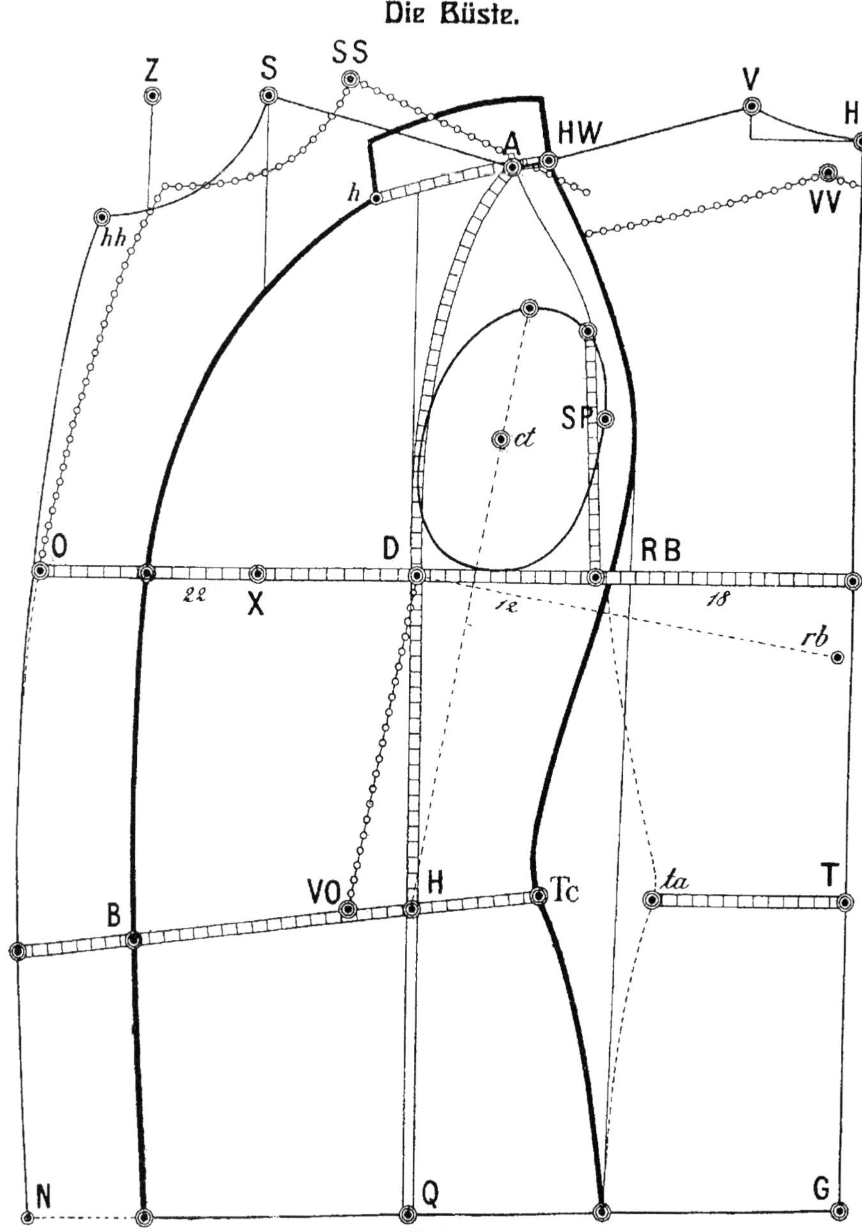

Müller, Michael: Illustriertes Handbuch der neuesten praktischen und wissenschaftlichen Zuschneide-Kunst für Herren-Kleidermacher. „System der Zukunft", 6., neu umgearbeitete Auflage, München 1921, Bd. 1, S. 9.

schrittseifer. Viele Wege der visuellen Verwirklichung des Ideals heroisch-perfekter Nacktheit zeigen die unglaubliche Variabilität des genialen Grundentwurfs. Im 19. Jahrhundert gelang die Modifizierung des vorhandenen Anzugs, dessen Grundkomponenten nach wie vor Gültigkeit beanspruchen. Maßmode für Männer modifiziert bis heute das klassizistische Schnittkonzept, das Schneidermeister aller Generationen seit Brummells Zeit durch Tradition und Verfeinerung zur Vervollkommnung des männlichen Erscheinungsbildes zu perfektionieren versuchten. Jeder einzelne Schneidermeister ist gefordert, aus dem vorhandenen Know-how einen Weg der Umsetzung schnittechnischer Details zu erarbeiten und für seinen ausgewählten Kundenkreis zu adaptieren. Denn jede schnittechnische Veränderung bleibt mit verarbeitungstechnischen Konsequenzen verknüpft und setzt die stetige Sensibilität für kleine Abweichungen und erforderliche Arbeitsumstellungen voraus. Verarbeitungstechnik ist bis heute eine unabschließbar innovative Disziplin, eine variable Mischung aus tradiertem Wissen, persönlich erarbeiteter Methode und gekonnter Improvisation. Die unterschiedlichen Systeme und Methoden eint das Ziel, ein perfekt sitzendes Kleidungsstück herzustellen, um über den perfekten Sitz der Hülle die Perfektionierung des Körpers zu erreichen.[14]

Unverrückbar positioniert sich hier eine der Hauptprofessionen des Schneiderhandwerks überhaupt, aus einem offensichtlichen Mängelwesen einen vorzüglich erscheinenden Menschen zu „schneidern". Der Erfolg der Schneiderkunst lag jedoch nicht allein im ausgeschöpften Potential körperlicher Perfektionierung, sondern auch in der gemeisterten Herausforderung, für dauernde Bewegung ausgelegte Stücke zu fertigen, die den gesellschaftlichen wie moralischen Ansprüchen an die alltägliche Herrenkleidung zu genügen vermochten. Als Antwort auf die Wahrnehmung offensichtlicher körperlicher Mängel und in Berücksichtigung einer Typologie von Körperhaltungen und Wuchsformen stellte das anatomische Studium die Voraussetzung zum Weg der Vervollkommnung eines unvollkommenen Körpers: Der Illusion vollkommener, nackter männlicher Schönheit verpflichtete sich alle Schneiderwissenschaft in ihren technischen und praktischen Anstrengungen. Überdies ist die Weiterentwicklung der Schnittechnik bis heute als wesentliche Bedingung für die Geschichtlichkeit und Wandelbarkeit der Herrenmode anzusehen.

Die Gestaltung der Schulterpartie zeigt beispielhaft, auf welch kritischen Prüfstand das Schneider-Know-how (modebedingt) vornezu gestellt war. Verschiedene Achselstellungen forderten angepaßte Bearbeitungsmethoden, und noch immer ist die Gestaltung der Schulterpartie in der Kunst des Schneiders ein Thema lebhafter Auseinandersetzung. Moderne Formen der Achsel kommen heute ohne geschnittene Höhlung aus, die in Kombination mit der schräg in den Rücken verlaufenden Schulterlinie noch bis in die 1920er Jahre gearbeitet wurde. Die seither ausgebildete „normale" Achsel mit geradem Verlauf der Schulterlinie erhält ihre notwendige Länge über dem Schulterknochen auf verarbeitungstechnische Weise. Der moderne Zuschnitt zeigt die augenfälligen Veränderungen, die sich mit der fortwährenden Entwicklung der Technik des Zuschnitts und abgewandelter Verarbeitungsmethoden

14 Kraft, Kerstin: S. 71.

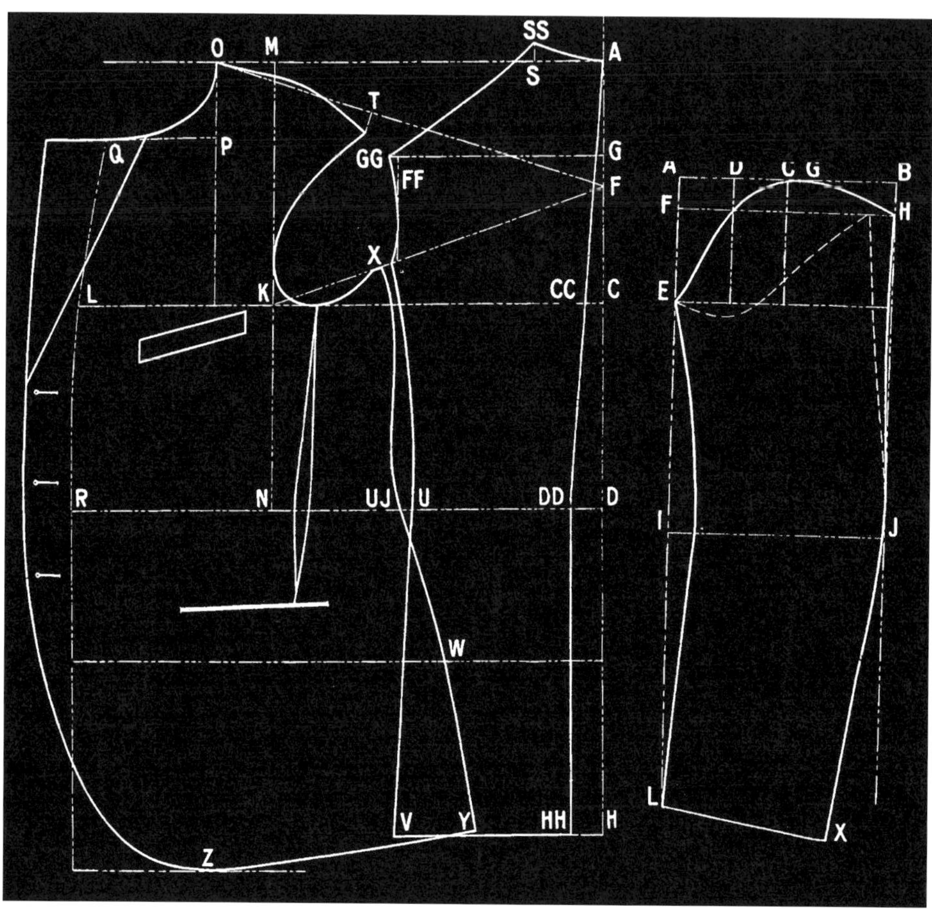

Schnittaufstellung: modischer Sakkoschnitt, Wiener Herrenmode, 1911: Das Vorderteil verzichtete auf die Taillierung des Brustabnähers, der heute von der Brust zum vorderen Beginn des Tascheneinschnitts führt. Das Seitenteil war angeschnitten und im Hüftbereich sichtbar erweitert. Der Rücken verzichtete auf eine kalkulierte Überweite, der Zweinahtärmel hatte keine Nahtverlegung der vorderen Ärmelnaht. Die schräge Achsel bewirkte eine Länge der vorderen Kanten, die nicht ohne „Stoffquälereien" zu bearbeiten war. Die Schulter mußte in ihre natürliche Stellung dressiert, die vordere Kante extrem kurzgebügelt werden.

ergeben haben. Eine korrekte Bearbeitung setzt somit stets fundierte Kenntnisse des Zuschnitts voraus.

Der moderne Anzug faßt ungeachtet aller Modifikationen den nackten männlichen Körper als geisterhaftes visuelles Bild.[15] Jeder Anzug erzeugt diese ihm zugrundeliegende Suggestion. Er „überlebt zum Teil deswegen, weil er sich unter all den auffälliger enthüllenden Varianten gegenwärtiger männlicher Kleidung die Fähigkeit erhalten hat, diese Suggestion der Nacktheit herzustellen".[16] Die imaginären männlichen Körper hinter den Modebildern des 19. und 20. Jahrhunderts illustrieren dieses unsichtbare Bemühen um die nackte Schönheit des bekleideten Gentleman.

15 Hollander, A., S. 179.
16 Ebenda, S. 179.

4. Dandys and Gentlemen: Schneiderkunden

Die Herrenmode der letzten 200 Jahre beförderte ein Männerbild, das im „gentle man" seine Begrifflichkeit fand. Der *gentle man* war demnach der aus abendländischen Kulturidealen[17] schöpfende moderne Mann und Schneiderkunde. Im Gentleman scheint der Schneider fortan den britischen Inbegriff aller männlichen Vorzüge einzukleiden. Seine „Englishness" verpflichtet sich der Ethik und Ästhetik gleichermaßen. „British love of understatement has been perfectly served by a tailoring tradition."[18] Der Begriff des Gentleman wurde zu einer Art Mythos: er steht für mehr als einen bestimmten Menschen, er ist ein Konstrukt zur Verkörperung ethischer Eigenschaften.[19] Sein implizites Erziehungsideal ist der Aufklärung verpflichtet, die gleichsam ein Idealbild des freien Menschen anstrebte.

Seit Brummells Tagen bedienten sich unzählige Dandys der Kunst des Schneiders, die zur Ästhetisierung ihres unterkühlten oder überlegenen Auftritts eine adäquate „Kostümierung" notwendig hatten. Während der Dandy auf eigenen Wunsch das ästhetische Moment überbetont und zur blanken Oberfläche gefriert, nutzt der Gentleman sein Outfit als Sprachsystem seiner (aufgeklärten) Haltung. Im Gentleman hatte der Herrenschneider seinen eigentlichsten Kunden gefunden: „Der Gentleman kleidet sich so, daß die Leute auf der Straße ihn übersehen – der Dandy so, daß sie stehenbleiben."[20]

Auf Wesen und Auftritt des Dandys umgelegt ergibt sich der Topos, der beide voneinander grundlegend unterschied: Understatement statt zur Schau gestellte „Verschwendung" und Exzentrik. Der modische Weg des Gentleman versteckt den Aufwand seiner unauffälligen Garderobe, die ihm nichtsdestoweniger zur Distinktion dient. Seinen Kleideraufwand verschweigt er ebenso wie der Schneider die Arbeit und Mühe im Dienste männlicher Eleganz. Zu verstehen als Kunst der Untertreibung, die nicht auskommt ohne die Kunst des Gegenübers, sie als solche zu erkennen. Es sei denn, Mann begnügte sich damit, schlichtweg in bemühter Eitelkeit die intendierte Wirkung direkt zuzulassen. Für den Gentleman gleicht es jedoch einer optischen Indiskretion, den Schlüssel zu ihrer Decodierung gleich mitzuliefern.

Der englische Gentleman und Schneiderkunde ist ein ebenso unhandlicher Menschentypus wie der Dandy, den er einst ablöste. Der Gentleman gilt als Inbegriff einer Haltung, einer moralisch-philosophischen Attitüde, die als pädagogisches Ziel das sympathische, aber überlebte Aufklärungsideal kultivierte. Das ethische Ideal des Gentleman hatte nach John Lockes Auffassung vier Eckpunkte: Tugend, Weisheit (Erfahrung), gute Erziehung, Bildung. Die Erweiterung des Gentleman-Begriffs stammt von Shaftesbury: Der Gentleman ist für ihn ein „man of fashion", jedoch kein Dandy oder Geck, sondern ein ernsthafter Schöngeist, ein Mann von

17 Antike, christliche und ritterliche Grundlagen.

18 De la Haye, Amy (Hg.): The cutting edge. 50 years of British Fashion 1947 – 1997. London 1997, S. 12.

19 Vgl. Metzger, Wolfgang: Der Begriff des Gentleman und der Fairplay Gedanke auf den kritischen Prüfstand der modernen englischen Industriegesellschaft des 20. Jahrhunderts. Wien 2000, S. 7.

20 Wilde, Oscar, zitiert nach Scherer, Martin: Der Gentleman. Plädoyer für eine Lebenskunst. München 2003, S. 40f.

Welt mit ausgeprägtem Kunst- und Lebenssinn. Die Verwirklichung einer pragmatischen Lebensästhetik erweiterte den Begriff des Gentleman.[21]

Der Gentleman hat Gegensätzlichkeiten auf einen Nenner zu bringen: Zartheit und Kraft, Tapferkeit und Höflichkeit, Aufrichtigkeit und Takt, Ehrlichkeit und Liebenswürdigkeit. Seinem „reinen Herzen" soll ein sichtbar weißes Hemd entsprechen. Er folgt verinnerlichten Anstandsregeln, einem „Ritus der Weltgemeinschaft der Gentlemen" und hat Meister in Sachen Einfühlung und „good taste" zu sein. Geduld und Selbstbeherrschung machen ihn zum Stoiker, der immer Haltung beweist und Macht und Autorität besitzt. Die *Dame* ist das Idealbild der Frau und das Pendant zum Gentleman, der er mit besonderer Rücksicht und Höflichkeit zu begegnen hat. Der Gentleman ist ritterlich zu Frau und Feind. Im persönlichen, politischen, geschäftlichen und sportlichen Kampf gilt ihm das „fair play" als höchstes Gesetz. Er will ritterlicher Gegner, loyaler Freund, verläßlicher Geschäftspartner und angenehmer Mitmensch sein.[22] Die Klasse der Gentlemen, der man angehören möchte, kennzeichnet „respectability" als Fähigkeit, sich zu benehmen, wie es sich gehört. Auftritt und Kleidung beweisen die Klasse seiner „gentle manners", die für den öffentlichen Umgang zurechtgeschnitten scheinen. In seinem elitären Klassenverständnis wollte sich der Gentleman deutlich von der Masse unterscheiden. Seine Exklusivität erstreckte sich auf alle Gebiete seiner Lebenskunst. Er wollte durch sein elegantes Auftreten, sein gutes Benehmen und seine erhabene Zurückhaltung im Gedächtnis bleiben. Die Schneider der Savile Row wurden als „gentlemen's tailors" engagiert.

Die Kleidung des Gentleman spricht – wie alle Kleidung und Mode – eine gesellschaftliche Sprache. Sie besitzt einen entschlüsselbaren Code, der davon lebt, entschlüsselt zu werden. „Die Hinweise, die der Eingeweihte zu lesen vermag, sind Resultat eines Minimalisierungsprozesses. Feinheit der ‚Machart' zeigen jetzt, wie ‚vornehm' ein Mann oder eine Frau ist. Die Art, wie ein Mantel geknöpft wird, ist entscheidend; auf die Stoffqualität kommt es an, wenn der Stoff selbst in Farbe und Tönung gedämpft ist. Auch das Schuhleder gewinnt Zeichencharakter. Das Binden der Krawatte wird zu einer vertrackten Ausdrucksleistung; der Krawattenknoten zeigt an, ob jemand ‚Kinderstube' hatte oder nicht, die Krawatte als solche besagt gar nichts. In dem Maße, wie sich die äußere Form der Uhren vereinfacht, wird das Material, aus dem sie gemacht sind, zum Hinweis auf die soziale Stellung ihrer Besitzer. Bei alledem kommt es auf die Subtilität der Selbstkennzeichnung an. Wer von sich behauptet, ein Gentleman zu sein, ist schon deshalb ganz sicher keiner."[23]

Die Eleganz des Gentleman wirkt vordergründig selbstverständlich und unaufdringlich. Seine Dezenz untertreibt, seine tadellose Erscheinung fällt auf, obwohl sie als zweite Haut, für die der Schneider verantwortlich zeichnet, eigentlich nicht

21 Metzger, Wolfgang: Der Begriff des Gentleman und der Fairplay-Gedanke auf den kritischen Prüfstand der modernen englischen Industriegesellschaft des 20. Jahrhunderts. Wien 2000, S. 18.

22 Vgl. Coudenhove-Kalergi, Richard: Der Gentleman. Zürich o. J., S. 18.

23 Sennett, Richard: Verfall und Ende des öffentlichen Lebens. Die Tyrannei der Intimität. Aus dem Amerikanischen übersetzt von Reinhard Kaiser. 2. Auflage, Frankfurt a. M. 1983, S. 192.

auffallen soll. Er spielt mit dem Übersehenwerden. In seinen Gegenständen meidet der Gentleman den Anschein des Neuen, um der Prahlerei seines Vermögens zu entkommen. Tatsächlich trugen Butler die Anzüge der Schneiderkunden ein, ehe sie im Laufe des Tragens ihre eigentliche Qualität und Stärke entfalteten: Die Roßhaareinlagen werden weich und körpergerecht, wenn sie in der Bewegung des Trägers unzählige Male „gebrochen" werden.

Eleganz erwächst dem Dandy wie dem Gentleman zum Imperativ, der als Forderung nach strenger Durchstilisierung des gesamten Lebens gilt.[24] Strenge und Absolutheit kennzeichnen dieses individuelle Gesetz, das alle Äußerlichkeiten (Kleidung), Beziehungen, Handlungen und scheinbaren Nebensächlichkeiten bestimmt. Der Schneider wird zum Mitgestalter dieses Menschentypus, da es ihm gelingen muß, dem Dandy und Gentleman die in angewandte Kunst übersetzte ethische Ästhetik auf den Leib zu schneidern.

In Wien waren viele der sogenannten „Zierbengel" bei Schneidern abonniert, die im Tausch gegen neue Anzüge die alten Stücke wöchentlich oder monatlich zurücknahmen.[25] Echte Dandys durften ihre Fräcke und Hüte niemals länger als einen Monat tragen, Schuhe und Stiefel wurden alle acht Tage erneuert, Handschuhe bereits nach wenigen Stunden.[26] Die Schneider hatten Geduld mit den meist schlechten Zahlern, die gute Schneider-Reklame machten.

Dieses Phänomen des 19. Jahrhunderts läßt sich als kulturelles Bekenntnis des (freien, flanierenden?) Individuums fassen, dessen sichtbare, vom Schneider geschaffene Eleganz nur als Verweis auf den unsichtbaren „gentle man" steht. Die angewandte Kunst des Schneiders scheint überstrapaziert in der geforderten Aussagekraft des Anzugs. Das Aussehen der Person mußte auf die Person selbst schließen lassen, und die ausgemusterten Feinheiten ihrer Kleidung mußten ethische Botschaften preisgeben. Trotz der einsetzenden Massenproduktion von Bekleidung nach 1850 verschwand die Vorstellung von Kleidung als Ausdruck immanenter Persönlichkeit keineswegs. „An den Nuancen der äußeren Erscheinung versuchte der Fremde abzulesen, ob jemand seine ökonomische Position in die eines ‚Gentleman' hatte übersetzen können."[27] Der Geldbeutel, aber vor allem die Kunstfertigkeiten des Schneiders blieben extrem gefordert.

Die Ernsthaftigkeit des Schneiderhandwerks fand lange Zeit die sinnfällige Entsprechung der bedienten Klientel. Nicht zuletzt war der Herrenschneider selbst „a gentleman's gentleman"[28]. Seine Dienerschaft an seiner adligen und aristokratischen, später bürgerlichen Zielgruppe ist geprägt von der Haltung des Gentleman-Ideals, das sie jedem Kunden auf den Leib zu schneidern hatten. Noch heute muß ein Schneider diesem Gentleman-Ideal nahekommen und die für die erfolgreiche Ausübung seiner Profession erforderlichen „social skills" praktizieren:

24 Lenk, Elisabeth: Wie Georg Simmel die Mode überlistet hat. In: Bovenschen, Silvia (Hg.): Die Listen der Mode. Frankfurt a. M. 1986, S. 428.

25 Boehn, Max von (Hg.): Die Mode. Menschen und Moden im 19. Jahrhundert. 1790–1817. 4. Auflage. München 1925, S. 146.

26 Wittkop-Ménardeau, Gabrielle: Unsere Kleidung. Aus der Geschichte der Moden bis zum Jahr 1939. Frankfurt a. M. 1985, S. 156.

27 Sennett, Richard: Verfall und Ende des öffentlichen Lebens. Die Tyrannei der Intimität. Aus dem Amerikanischen übersetzt von Reinhard Kaiser. 2. Auflage, Frankfurt a. M. 1983, S. 191.

28 Eigentlich ein Diener.

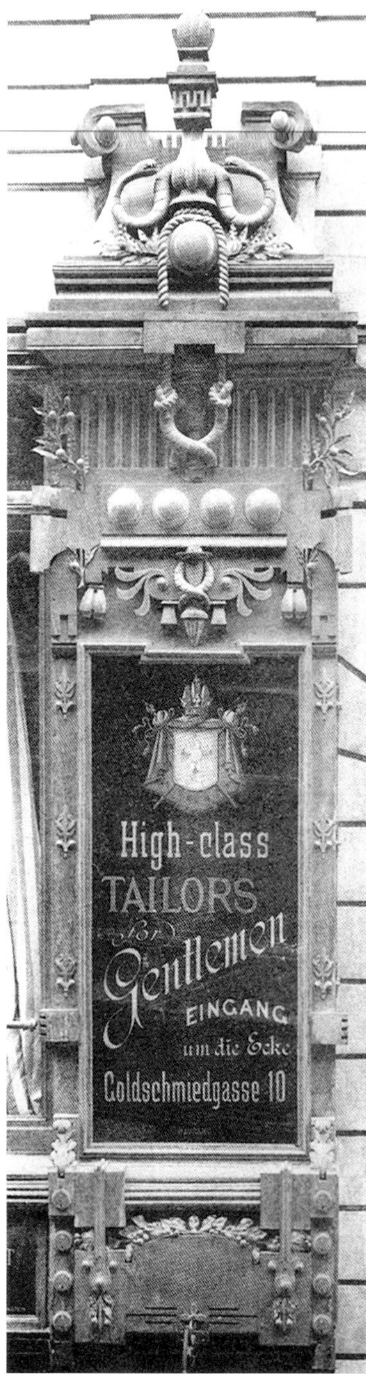

Historisches Museum der Stadt Wien.

Understatement, Kontenance und Zurückhaltung auf ganzer Linie. Nach der entleerenden Profanisierung des Gentleman-Begriffs, im Zeitalter quotenpushender Outings scheint das einstmals geläufige Gentleman-Ideal angemessenen Auftritts entweder antiquiert oder bereits vergessen. Das Höflichkeitsprinzip des Gentleman gilt also ebenso unangebracht wie ein tadelloses Äußeres, das nur Personen des öffentlichen Interesses als manierliche Eitelkeit ausgelegt wird. Der Untergang des Gentleman und das Ende des traditionellen Schneiderhandwerks mag im Hinblick auf die einander bedingende Koexistenz von Gentleman und Schneider als naheliegend erscheinen. Das Aussterben der Schneiderkunden ist damit jedoch nicht hinreichend erklärt.

IV. Wiener Schneidergeschichten

1. Die Schneider an der Savile Row des Ostens

Mit dem frühen 19. Jahrhundert wird der Beginn der eigentlichen Wiener Modegeschichte datiert. Durch den Wiener Kongreß war die Stadt glanzvoller Mittelpunkt Europas geworden. Es ist wenig bekannt, daß es in Wien zu eigenständigen Modeschöpfungen kam, die die Pariser Monopolstellung zu brechen und kontinentalen Einfluß zu erlangen versuchten. Über mehrere Jahrzehnte konnte sich Wiener Mode fast ebenbürtig neben der Pariser Mode behaupten.

Die in Wien entstandene und von Wiener Schneidern geschaffene Mode hatte ab 1816 in der „Wiener Modenzeitung" ihr erstes und für Jahrzehnte einziges Organ, in dem sie Wiener Chic und Charme propagieren konnte. Bald setzte dieses Medium die Verbreitung der besonderen Eigenart der Wiener Mode in Abgrenzung vom Pariser Modediktat wirkungsvoll um und verschaffte der Wiener Mode Weltgeltung.[1]

Reisende und Kritiker hinterließen darin Beschreibungen der getragenen Wiener Mode, ihrer Besonderheit und Eigenart. Auffallend war den Betrachtern die Art des Tragens und Sich-Bewegens, die Zusammenstellung der Farben und die Wahl der Stoffe und Muster. Die Wahl des Beiwerks ließ vor allem die Wienerin zum „angeborenen Naturtalent" in Modedingen werden. Fremde Beobachter konnten ein „natürliches Gefühl für Mode in allen Kreisen und Ständen"[2] feststellen, und Wien galt als neues modeschöpferisches Zentrum, weit über die Grenzen der Monarchie hinaus. So entsprach der politischen Stellung Wiens der handwerkliche Rang, den es im 19. Jahrhundert zunehmend einnahm. Die wirtschaftliche Bedeutung der aufstrebenden Wiener Mode in jener Epoche ist nicht zu überschätzen. Analog zur stark ansteigenden Produktion von Stoffen und verschiedenen modischen Artikeln in Österreich seit Beginn des 19. Jahrhunderts stieg die Zahl der verarbeitenden Gewerbe. Wien war das Zentrum sowohl der Erzeugung als auch der Verarbeitung in der österreichischen Monarchie geworden. Im Schneidergewerbe, das zwischen dem 16. und 18. Jahrhundert in Wien einen Stillstand zu verzeichnen hatte, steigerte sich die Zahl selbständiger Meister um das Vierfache. Bei der ersten Volkszählung 1869[3] wurden in Wien rund 5.000 selbständige Schneider und 19.000 Gehilfen re-

1 Kaut, Hubert: Modeblätter aus Wien. Mode und Tracht von 1770 bis 1914. Wien 1970, S. 52f.

2 Ebenda, S. 54.

3 Einwohner in Wien (Vororte): 830.000.

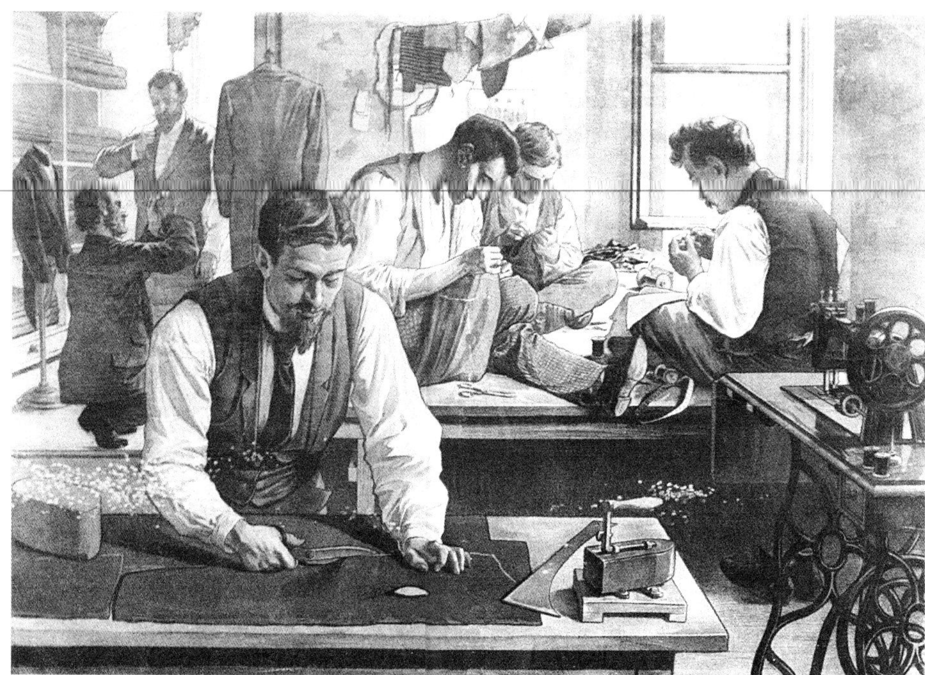

Wiener Schneiderwerkstatt um 1900, unbekannter Maler. © Wiener Innung der Kleidermacher.

gistriert.[4] „Von allen Gewerbezweigen war die Schneiderei der stärkste in Wien geworden. Knapp hinter ihr folgte das Schuhmachergewerbe. Die Entwicklung einer Wiener Mode, die sich international behauptete, geht aus diesen Zahlen sinnfällig hervor."[5]

Die Wiener Schneidermeister hatten alle Hände voll zu tun. Neben Joseph Gunkel, dem berühmtesten Herrenschneider dieser Zeit, machten sich Josef Ritzenthaler, Friedrich Bohlinger, Andreas Groe, Johann Dollak und Franz Rabatin einen Namen.[6] Wien als Hauptstadt der Donaumonarchie wurde das osteuropäische Zentrum eleganter Herrenmode und der Ort legendärer tschechischer Schneider. Mit der Einführung der Gewerbefreiheit 1859 kämpften einzelne Frauen gegen die Männervorrechte im Gewerbe mit dem Ziel an, Meisterinnen mit Gehilfinnen und Lehrmädchen sein zu dürfen. Die Männervorrechte im Meistertum hatten damit zwar ein Ende, aber die Herrenschneiderei blieb weiterhin eine von Männern beherrschte handwerkliche Disziplin, auch in Wien.

Die erste Wiener Weltausstellung von 1873 brachte der Stadt viel ideellen Erfolg und – ähnlich wie nach dem Wiener Kongreß – Gelegenheit, die Wiener Mode in Geschick und Können zu beweisen. Alle modeverarbeitenden Betriebe erlebten diesen Aufschwung, der die Wiener Mode neuerlich zu einem internationalen Begriff machte, der sich neben der Pariser behaupten konnte. „Der ‚Wiener Stil' mit seinen dezenten Formen – ein Kennzeichen der Wiener Mode zu allen Zeiten –

4 Vgl. Kaut, Hubert: Modeblätter aus Wien. Mode und Tracht von 1770 bis 1914. Wien 1970, S. 62.

5 Ebenda, S. 62.

6 Ebenda, S. 62.

mit seiner Materialgediegenheit und seiner handwerklich gekonnten Verarbeitung war bald wieder gefragt und begehrt. So entstand aus dem Typus des engen aus Jacke und Rock bestehenden Reitkleides der Kaiserin Elisabeth das Wiener Schneiderkostüm. In allen Hauptstädten Europas wurde es von den besten österreichischen Schneidern – man hatte sie aus allen Teilen der Monarchie hergeholt – für die vornehme Damenwelt gefertigt."[7]

Vom frühen 19. Jahrhundert an bis zum Ersten Weltkrieg bestanden beinah unverändert verschiedene Schneider-Kategorien, die sich – der jeweiligen sozialen Lage ihrer Kundschaft entsprechend – rangmäßig streng unterschieden.

Die Schneider der ersten Kategorie arbeiteten für den hohen Adel und nannten ihre Werkstätten „Boutique" nach dem Arbeitstisch, auf dem der Schneider früher während des Nähens mit untergeschlagenen Beinen saß. (Mit der Einführung der Nähmaschine verlor sich dieser jahrhundertealte Brauch.) Der Schneidermeister dieser Gruppe präsentierte dem Kunden einmal jährlich – am Neujahrstag – seine Rechnung; er lebte auf großem Fuß, spielte in der Gesellschaft eine bedeutende Rolle und brachte es zu Ansehen und Reichtum.

Die Schneider der zweiten Klasse, des niederen Adels und andere Personen gleichen Einkommens (etwa Dichter, Schauspieler oder reiche Emporkömmlinge), ahmten das französische Vorbild nach, hatten sie doch in Paris zwei Jahre Schneiderei gelernt. Ihr großartig ausgestattetes Geschäft nannte sich „Marchand Tailleur". Schneiderrechnungen wurden hier monatlich ausgestellt.

Eine große Gruppe der Schneider arbeitete für das in dieser Zeit erstarkende Groß- und Kleinbürgertum. Der Schneider für das Bürgertum hatte zumeist kein offenes Geschäft; seine Werkstätte befand sich im Anschluß an die Wohnung entweder im Stock, wenn er in der Inneren Stadt wohnte, oder ebenerdig, wenn er in den Vorstädten ansässig war. Bei ihm mußte man sofort bezahlen, auch wenn er sich in Ausnahmefällen auf Ratenzahlungen einließ.

In weitem Abstand folgten die hauptsächlich in den Vorstädten und Vororten ansässigen Volks-, Markt-, Tandelmarkt- und Flickschneider; sie arbeiteten für die breite Schicht des Volkes, der sie selbst angehörten.[8]

Der *Volksschneider* wohnte in den Vorstädten mit Industrie- und Arbeiterbevölkerung oder sogar außerhalb der Linie in den aufstrebenden Vororten, die viele Arbeiter wegen billigerer Wohn- und Lebensbedingungen vorzogen. Seine hauptsächliche Kundschaft bestand aus Arbeitern und Dienstpersonal verschiedener Art. Aber er arbeitete auch für den Markt- und Tandelmarktschneider. Der Volksschneider, der meist mit einer Kinderschar gesegnet war, hielt sich gerne Lehrbuben, die neben ihrer Berufsarbeit auch für Hausarbeiten herangezogen wurden und als Kindermädchen fungieren mußten. Er war nicht viel besser als seine Kundschaft gestellt, und

7 Ebenda, S. 103.

8 Kaut, Hubert: Modeblätter aus Wien. Mode und Tracht von 1770 bis 1914. Wien 1970, S. 62f.

die Lehrbuben hatten es bei ihm noch schlechter. Er holte sie sich von der Taborlinie, wo sie im Alter von 12 bis 15 Jahren aus Böhmen und Mähren kamen.

Der *Marktschneider* war eigentlich ein Handelsreisender, der auf den verschiedenen Jahrmärkten der Monarchie seine fertigen Kleider, die er entweder von eigenen Gesellen oder auch vom Volksschneider anfertigen ließ, an den Mann oder die Frau brachte. Den Stoff hierzu bezog er billig, indem er altmodische oder verschossene Ware ankaufte.

Der *Tandelmarktschneider* war in seiner Hütte auf dem alten Tandelmarkt bei der Heumarktkaserne Trödler und Schneider in einer Person. 1864 wurde der Tandelmarkt in die Roßau verlegt, wo eine Gesellschaft von 200 Trödlern eine Halle bauen ließ. Dieser Schneider kaufte alte Kleidungsstücke billig zusammen und ließ sie vom Volks- oder Flickschneider auf Glanz herrichten. Selbst arbeitete er kaum. Er kaufte, tauschte oder verkaufte, er borgte Geld auf Pfänder und trieb auch einen schwunghaften Handel mit Versatzzetteln.

Der letzte in dieser Rangliste der Schneider war der *Flickschneider*, dessen Kundschaft aus den ärmsten Volksschichten bestand. Für sie flickte er Kleider zusammen, die selbst auf dem Tandelmarkt unverkäuflich waren. Er war entweder ein altgewordener Schneidergeselle, der keine Arbeit mehr fand, oder ein herabgekommener Schneidermeister, der in einem Dachstübchen seine kümmerliche Arbeit verrichtete.[9]

Die aufkommende Konfektion machte das persönlichste Produkt, das Kleidungsstück für den einzelnen, zur Massenware. Wirtschaftliche Umstände verhalfen den Konfektionären zur fast absoluten Macht in der Kleidererzeugung. Zudem verlangte das Militär nach großen Mengen gleicher Uniformen, die der Großkonfektionär leichter und billiger herstellen konnte als Hunderte Einzelmeister. „Es entstehen große Konfektionshäuser mit den immer zahlreicher werdenden Stückmeistern und Sitzgesellen, die in den Vororten Wiens und anderer Städte hausen und einander in blinder, selbstmörderischer Konkurrenz immer tiefer ins Elend stoßen."[10] Ab der Mitte des 19. Jahrhunderts drang die Maschine auch in die Kleiderproduktion ein, die bis dahin reine Handarbeit war. Der Tiroler Schneidermeister Josef Madersperger hatte in Wien eine erste Zweifadennähmaschine erfunden. Der New Yorker Schneider Elias Howe brachte 1845 eine wirklich brauchbare Maschine für Doppelsteppstichnähte heraus. Seither beschleunigten Nähmaschinen das Arbeitstempo der Schneiderei in früher unvorstellbarem Ausmaß.[11]

Die Konfektion, deren Anfänge bereits in den biedermeierlichen Vormärz fallen, nahm gegen Ende des 19. Jahrhunderts derart überhand, daß sie allmählich alle unteren Kategorien von Schneidern aufsaugte. Die Schneider dieser Gruppen wurden zu unselbständigen Arbeitern der großen Firmen und Kleiderfabriken. Viele

9 Ebenda, S. 64ff.

10 Wagner, Richard, S. 21.

11 Vgl. Wagner, Richard, S. 22.

Schneider verdingten sich als Zuschneider oder Stückmeister[12] im Dienste eines Unternehmers, statt sich als Kleinmeister selbst um einen bescheidenen Kundenkreis zu kümmern. Der Verkauf und Export fertiger Kleidung florierte. Die Ausbildung der Lehrlinge in den Werkstätten verlor an Vielseitigkeit, da man bei einem Stückmeister nur mehr ein Stück (Hose, Gilet, Rock etc.) lernen konnte. Die Werkstätten als „Schule der Schneiderei" gingen nach und nach verloren.[13] Die Stückmeister unterboten einander zusehends gegenüber dem Handel; durch „maßlose Lehrlingszüchterei" und verminderte Arbeitsqualität konnten sie den Unternehmern immer billigere Angebote machen. Dies geschah auf Kosten der Lehrlinge und brachte das „wegen seiner Qualität berühmte Wiener Kleidermachergewerbe"[14] ernsthaft in Gefahr. Nur wenige selbständige Schneidermeister konnten sich mit ihrer gediegenen Handwerksarbeit als sogenannte *Kundenschneidermeister* halten. Zu Beginn des 20. Jahrhunderts war das selbständige Meistertum für die meisten Kleinmeister und Stückmeister ausgeträumt.

1891 beschloß die Wiener Schneidergenossenschaft die Errichtung einer ersten Schneiderfachschule. Mit der gesetzlichen Regelung des gewerblichen Fortbildungsschulwesens entstanden bald 32 Schulen für Kleidermacherlehrlinge in Wien. In der notgedrungenen Erkenntnis, daß allein die höchstmögliche Steigerung der Arbeitsqualität das Schneidergewerbe erhalten und die Wiener Schneiderei in der internationalen Konkurrenz gegenüber Paris (Damenschneiderei) und London (Herrenschneiderei) vor dem Niedergang bewahren könne, richtete die Genossenschaft auch eine „Schneiderakademie" ein, die Meistern und Gehilfen auch kaufmännische Fächer lehrte.[15] Unabwendbar setzte sich die Entwicklung zum elitären Kunstgewerbe fort, das zur Befriedigung des individualistischen Bedarfs an exklusiver Kleidung in den Händen weniger begnadeter Schneidermeister(innen) verbleibt.

Aus den Beschreibungen der Eigenheiten der Wiener Mode für Damen und Herren erhebt sich ein einhelliges Urteil über die einst in dieser Stadt der Schneider entfaltete Wiener Eleganz, die sich als Stil der „glücklichen Mitte" erfassen läßt. Die Wiener Mode profilierte sich allgemein durch einen gemächlicheren Wechsel und ihre eigenständige Entfaltung, ein Streben nach gemäßigter Kleidsamkeit, das die französischen Modeextreme ebenso zu mildern verstand wie die unübertreffliche britische Correctness. Dezenz, Gediegenheit, ein natürlicher Chic und die handwerkliche Umsetzung der Bekleidungskünstler Wiens hinterließen unzählige Nachrufe auf die große modeschöpferische Zeit der Wiener Schneiderei und ein Stück Wiener Kulturgeschichte. Nach dem Ende der Donaumonarchie und zwei Weltkriegen verlor Wien seine Atmosphäre allgegenwärtigen Luxus und mit ihm die meisten Herrenkleidermacher.

12 Nach einem Bericht der Wiener Handelskammer für 1890 arbeiteten von 225 Unternehmungen der Herrenschneiderei 181 mit Stückmeistern und Heimarbeitern. Vgl. Wagner, Richard, S. 25.

13 Vgl. Wagner, Richard, S. 24.

14 Ebenda, S. 49.

15 Ebenda, S. 50.

2. Weltberühmte Poesie eines Schneiders: Joseph Gunkel (1802–1878)

„Wien, wie es ist“ schreibt 1833 über ihn: „Unter den Männerkleidermachern ist Monsieur Gunkel der Matador. Er hat auf der Schneiderakademie zu Paris sich gebildet, spricht deutsch, französisch, englisch, russisch, polnisch, böhmisch, italienisch etc., hat die feinsten Schneidermanieren und ist ein gleich großer Philosoph als Aesthetiker …

Wer die barbarischen Thierfelle der Provinzialschneider abzulegen und von Gunkel umgestaltet zu werden wünscht, trete demütig in seinen (sic!) Atelier, bringe eine schwere Börse mit und eine noch schwerere Geduld, um die strengen Recensionen seiner Provinzkleider auszuhalten. Ein Salon mit argandischen Lampen beleuchtet nimmt den Barabaren auf; rings herum hängen Meisterwerke Gunkels auf schönen, mit Bronze verzierten Kleiderstöcken. Spiegel an allen Wänden zeigen ihm seine von unwürdigen Schneiderhänden mißhandelte Gestalt – aber tröste dich, der glückliche Moment der Metamorphose naht, schon höre ich die Schritte Pygmalions – er ists; und du hast Gnade vor seinen Augen gefunden.“[16]

Joseph Gunkel verkörperte den außergewöhnlichen Schneider, der als „Denker“ und „Genie“ seiner Art in der Geschichte der Herrenkleidermacher verewigt werden mußte. „Seine äußere Gestalt war die eines vollendeten Gentleman, seine ruhigen, aristokratischen Manieren zeugten von feinstem Umgang, sein Profil war geistreich, die Gesichtszüge interessant, eine legère Frisur, eine bequeme Cravate signalisirten den genialen Menschen. So leicht und ungezwungen er sich auf dem glatten Parquette des Salons bewegte, so einfach und schlicht wußte er seine ganze Haushaltung zu führen. Gunkel war der Schneider der Aristokratie; von den Zwanzigerjahren an bis hoch in die Fünfziger hinauf bekleidete er beinah ausschließlich den österreichischen

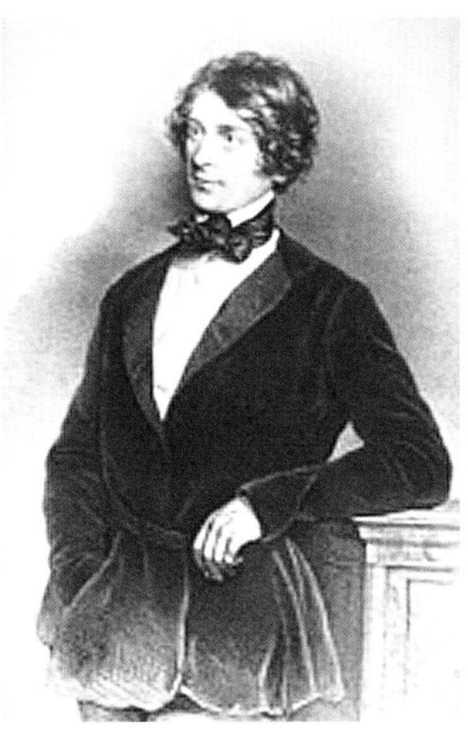

J. Gunkel, Stich um 1850. © Österreich-Lexikon, Ch. Brandstätter-Verlag.

16 Wien, wie es ist, 2. Teil, Leipzig und Löwenberg 1833, 19f., zitiert nach Hann, Edith: Herrenkleider-Magazin Jacob Rothberger. Eine Fallstudie zur Entwicklung der Wiener Herrenkonfektion. In: Lehne, Andreas: Wiener Warenhäuser 1865–1914. Wien 1990, S. 85.

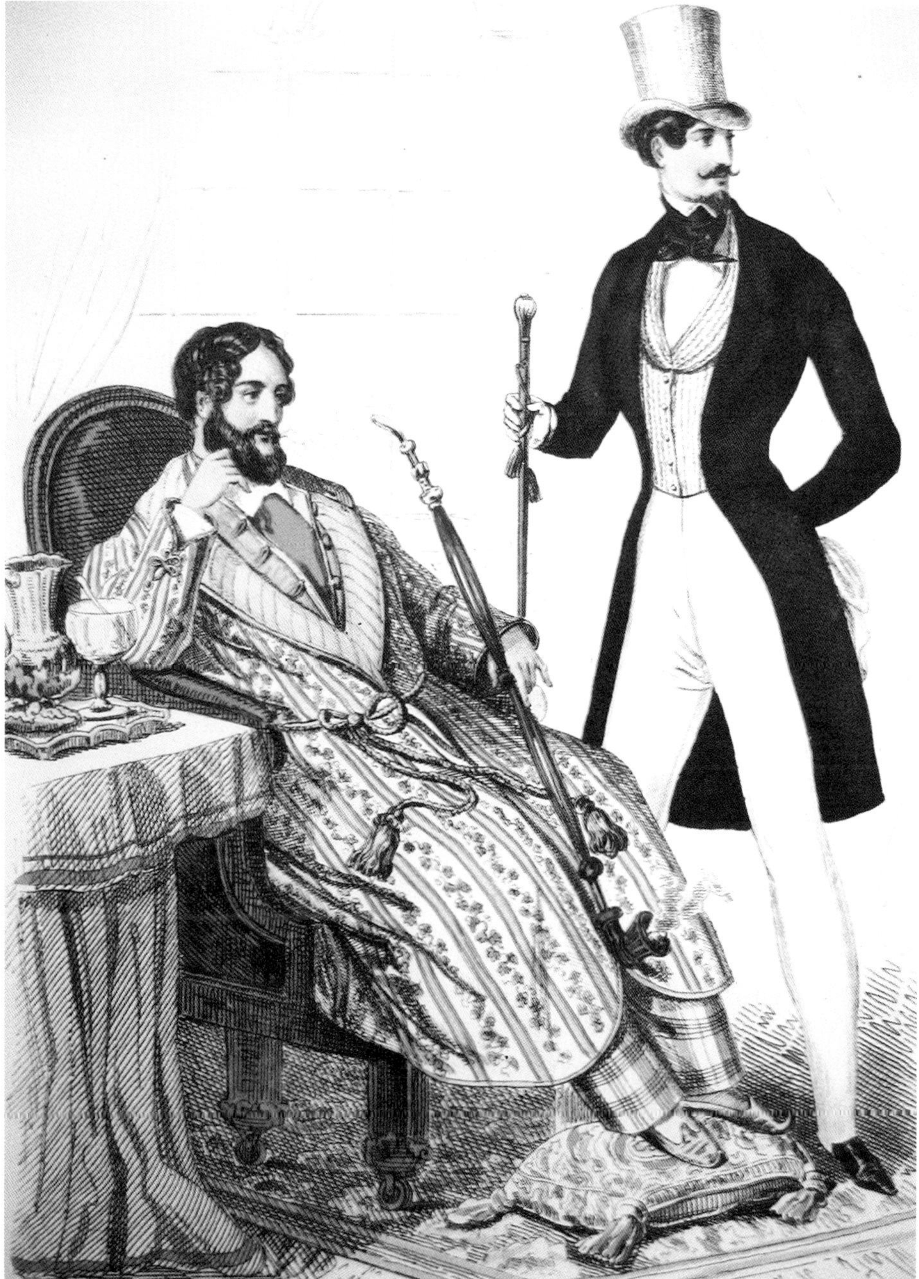

Josef Gunkel, 1841, Wiener Modenzeitung. Die Stoffmuster zeigten neben dem englischen Einfluß starke Entlehnungen von Mustern des Balkans, der Türkei sowie verschiedener Länder der österreichisch-ungarischen Monarchie.

Adel. An ihn knüpft sich ein Stück Geschichte der hohen Wiener Gesellschaft. […] Seine ‚Clientel' und noch mehr sein ‚Schuldbuch' war eine vollständige Adelsgenealogie. Ehrgeizig, feinfühlig, voll Geist und rascher Auffassung wandte er alles an, um sein Metier zur höchsten Vollkommenheit emporzuheben."[17]

17 Kisch, Wilhelm: Die alten Strassen und Plätze Wiens und ihre historisch interessanten Häuser. Wien 1883, S. 130.

In seinem Fach galt er als Genie und Poet: er schneiderte Gedichte aus Stoff. „Er machte es wie ein tüchtiger Porträtmaler, er studirte vorerst seine Kunden, ihre Haltung und Manieren, ihre Gewohnheiten und Bewegungen, ehe er daranging, sie zu bekleiden, er arbeitete nie nach der Schablone und verstand die Kunst, mit feinem Tacte zu individualisiren [...] Wie sehr er es mit seiner Kunst ernst nahm, beweist, daß er Anatomie hörte und die natürlichen Körperdimensionen studirte.“[18]

Die gesamte Schneiderkunst machte – von ihm angeführt – einen Ruck nach oben. Sein Wirken zog Kreise weit über die Schneiderkunst hinaus.[19] So entwickelte sich die Wiener Herrenmode der Zeit in allen ihren Facetten. Joseph Gunkel gilt als Erfinder der Doubleröcke und führte den englischen Frack in Wien ein. Er kreierte Phantasieröcke und Gehröcke mit balkanesischen Posamentornamenten. Orientalisch gemustert und ausgelassen bunt kleidete er den modebewußten Herrn zu Hause.

Dabei beschränkte er sich nicht auf das rein äußerliche, künstlerische Anliegen feiner Maßkleidung. Für Gunkel ging seine gestalterische Intention Hand in Hand mit der bekleideten Innerlichkeit, betraf also das Gesamtbild des Kavaliers oder „gentle man“[20] vor dem Anspruch praktischer Philosophie.

Dem Wiener Meisterschneider Joseph Gunkel gelang, was dem Großteil der Schneider der Vorstädte oder Vororte versagt blieb: er wurde wohlhabend und weltberühmt. Er erweiterte das von seinem Vater gegründete Weißwarengeschäft Am Graben zur tonangebenden Wiener Herrenschneiderei für Adlige und betuchte Bürger. In den 1830er Jahren war Joseph Gunkel bereits bürgerlicher Schneidermeister und großkapitalistischer Kleiderunternehmer in einer Person. 1835 heißt es von ihm als Aussteller auf der „ersten allgemeinen österreichischen Gewerbsproduktenausstellung“: „Josef Gunkel, bürgerlicher Schneidermeister in Wien, Graben No. 1144. Herr Aussteller beschäftigt 80 Arbeiter im eigenen Haus, außerdem 25 hilfsbedürftige Meister zum Nähen der Beinkleider und 30 weibliche Individuen zum Verfertigen der Westen und betreibt einen ausgedehnten Handel mit Kleidungsstücken aller Art in den Provinzen Oesterreichs und selbst im Ausland.“[21] Das machte ihn zum reichsten Schneider, den es in Wien je gegeben hatte.

Nobelschneider Gunkel verband seine künstlerische Begabung mit erfolgreichem Geschäftssinn: fast alle Herrenmodelle auf den Kupfern der Wiener Modenzeitung stammen von ihm. Sie verhalfen diesem beispielhaft weltmännischen Schneider zu europäischem Ruf und modegeschichtlichem Nachruhm. Heinrich Heine notiert in seinen Memoiren: „Es freute mich, auf dem Hause des berühmten Mannes das schlichte Wort ‚Schneider‘ gelesen zu haben.“[22]

18 Kisch, Wilhelm: Die alten Strassen und Plätze Wiens und ihre historisch interessanten Häuser. Wien 1883, S. 131.

19 Niemann, Otto J.: Josef Gunkel: Begründer der Wiener Herrenmode. In: Herren-Rundschau 3/2005, S. 38.

20 Die hervorragende Garderobe allein schafft keinen gelungenen Menschentypus, was Kapitalist Lips in Nestroys Stück „Der Zerrissene“ (1844) auch zu singen weiß: „Ich hab vierzehn Anzüg, teils licht und teils dunkel, die Frack und die Pantalons, alles vom Gunkel, wer mich anschaut, dem kommt das g'wiss nicht in Sinn, dass ich trotz der Garderob' ein Zerrissener bin.“

21 Wagner, Richard, S. 15.

22 Heine, Heinrich, zitiert nach Kisch, Wilhelm: Die alten Strassen und Plätze Wiens und ihre historisch interessanten Häuser. Wien 1883, S. 130.

3. „Ein beneidenswerter Höhepunkt": Adolf Loos und die Wiener Herrenschneider

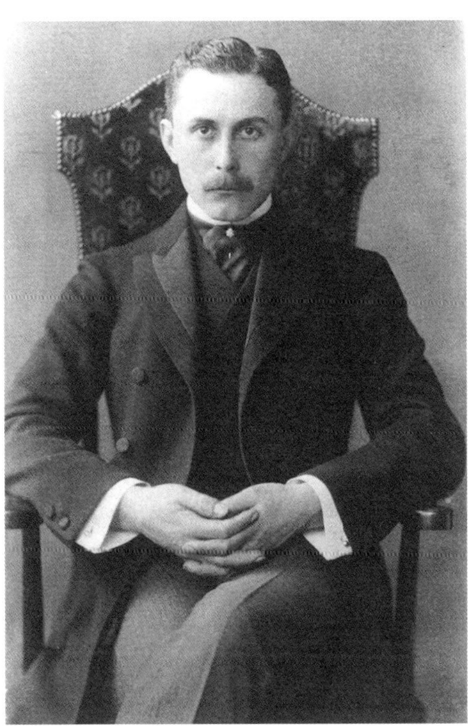

Adolf Loos im Gehrock mit Streifenhose und Weste, Hemd mit Vatermörderkragen und Plastron, 1904. © ÖNB.

Stets mit ausgesuchter Garderobe ausgestattet, war Adolf Loos (1870, Brünn–1933, Wien) der Star-Architekt und Kulturkritiker des frühen 20. Jahrhunderts: ein provokativer Dandy der Architektur wie der Herrenmode.

Unter seinen Auftraggebern finden sich auffallend viele Schneider und Modesalons: Ernest Ebenstein, Leopold Goldman, Emanuel Aufricht, Fritz Wolff, Grete Hentschel, P. C. Leschka, Erich Mandl, Albert Matzner. Die Auftraggeber und ihre Geschäfte spiegeln dabei vor allem seine eigenen Interessen und Lebensumstände.[23]

Sein „Prinzip der Bekleidung" wandte er für seine Architektur und seine Auffassung von Herrenmode gleichermaßen an. Seine fundamentale Kritik am oberflächlichen Ornament trifft die Architektur ebenso wie verschiedene Lebensbereiche, insbesondere die Kultur der Kleidung. Kleidung wie moderne Architektur als Gebrauchsgegenstand war für ihn frei von jedem unnützen Ornament zu gestalten. Diese schwierigste Aufgabe sah er nur von wenigen Meistern des Faches umgesetzt: „Man kann die großen schneider der ganzen welt, die jemanden nach den vornehmsten prinzipien anzuziehen imstande sind, an den fingern abzählen. [...] Daß wir überhaupt gleich eine ganze anzahl jener wenigen firmen in wien besitzen, haben wir nur dem glücklichen umstande zu verdanken, daß unser hochadel ständiger gast im drawing room der königin ist, viel in England arbeiten ließ und auf diese weise jenen vornehmen ton in der kleidung nach Wien verpflanzte und die wiener schneiderei auf einen beneidenswerten höhepunkt brachte."[24]

So plante Loos 1909 sein erstes und zugleich berühmtestes Haus – zugleich eines der ersten modernen Geschäftshäuser in Wien – für den kaiserlichen Hof-

23 Vgl. Kristan, Markus: Adolf Loos. Läden und Lokale. Wien 2001, S. 6.

24 Adolf Loos: Die Herrenmode. (22. Mai 1898) In: ders.: Ins Leere gesprochen. Schriften in zwei Bänden, 1. Band, Innsbruck 1931, S. 20f.

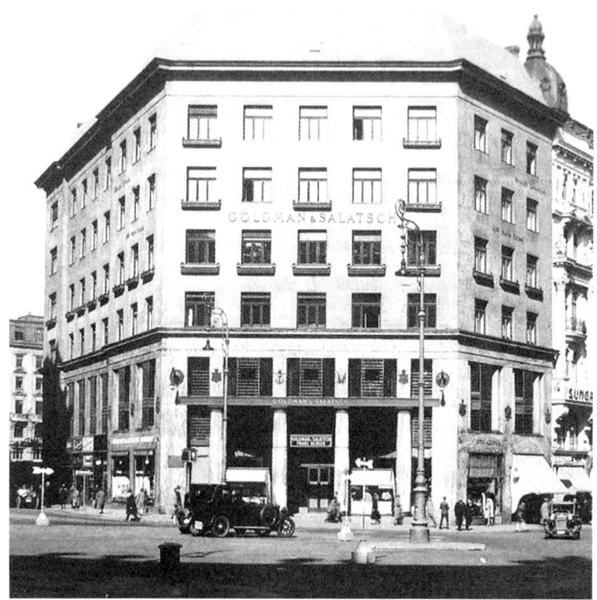

Adolf Loos: Goldman & Salatsch-Haus am Michaelerplatz 3 (1909–1911).

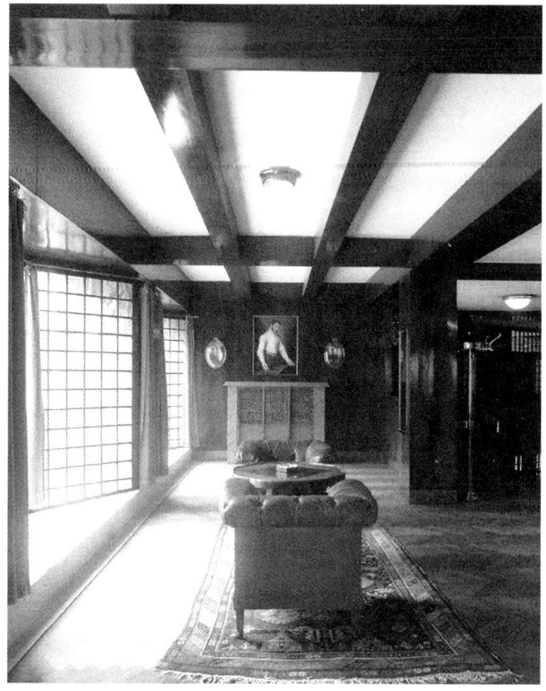

© FWG – Riha – Brains & Pictures, Wien, 1996. (In: Sarnitz, August: Adolf Loos, S. 38.) An der Wand im Hintergrund das gefeierte Schneiderporträt „Il Sarto“ des italienischen Malers Giovanni Battista Moroni (ca. 1525–1578).

lieferanten und Herrenausstatter Goldman & Salatsch am Michaelerplatz 3. Die Architektur dieses kontroversen Baus verstand er radikal pragmatisch als Dienstleistung im Sinne der Handwerkstradition.[25] Der Baumeister als Ingenieur hat wie der Schneider ein Handwerk gelernt und kann mit Material und Form richtig umgehen. Er wendet nur das Notwendige und Praktische an; sein Produkt wird dadurch zeitgemäß und schön.

Der Luxus dieses Baus offenbarte sich nicht an der schmucklosen, „verschwiegenen“ Fassade, sondern vielmehr in der funktionsgebundenen Gestaltung des Innenraumes. In seiner Architektur wie in der Auffassung von Kleidung wirkt das englische Vorbild und das Diktum des ultimativen Dandys Brummell: „Um korrekt gekleidet zu sein, darf man im mittelpunkte der kultur nicht auffallen ... Ein kleidungsstück ist modern, wenn man in demselben im kulturzentrum bei einer bestimmten gelegenheit in der besten gesellschaft möglichst wenig auffällt.“[26]

Im Sinne von Adolf Loos war der englische Gentleman zu jeder Gelegenheit richtig, d. h. adäquat und funktional angezogen; er brachte seine kulturelle Differenzierung in der Strenge der männlichen Mode zum Ausdruck. Zurückhaltung blieb nach seiner Auffassung das zeitlose Erkennungszeichen des Gentleman.

25 Sarnitz, August: Adolf Loos. 1870–1933. Architekt, Kulturkritiker, Dandy. Köln 2003, S. 10.

26 Loos, Adolf: Die Herrenmode (1898), zitiert nach Sarnitz, August, S. 47.

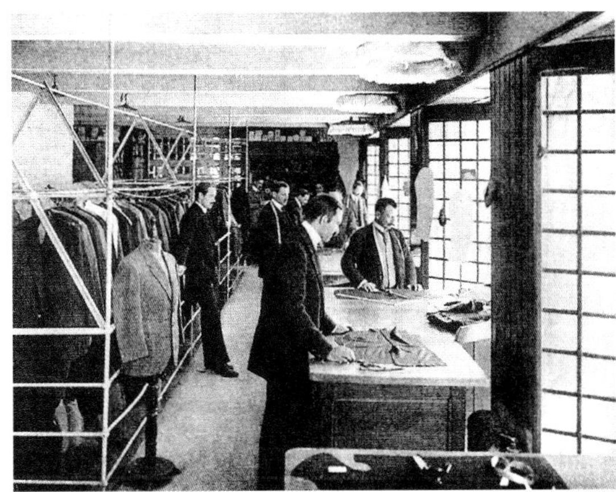
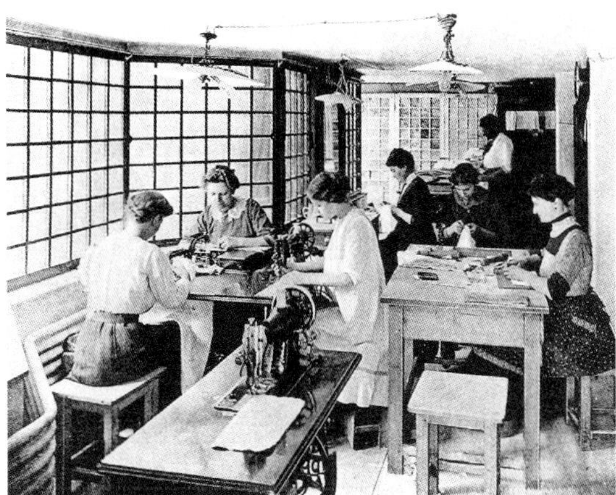

Atelier und Lehrwerkstätte der Privat-Fachschule der Schneiderei Goldman & Salatsch, Michaelerplatz 3, ca. 1910.

Die Geschäftsräume der Firma Goldman & Salatsch erfuhren, der exklusiven Klientel entsprechend, eine besondere Ausgestaltung. Im Mezzanin war die Abteilung für Maßanfertigungen untergebracht, deren Empfangssalon architektonisch die Atmosphäre eines englischen Klubraums vermitteln sollte.[27] Im Dachgeschoß war die Lehrwerkstätte der Privat-Schule der Schneiderei Goldman & Salatsch eingerichtet.

Für den Hofschneider Knize Am Graben 13 realisierte Loos zwischen 1910 und 1913 gleichfalls eine englisch inspirierte Architektur. Es ist das einzige, heute noch als Herrenschneiderei genutzte Bauwerk und ein Stück Kulturgeschichte.

4. Dreimal Konsal: Vererbte Schneider-Leidenschaft

Wie bei zahlreichen anderen Wiener Schneidern verweist Alfred Konsals Familiengeschichte auf die böhmischen Wurzeln seiner Herkunft. Alfred Konsals Großvater Josef Konsal (1885–1953) zog von Znaim nach Wien und arbeitete als selbständiger Großstückmeister für verschiedene Schneiderbetriebe.

Sein Sohn Josef Konsal wurde 1916 in Wien geboren.

Alfred Konsals Vater erlernte das Handwerk der Herrenkleidermacher in Wien, ehe er sich 1946 selbständig machte und das bestehende Schneidergeschäft Gottstein, Neubaugasse 34, übernahm.

Alfred Josef Konsal kam als zweites Kind der Eltern Josefa und Josef Konsal am 31.10.1947 in Wien zur Welt. 1950 verstarb Josef Konsal unerwartet an einem Herzleiden. Josef Konsals Witwe führte sein Geschäft zwischen 1950 und 1952 als Witwenfortbetrieb (zusammen mit ihrem Schwiegervater, Josef Konsal I) weiter,

27 Sarnitz, August: Adolf Loos. 1870–1933. Architekt, Kulturkritiker, Dandy. Köln 2003, S. 39.

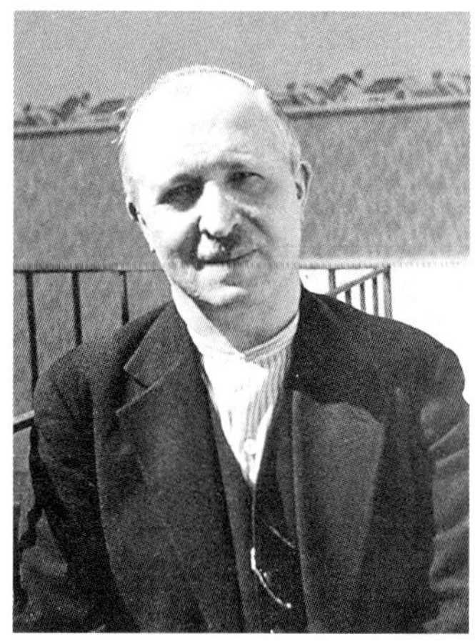

Josef Konsal I, Schneidermeister

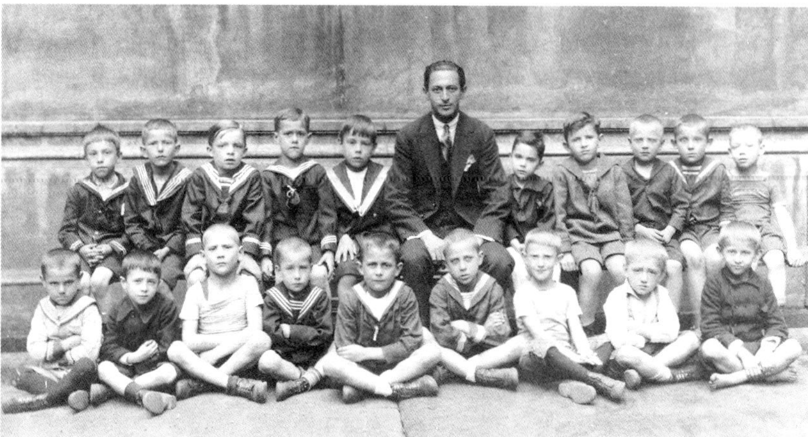

Josef Konsal II, Schulantritt 1924 (1. Reihe, 4. Kind von links)

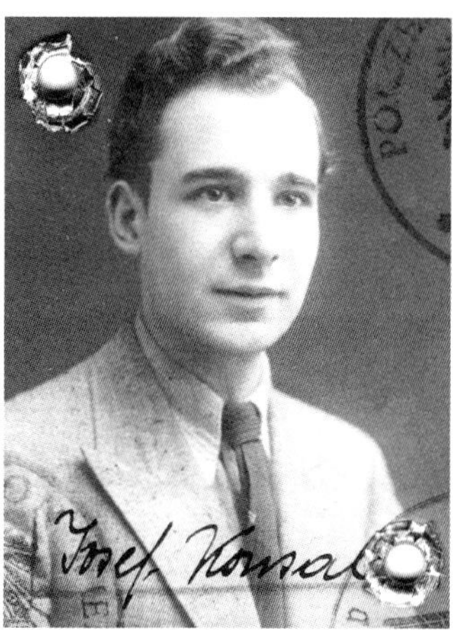

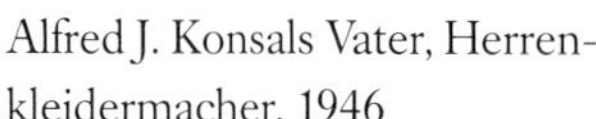

Alfred J. Konsals Vater, Herren-kleidermacher, 1946

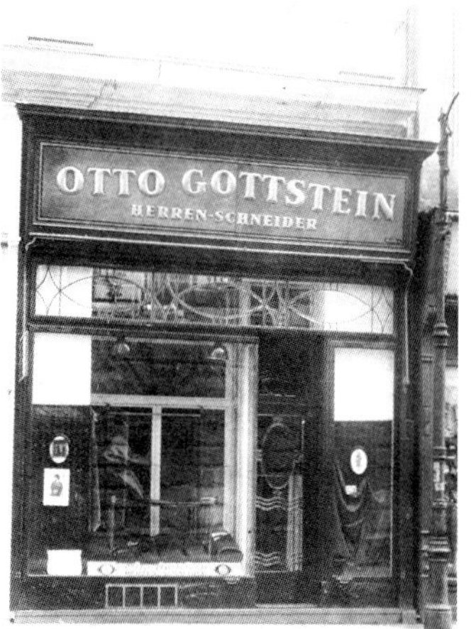

mußte es jedoch bald verpachten: zwischen 1952 und 1955 an den Herrenschneider Louis Sedlak, von 1955 bis Ende 1968 an den Schneidergesellen Carl Karder.

Auch Alfred Konsal wollte Herrenschneider werden. Seine Mutter ging mit auf die Lehrstellensuche, die sich damals nicht leicht gestaltete. Sie besuchten einige Schneidermeister und wurden auf Empfehlung von Firma Rosa Fahoun (Fachgeschäft für Schneiderzubehör, Lindengasse 33) mit Fritz Minder bekannt. Minder stammte aus vermögendem Haus. Er war ein Couturier und führte zwei Modesalons in der Stadt. Die Schneiderei hatte er in den Salons gelernt, ohne je selbst an der

Alfred Konsal: erstes Kind rechts vorne

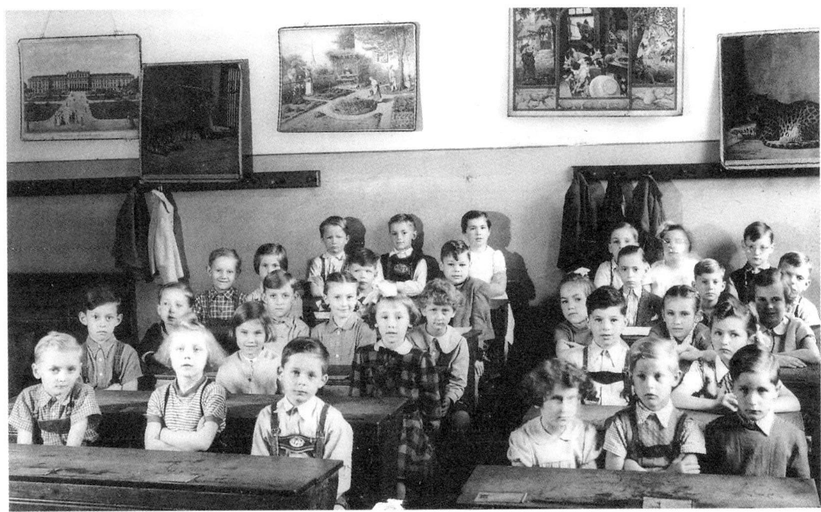

Nähmaschine zu sitzen. Fritz Minder (Amerlingstraße 3) stellte den Vierzehnjährigen im November 1961 als Lehrling an.

Konsals Ausbildner wurde Josef Blecha, der bei Fritz Minder als Werkstattleiter beschäftigt war. Er absolvierte seine Lehrzeit und arbeitete bis zum Antritt des Militärdiensts für Fritz Minder als Geselle. Nach dem Militärdienst verzichtete Alfred Konsal auf das vor dem Arbeitsgericht einklagbare Recht, als Geselle innerhalb der Behaltefrist wieder in den Betrieb aufgenommen zu werden, der inzwischen von Josef Blecha übernommen worden war.

Ein Lehrling war zur damaligen Zeit ein Hilfsarbeiter, der morgens zum Ofenputzen und Einheizen eingeteilt war und mittags zum Essenholen ausgeschickt wurde. Für Minders Haushalt und Schneiderei gab es nur einen Staubsauger, und der Lehrling trug ihn zwischen beiden Häusern hin und her. Unterricht und Anweisung kamen notgedrungen zu kurz. Der Lehrling lernte beiläufig durch Zuschauen. Eigentliches Vorzeigen gab es nicht, vielmehr galt es dem Wißbegierigen, durch dezente Blicke über die Schulter eines Arbeitskollegen diese und jene Tricks ausfindig zu machen, die zur Aneignung eines eigenen Arbeitsstils verwertbar schienen. Alfred Konsal erinnert sich auch an Erlebnisse, die bezeugen, daß es teilweise unerwünscht oder gar untersagt war, von Kollegen, Gesellen oder Meistern etwas „abzuschaun" und damit zu erlernen.

Konsal lernte eifrig, die Begeisterung für sein zu meisterndes Handwerk forderte ihn heraus. Auf die Frage, von welchem Meister er wohl am meisten gelernt habe, fällt ein Name: Schneidermeister Kaplan, der Westenschneider seines Vaters. Bis zu Josef Konsals frühem Tod 1950 lieferte Kaplan „Superwesten". Aus Eigeninitiative entsteht 1960 unter Kaplans Anleitung das erste Sakko des Dreizehnjähri-

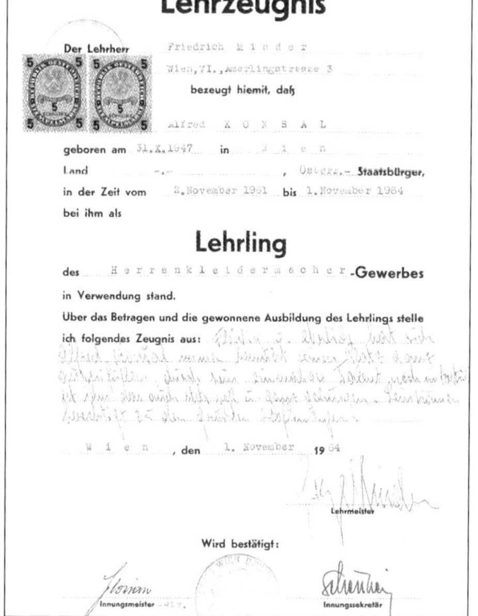

Lehrzeugnis

Der Lehrherr Friedrich Minder
Wien, VI., Amerlingstrasse 3
bezeugt hiemit, daß
Alfred KONSAL
geboren am 31.X.1947 in Wien
Land -.- , Österr.- Staatsbürger,
in der Zeit vom 2.November 1961 bis 1.November 1964
bei ihm als

Lehrling

des Herrenkleidermacher-Gewerbes
in Verwendung stand.
Über das Betragen und die gewonnene Ausbildung des Lehrlings stelle ich folgendes Zeugnis aus: [illegible]

Wien, den 1. November 1964

Lehrmeister

Wird bestätigt:

Innungsmeister Innungssekretär

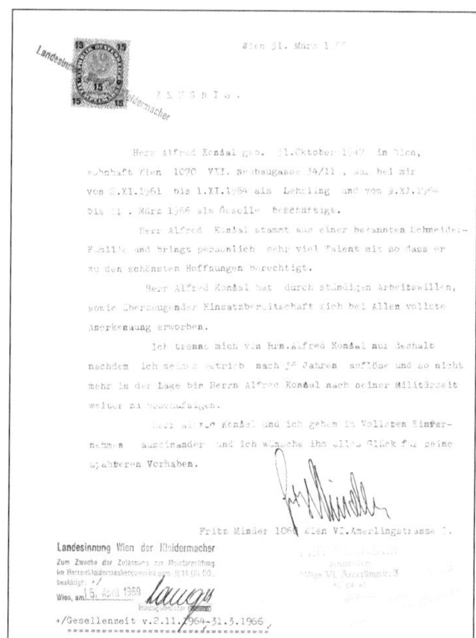

Wien 31. März 1[illegible]

ZEUGNIS.

Herr Alfred Konsal geb. 31.Oktober 1947 in Wien, wohnhaft Wien 1070 VII. Neubaugasse 34/11 , war bei mir von 2.XI.1961 bis 1.XI.1964 als Lehrling und vom 2.XI.1964 bis 31 . März 1966 als Geselle beschäftigt.

Herr Alfred Konsal stammt aus einer bekannten Schneider-Familie und bringt persönlich sehr viel Talent mit so dass er zu den schönsten Hoffnungen berechtigt.

Herr Alfred Konsal hat durch ständigen Arbeitswillen, sowie überzeugender Einsatzbereitschaft sich bei Allen vollste Anerkennung erworben.

Ich trenne mich von Hrn.Alfred Konsal nur deshalb nachdem ich meinen Betrieb nach 3[illegible] Jahren auflöse und so nicht mehr in der Lage bin Herrn Alfred Konsal nach seiner Militärzeit weiter zu beschäftigen.

Herr Alfred Konsal und ich gehen im vollsten Einvernehmen auseinander und ich wünsche ihm alles Glück für seine späteren Vorhaben.

Fritz Minder 1060 Wien VI.Amerlingstrasse 3.

Landesinnung Wien der Kleidermacher
Zum Zwecke der Zulassung zur Meisterprüfung im Herrenkleidermachergewerbe gem. § 14 (5) GO. bestätigt: +/
Wien, am 15. April 1968

+/Gesellenzeit v.2.11.1964-31.3.1966

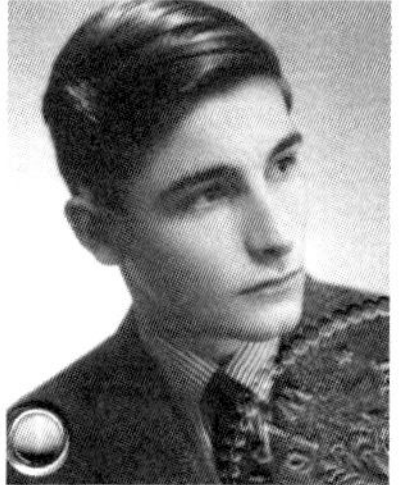

gen, also noch vor Beginn seiner eigentlichen Lehrzeit, aus einem Coupon Pepita-Stoff. Konsal gelingt bei diesem Stückschneider ein Sakko, das seine Wirkung nicht verfehlte und den heranreifenden Schneider selbst verblüffte. Bei der zugeteilten Garde begeisterten sich die Kameraden für sein „Weltsakko". Frühe Aufträge von Entdeckern seiner Handwerkskunst lehnte Alfred Konsal aus selbstkritischen Gründen ab. Er behielt die Freude in sich, durch seine Arbeit den Blick für das Außergewöhnliche geweckt zu haben. Das Echo bedeutete ihm, auf dem richtigen Weg zur beruflichen Qualifikation zu sein.

Nach dem absolvierten Militärdienst war Alfred Konsal bei Fa. Striberny in der Kärntner Straße 37 angestellt (1967–69), wo er sich in kontinuierlicher Arbeit schrittweise auf die Herrenkleidermachermeisterprüfung vorbereiten wollte.

Doch die Kündigung des Pachtvertrags (zwischen Schneidermeister Carl Karder und seiner Mutter) für Josef Konsals hinterlassenes Geschäftslokal in der Neubaugasse 34 kreuzte Alfred Konsals Vorhaben, nach einer gut bemessenen Anlaufzeit den Schritt in die Selbständigkeit zu wagen. Der 21-Jährige sah sich gezwungen, die vererbte Werkstatt seines Vaters zu übernehmen, wofür ihm zu diesem Zeitpunkt allerdings noch die Meisterprüfung und damit die Gewerbeberechtigung fehlte. Die Innung erwirkte in seinem Fall durch eine Dispens 1968 die zeitweilige Fortführung des Schneiderbetriebs als Deszendentenbetrieb unter dem Firmennamen „Josef Konsals Erbe" (Witwenfortbetrieb).

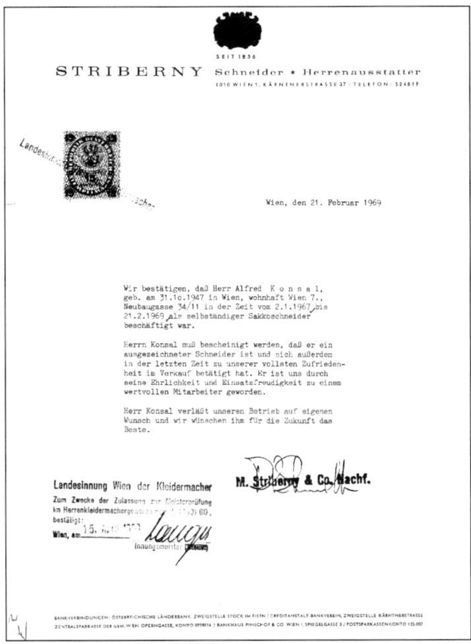

SEIT 1856

STRIBERNY Schneider * Herrenausstatter

1010 WIEN 1, KÄRNTNERSTRASSE 37 · TELEFON: 524819

Wien, den 21. Februar 1969

Wir bestätigen, daß Herr Alfred K o n s a l, geb. am 31.10.1947 in Wien, wohnhaft Wien 7., Neubaugasse 34/11 in der Zeit vom 2.1.1967 bis 21.2.1969 als selbständiger Sakkoschneider beschäftigt war.

Herrn Konsal muß bescheinigt werden, daß er ein ausgezeichneter Schneider ist und sich außerdem in der letzten Zeit zu unserer vollsten Zufriedenheit im Verkauf betätigt hat. Er ist uns durch seine Ehrlichkeit und Einsatzfreudigkeit zu einem wertvollen Mitarbeiter geworden.

Herr Konsal verläßt unseren Betrieb auf eigenen Wunsch und wir wünschen ihm für die Zukunft das Beste.

M. Striberny & Co. Nachf.

Landesinnung Wien der Kleidermacher
Zum Zwecke der Zulassung zur Meisterprüfung im Herrenkleidermachergewerbe [illegible]
bestätigt:
Wien, am 15. [illegible]
Innungsmeister

BANKVERBINDUNGEN: ÖSTERREICHISCHE LÄNDERBANK, ZWEIGSTELLE STOCK IM EISEN / CREDITANSTALT BANKVEREIN, ZWEIGSTELLE KÄRNTNERSTRASSE
ZENTRALSPARKASSE DER GEM. WIEN OPERNGASSE, KONTO [illegible] / BANKHAUS PINSCHOF & CO. WIEN 1, SPIEGELGASSE 3 / POSTSPARKASSENKONTO 125.007

Alfred Konsal konnte den Betrieb somit ohne Meisterprüfung gewerberechtlich weiterführen, ehe er am 1. März 1969 nach abgelegter Meisterprüfung seine eigene Maßschneiderei „Haute Couture pour Monsieur“ nach dreimonatigen Umbauarbeiten eröffnete. Dieser unerwartet rasch vollzogene Schritt in die Selbständigkeit war mit ungeheurer Risikobereitschaft gepaart und forderte den vollen Einsatz eines jungen, talentierten Schneiders, der seine Meisterschaft fortan durch Rang, Namen und Standort erst recht unter Beweis zu stellen hatte.

Beweisstücke

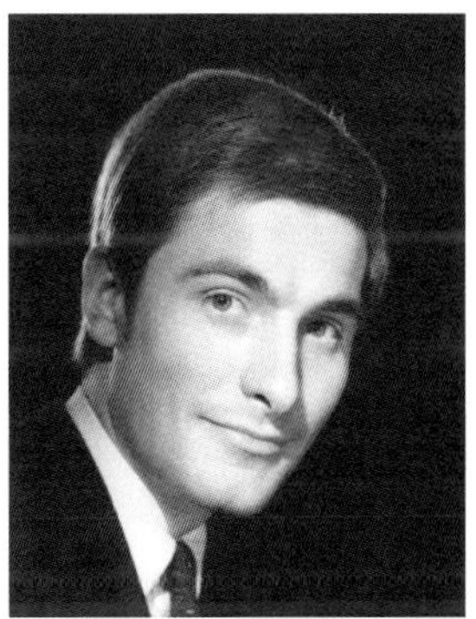

Alfred Konsal als geprüfter Schneidermeister, 1969.

Die ersten Jahre bedurften ungeheuren Eifers, unermüdlichen Tatendrangs und stiller, aber schwerer Arbeit an der eigenen Perfektion: Ein Geschäftsmann der Neubaugasse betrat eines Tages Konsals Geschäft und prophezeite: „Für mich bringen Sie keinen Anzug zusammen.“ Der Kunde mit den schlechten Erfahrungen und einer schwierigen Figur wählte einen Stoff aus dem Regal und beauftragte Konsal unter der Androhung, keinen Schilling zu zahlen, falls ihm das Stück mißfalle. Doch Konsal meisterte diese fachliche Herausforderung, bekam sein verdientes Geld und hatte einen Kunden gewonnen durch überzeugende Schneider-Meisterschaft. Solche Erfahrungen lieferten Anerkennung und weiteren Ansporn zu Bestleistungen.

In der Westbahnstraße 1/1. Stock arbeitete ein verdienter Herrenschneider namens Sokub. Seine Kunden (unter ihnen Ramsauer und Bauer) suchten nach dessen Pensionierung nach einem gleichrangigen Schneidermeister, der ihren Wünschen und ausgeprägten Ansprüchen gerecht zu werden versprach. Die Sekretärin

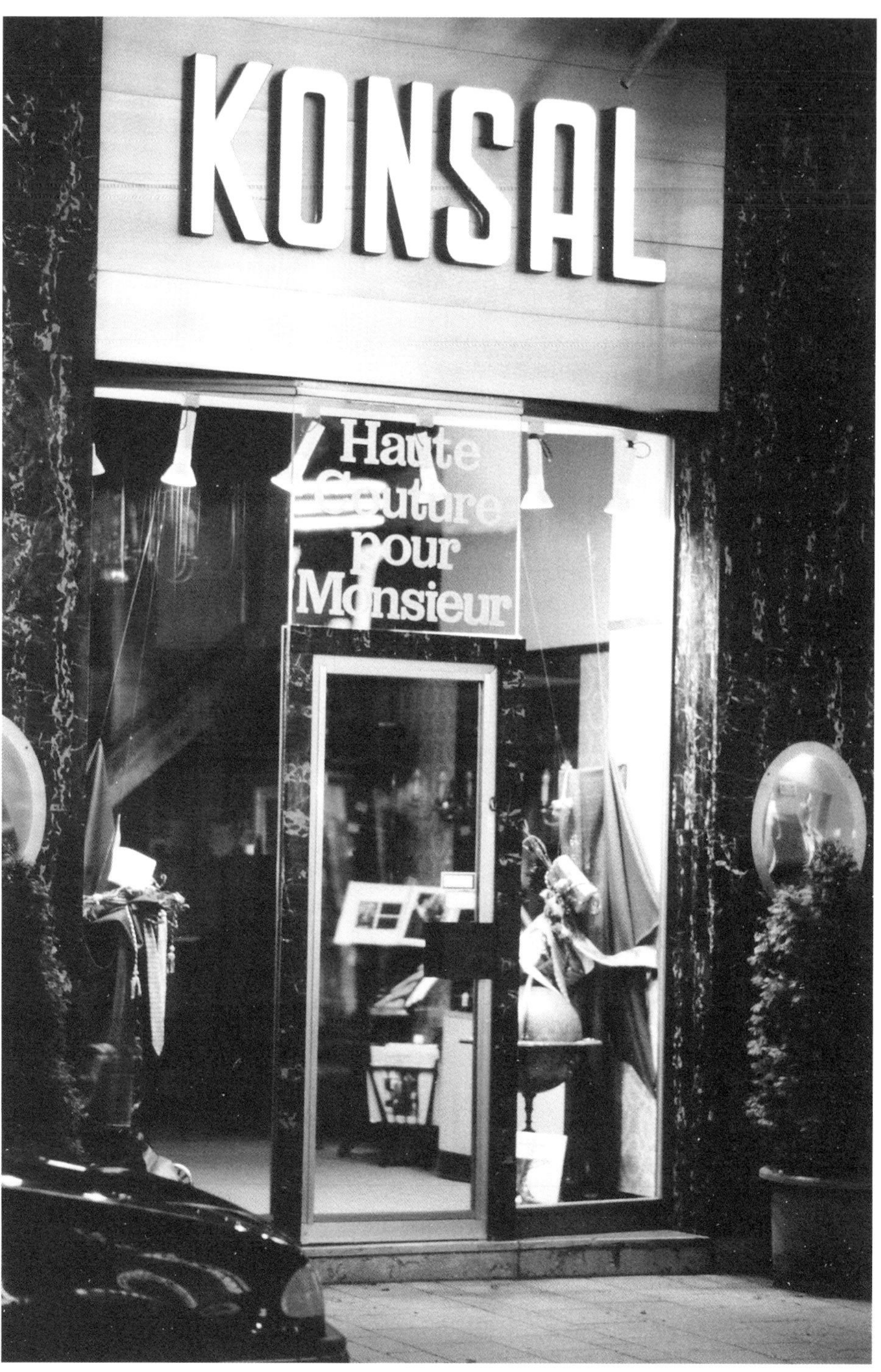
KONSAL
Haute
Couture
pour
Monsieur

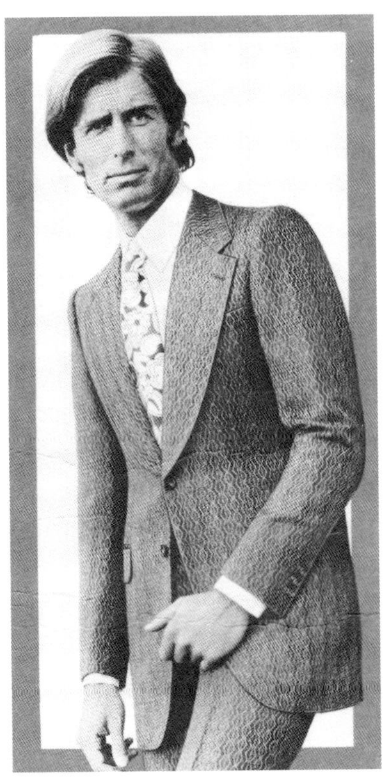

Modischer Tagesanzug, Modelinie H/W 1970/71: Sehr schlanke, jugendlich wirkende Sihouette, sehr wenig Mehrweite im Rücken und im Vorderteil, Hüftpartie leicht aufgelockert. Auffallend breites, geschwungenes Revers (12 cm), etwas breiterer Kragen und geschwungene Schulterlinie (Konkavschulter). © Foto Höpler, 1970.

Die Herren-Rundschau wählte 1970 eines seiner Modelle als Kalenderbild für 1971.

des ÖMV-Generaldirektors Bauer betrat das Geschäft des jungen Meisters, posierte vor dem Spiegel im Erdgeschoß und wartete auf den Schneidermeister. Sie erwartete einen ehrwürdig ergrauten Mann und war beschämt, als sich im zierlichen Zweiundzwanzigjährigen Schneidermeister Konsal höchstselbst offenbarte.

Alfred Konsal ereilte bald der Ruf eines jungen Aufsteigers. Das Echo beglückter Kunden zog immer weitere Kreise. Das Geschäft blühte, seine angewandte Kunst verschaffte ihm Rang und Namen. Man interviewte[28] ihn als „einen, der es geschafft hat", als selbständiger Schneidermeister mit offenem Geschäft neben wachsendem Konkurrenzdruck der Konfektion erfolgreich schöpferisch tätig zu sein. Fortan galt es, diesem erarbeiteten Ruf gerecht zu werden, was nach Konsals Selbstverständnis und Ehrgeiz heißen mußte: immer noch besser werden, um das erworbene Vertrauen der Kunden stets neu bestätigt zu finden.

Mit seinen Aufgaben als Schneider setzte sich Alfred Konsal weiterhin kritisch auseinander. Im Erproben alternativer Schnittformen und Verarbeitungsweisen entwickelte er seinen unverwechselbaren Stil; in gleicher Weise vermittelte er seinen Kunden die erforderliche Wahrnehmung, er sensibilisierte ihr Auge für das von ihm als Kunsthandwerker liebevoll umgesetzte Detail seiner Arbeit nach höchsten Maßstäben.

Mit Beginn seiner Tätigkeit als selbständiger Schneidermeister wurde Alfred Konsal in den Wiener Modering aufgenommen, dessen Aktivitäten er bereits als Schneidergeselle mit Interesse verfolgt hatte. Er nahm an zahlreichen Fachabenden teil, die der Wiener Modering für alle Wiener Schneider(innen) als Weiterbildungsmöglichkeit anbot. Über viele Jahre stellte Alfred Konsal seine Erfahrungen und

28 Interview anläßlich einer Werbesendung, 1976.

seinen Rang als angesehener Schneidermeister auf Vorschlag der Wiener Landesinnung als Beisitzer der Meisterprüfungskommission für das Herrenkleidermacherhandwerk zur Verfügung. Bei zahlreichen Fachveranstaltungen hielt er Vorträge zum Thema der von ihm so geliebten, mit Besessenheit betriebenen Kunst der Herrenkleidermacher.

5. Pionierarbeit: Der Wiener Modering

„Der Wiener Modering ist eine Auslese talentierter Damen und Herren des Maßschneidergewerbes. Wir haben uns zur Aufgabe gemacht, Wien und Österreich wieder zu der Geltung in der Mode zu bringen, die ihnen gebührt. Wien war vor dem ersten Weltkrieg ein Machtfaktor der Mode und ist auf dem besten Wege, es wieder zu werden. Seit einiger Zeit veranstalten wir zweimal im Jahr großzügige Presseinformationen und Modeschauen, um Sie, geschätztes Publikum, von unserem Können zu informieren. Die Modelinien werden von einem Forum tüchtiger Fachleute ausgearbeitet.“[29]

Die Delegiertenversammlung unter Innungsmeister Komm.-R. Karl Holas beschloß am 11. Oktober 1961 die Gründung des Wiener Moderings als Zusammenschluß aller Moderinge der Bundesländer. Mit Feuereifer arbeiteten ausgewählte Damen- und Herrenmaßschneider(innen) an Modellen zu einer festgelegten Modelinie. Der Kreis der Mitschaffenden wuchs, die Modearbeit gedieh: Presseschauen, Modeschauen und Fachabende, Heft-Aussendungen (Ärzte, Friseure, Kaffeehäuser) machten auf österreichische Mode nach Maß aufmerksam. Durch die intensive Zusammenarbeit mit dem Modereferat des Wiener Wirtschaftsförderungsinstituts konnte das Manko der Präsentation von Maßschneiderleistungen ausgeglichen werden. Modeschauen für Presse und Publikum (Hotel Hilton) leisteten wichtige und wirksame Öffentlichkeitsarbeit. In dieser Institution entfaltete sich die Fähigkeit, fremden Vorbildern und Modediktaten nicht einfach nachahmend zu folgen, sondern diese zu transformieren und in der praktischen Umsetzung durch eigenständige österreichische Maßmode hervorzutreten. Ab 1976 sollte mit den „Wochen der Maßbekleidung“ ein echter Werbefeldzug für Mode nach Maß geführt werden. Die intendierte Wiederbelebung und Anknüpfung an die große Wiener Schneidertradition sollte durch unermüdlichen Eifer und überzeugende Modearbeit gelingen. Die gemeinsamen Ideale und das Konkurrenzdenken der Mitglieder – das Messen und Gemessen-Werden – spornten gleichermaßen zu Höchstleistungen an.

Die modeschöpferische Tätigkeit der Mitglieder des Wiener Moderinges leistete einen maßgeblichen Beitrag zur Förderung und Hebung des Ansehens der Wiener

29 Grein, Franz Ch. (Hg.): Modering Wien. Wien 1965. Keine Seitenzahlen.

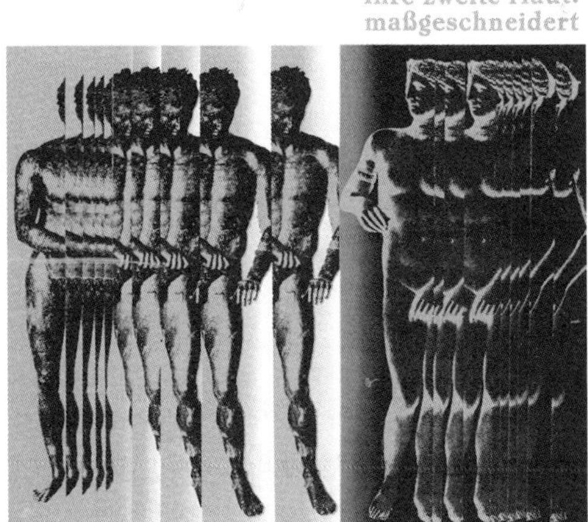

Mode und Schneiderkunst.[30] Allen Kollegen und Kolleginnen des Maßschneidergewerbes Österreichs wurden Modeberichte vorgelegt, die über die aktuelle Modelinie anhand der Modelle des Wiener Moderings informieren sollten. Man hatte erkannt, „daß die durch die Innung begonnene Arbeit ausschließlich im Interesse des gesamten Berufsstandes und der Betriebe gelegen ist".[31] Durch Unterstützung des Internationalen Wollsekretariats und zahlreicher Stofflieferanten wurden die auf Idealismus und Engagement gegründeten Bemühungen der Mitglieder des Wiener Moderings fruchtbar vorangetrieben. Durch diese Art der Öffentlichkeitsarbeit wollten die österreichischen Maßschneider(innen) einem breiteren Publikum wirklich gute und modische, ja begehrenswerte Handwerksarbeit vor Augen führen, um es schließlich im Maßsalon zu individueller Maßarbeit zu verführen.

Durch die Tätigkeit des Wiener Moderings sollten die Fachbetriebe ihrerseits einen modischen und fachlichen Auftrieb nicht zuletzt durch die Präsentation der Modelle erfahren. Man bemühte sich mit Blick auf die erstarkende Konkurrenz der Konfektion um nachhaltige Impulse für einen Auftrieb des Berufsstandes der Maßschneider(innen). Maßschneider(innen) wurden um ihre Mitarbeit im Modering gebeten, es wurde aber auch selektiert, um festgelegten Qualitätsstandards zu entsprechen, deren Umsetzung als Bedingung für den erfolgreichen Fortbestand des Handwerks erkannt wurde.

Die Modeschauen und die Teilnahme an den Weltkongressen bildeten immer die anschaulichsten Höhepunkte der Arbeit des Moderings. Wertvoll und fruchtbringend war jedoch vor allem die vorausgehende Arbeit. Zunächst wurden eine generelle Modelinie sowie die Materialien und Verarbeitungshinweise festgelegt. An Fachabenden wurden gewonnene Erfahrungen und angewandte Techniken verglichen. Die Modewarte (für die Herrensparte und Damensparte getrennt) waren Kontrollinstanzen, die die Qualität der werdenden Stücke auf die vereinbarten Standards hin prüften. Die Kritik der Modewarte bereitete kaum Freude, war jedoch unerläßlich und zwang zu genauester Arbeit. Bei gemeinsam durchgeführten Anproben profitier-

30 Festansprache von BIM Komm.-R. Eduard Kastner: 20 Jahre Modering. In: Rundschau für internationale Herrenmode mit DOB + haka praxis. Fachzeitschrift für Herrenbekleidung, 1/1982, S. 49.

31 Landesinnung Wien der Kleidermacher (Hg.): Modering Wien präsentiert Herbst- und Wintermode 1963/64 für Damen und Herren. Modellbericht. Wien 1963/64.

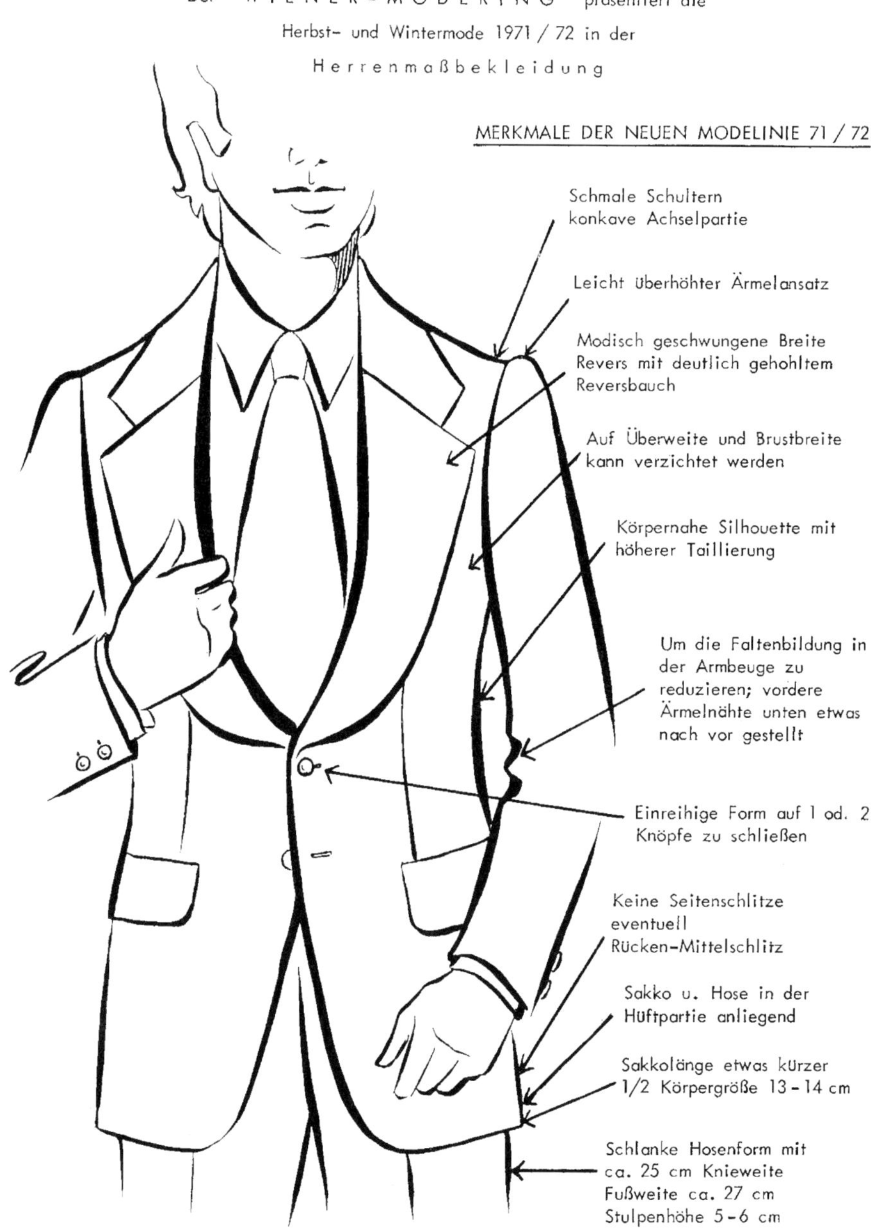

© Nachlass Anny Gittel (Supp).

ten Kollegen voneinander. Der Werbewirkung und Weiterbildung schien damit gleichermaßen gedient. Der Wiener Modering sollte zum Zentrum der österreichischen Maßarbeit werden und die heimischen Kleidermacher(innen) in der Umsetzung einer eigenen Modelinie an die internationale Leistungsspitze heranführen.

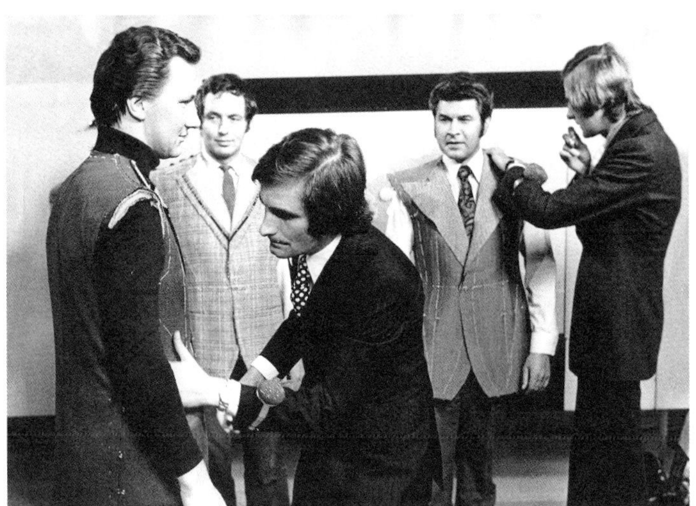

Vorne: Alfred Konsal mit Gerd Prechtl bei der 1. Anprobe. © Klinger, 1974.

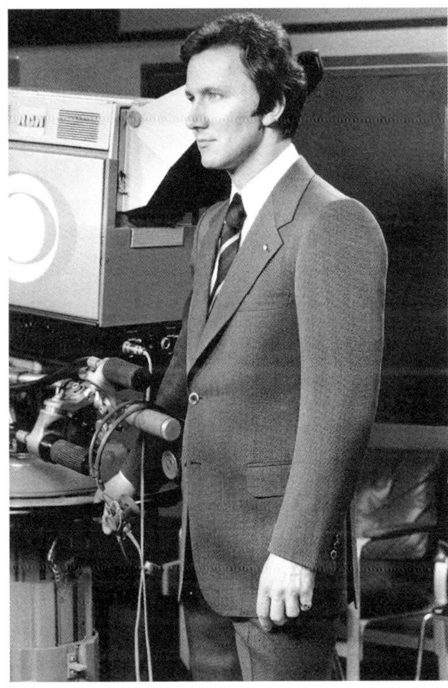

Gerd Prechtl. Modell: A. Konsal © Höpler, 1974.

Als besondere Aktion der Herrenschneider des Wiener Moderings wurden 1973 die ORF-Fernsehsprecher Herbert Gnedt, Walter Richard Langer, Frank Lester und Gerd Prechtl nach Maß eingekleidet, um sie als Visitenkarten der Wiener Maßschneider vor dem Bildschirm zu sehen. Die Idee dazu stammte von Gerd Prechtl und Alfred Konsal. Die Stoffe wurden von Firma Ermenegildo Zegna zur Verfügung gestellt.

Zwischen 1975 und 1980 erlebte der Wiener Modering unter dem Vorsitzenden Kurt Vrubl und Modewart Alfred Konsal seine aktivste Zeit. In dieser Zeit hatte der Wiener Modering durch die Teilnahme mit Modellen am Deutschen Schneidertag in München, die Abhaltung von erfolgreichen Seminaren (Rosenau, Stubenberg) sowie die Einführung des Dreiländertreffens (Deutschland, Schweiz, Österreich) internationales Ansehen errungen.[32]

1977 fand in Wien eine gemeinsame Arbeitstagung der österreichischen und deutschen Maßschneider statt. Die respektablen Leistungen der beiden nationalen

32 Festansprache von BIM Komm.-Rat Eduard Kastner: 20 Jahre Modering. In: Rundschau für internationale Herrenmode mit DOB + haka praxis. Fachzeitschrift für Herrenbekleidung, 1/1982, S. 49.

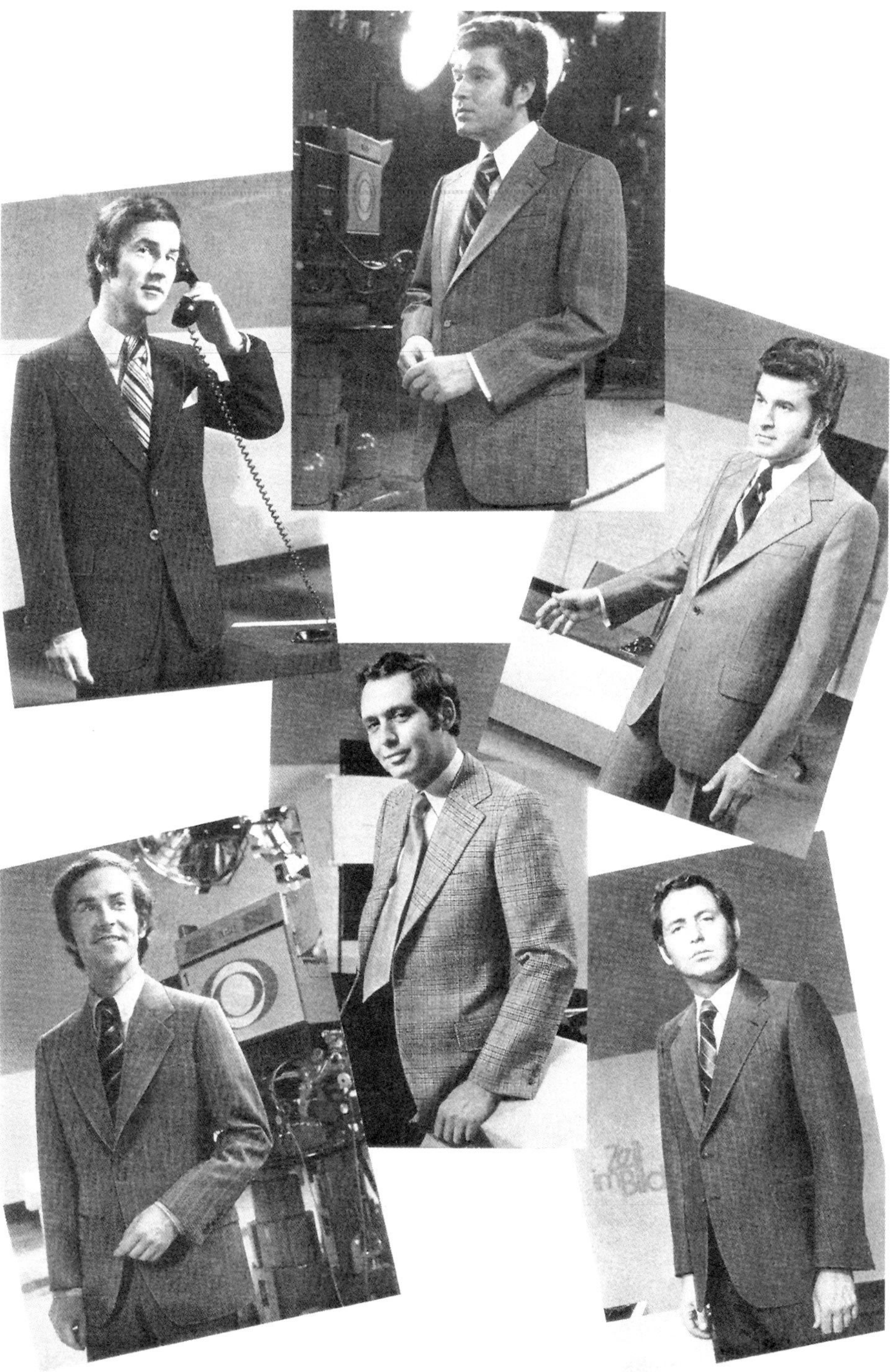

In: Rundschau 1/1974.

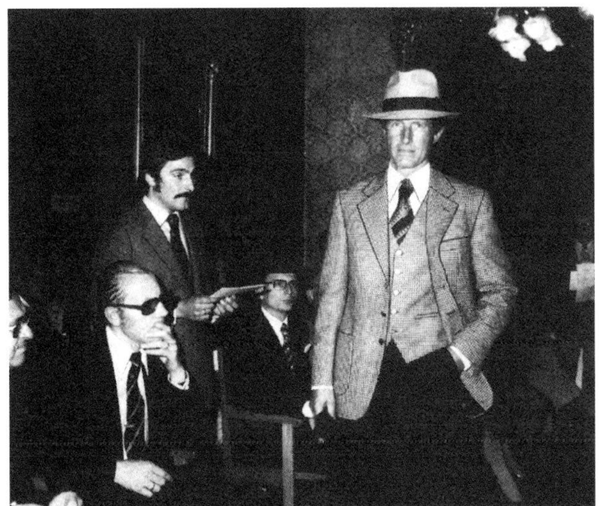

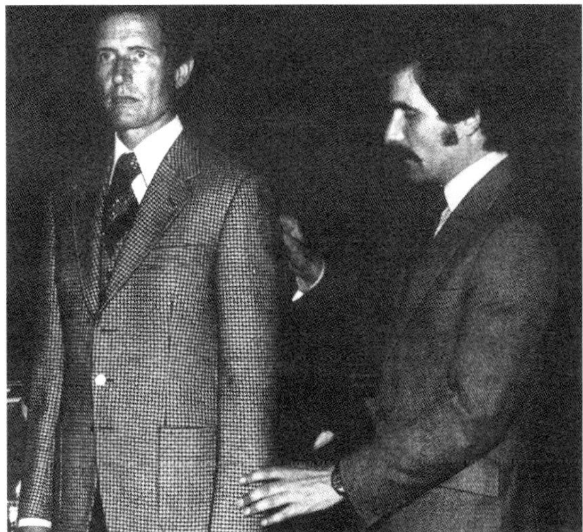

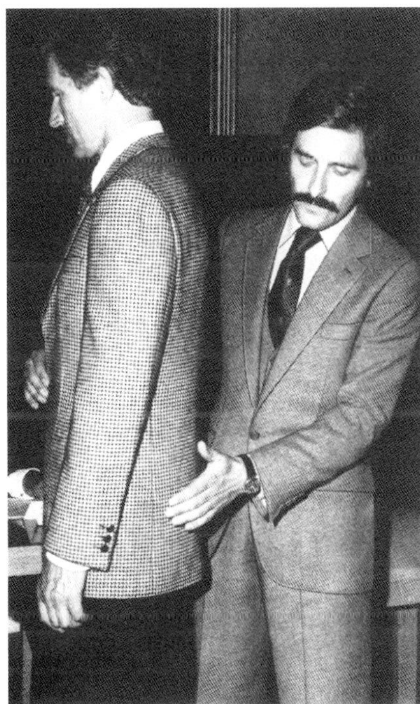

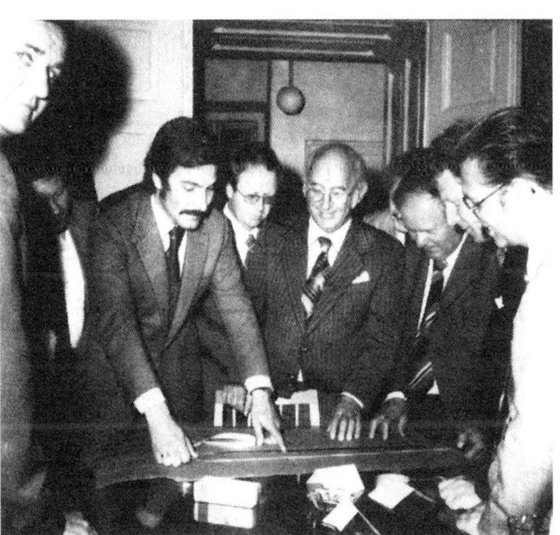

Alle Bilder: Rundschau 9/1977.

Maßschneider-Vereinigungen wurden an den von Dressmen vorgeführten Maßmodellen thematisiert. Die Vorführungen, Modellbesprechungen, Gegenüberstellungen und Diskussionen leisteten einen Beitrag zur Weiterentwicklung der Schneiderkunst jedes einzelnen Kunsthandwerkers.

Die Weiterführung des Wiener Moderings mißlang mangels notwendiger kameradschaftlicher Einigkeit der Mitglieder aus den verschiedenen Bundesländern. Die Institution des Wiener Moderings hat bislang keine Wiederbelebung erfahren. Eine medienorientierte Repräsentanz des Berufsstandes der Maßschneider(innen) im Dienste der Zukunftsicherung des Handwerks, wie sie durch den Wiener Modering beispielhaft verwirklicht worden war, fehlt heute schmerzlich.

V. Zur Ästhetik des modernen Maßsakkos

Oder: Die Herausforderungen des Schneiderhandwerks

„In vili veste
nemo tractatur honeste."[1]

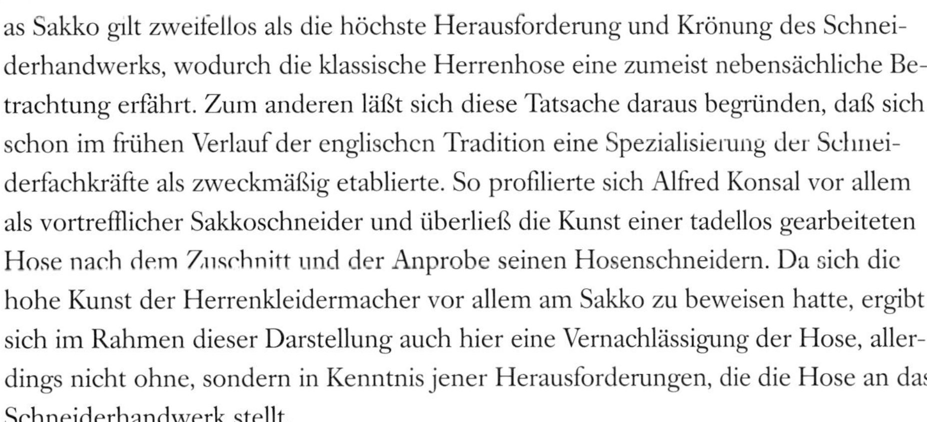

Das Sakko gilt zweifellos als die höchste Herausforderung und Krönung des Schneiderhandwerks, wodurch die klassische Herrenhose eine zumeist nebensächliche Betrachtung erfährt. Zum anderen läßt sich diese Tatsache daraus begründen, daß sich schon im frühen Verlauf der englischen Tradition eine Spezialisierung der Schneiderfachkräfte als zweckmäßig etablierte. So profilierte sich Alfred Konsal vor allem als vortrefflicher Sakkoschneider und überließ die Kunst einer tadellos gearbeiteten Hose nach dem Zuschnitt und der Anprobe seinen Hosenschneidern. Da sich die hohe Kunst der Herrenkleidermacher vor allem am Sakko zu beweisen hatte, ergibt sich im Rahmen dieser Darstellung auch hier eine Vernachlässigung der Hose, allerdings nicht ohne, sondern in Kenntnis jener Herausforderungen, die die Hose an das Schneiderhandwerk stellt.

1. Klassik und Modernität: Zur Architektur des modernen Maßsakkos

Im Unterschied zum Panzer oder den Wämsern der Renaissance zwängt der moderne Anzug den Körper nicht ein. Er ist vielmehr eine locker sitzende Hülle, die die ganze Oberfläche des Körpers ziemlich gründlich verbirgt und in seinem Ensemble von Linien, Farben und Formen Diskretion vorweist. „Folglich steht der Anzug heute im Ruf, nichts auszudrücken, und das in einer Ära trainierter Muskeln und annähernder Nacktheit, ganz zu schweigen von politischem Protest, sexueller Revolution und ethnischer Selbstbehauptung sowie all den Elementen theatralischen und filmischen Glanzes, mit denen jeder heute spielen kann. Anzüge sind offensichtlich nicht wirklich ausdruckslos; sie drücken klassische *Modernität* aus, im materiellen Design, in der Politik und in der Sexualität. In ihrer reinen Form bedeuten sie eine selbstsichere, erwachsene Männlichkeit, die weder den Beigeschmack von Gewalt noch

1 Einem schlechten Rock macht man keine Referenz. Lateinisches Sprichwort.

von Passivität hat. Der Anzug reflektiert zweckgerichtete Entwicklung, nicht phantastische Inspiration; er hat den modernen Look sorgfältig vereinfachter dynamischer Abstraktion, die ihren eigenen starken erotischen Reiz hat.“[2] In seinem durchdachten Design schafft er heute zwangsläufig überall dort ein Gefühl der Überlegenheit, wo – im Vergleich zur bewußt nachlässigen Damen- und Herrengarderobe – ein unkonstruiertes und ungezwungenes Aussehen für ein kulturelles Update unerläßlich scheint.

Das Sakko erweist seine permanente Modernität, indem es sich aus Elementen und Details zu einem architektonischen Ganzen zusammenfügt, das dem obersten Prinzip der Funktionalität in hohem Maße zu entsprechen vermag. Wie die Herrenmodegeschichte belegt, widersetzt es sich erfolgreich allen (avantgardistischen) Bestrebungen, es beliebig abzuwandeln. Ohne sich modischen Tendenzen kategorisch zu verweigern, bleibt es bei aller beeindruckenden Dauerhaftigkeit und seiner „orthodoxen“ Erscheinung offen für behutsame Variabilität der Formen, der Elemente und des Stils und bewahrt so die subtile Sprachkraft seiner Oberflächen. So entsteht jedes Sakko aus der Wechselwirkung anatomischer Körpervorgaben und dem Zusammenspiel von Material, Schnitt und Verarbeitungstechnik.

Die Kunst der Herrenkleidermacher basiert auf einem mehr oder minder geschlossenen System, das mit Ritualen und Vorschriften ausgestattet ist, die manchmal unverständlich und seltsam anmuten und das für Innovationen nicht unbedingt empfänglich ist. Erst das gründliche Studium erlaubt die Einhaltung und/oder die bewußte Überschreitung der Regeln. Die Idee des Sakkos gleicht dabei einem geistigen Urbild. Seine ureigenste Form liefert das Muster, das als regulatives Prinzip seine Wiedererkennbarkeit an sich und die Wiedererkennbarkeit unter anderen, „verfälschten“ Sakkos zuläßt. Ein Sakko, das die Regeln seiner Herstellung nicht befolgt, mag als Falschaussage gelten. Der „Eingeborene“ der Herrenschneiderei beherrscht ihr Idiom und kennt das heikle Feld zulässiger Variationen dieser Sakko-Idee, außerhalb dessen eine Anfertigung einen zeitverhafteten Mißklang hervorrufen würde. Er besitzt ein auf Gewohnheit und Übung sowie dem theotischen Rahmen gründendes Gespür für visuelle Grenzen, die dem einzigen ästhetischen Zweck – dem perfekten nackten männlichen Ideal – verpflichtet bleiben.[3]

Für den Betrachter wie den Träger tritt das Sakko stets als ein architektonisches Ganzes auf. Um die hohe Kunst der Herrenkleidermacher anschaulich zu machen, bedarf es jedoch der thematisch-methodischen Zerlegung und der begrifflichen Klärung, um die Entstehung eines solchen Meisterstücks nachvollziehbar zu machen und eine Ahnung von jenem verschwiegenen Aufwand zu bekommen, der das Schneiderhandwerk in Tradition und Gegenwart auszeichnet.

2 Hollander, A., S. 180.

3 Vgl. ebenda., S. 178.

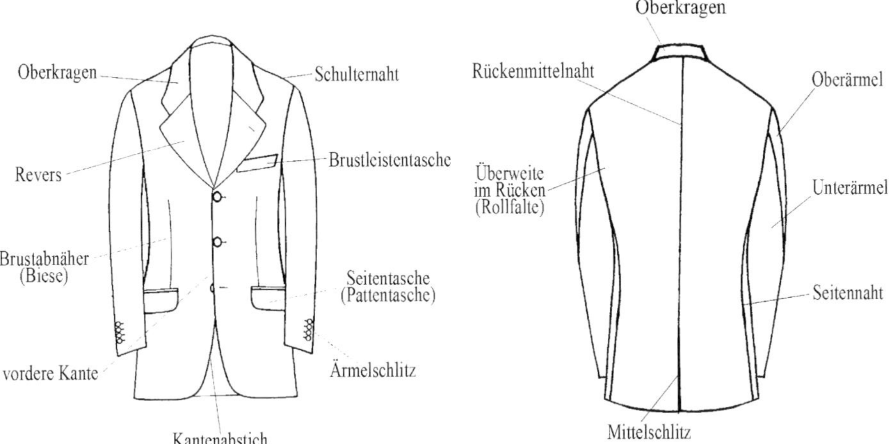

In seiner Vorderansicht zeigt das klassische Grundmodell des Sakkos folgende Elemente und Details: den Kragen, das Revers, den Knopfverschluß, die vordere Kante, die mit dem Abstich in einer geraden, horizontalen Saumlinie ausläuft, die Brusttasche auf dem linken Vorderteil, den vertikalen Brustabnäher, die Seitentaschen auf beiden Vorderteilen und die eingesetzten Ärmel mit Schlitz.

Der Rücken in unübertrefflicher Zurückhaltung zeigt sich von der Halsmitte zum Saum durch eine Mittelnaht geteilt und vom Armloch abwärts durch das Seitenteil begrenzt. Lediglich ein Mittel- oder zwei Seitenschlitze können eine gewisse Variabilität in die Rückenansicht bringen.

Die architektonischen Grundelemente des modernen Sakkos zeigen den unübertrefflich schlichten Bau aus folgenden Schnitteilen: Vorderteil mit Brustabnäher (oder Biese), Seitenteil (entweder an das Vorderteil angeschnitten oder abgetrennt), Rückenteil, Oberärmel und Unterärmel.

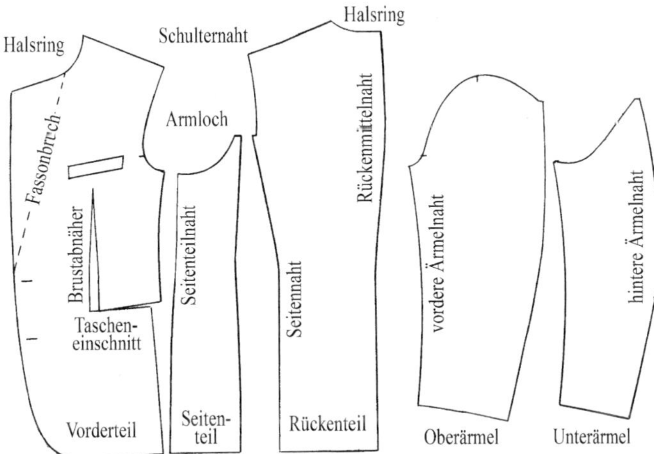

Trotz gängiger Standards unterscheiden sich die gegenwärtig getragenen Sakkomodelle je nach Schneider und nationaler Herkunft oft erheblich. Das liegt an den unterschiedlichen Traditionen, die sich in England, Italien, Frankreich, Deutschland und Österreich etabliert haben, und an den modischen Interpretationen europäischer Herrenmaßschneider.

Grundsätzlich lassen sich körpernah und körperfern geschnittene Sakkos unterscheiden. Die schlanke, antaillierte Sakkolinie ist vorherrschend und gilt nach allgemeiner Auffassung stets als die elegantere Variante.

Die Taillierung ergibt sich im Vorderteil durch einen Abnäher, der von der Brust zum vorderen Ansatz des Tascheneingriffs ausläuft. Die seitliche Taillierung, die unterhalb des Armlochs ansetzt und mehr oder weniger schräg entweder nach vorne zum Tascheneinschnitt oder – bei abgetrenntem Seitenteil – zum Saum verläuft, bestimmt die Linie und Frontansicht des Sakkos entscheidend. Italienische Schneider arbeiten häufig ein angeschnittenes Seitenteil, so daß die seitliche Taillierung knapp unterhalb der Tascheneingriffe ausläuft und der Musterverlauf zwischen Vorder- und Seitenteil zum Saum hin völlig ungestört bleibt. Ein perfekter Sitz des Vorderteils ohne Schrägzüge und Spannungen auf Taillenhöhe und um die Hüftpartie überzeichnet alle körperlichen Unebenheiten und vermittelt die Illusion schlanker, anziehender Nacktheit.

Die italienische Linie gibt sich körperbetont mit figurnahen Schnitten von durchdachtem Schliff und technischer Raffinesse. Die Brustpartie ist meist eher flach und schmal, die Schulterpartie betont in ihrer natürlichen Linie gehalten. Die Taille liegt generell etwas höher und konturiert die schlanke Seitenlinie bis zum Saum.

Die Gestaltung der Brustpartie kann sehr verschieden sein. Die Ausarbeitung der Brust kann gezielt die Oberpartie betonen, in ihrer natürlichen Position ausformen oder zum Arm hin optisch verbreitern. Die Wirkung der Brustpartie wird durch Gestaltung der Fasson zusätzlich unterstützt.

Modell- und Formunterschiede lassen sich aus keiner Tabelle ablesen und machen die individuelle Handschrift des Schneidermeisters aus. Ein tadelloser Sitz ergibt sich ausschließlich im Zusammenspiel des passenden Modell- und Figurtyps und der Abstimmung auf den individuellen Stil der Persönlichkeit. Beim Maßsakko haben sich nationale Eigenheiten etabliert und ein stilistisches Nebeneinander geprägt. Die männliche Klientel entscheidet sich nach eigener Vorliebe für eine Stilrichtung und den Schneider, der diese, auf eigene Bedürfnisse zugeschnitten, umsetzt. Generelle Trends und Modevorgaben greifen nur bedingt, hat doch der Schneider die Option, seinem Gestaltungswillen und dem Kundenwunsch abseits der Zeit schöpferisch Rechnung zu tragen. Durch ruhige Weiterentwicklung legt die klassische Herrenmode nach wie vor größten Wert auf Bequemlichkeit und Tragekomfort.

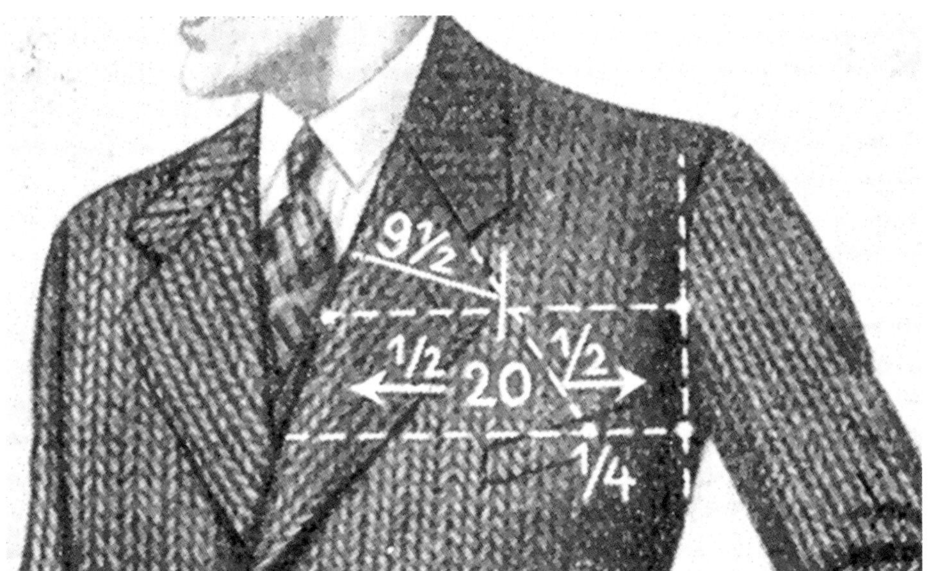

Fassonstudie. In: Die Zuschneidekunst. Herrenkleidung, 1938.

2. Besprochene Liebe zum Detail

Um Hals und Kragen: Fassonstudien

„Ein nicht richtig sitzender Kragen
verdirbt den ganzen Eindruck des Kopfes."[4]

Jedes Kleidungsstück verbirgt oder steigert die Bedeutung des Körperteils, den es bedeckt. Hals und Kragen waren ursprünglich ein und dasselbe; im Mittelhochdeutschen heißt *krage* Hals. Allmählich wandelte sich die Bedeutung des Wortes *Kragen* und wurde schließlich zur Bezeichnung für die Umhüllung jener schmalsten Stelle des Körpers, für den Engpaß, durch den alle lebenswichtigen Stränge führen.[5]

Dem Kragen und Hals gilt im Hinblick auf die Ästhetik des Sakkos eine gesteigerte Aufmerksamkeit. Der Kragen „umarmt" den Hals[6] idealerweise völlig anliegend und ohne Spannung. Der Hemdkragen soll dabei etwa einen Zentimeter über die Umbruchlinie des Sakkokragens blitzen.

Die Fasson[7] bildet gleichsam das Gesicht des Sakkos und ist folglich mit besonderer Liebe und fachlicher Sorgfalt zu behandeln. Sie ist unbestreitbar der am meisten ins Auge springende und darum wichtigste Bestandteil eines Kleidungsstückes. Form und Ausführung der Fasson verlangen nach besonderer Sorgfalt und kompro-

4 Brummel, Georges: Der gut gekleidete Mann. Ein Berater für Geschmack und Korrektheit in der Herrenkleidung. Dresden, 1910, S. 15.

5 De Boor, Lisa: Kleidung als Urbild. Hemd, Hut und Hose. 2. Auflage, Stuttgart 1981, S. 75.

6 „Halsen" im früheren Sprachgebrauch: umarmen, liebkosen.

7 Als Fasson bezeichnet man in diesem Kontext das Gesamtbild von Kragen und Revers, die durch die sog. Crochetnaht miteinander verbunden sind.

mißloser Präzision. Die Fasson eines einreihigen Sakkos erlaubt die Gestaltung als Spitzfasson, als fallende Fasson oder als Schalfasson, während der Doppelreiher dem Gentleman nur mehr die Spitzfasson, selten die Schalfasson (Smoking) als korrekte Option offen läßt.[8]

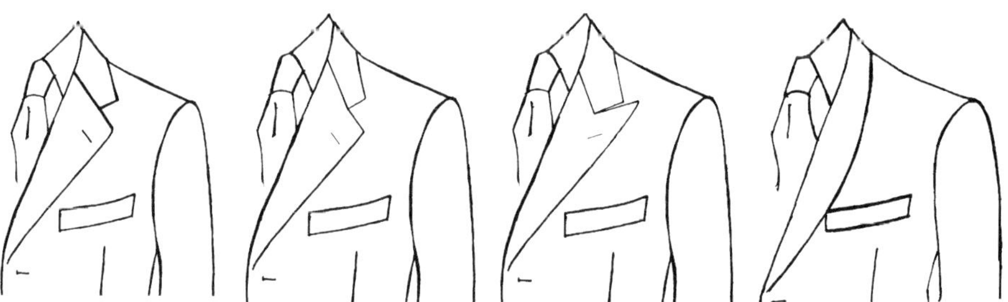

Alte Schneiderlehrbücher widmen sich eingehend der Schulung in der ästhetischen Gestaltung des Fassonbildes, wobei immer wieder betont wird, daß sich Fassonieren strenggenommen durch keine Anleitung erlernen läßt. Es obliegt vielmehr dem Übersetzungstalent und dem ästhetischen Instinkt des Schneiders, eine Fasson unter Berücksichtigung von Stil, Mode und Persönlichkeit des Trägers vollendet zu formen. Jeder Schneider entwickelt aus Erfahrungswerten, durch Verwendung von Schablonen als Hilfsmittel und aus seinem Verständnis tradierter Formgesetze seine Interpretation bestehender Modellvorgaben; er wird zum „Designer" jedes einzelnen Stücks nicht durch willkürliche Gestaltung, sondern gerade in Kenntnis der verfeinerten Ausdruckskraft dieses Sakko-Elements.

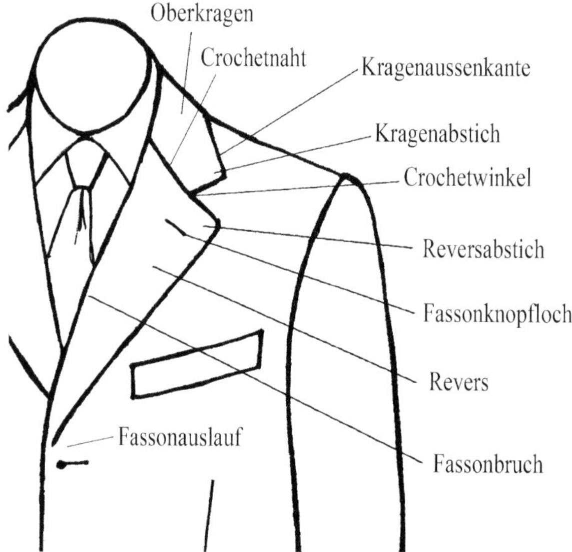

8 Kundenwünschen nach abweichenden Fassonformen kann von Maßschneidern Rechnung getragen werden, obwohl es gegen die fachlichen Vorschriften verstößt.

Die Anzugfasson wird aus Revers und Kragen aufgebaut. Lage und Verlauf der Verbindungsnaht (synonym als Crochet-, Spiegel- oder Kassurnaht bezeichnet) zwischen Kragen und Revers räumen dem Schneider entscheidende Variationsmöglichkeiten zur Gestaltung des gesamten Fassonbildes ein. Hier hat der Schneider Gelegenheit, seinen Geschmack und seine künstlerische Begabung zum Ausdruck zu bringen. Die Anordnung der Spiegelnaht und die Form der Crochetecke, die sich zwischen Kragen- und Reversabstich ergibt, verrät unweigerlich die „Handschrift" des Schneiders. Bereits kleine Maßveränderungen in der Kragenlänge können – selbst bei einer fast gleich bleibenden Kragenbreite – das Gesamtbild der Fasson verändern und das Sakko in einer neuen Optik erscheinen lassen. Die Spiegelnaht kann steiler oder flacher gestellt werden, wodurch die Fassonbreite optisch verändert wird: bei langem Kragen mit steilen, tief liegenden Spiegelnähten wirkt die Fasson besonders schmal, während hoch liegende, flache Spiegelnähte in Verbindung mit einem kurzen Kragen die Fasson breiter erscheinen lassen, als sie eigentlich ist. Für den Neigungswinkel der Crochetnaht gibt es keine verbindliche Richtlinie; Mode und Geschmack bezeichnen ihn. Das gleiche gilt für die Form des Kragens, dessen Stehkragenhöhe etwa 2,5 bis 3 cm beträgt. Im Rücken ist der Kragen zwischen 3 und 4 cm breit. Länge und Breite der Fasson beeinflussen überdies die optische Wirkung der Schulterbreite und der proportionalen Verhältnisse von Ober- und Unterkörper.

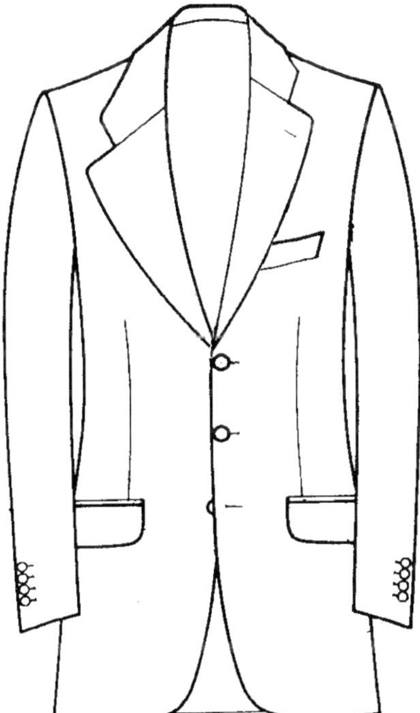

Fallende Fasson im optischen Vergleich:
Links: Der relativ lange Kragen mit tief liegender Crochetnaht bewirkt ein verkürztes Revers.
Rechts: Ein kurzer Kragen mit hoch liegender Crochetnaht erzeugt eine streckende Wirkung der Fasson, die durch ein schlankes, langes Revers erzielt wird.

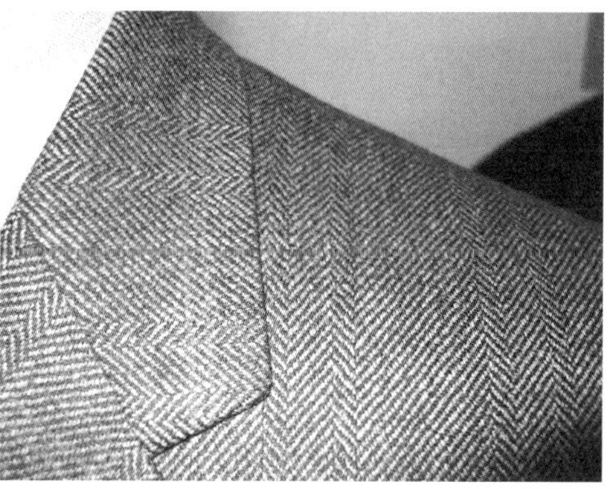

Musterverlauf am Oberkragen und der Crochetnaht. © Modell: A. Konsal.

Als ästhetische Vorgabe für den Oberkragen gilt, daß der Musterverlauf an seiner Außenkante dem Schußfadenlauf völlig entsprechen muß, was nur durch gezielte Dressur zu bewerkstelligen ist.[9] Zudem muß der Oberkragen in der rückwärtigen Mitte in seiner Musterung dem Rapportverlauf des Rückens folgen und in Kettrichtung exakt in der Mitte eines Musterrapports liegen. Der Musterverlauf des Oberkragens an der Spiegelnaht (Kragenabstich) muß links und rechts übereinstimmen. Der Fadenlauf an den Reverskanten muß dem Kettfadenlauf von der Reversoberkante bis zum Fassonauslauf entsprechen; das Besetz erfordert dementsprechend eine Stoffdressur. Die rechte und linke Reversklappe muß in Form und Musterung vollkommen spiegelbildlich gearbeitet sein. Auch der Musterverlauf an der gestoßenen Crochetnaht muß beidseitig exakt übereinstimmen. Die Ecke am Oberkragen und Revers muß jeweils mit einer kleinen, sogenannten Erbsenrundung verstürzt werden. Die Crochetnaht, die Oberkragen und Revers jeweils im schrägen Fadenlauf verbindet, darf nicht verzogen oder ausgedehnt sein. Bei gestreiften Stoffen muß der Streifenlauf an der Spiegelnaht jedoch nicht zusammenlaufen, da Oberkragen und Revers in einem variablen Winkel aufeinandertreffen können. Es gelten lediglich die Vorgaben an eine spiegelbildliche Verarbeitung der Fasson.

Am linken Revers – ca. 4 cm unter und parallel zur Reversoberkante positioniert – ist ein Augenknopfloch (Auge ungestanzt) zu arbeiten, das kürzer ist als die Knopflöcher an der Front und gelegentlich eine Blume oder eine Uhrkette am Revers trägt. Am Doppelreiher haben beide Revers ein Knopfloch, während die Schalfasson meist auf das Reversknopfloch verzichtet.

Die Fasson-Umbruchlinie bildet den V-förmig konturierten Ausschnitt, der den Blick auf das Hemd, die Krawatte (oder alternatives Beiwerk) und die Weste freigibt. Der Westenausschnitt muß bei geschlossenem Sakko immer im Sakko-Ausschnitt sichtbar sein. Die gerade oder leicht hohl verlaufende Umbruchlinie der Fasson rollt über dem obersten Knopf harmonisch an der vorderen Kante aus. Der Fassonumbruch wird nur bis über die Crochetnaht festgebügelt. Der Reversbruch legt sich mit natürlich wirkender Rollung an den Körper und zeigt die formvollendete Komposition aus künstlerisch gestalteter Fasson und exakter Verarbeitung: Das pikierte Revers, das an der Umbruchlinie zurückgeklappt wird, muß sich wie *von selbst* entlang des Umbruchs zum Vorderteil legen. Das Pikieren muß äußerst exakt erfolgen, damit das

9 Die Konfektion verzichtet auf einen dressierten Oberkragen und somit auf dieses ästhetische Merkmal.

Revers links und rechts die gleiche Fassonform erhält und gleich auf den obersten Schließknopf hin ausrollt. Bei der steigenden Fasson muß sich insbesondere der Spitz der Reversklappe zum Körper drehen und darf – selbst bei gefülltem Reversknopfloch – nicht „durchhängen".

Vordere Kante, Kantenabstich und Saum

Aus dem Paßformanspruch folgt, daß die vorderen Kanten des Sakkos parallel zueinander verlaufen sollen, also weder nach unten auseinander- noch zusammenlaufen dürfen. Eine mißachtete *Balance* des Stückes würde unweigerlich eine gestörte Saumlinie verursachen.

Die vordere Kante wird hohl verarbeitet, also nicht gesteppt (Sport- und Freizeitsakkos erlauben eine Ausnahme). Sie muß von Hand mit kleinen unsichtbaren Stichen dauerhaft fixiert werden und soll harmonisch vom Reversauslauf zum Kantenabstich verlaufen. Sie soll dünn sein und ruhig fallen, also weder spannen noch Wellen oder Blasen werfen. Dabei gilt: ein zu langes Besetz kräuselt, ein zu kurzes Besetz verzieht die Fasson und spannt an der vorderen Kante. Einer tadellosen Kantenverarbeitung in Verbindung mit einer angemessenen Länge des Besetzes gilt hier besondere Beachtung. Der Musterverlauf der Sakkofront muß mit dem Kantenverlauf übereinstimmen. Bei korrekter Balance des Sakkos darf das Stoffmuster zum Saum hin nicht zusammenlaufen.

Als Kantenabstich eines Sakkos bezeichnet man den Verlauf der vorderen Kante vom unteren Schließknopf an bis zum Saum. Das einreihige Sakko bietet grundsätzlich zahlreiche modische Gestaltungsmöglichkeiten dieser Partie. Lange oder kurze, eckige, fliehend eckig auslaufende, runde, fliehende und cutartig fliehende Abstiche sind möglich und ergeben in Verbindung von Schulterlage, Sakkolänge und Knopfstellung völlig verschiedene Anzuglinien.

Während der Doppelreiher einst bedeutende Variationsmöglichkeiten bei der Gestaltung der Fasson und der vorderen Kante einräumte, gestattet die zweireihige Sakkoform heute ausnahmslos einen vertikalen Abstich (Square-Front).

Die Saumlinie des Sakkos muß vollkommen waagrecht verlaufen; das Vorderteil darf selbst bei gefüllten Taschen weder steigen noch länger sein als der Rücken.

Die Sakkolängen sind dem modischen Wandel stärker unterworfen als andere Details. Vom Halswirbel auf der Rückenmittelnaht gemessen, variieren die Längen im Ausmaß von bis zu 10 Zentimetern (bei 1,76 cm Körpergröße zwischen 70 und 80 cm Sakkolänge). Grundsätzlich orientieren sich die Sakkolängen an der Körpergröße (halbe Körpergröße minus 10 bis 13 cm). Längere Sakkoformen wirken generell eleganter. Kürzere Sakkoformen verzichten zumeist auf Rücken- oder Seitenschlitze.

Stellungsfragen: Der Knopfverschluß

Das Sakko gibt sich seit jeher knöpfbar und verschlossen. Der Knopfverschluß gilt als eleganteste Verschlußart und dient wie andere Sakkoelemente der Akzentuierung aus jener subtilen Sprachkraft heraus, die dem Sakko eigen ist. Die Wahl der Knopfstellung beeinflußt die Optik und Linie des gesamten Modells. Die Knöpfe der Sakkofront fassen die Berücksichtigung klassischer Proportionen ins Auge.

Geschichtlich bedingt knöpft der Mann von links nach rechts: sein Schwert hing an seiner Linken.[10] Die Anzahl der Schließknöpfe variiert mit der Mode und den persönlichen Vorlieben des Trägers. Der Knopf unterhalb der Taille wird generell nicht geschlossen. Der Knopfabstand variiert modebedingt und orientiert sich auch an der Körpergröße des Kunden. Bei kleineren Herren wird der Knopfabstand meist reduziert.

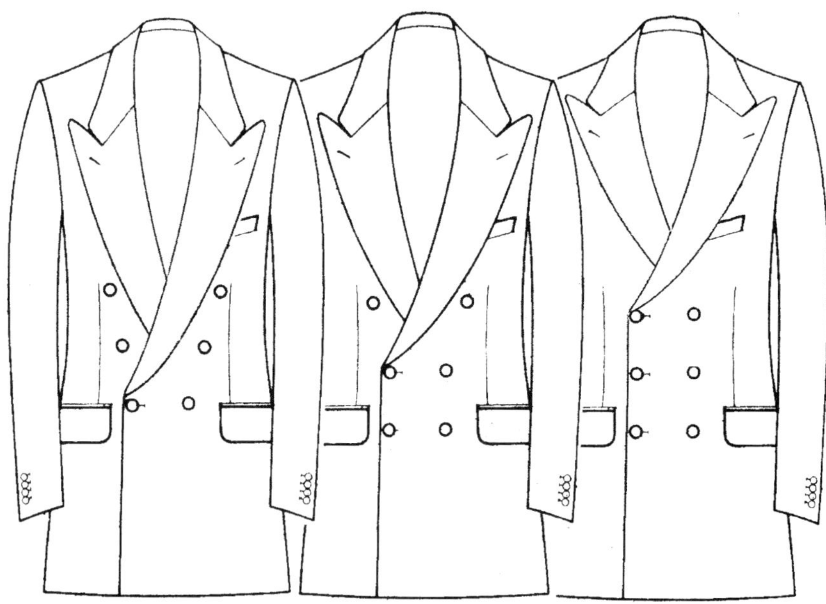

Knopfstellungen: Trapezfront mit einem Schließknopfpaar (links); Deichselfront mit zwei Schließknopfpaaren (Mitte); Sakkofront mit paralleler Knopfstellung (rechts).

10 Die Frau knöpft von rechts nach links: das jüngste Kind sitzt auf ihrem linken Arm. Quelle: De Boor, Lisa: Kleidung als Urbild. Hemd, Hut und Hose. 2. Auflage, Stuttgart 1981, S. 21.

Nach der Anzahl schließender Knopfreihen unterscheidet man einreihige und doppelreihige Sakkos. Das moderne einreihige Maßsakko wird vorwiegend auf drei oder zwei Knöpfe geschlossen. Die einreihige Fasson auf drei Knöpfe ergibt eine kürzere, der Zweiknöpfer eine längere Fasson. Die Einknopffasson (häufig am Smoking) mit nur einem Schließknopf in Taillenhöhe ergibt die längste Fasson.

Beim Doppelreiher gelten ebenso modische Akzenturierungen. Der Doppelreiher gilt als korrektes Sakko und muß stets geschlossen getragen werden.

Der Doppelreiher mit langer, streckender Fasson besitzt meist ein Schließknopfpaar, über dem ein zweites Knopfpaar als blindes Knopfpaar trapezförmig angeordnet sein kann. Kürzere Revers ermöglichen zwei (oder mehr) Schließknopfpaare und die Gestaltung als Deichselfront. Seltener sind parallel angeordnete (Schließ-)Knopfpaare mit sehr kurzer Fasson.

Der Abstand der Knopfpaare zueinander, durch die ein liegendes oder stehendes Rechteck oder ein Quadrat zwischen den Knöpfen entsteht, beeinflußt die Gesamtoptik des Sakkos, unterliegt geschmacklichen Vorgaben und erlaubt die bewußte Führung des Auges zur Korrektur proportionaler Abweichungen.

Die Knopflöcher werden als Augenknopflöcher von Hand gefertigt. Sie bestehen aus einem Vorpaß (Gimpe) und dem Reinseidenzwirn. Die Knöpfe werden mit Hals (Stiel) händisch angenäht. In der gehobenen Maßschneiderei werden traditionell nur hochwertige Knöpfe aus Naturmaterialien verwendet: Steinnuß-, Büffelhorn- oder Perlmuttknöpfe. Eine Ausnahme bilden Blazerknöpfe aus Metall (Messing, Email).

Schulter, Ärmelübergang und Brustpartie

Der Brustpartie wird in der klassischen Herrenmaßschneiderei traditionell eine zentrale Bedeutung beigemessen. Das Erscheinungsbild des Sakkos transformiert vor allem in dieser Partie das Sinnbild antiker, ja klassizistischer Männlichkeit. Breite Schultern und eine betonte Brustpartie zeichnen in ihrer abstrakten Linienführung dieses Ideal maskuliner Formen nach. Die Gestaltung der Schulter- und Brustpartie folgt in ihrem Bestreben nach Vervollkommnung des männlichen Körpers dem Vorbild des antiken Ideals breiter Schultern, einer gewölbten Brustpartie, die in einen schlanken Leib übergeht.

Die taillierte Optik der Front wird durch den Brustabnäher und die Lage der Seitenteilnaht hergestellt. Der Brustabnäher muß dabei in der Mitte eines Musterrapports liegen und läuft am Beginn des um 1 cm vorverlegten Tascheneinschnitts harmonisch aus. Eine Biese als angedeutete Taillierung ermöglicht die mustergerechte Übereinstimmung von Vorder- und Seitenteil, was besonders bei karierten Stoffen die durchdachte Ästhetik des Sakkos bestätigt.

Zur Unterstützung der generell biegeschlaffen Stoffe, die in der Herrenschneiderei zum Einsatz kommen, hat man sich jener genialen unsichtbaren Helfer bedient, die zur Gestaltung des Unterbaus der Sakkofront ihre unverbesserliche Eignung beweisen: Steifleinen und Roßhaareinlagen. In der traditionellen und mustergültigen Anfertigung eines Maßsakkos wird die Einlage getrennt vom Oberstoff hergestellt und bleibt in loser Verbindung mit diesem. Lediglich am Halsring, an der vorderen Kante und am Armloch ist die Einlage als formgebende Stütze des Sakkos fest mit allen Materialschichten verbunden. Nur klassische Einlagen sichern die dauerhafte Paßform des Sakkos und gewährleisten die lange Tragbarkeit der Modelle.

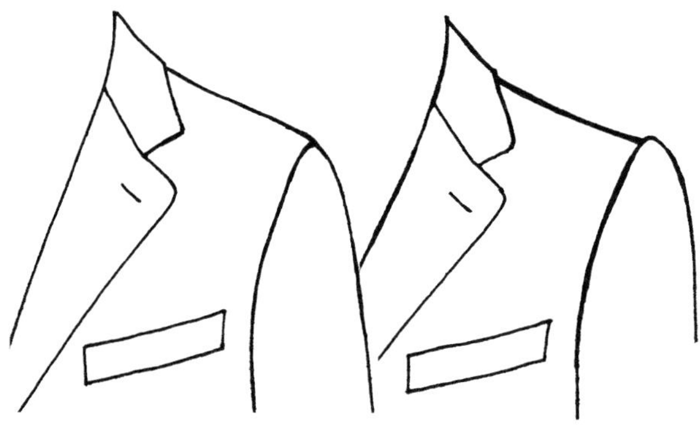

Vergleich des Übergangs der Schulter in den Ärmel: runder Ärmelübergang bei natürlich fallender Schulter (links), markanter Ärmelübergang bei gerader Schulterlinie („Gupferl", rechts).

Die Optik eines Herrensakkos wird durch die verschiedenen Schulterformen beeinflußt, die jeweils nach unterschiedlichen Verarbeitungsmethoden verlangen. In der Gestaltung der Schulterlage und -linie liegen ganz erhebliche Variationsmöglichkeiten. Jedes Land und jeder Schneider verweist auf die ihm eigene Art der Schulterausarbeitung, so daß eine strenge Festschreibung einer „richtigen" Schulter unmöglich ist. Grundsätzlich lassen sich hohe, gerade Schultern und natürlich fallende, gerundete Schultern unterscheiden. Eine strenger konturierte, markant zum Ärmel abgegrenzte Schulterlinie ist ebenso erlaubt wie eine weich und rund in den Ärmel übergehende Schulterpartie. Die Schulterbreite richtet sich nach modischen und anatomischen Vorgaben und dem Wunsch des Trägers, die natürliche Breite der Schultern zu belassen oder gegebenenfalls zu überbauen. Unbestritten hat die Gestaltung der Schulterpartie erheblichen Einfluß auf die gesamte Silhouette des Sakkos. Die Breite der Schultern hat jedoch keinen Einfluß auf die Trageeigenschaften des Modells. Eine natürliche und wenig unterpolsterte Schulter wird derzeit von den meisten Herren bevorzugt. Die Kunst des Schneiders setzt hier ein und verleiht auch jenem Mann ein athletisch wirkendes Erscheinungsbild, der diese Anlage von Natur aus nicht besitzt.

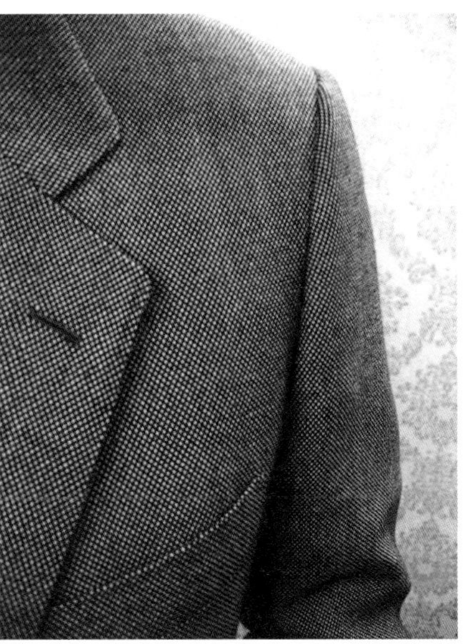

Natürlich fallende Schulter mit rundem Ärmelübergang. Die Brustpartie rollt korrekt vom Ärmel her an. © Modell: A. Konsal.

Eine der schwierigsten Herausforderungen ergibt sich am Übergang vom Schulterknochen zur Brustwölbung. Hier darf die Front weder einbrechen noch spannen. Im Idealfall rollt die in der Brustpartie vorhandene Breite bei Bewegungen völlig glatt und ungezwungen über das Armloch. Der Übergang von Schulterknochen zur Brust muß als Hohlung beim Aufbau des Unterbaus Berücksichtigung finden. Hier wirkt sich das Zusammenspiel von richtiger Auswahl der Einlagen, die Anordnung formgebender Abnäher im Unterbau und das sorgfältige Bearbeiten des Oberstoffs vor und nach dem Unterschlagen besonders nachhaltig aus.

Der Ärmel

Das Erscheinungsbild des Sakkoärmels unterlag ebenso der modischen Abwandlung wie die anderen Bauelemente des Sakkos. Verschiedene Ärmelschnitte dokumentieren die sartoriale Entstehung des heutigen Zweinahtärmels. Mit den Fortschritten der Schnittechnik kam man von der Verwendung eines einteiligen, stoffsparenden Kugelärmels (polnischer Ärmel) allmählich ab, da er keinen exakten, faltenfreien Fall ergeben konnte. Die moderne zweiteilige Form des Kugelärmels berücksichtigt die natürliche Krümmung des Armes am Ellbogen. Er soll glatt und faltenlos sitzen und im vorderen und hinteren Bereich der Schulterpartie in fülliger Weite „anrollen". Die zeitlos klassische Ärmelform verjüngt sich harmonisch bis zum Handgelenk. Die Ärmellänge des Sakkos wird mit der Hemdärmellänge abgestimmt: der Hemdärmel soll in der natürlichen, leicht gebeugten Armstellung etwa 1 cm unter dem Sakkoärmel hervorblitzen.

Auch der Ärmel unterliegt dem Anspruch eines ungestörten Musterungsverlaufs. Der Oberärmel muß vor allem an der Brustpartie in Schußrichtung mustergemäß eingesetzt werden. In Kettrichtung muß das Muster des Ärmels parallel zum Vorderteil verlaufen. An der hinteren Ärmelnaht (Ellbogen) müssen Ober- und Unterärmel mustergemäß zusammengesetzt sein. Im Rücken ist die Musterabstimmung zwischen Ärmel und Rückenteil jedoch nicht möglich.

Rückenansichten

Zahlreiche Herausforderungen verbergen sich hinter einem tadellos gearbeiteten Rückenteil. Das Sakko muß von der Schulterlinie beginnend bis zum Saum völlig spannungsfrei fallen. Entscheidend dafür ist zunächst, wie die Schulterpartie gearbeitet wurde. Der Bereich der Schulter muß so gearbeitet sein, daß sich die Schulterlinie in harmonischem Verlauf zum Kragenansatz fortsetzt. Nur ein der Halsstellung und Körperhaltung des Trägers angepaßtes Sakko zeigt einen ruhigen Kragen und seinen perfekten Sitz ohne Nackenfalten. Der Sakkorücken darf an den Schulterblättern nicht aufliegen und dic Saumlinic dadurch irritieren. Die fehlende Länge über den Schulterblättern zeigt sich als Konsequenz meist in einem mangelnden Schluß im Armloch, dessen Länge sich unschön unter dem rückwärtigen Ärmel absetzt. Fälschlicherweise wird dieses unkorrekte Erscheinungsbild des Rückens oft als durch den Schnitt des Rückens eingeräumte Bewegungsfreiheit für den Arm beschrieben.[11] Diese notwendige Freiheit für alle Bewegungen des Arms resultiert jedoch ausschließlich aus der angemessenen Überweite des Rückens unterhalb der Schulterblätter, die bei natürlicher Haltung im Stehen mit herunterhängenden Armen als etwa 1,5 cm tiefer Betrag glatt über dem hinteren Armloch anrollt (Rollfalte).

Die Schulterschrägung muß der natürlichen Schulterlinie des Trägers angepaßt oder durch entsprechende Polsterung ausgleichend gearbeitet sein, da sich ansonsten ebenfalls ein mangelnder Schluß im unteren Bereich des rückwärtigen Armlochs ergibt. Eine zu stark abfallende Schulterlinie führt zu einer gesperrten Schulter und einem unruhigen Erscheinungsbild der Schulter- und Nackenpartie.

Die Seitennähte gestalten die rückwärtige Taillierung des Sakkos. Die Rückenform des Sakkos selbst zeigt sich seit Jahrzehnten praktisch unverändert. Die Rükkenmittelnaht teilt den Rücken und gestattet die dezente Anpassung an unterschiedliche Figurtypen. Das Straßen- oder Gesellschaftssakko erlaubt nur diesen glatten Rücken mit Mittelnaht. Abweichende Rückenformen sind nur für sportliche Modelle (Sportsakko, Norfolk) zulässig. Der Musterrapport muß im rückwärtigen Halsring durch die Rückenmittelnaht geteilt werden. Über die geforderte Musterabstimmung zwischen rückwärtiger Taille und Saumlinie herrschen unterschiedlich strenge Auffassungen.

11 Z. B. Flusser, Alan: Dressing the Man. Mastering art of permanent fashion. New York 2002, S. 58.

Taschen

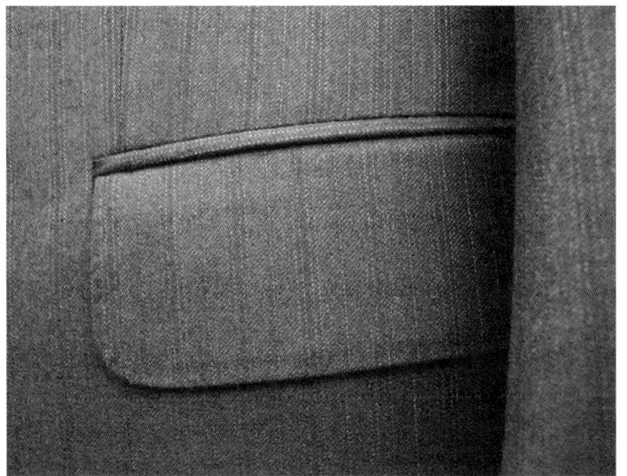

Seitentasche in Standardausführung als Paspeltasche mit eingeschobener Patte. © Modell: A. Konsal.

Taschenanordnung und -verarbeitung vereinen Ästhetik und Funktionalität: ihre Ausstattung unterstreicht den formellen oder informellen Charakter des Anzugs. Die Sakkos der Straßen- und Busineßanzüge sind mit zwei Seitentaschen von etwa 14,5 bis 17 cm Eingrifflänge ausgestattet. An der linken Brust wird eine aufgesetzte Leistentasche (10 bis 12 cm) gearbeitet. Sie ist leicht schräg platziert und muß nach Kette und Schuß genau auf die Musterung des Vorderteils abgestimmt sein.

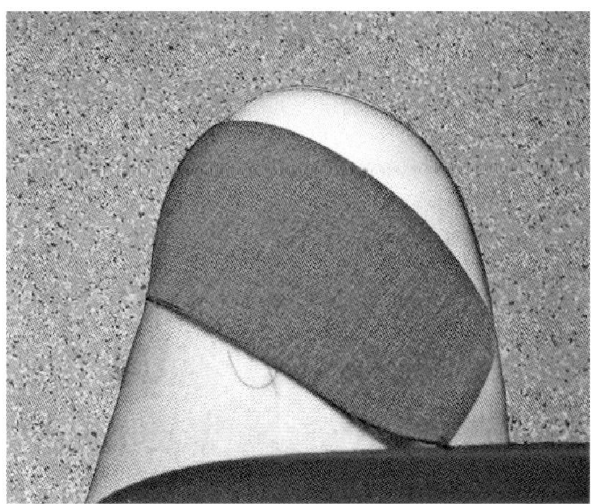

Die vorbereitete Patte dreht sich von selbst um den Körper.

Die Seitentaschen können waagrecht oder schräg eingeschnitten sein. Schräg eingeschnittene Taschen sind nur am Einreiher erlaubt. Der Eingriff ist in der Regel doppelt paspeliert. Beim Tagessakko ist eine Taschenpatte von modebedingt variabler Breite (normalerweise zwischen 5 und 6 cm) eingeschoben. Die Seitentaschen des Smokings (und des Dinnerjacketts) sind ausnahmslos ohne Patten zu arbeiten.

Der Einschnitt der Seitentaschen[12] muß genau auf die Länge der Patten abgepaßt sein. Die perfekte Patte verdeckt den Eingriff der Seitentasche exakt und legt sich rund um den Körper des Trägers. Die Pattenrundungen dürfen nicht abstehen. Der nach außen gewölbten Hüftpartie entsprechend, müssen auch die Paspelstreifen mit genügend „Länge" an den späteren Tascheneinschnitt gesteppt werden, damit sich die Tasche wie von selbst um den Körper legt. Ein beim Steppen unterlegtes Papier verhindert den Verschub der notwendigen Länge des Paspelstreifens. Die

12 Der Einschnitt beginnt 1 cm vor dem Brustabnäher und verläuft über die Seitenteilnaht.

Paspelstreifen müssen fadengerade und stets so geschnitten werden, daß der Kettfadenlauf der Paspelstreifen parallel zum Seitentascheneinschnitt verläuft.

Die Patten der Seitentaschen müssen im Musterverlauf nach dem Vorderteil unterhalb des Tascheneinschnitts ausgerichtet sein. Der Tascheneingriff soll doppelt paspeliert sein, damit die Patte nach innen gesteckt werden kann. Die Patten werden stets mit Futter verstürzt, das kleiner zugeschnitten wird und sich nach dem Verstürzen der Patte körpergerecht wölbt. Die verstürzte Pattenkante wird von Hand staffiert.

Die Taschenpatten korrespondieren in ihrer Form mit der Gestaltung des Kantenabstichs: zur vorderen Kante hin besitzt die Patte den geschwungenen Abstich des Einreihers folgend eine große Rundung, während das hintere Pattenende eine kleine Rundung (Erbsenrundung) aufweist. Beim Doppelreiher werden beide Pattenrundungen der geraden Form des Abstichs angenähert mit Erbsenrundung gearbeitet.

Auf dem rechten Vorderteil kann in Taillenhöhe über der Seitentasche und stets 1 cm vorgerückt eine Billettasche positioniert sein, abgestimmt auf die Einschnittlänge der Seitentasche, aber deutlich kleiner als diese, jedoch ebenfalls mit eingeschobener Taschenpatte versehen, die in ihrer Form den seitlichen Taschenpatten folgt. Die Billettasche wird ausschließlich bei Sakkos aus sportlich wirkenden Materialien gearbeitet und ist an eleganten Modellen deplatziert.

Das Taschenfutter muß mit einem Futterstreifen besetzt werden, wenn eine Pattentasche gearbeitet wird. Beim Smoking wird der Taschenbeutel mit einem Streifen aus dem Sakkostoff besetzt, damit der geöffnete Tascheneinschnitt stets den Oberstoff zeigt. Der Taschenbeutel der Seitentaschen kann mit einer kleineren Innentasche (Kleingeldtasche) gearbeitet werden oder durch eine eingelegte Falte zusätzliches Volumen aufnehmen.

Schlitze

Der geforderten Bequemlichkeit des Sakkos entsprechend, verfügt das Sakko oft über *Rückenschlitze*, die entweder im Nahtverlauf der Seitennaht (Seitenschlitze) oder der Rückenmittelnaht (Mittelschlitz) angelegt sind.

Das einreihige Sakko kennt beide Schlitzvarianten, während für den Doppelreiher stets Seitenschlitze vorgeschrieben sind. Wie alle anderen Sakkoelemente können auch die Schlitze in ihrer Linienführung der optischen Gestaltung und Konturierung des männlichen Körpers dienen. Trapezförmig zum Saum auslaufende Seitenschlitze lassen den Herrn im Rücken stets schlanker erscheinen. Der Schlitzuntertritt darf am Sakkosaum keinesfalls länger sein als der Übertritt. Beim Rückenmittelschlitz tritt die linke Seite über die rechte. Entscheidend für den korrekten Fall der Schlitze ist die exakte Einarbeitung des Futters und der gerade Verlauf der Schlitzkanten. Ein breit angeschnittener Untertritt begünstigt den ansehnlichen Fall des Schlitzes bei Bewegungen. Wichtig ist dabei der dauerhafte Halt, den der Schlitzuntertritt an seinem Übergang zur Seiten- bzw. Rückenmittelnaht (etwas unterhalb der Taille) erhält. Die Schlitzlänge orientiert sich immer an der Höhe der Seitentaschen und beginnt immer auf deren Einschnitthöhe.

Das scheinbar auffälligste Unterscheidungsmerkmal zwischen konfektioniertem Sakko und Maßsakko ist der *Ärmelschlitz*, der den Rationalisierungen der Bekleidungsindustrie zum Opfer fiel. Die Aufknöpfbarkeit des Sakkoärmels verweist auf die subtile (nach wie vor bestehende) Aussagequalität dieses Verarbeitungsdetails. Sie ist Bedingung einer Möglichkeit, die nie beansprucht wurde, weil der Bürger nicht körperlich arbeitet und seine Ärmel nicht hochkrempelt. Mit selbstverständlicher Aufmerksamkeit widmet sich der Maßschneider auch diesem Detail. Der Sakkoärmel erhält drei oder vier Knöpfe und seidene, aufgezogene Handknopflöcher mit Auge. Die Knöpfe werden mit Hals in angemessener Länge (je nach Stoffqualität) angenäht.

Innenleben

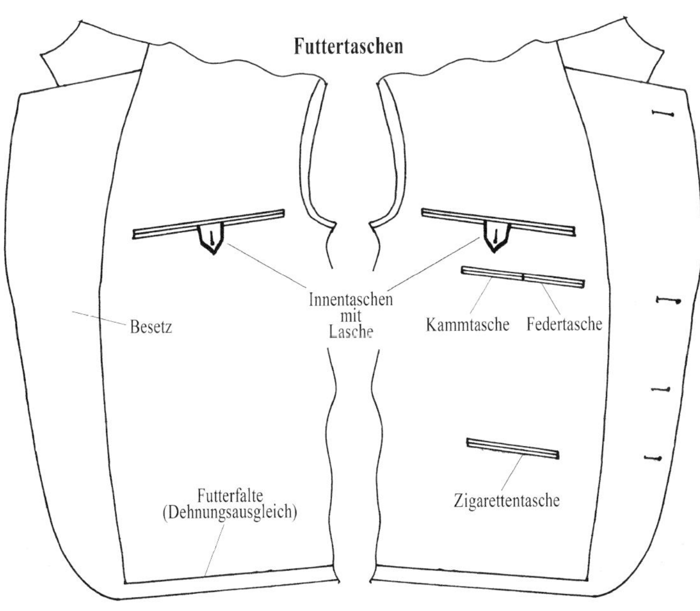

Die Innenansicht verrät ein weiteres Mal den unsichtbaren Aufwand, der den ästhetischen wie funktionalen Anspruch des Sakkos kennzeichnet. Das Sakkofutter verdeckt das stützende Innenleben der Front, alle formsichernden Stiche und die für eventuelle Änderungen notwendigen Nahteinschläge.

Dem funktionalen Zweck in einem Höchstmaß verpflichtet, verfügt das Sakkofutter über mehrere Innentaschen, die als Standardausstattung des Maßsakkos gearbeitet werden. Darüber hinaus gestattet die Innenverarbeitung die Berücksichtigung sämtlicher Kunden-Sonderwünsche.

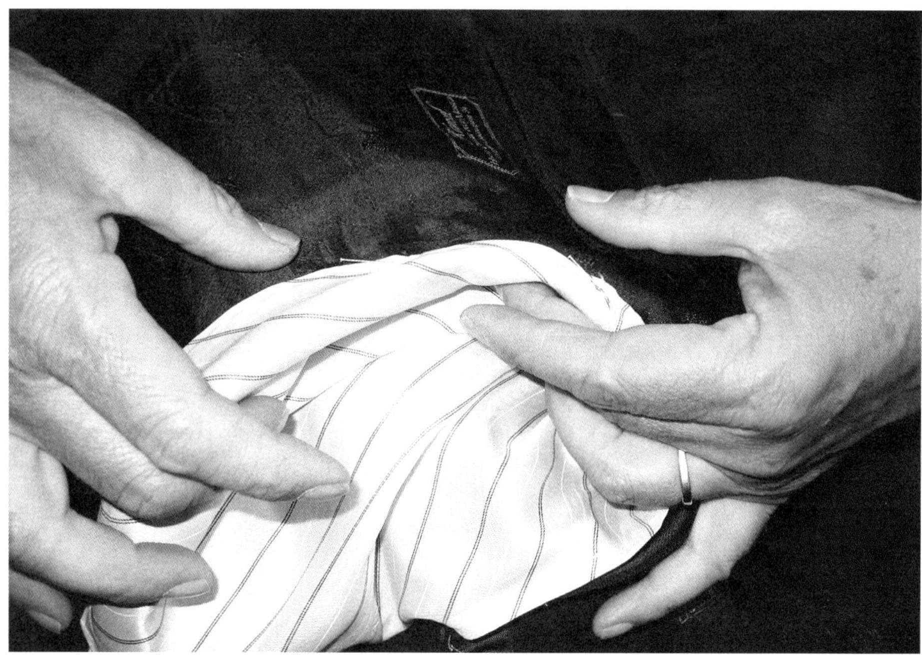

Schneiderhände beim Einpassen des Ärmelfutters. © R. Sprenger.

VI. Die Kunst eines gelungenen Sakkos

Schneiderbetrachtungen

Ein kunstfertiger Schneider komponiert das Sakko nach Schönheitsregeln, in der Anwendung ästhetischer Gesetze, wie bildende Künstler es tun. Während der Maler sein Phantasiebild auf eine leere Wand projiziert, steht vor dem Schneider eine lebendige Gestalt, mit eigenen Formgesetzen, mit einem bestimmten Charakter, mit einer Menge von stillen und lauten Anforderungen, die in ein elegantes Modebild zu übersetzen sind.[1]

Der Schneider bedient sich der Prinzipien des Trennens und Zusammensetzens als der Grundidee zur Herstellung moderner (westlicher) Kleidung. Seine Bekleidungskunst versucht sich in der schönsten Sprache des Bildes, indem sie sich ihrer Regeln bedient und sie zu einem höchsten Maß zu erfüllen strebt. In der bildlichen Sprache des Kleidungsstücks unterhält man sich wortlos. Das gefertigte Stück verleiht seinem Träger einen wortlosen Titel, der Geschmack und Geist, Kultur und Weltanschauung verrät. Künstlerisch durchgestaltete Kleidung hat so eine soziale und individuelle Aufgabe.

Es gibt keine festgeschriebenen Formeln der Bekleidungskunst, wie es sie für die Baukunst, die Plastik, die Malerei und Musik gibt. Im Erlernen und Beherrschen der Handwerkskunst der Herrenkleidermacher liegt, ein bereits entwickeltes Formempfinden vorausgesetzt, unermeßlich viel Interpretationsspielraum, trotz der scheinbar strengen Vorgaben des Bildes, dem ein elegant gekleideter Herr zu ähneln hat.

Der Schneider „baut“ sein werdendes Sakko. Er zeichnet den Schnitt und hat seine *Kunst der Linienführung* anzuwenden. Die Linienführung bestimmt die figürliche Umgrenzung, die Linie dient als Wegweiser des Blicks, die geschneiderte Form der Fasson rahmt die erlesene Wirkung, die Taillierung als ‚Sieh mich an!‘ eines körperlichen Vorzugs, sprich angewandte Kunst. Mit dem Bild der persönlichen Erscheinung eines bekleideten Herrn verrät sich die Kunst seines Schneiders.

Die boomenden Geschäfte des Designs haben den Irrtum gezeitigt, daß ein Künstler nichts von Gesetzen und Gesetzmäßigkeiten der Kunst zu verstehen hat, und den Begriff der Kunst und des Künstlers arg in Mißkredit gebracht. Davon unbeirrt bleibt der Anzug die Königsdisziplin der Herrenschneiderei. Beim Anzug ma-

1 Vgl. Stern, Norbert: Mode und Kultur. Dresden 1915, Bd. I, S. 59.

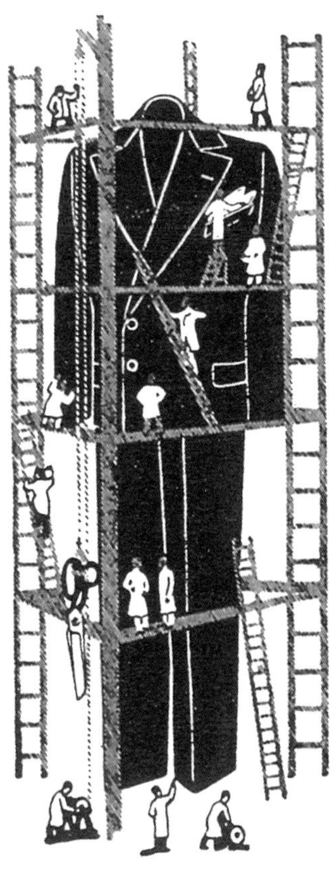

chen sich Nachlässigkeiten der Verarbeitung am auffälligsten bemerkbar. Er umschließt den Körper seines Trägers und läßt Paßformfehler deutlich sehen.

Der Schneider war durch den Anspruch bürgerlicher Eleganz dazu berufen, Menschen in ihrer äußeren Erscheinung zu vervollkommnen. „Dieser Anspruch hob den Schneider über alle anderen Handwerker und setzte ihn gleichzeitig unter großen Druck. Selbst wenn er einen Körper ausreichend vermessen und einen guten Schnitt gezeichnet hatte, konnte er damit über körperliche Mängel nicht hinwegtäuschen. Dies konnte man nur mittels der Verarbeitung."[2] Die so erarbeitete *Kunst der Verarbeitung* offenbarte sich mit dem Anblick des vollendeten Kleidungsstücks. Zu jeder Zeit schieden sich die Schneider-Geister mit den Antworten auf Fragen, die sich während ihrer Arbeit aufdrängten. Keine einzige Methode ist deshalb zum Dogma zu erheben. Nur das tragende Erscheinungsbild und die Haltbarkeit des Meisterstücks entscheiden den Erfolg einer Schneider-Maßarbeit.

Die tägliche Arbeit eines Herrenmaßschneiders war kaum je Gegenstand eingehender Betrachtung. Alte Fachbücher besprechen zwar diese und jene Arbeitsschritte, der Schneider in Anwendung seiner beherrschten Kunst erscheint dem Schüler wie dem Kunden erzwungenermaßen abwesend. Das Studium eines Schneidermeisterwerks erlaubt es, die Beziehung von Schöpfer und Schöpfung zum Thema zu machen. Das Schaffen der Herrenkleidermacher, das gemeinhin als mysteriös und abgehoben bewertet wird, erhält dadurch einen greifbaren Charakter, daß es die Blicke auf jene Wirkkraft zu richten sucht, durch die ein Handwerker aus lebendigem Wissen und ästhetischer Sensibilität mit dem ungeheuren Feinsinn begabter Hände seine hohe Kunst zu meistern versteht.

Das Werk eines Herrenschneiders entspricht zumeist dem Charakter seiner Anfertigungen, die gelobt werden, wenn sie in ihrer auffälligen Unauffälligkeit die Person, die sie kleiden, in den Mittelpunkt stellen und dabei zurückhaltende Eleganz üben. Der Schneider als Schöpfer steht und verbirgt sich zugleich hinter seinem Werk. Er läßt sein Stück für ihn sprechen, das seine Kunst verrät. Doch seine Stücke beweisen die Sprachkraft, in der er zu gestalten vermag: Man nehme ein Sakko zum Beispiel.

2 Kraft, Kerstin, S. 86.

Vor und über der Arbeit an einem Sakko steht die Idee, das Idealbild eines vollkommenen Sakkos. Es existiert an und für sich selbst im Schneider-Bewußtsein als Richtschnur und Zielvorgabe. Freilich können diese ideellen Sakkovorgaben sich nach Schneider und Entstehungsrahmen unterscheiden. Die Idee des Sakkos ist jedoch fundamental und existiert unabhängig von der Interpretation und den Allüren eines Schneidermeisters. Diese Idee gliedert sich nach den Elementen, aus denen ein Sakko grundsätzlich gebaut ist. Die Kunst des gelungenen Sakkos versteht sich als weitgehende Annäherung an dieses vorgegebene Idealbild.

Um diese unvergleichliche und modegeschichtlich bestätigte Kunst und Erfolgsgeschichte der Herrenkleidermacher überhaupt anschaulich zu machen, muß ihre Darstellung Stationen der Entstehung eines Sakkos erschließen. Es kommt dabei nicht auf die vollständige Zergliederung in einzelne Arbeitsschritte an als vielmehr auf das Augenmerk und die Verfahrensweise, die ein Meisterstück vor dem Ideal des vollkommenen Sakkos entstehen läßt.

1. Das richtige Maß: Anatomie, Geometrie und Schneiderauge

„Die höchste und wunderbarlichste Perfection eines Schneiders ist diese, nemlich, daß er gemeinlich ein guter Geometra ist, und hat in einem Augenblick, wenn er nur einen Menschen ansihet, sein Maß gefaßt vom Haupt an biß auff die Füße, und weiß dasselbige darnach so lüstig und fertig auf das Gewandt zureissen, daß es ihm auch der künstlichste Maler nicht könte nachthun."[3]

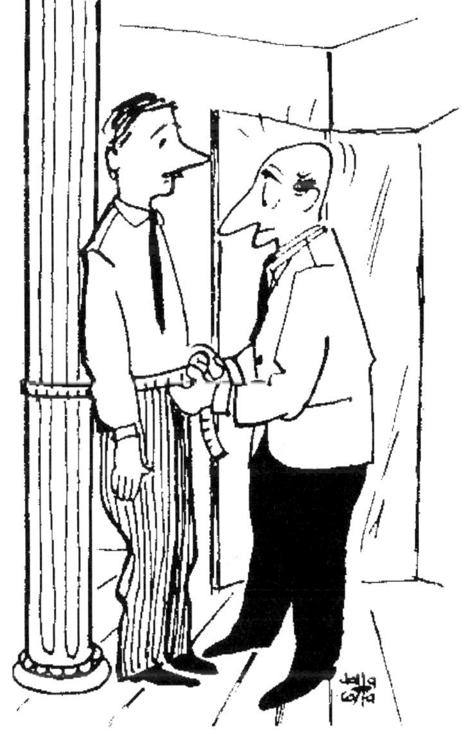

Die Anatomie[4] befaßt sich mit dem Körperbau des Menschen, indem sie „zerschneidet" und so zu einer Gliederung des menschlichen Körpers kommt. Die Schnittechnik, die sich langsam von einer experimentellen zu einer methodischen Wissenschaft entwickelte, bedient sich seit ihren Anfängen im 16. Jahrhundert der Geometrie[5], die bis heute ihre Grundlage bildet. Nach dem Prinzip des Zerlegens werden Kör-

3 Garzoni, Thomas, 16. Jahrhundert, zitiert nach Lukas, Josef (Hg.): Schneider machen Leute. Das ehrbare Handwerk der Schneider. Ein kulturgeschichtliches Potpourri. Zürich 1987, S. 13.

4 Das griechische Wort „ana-témnein" bedeutet „aufschneiden".

5 René Descartes gilt mit seinem mechanistischen Körperbild als „Denker des Schnitts": Vgl. Kerstin, Kraft: S. 66.

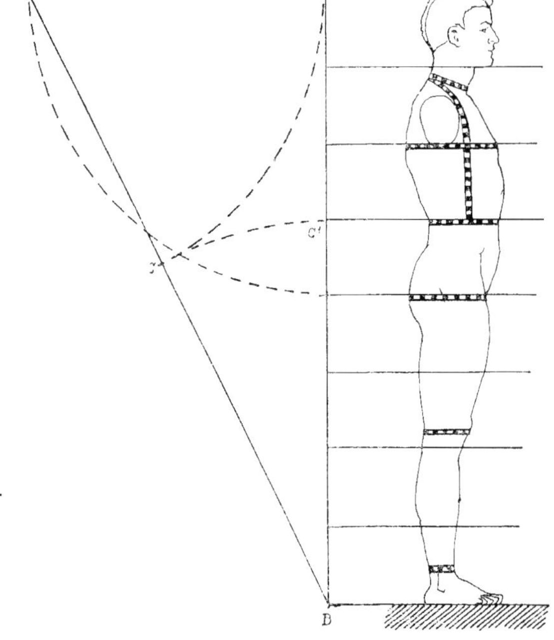

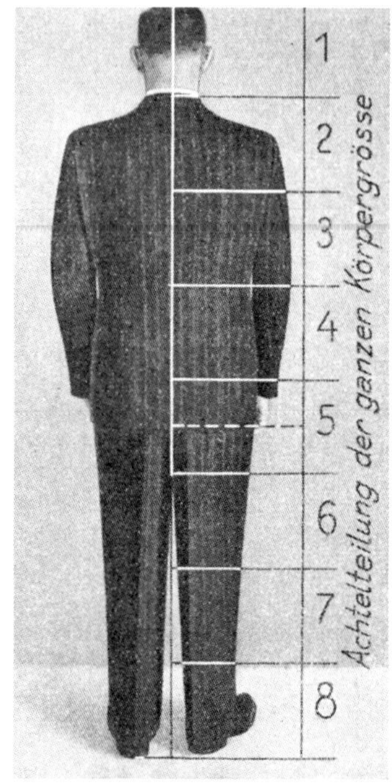

Aus: Kammerer, Vitus: Wiener Herrenschneiderei. Wien 1927. Rechts: Die Zuschneidekunst, 1938.

perteile zerlegt, der Stoff zerschnitten, um ihn später nach der Ordnung des Modells wieder zusammenzusetzen. Diese Konstruktion verlangt nach Gesetzmäßigkeiten, die sich der Schneider in Kenntnis anatomischer wie geometrischer Vorgaben nutzbar macht. Die Ordnungssysteme der Schnittechnik bedienen sich heute alle des Koordinatensystems. Erst durch die Einführung verbindlicher Maßeinheiten und Maßsysteme waren Fortschritte in der Schnittechnik möglich geworden.

Das Ideal der „normalen Maßverhältnisse“ orientierte sich am heroischen männlichen Akt der klassischen Antike. Bereits die antiken griechischen Künstler schufen ihre Kunstwerke nach klassischen Schönheitsverhältnissen, die sich durch die geometrische Konstruktion in ihrer gesetzmäßigen Harmonie erschließen lassen.

Jedes proportionale System basiert auf den Gesetzen der harmonischen Teilung des menschlichen Körpers, dem sogenannten „goldenen Schnitt“. Die Kenntnis dieses idealen Körperaufbaus scheint unerläßlich, will man in systematischer Vorgangsweise eine Annäherung an ein männliches Körperidealbild versuchen. Denn a priori gehören klassische Körperproportionen zur Idee und Fiktion des klassizistischen Anzugs, den die englischen Schneider schufen. Die sehr subtile Kunstfertigkeit der Schneider strebt dieser Vorgabe bis heute nach, indem ihre durchdacht gebauten Anzüge natürliches Heldentum suggerieren.

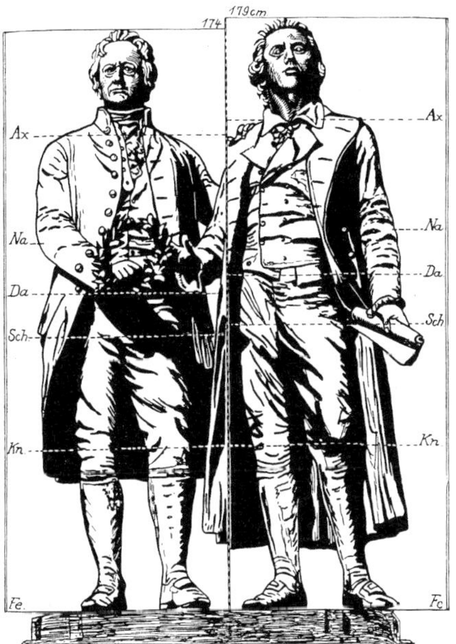

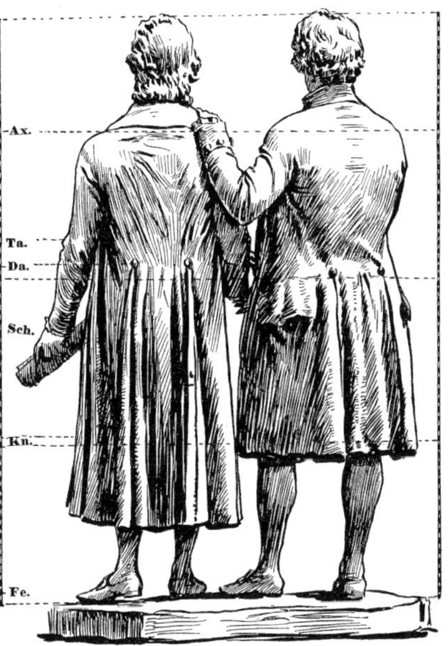

Zum Bild: Rietschels Denkmal vor dem Weimarer Nationaltheater läßt einen Vergleich der beiden Dichter-Figuren vornehmen. Goethe war breit, stämmig und kurzbeinig; seine Brust lag tief. Schiller galt zu seiner Zeit als größter Mann in Weimar, er war schlank und langbeinig. Sitzend war Goethe folglich größer als Schiller. Durch die Taillenverlängerung und abfallende Schultern ist Goethe etwas schlanker gestaltet. Der übermäßig schlanke Eindruck Schillers wurde vom Bildhauer Rietschel mit anatomischem Feingefühl gemildert. Goethes ausgeprägte Brustpartie drängte den Armvortritt etwas nach hinten, während Schillers flache Brust in Verbindung mit seiner geneigten Haltung gegenteilig wirkt. Den Effekt, den kunsthandwerkliches Bekleidungsverständnis im Hinblick auf Wuchsfehler anstrebt, ist die proportionale Ausgeglichenheit des bekleideten Menschen: Dem Überschlanken muß die Kleidung eine etwas vollere Figur verschaffen, der kleine oder starke Körper soll bekleidet optisch gestreckt erscheinen. In: Budde, C. H.: Das moderne Schneidergewerbe. 2. Auflage, Nordhausen 1920.

Künstler und Anatomen teilen die Körpergröße in acht Kopflängen, so daß der Kopf die Längen- und Breitenverhältnisse des menschlichen Körpers bildet.

Die Körperhaltung kann, bedingt durch das Knochengerüst, normal, aufrecht oder geneigt sein und wird maßgeblich durch die Wirbelsäule beeinflußt. Bei *normaler* Körperhaltung haben Brust und Rücken die gleiche natürliche Breite, die Stellung der Achsel ist horizontal und die Kopfhaltung gerade. Bei mehr oder weniger *aufrechter* Haltung ist die Brust stärker ausgeprägt und daher breiter als normal, der Rücken infolgedessen um diesen Differenzbetrag schmaler. Die Achseln sind dann nach rückwärts gezogen und der Kopf hoch gehalten. Bei *geneigter* Haltung ist die

Brust eingefallen, der Rücken hingegen breiter und runder; der Kopf wird mehr gegen die Brust geneigt getragen und die Achseln sind nach vorne geneigt.

„Der Schneider soll den Bau des menschlichen Körpers, insbesondere jedoch den des Knochengerüstes kennen, da letzteres beim Maßnehmen die festen Punkte gibt, welche zur Schnittkonstruktion notwendig sind. [...] Der Schneider muß jenen Stellen ein besonderes Augenmerk zuwenden, an denen die Plastik durch erhöhte Fettansammlung Veränderungen unterliegt."[6] Und mehr noch: Es kann als Bedingung der Möglichkeit formschöner Bekleidung gelten, daß sich der Schneider die menschliche Anatomie als Bekleidungskünstler aneignet, um diese Kenntnisse zielstrebig in täglicher Feinarbeit nutzbar zu machen.

Das Maßnehmen selbst erfordert höchste Aufmerksamkeit und Konzentration, bei der jede Unterhaltung mit dem Kunden vermieden werden soll. Der Schneider muß ruhig und vorsichtig alle Maße in bewährter Reihenfolge nehmen und darauf achten, daß sich der Kunde währenddessen seine natürliche, d. h. gewohnte Körperhaltung einnimmt. Die vollständige Vertrautheit mit dem Vorgang des Maßnehmens und der versierten Übertragung auf ein aufzubauendes und umzugestaltendes Schnittsystem erfordert Jahre experimenteller und zunehmend routinemäßiger Anwendung.

Die im 19. Jahrhundert entwickelten Schnittsysteme unterscheiden sich in der Methode des Maßnehmens und in der Zahl der genommenen Maße. Die Erkenntnis, daß die genaue Ermittlung der Körpermaße als Grundlage eines jeden Schnittsystems anzusehen ist, gilt hingegen für alle Systeme.[7] Die eigentliche Evolution der Schnitttechnik geschah durch die Erfindung des Maßbandes und anderer Hilfswerkzeuge. Viele folgende Schneidergenerationen erfanden neue und verbesserten vorhandene Schnittsysteme und systematisierten dadurch Erfahrungswerte aus der Schneiderpraxis.

Die Schnittechnik hat die Linien der Weitenmaße zu Ringen und die zu messenden Körperzonen durch die Einteilung in rechtwinklig zueinander stehende Flächen idealisiert. Die angemessene Bewältigung dieser Weitenverhältnisse am Sakko macht den Schneider in seiner Kunst zum Handwerker, der seine Ringe (Hals, Oberweite, Unterweite, Gesäß) beherrscht. Jeder Schneider als „Herr der Ringe" hat seine Gewohnheit, einen Kunden zu vermessen, wobei Augenmaß, Erfahrungswissen und Intuition auch hier eine Rolle spielen. Grundsätzlich aber werden folgende Maße am Körper des Kunden gemessen:

Die Körpergröße (vom Scheitel bis zur Sohle),
die Oberweite (waagrecht über der stärksten Stelle der Brustpartie),
die Unterweite (unmittelbar an der Taillenhohlung),
die Gesäßweite (waagrecht über der stärksten Stelle der Hüfte gemessen) und
die Ärmellänge (von der Kugelmitte bis zur Handmitte).

6 Kammerer, Vitus: Wiener Herrenschneiderei. Lehrbuch für den Zuschnitt der gesamten Herrenbekleidung. Wien 1927, S. 13.

7 Vgl. Kraft, Kerstin: S. 71.

Gegenstand der Bestellung: [illegible]

Stoff:

Sakko: ……

Weste: ……

Hose: ……

Ausführung: [illegible]

Haltung	Brust	Rücken	Hüfte	Schulter	Gesäß	Beinform
normal	normal	normal	normal	normal	normal	normal
aufrecht	gewölbt	gewölbt	stark l. r.	hohe l. r.	stark	O cm
geneigt	flach	flach	flach l. r.	hängend l. r.	flach	X 5 cm
hohlkreuz						

Kg.	176	**Weste:**	
Ow.	105	Wa.	76
Uw.	102	Wl.	135
Gw.	104		
Rh.	24	**Hose:**	
Tl.	48	Sl.	103 - 102
Lg.	80 (78)	Sch.l.	83
Rb.	46	Bw.	44
Brbr.	43	Gw.	104
Äl.l.	64	Kw.	
Äl.r.	64	Fw.	21.5
Vl.	158/167	Vl.	100 [illegible]
Rl.	155	Rl.	104

Schneider-Maßzettel, © A. Konsal.

Diese Hauptmaße werden meist durch das Abnehmen von Ergänzungs- und Kontrollmaßen vervollständigt und geben dadurch bereits Aufschluß über eventuelle Fehlhaltungen, Einseitigkeiten etc. Jeder Fachmann weiß, daß die vielen kleinen und größeren Abweichungen des menschlichen Körpers vom Normalwuchs nicht mit Schablonen behandelt werden können. Proportionalitätssysteme vereinfachen die Handhabung unterschiedlicher Körperbauarten, führen jedoch zu keinen zufriedenstellenden Paßformergebnissen. Die nach ihrer Beurteilung unterschiedenen Wuchsformen bei Figuren mit hohen, hängenden, einseitig hängenden Schultern, mit besonders ausgeprägten Schultern oder Schulterblättern, besonders starken Oberarmen, mit hoch oder tief liegendem Bauch, einseitigen Hüften oder verkrümmtem Rückgrat etc. müssen mit einem Schneiderblick erfaßt, notiert und im Schnitt und allen folgenden Arbeitsschritten ihre adäquate Berücksichtigung finden.

Der vordergründig „einfache" Schnitt eines Sakkos verbirgt dabei seine durchdachte Komplexität. Einer gelungenen Schnittaufstellung geht immer die genaue Beobachtung des individuellen Körperbaus voraus in Verbindung mit der Fähigkeit, diese Beobachtung in zeichenbare Werte umzusetzen. Die Schnittkonstruktion muß die wahrgenommenen Figureigenheiten bereits in ihrer Grundaufstellung (z. B. Weitenverhältnisse) berücksichtigen. Beim „Umbau" der grundgelegten Normalaufstellung[8] muß durch Zerschneiden, Öffnen oder Kneifen des Papierschnitts all jenen Körperabweichungen (z. B. Balancemaße, einseitige Abweichungen) Rechnung getragen werden, die eine Bearbeitung des Oberstoffes durch Dressur nicht ausreichend bewerkstelligen könnte. Zudem muß das Schnittmuster die erforderlichen Zugaben für Atmung und Bequemlichkeit erhalten. Sensibel kalkulierte Schnittkonstruktionen bilden so das Fundament, auf das schrittweise ein paßgenaues, ästhetischen Gesetzmäßigkeiten entsprechendes Stück aufgebaut werden kann.

Die Schnittechnik selbst spiegelt vor allem das Bemühen um die mathematische Berechenbarkeit des menschlichen Körpers wider. Die Schnittechnik für ein Sakko ist durch die grundlegende Methodik gefordert, eine ebene Oberfläche (Stoff) einem gerundeten Körper anzupassen. Die Kunst der Herrenkleidermacher stellt sich hier im weitgehenden Verzicht auf Abnäher heraus, die der Formgebung dienen könnten. Im Schnitt ist nur in Weiten- und Längenverhältnissen berücksichtigt, was nach dem Zuschnitt durch die nachhaltige Formgebung der Dressur des Materials zu meistern ist. Proportionale Verhältnisse gehen von einem normalen Körperwuchs aus, von dem mehr als drei Viertel aller Menschen mehr oder weniger stark abweichen. Der Ausgleich unvollkommener Körpervorgaben gehört folglich zu den maßgeblichen Herausforderungen des Schneiders und seinen schwersten Prüfungen, die er in seiner Kunstfertigkeit zu meistern hat.

Der individuelle Schnitt jedes Anzugs entsteht im Umgang (manchmal dem Experiment) mit erprobten Variationsmöglichkeiten einer einzigen Grundform und der Anpassung an einen einmaligen Körper. Ein guter Schnitt ohne jedes schmükkende Beiwerk betont – und mehr noch –, erschafft die einzigartige Grazie des individuellen Körpers. Die durch die *Kunst des Schneiders* hergestellte Abstraktion des vollkommenen nackten Körpers – und damit die Korrektur körperlicher Abweichungen vom Idealbild – beweist sich in der beherrschten, architektonisch konzipierten Zurückhaltung des Modells im Dienste der Persönlichkeit. „Die Kunst des

8 Sie entspricht den „normalen", d. h. als ideal angenommenen Proportionen.

Schneiders besteht hauptsächlich darin, aus den am Körper gemessenen Maßen ein recht elegantes Kleidungsstück herzustellen. Um dies zu können, muß er sich einen Körperschönheitssinn anzulernen suchen, und um Abweichungen vom schönen Normalwuchs gut zu unterscheiden, muß er den Normalwuchs gut studieren. Ein richtiges Gefühl für das körperliche Ebenmaß ist eine der wichtigsten Ursachen für eine geschmackvolle Herstellung des Gewandes."[9]

Für den Schneider ist die Verschiedenartigkeit des menschlichen Körpers eine unerschöpfliche Quelle für Beobachtungen und Betrachtungen. Am Beginn seiner Arbeit stehen folglich die *Kunst der augenblicklichen Wahrnehmung* (Augenmaß) und die *Kunst des Übersetzens:* Das am menschlichen Körper genommene Maß muß in ein zweidimensionales Schnittmuster übersetzt werden. Der Bau eines Sakkos muß auf den individuellen Körperbau einer einmaligen Person abgestimmt werden. Die Körperhaltung des Kunden muß bereits beim Maßnehmen beobachtet werden und findet in den genommenen Längen- und Breitenmaßen ihren Niederschlag. Das Augenmaß des Schneiders erfaßt intuitiv, wo Maßzahlen selbst zu wenig aussagen.

Dieses Augenmaß wird ausschlaggebend für die gekonnte Übertragung auf das zu gestaltende Schnittmuster. Im Schnittmuster für einen bestimmten Kunden kommen sowohl persönliche Erfahrungswerte des Schneiders als auch über Schneidergenerationen bewährte Konstruktionsweisen zur Anwendung. Der Schneider versucht als ersten Schritt die Umsetzung einer dreidimensionalen Vorgabe in ein zweidimensionales Schnittsystem.

Der Schneider kann eine Modifikation der vorhandenen Grundform vornehmen, aber stets in aller Behutsamkeit, bedachter Zurückhaltung und Wahrung seiner ernsthaften Kunst, zwischen Technik und Phantasie ein Gleichgewicht herzustellen. Andernfalls kleidet er seinen Klienten als Narren und macht sich selbst zu einem Nichtskönner. Daraus erklärt sich die Langsamkeit, mit der sich die technische Geschichte des Schneiderhandwerks entwickelte. Neue Praktiken wurden nur schrittweise erlernt, ohne daß die Schneider die alten, schwer erarbeiteten Fertigkeiten und damit ihr Grundverständnis des Handwerks aufgeben mußten.

9 Mottl, Wendelin: Die Grundlagen und die neuesten Fortschritte der Zuschneidekunst. Dresden 1905, S. 161, zitiert nach Kraft, Kerstin: S. 69.

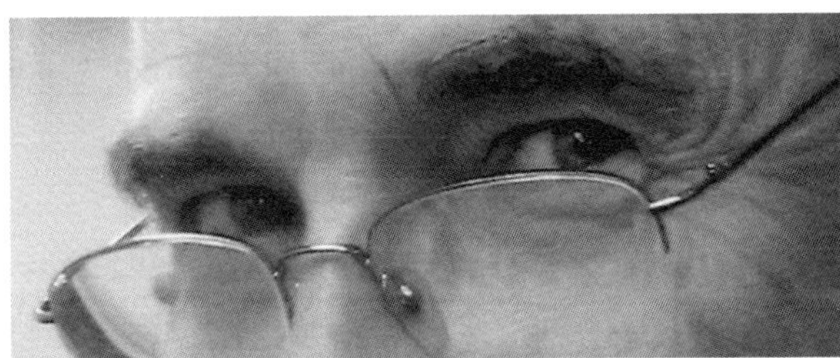

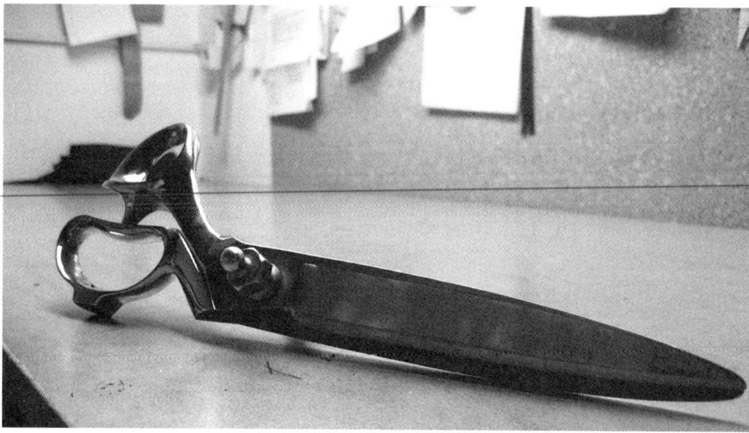

Schneiderschere von Alfred Konsal.

2. Titel der Kunst: Schnitt und Schneiden als Prinzip

„Kinder betet, der Vater schneidet zu."[10]

Die frühere Berufsbezeichnung „Schneider" rückt die Tätigkeit des Schneidens in den Vordergrund. In den entstehenden Zünften schlossen sich Schneider, nicht Kleidermacher oder Näher zusammen. Dem *Schnitt* und Zuschnitt wurde diese zentrale Bedeutung im Prozeß der Bekleidungsherstellung zugemessen.

Der Schnitt bildet den Ausgangspunkt und das Fundament der hohen Kunst der Herrenkleidermacher. In seiner Linie enthält er bereits die beabsichtigte Gestaltung nach den Gesetzen der Proportionalität. Die berücksichtigten Weiten- und Längenverhältnisse bestimmen die konkrete Komposition der abstrakt vorgegebenen Schnittelemente. Die Anordnung der später auszuarbeitenden Details verlangt bereits vor Beginn nach einem strengen Aufbau der Konstruktion. Der Schnitt als erster Schritt vor dem Zuschnitt bleibt bestimmend auf dem gesamten Weg der Fertigung nach Maß. Der Schneider muß entscheiden, welche Körperabweichungen gleich im Schnitt zu korrigieren sind. Die Schnittaufstellung und Umgestaltung enthält die Idee des Sakkos, das in der Vorstellung des Schneiders bereits fertig existiert. Auf den Stoff übertragen wird das Stück sprechen, was der Schneider in seiner praktischen Arbeit zu übersetzen vermag. Für die Güte der späteren Paßform, die Verwirklichung der geltenden Modelinie und die Exaktheit der Verarbeitung ist der Zuschnitt von ausschlaggebender Bedeutung, denn die Grammatik der grundgelegten Form bleibt in allen folgenden Schritten durchschlagend. Vielleicht liegt darin der Grund für das über Jahrhunderte betriebene Zerstören und Kopieren sogenannter Schnittpatronen. Diese vernichteten Kulturdokumente täuschen darüber hinweg, daß ein guter Schnitt

10 Schmidt, F. A.: Neues Trigonometrisches Zuschnitt-System für Herrenbekleidung. Dresden 1855, S. 26.

noch keine Erfolgsmodelle garantiert. Die Meisterschaft beweist sich mit jedem Verarbeitungsschritt und erst recht im fertigen, getragenen Stück.

Der Schnitt als „künstlerisches Prinzip“ dient der Reglementierung, Rationalisierung, Reduktion und Strukturierung.[11] Der Zuschnitt selbst gleicht einer systematischen Zerstörung des Stoffes und macht das Phänomen des Schneidens zu einem gewaltigen Akt. Im Schneiden vollzieht der Schneider in Routine einen irreversiblen Akt, der höchste Konzentration, genaue Kalkulation und messerscharfe Genauigkeit verlangt. Dabei entfaltet und verbirgt das Prinzip des Schneidens (Trennens) eine Wissenschaft.

Die klassische Methode, die Konturen des Modells auf den Stoff zu übertragen, ist das Zeichnen mit der Schneiderkreide. Der Schnitt wird vom Schneider entweder direkt mit Kreide[12] auf den Stoff gezeichnet oder zunächst auf festem Papier konstruiert. Manche Schneider konstruieren ihre Schnitte nach der Schablonentechnik, andere zeichnen jeweils eine neue Schnittaufstellung nach den gemessenen und/oder berechneten Maßen des Trägers, gemäß den Konstruktionsregeln eines oder mehrerer Schnittsysteme. Der Schneider besitzt gewöhnlich unterschiedliche

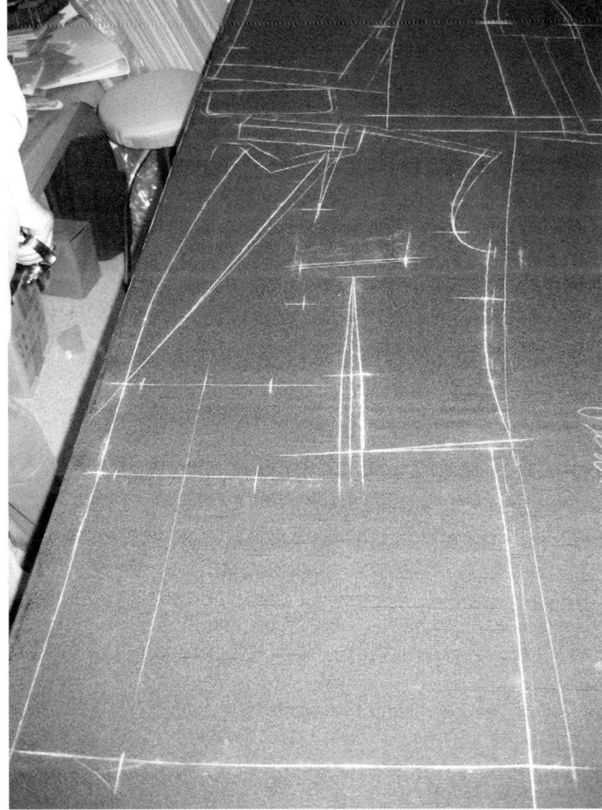

Aufgezeichnete Schnitteile für ein doppelreihiges Sakko.

11 Kraft, Kerstin, S. 21.

12 Diese Verfahrensweise entstammt einer Zeit, in der Papier für das Herstellen von Patronen zu teuer war. Vgl. Kraft, Kerstin, S. 56f.

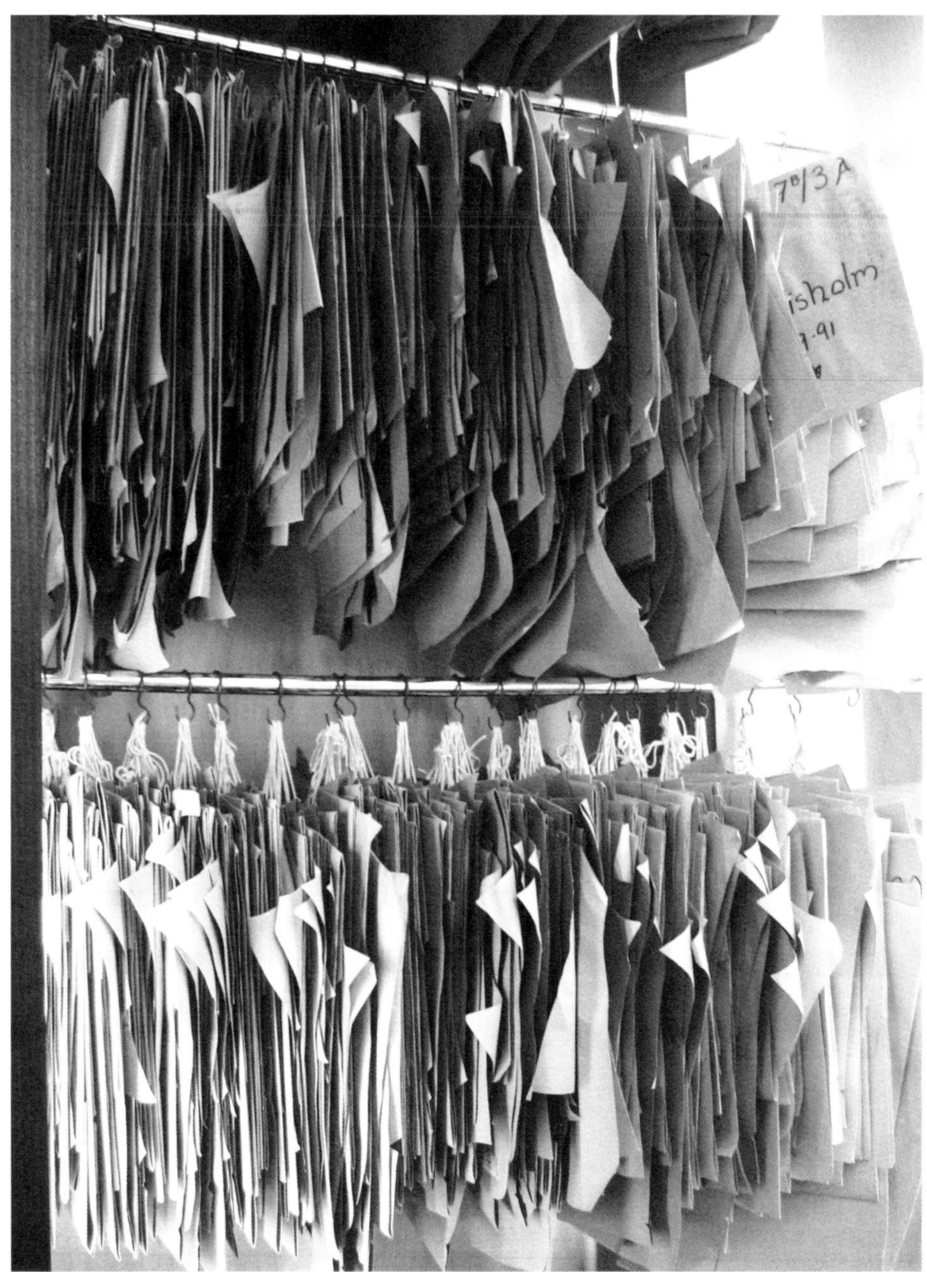

Individuelle Kunden-Schnittmuster, Schneiderwerkstätte Anderson & Sheppard, Old Burlington Street, London 2006. © R. Sprenger.

Schnittmuster in verschiedenen Größen, die als Grundlage und zur Modifikation eines individuellen Schnittmusters nach den Figureigenheiten eines Kunden verwendet werden. Sie bilden zusammen mit den bereits umgesetzten Schnittmustern die Basis für vergleichende Schnittechnik in der fortschreitenden Praxis.

Am Schnitt ist nicht nur die Epoche seiner Entstehung innerhalb der Modegeschichte ablesbar. Darüber hinaus lassen sich an den Schnittmustern auch „Epochen“ und Entwicklungen innerhalb des Schaffens eines Schneidermeisters nachvollziehen. Es läßt sich teilweise eine eigene Systematik der Abweichungen von einem verwendeten Schnittsystem oder vorhandenen Schnittschablonen aufzeigen, basierend auf den Erfahrungen der Bearbeitung der unterschiedlichen Materialien und vor allem der Körpereigenheiten der eingekleideten Personen. Der Vorgang des Zuschneidens beruht sowohl auf theoretischen, berechneten Werten als auch auf tradierten Erfahrungen und praktischen Erwägungen.

Das Schnittlagenbild enthält alle konstruierten Schnitteile sowie alle für die Verarbeitung notwendigen Kleinteile (Patten, Paspelstreifen, Leisten etc.), die nach den Vorgaben des geringsten Stoffverbrauchs, der Ausrichtung des Fadenlaufs, des Musters und des Strichs auf der Stoffbahn für den Zuschnitt zusammengestellt werden. Die Anordnung der Schnitteile geschieht – je nach Stoffbreite – auf der meist doppelt ausgelegten Stoffbahn. Vor dem Zuschnitt prüft die Aufmerksamkeit des Schneiders eventuelle Materialfehler, den parallelen Verlauf der Webkanten, die Lage der Stoffseiten, den Musterverlauf, den Strich und mögliche Materialbesonderheiten. Die Betrachtung dieses Arbeitsschritts zur Herstellung des Sakkos als Phänomen des Schnittes und Akt des Schneidens führt die Komplexität vor Augen, die den Schneider mit jedem Stück herausfordert. Das „Zerlegen“ eines menschlichen Körpers vermittels der Schnittgestaltung und das in ihm vorweggenommene formgerechte Zusammensetzen macht einer Vielfalt Raum, die sich zwar nach den strengen Regeln englischer Schneiderhandwerkskunst wieder reglementiert sieht, dem Schneider nichtsdestoweniger seinen Gestaltungswillen und die unermüdliche Beherrschung seiner Kunst abverlangt. Das spätere Zusammenführen der Schnitteile wird die Qualität und Tauglichkeit

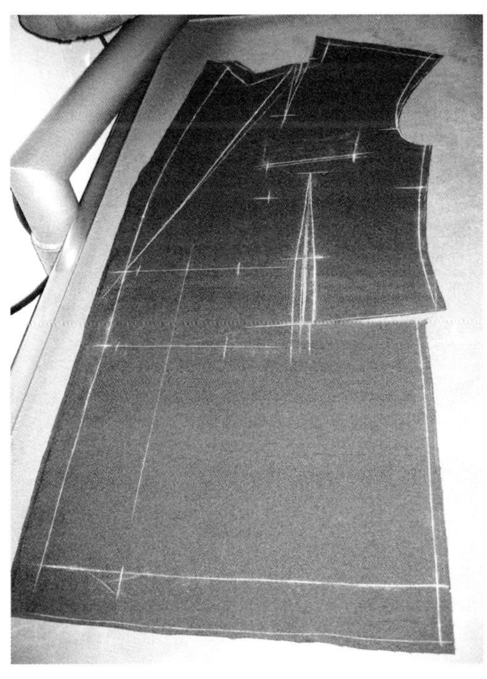

Das zugeschnittene Vorderteil vor dem Einziehen der Stiche, die alle Einschläge, Linien und Einsatzpunkte nachvollziehbar markieren.

der Schnittkonstruktion und des Zuschnittes zur Schau stellen. Ein beherrschtes Schnittsystem ist als Basis eines gelungenen Zuschnitts anzusehen; dem Schneider bleibt jedoch „ewiges Experimentieren“[13], weil keine Berechnung die unbeschreibliche Mannigfaltigkeit menschlicher Körper erschöpfend erfassen kann.

3. Die Woll-Lust der Wolle: Dressurakte

Aus den für den Schneider verbindlichen anatomischen Vorgaben ist ableitbar, daß sich ein dreidimensionaler Körper nur dann „perfekt“ bekleiden läßt, wenn es gelingt, zweidimensionale Schnitteile selbst bereits in Form zu bringen. Die formgebenden Arbeiten des Schneiders sind von zentraler Bedeutung, wenn von den Aufgaben des Schneiders eingehend gesprochen wird.

Als hervorragendes Werkzeug im Dienst des Kunsthandwerks der Herrenkleidermacher dient das (schwere) Schneiderbügeleisen. Durch die Technik des Formbügelns erhält das Sakko (aber auch Hose und Weste!) in Umsetzung der Kenntnisse des Körperbaus des Kunden seine vorzügliche, harmonisch ausgeglichene Form. Die genaue Kenntnis der Stoffe, die sich bei der Bearbeitung mit dem Bügeleisen oft ganz verschieden verhalten, bildet die Voraussetzung für das Gelingen dieser Tätigkeit des Bügelns und Dressierens.

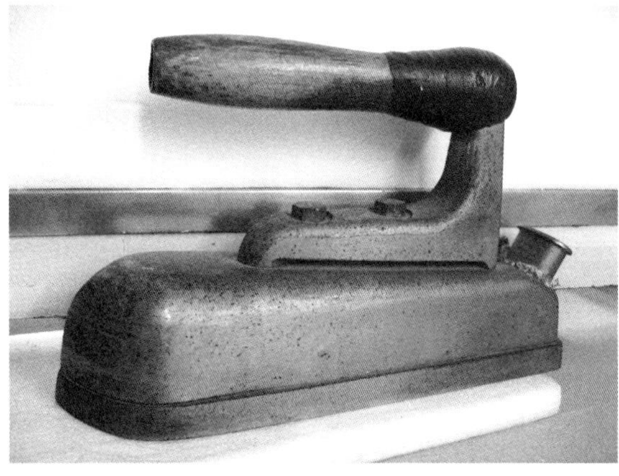

Schneiderbügeleisen, Modell: Josef Konsal, ca. 1946, Gewicht: 8 kg.

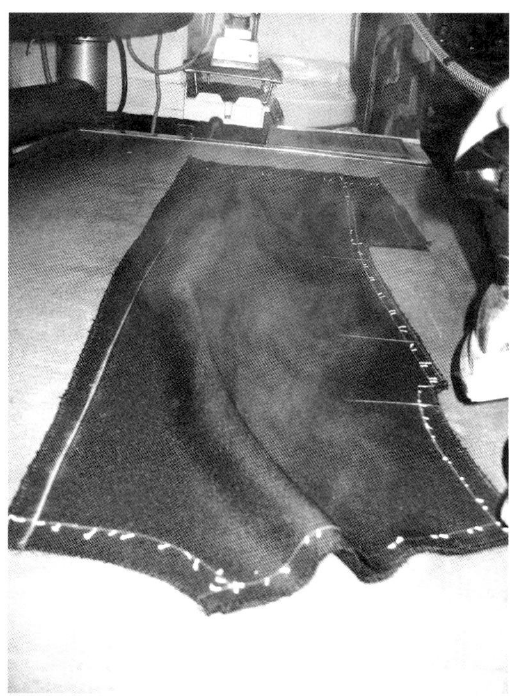

Der dressierte Rückenteil.

13 Budde, C. H.: Das moderne Schneidergewerbe. 2. Auflage, Nordhausen 1920, S. 243.

Unter der Einwirkung von Druck, Hitze und Dampf kann man Wolle dazu bringen, sich nach dem Willen des Schneiders zu dehnen, zu schrumpfen oder zu wölben, sich den Formen und Bewegungen des Körpers des Trägers anzupassen, ohne auszubeulen oder Falten zu werfen. Wolle gehorcht den schöpferischen Wünschen des Schneiders und ist aufgrund ihrer molekularen Struktur prädestiniert für die Verwendung in der Herrenschneiderei. Die Bedeutsamkeit des Bügelns in der Herrenschneiderei kann dabei kaum überschätzt werden. Erst durch die Arbeit mit heißen und (früher auch) schweren Eisen erhält das Kleidungsstück seine vollendete Form.

Der oft als „Bügeleisenheld" verspottete Schneider verläßt sich in Anwendung seiner *Kunst der Formgebung* nicht ausschließlich auf die sparsam und durchdacht angelegten Nahtführungen zur paßformgerechten Gestaltung des Sakkos, sondern ebensosehr auf die entgegenkommenden Eigenschaften bester Wollqualitäten, durch die seine Kunst ganz zu Ehren kommt. Bis heute ist Wolle der Stoff vollendeter, natürlicher Eleganz und durch kein anderes Material in adäquater Weise zu ersetzen. Ihre Erstklassigkeit kennzeichnet – neben der Schneiderhandschrift der Gesamtlinie und der ausgestalteten Details – die Qualität des Meistermodells. Der Rohstoff, die grundsätzliche Vorgabe eines gelungenen Sakkos, liegt damit außerhalb der Kunst des Schneiders: Wolle, gute, beste Wolle soll es sein, oder zumindest Wolle in einer Beimischung von Seide, Baumwolle oder Leinen. Das oberste „Prinzip Naturfaser" gilt unangefochten. Die Stoffqualitäten selbst haben sich seit den Anfängen der englischen Maßschneiderei erheblich verändert und an Gewicht verloren. Die Vielfalt angebotener Wollqualitäten und ihre Tendenz zu unglaublicher Leichtigkeit erfordert die unabdingbare Sensibilität für die Grenzen und Bedürfnisse unterschiedlichster Sakko- und Anzugstoffe.[14]

Jedoch nicht nur im Hinblick auf die Anforderungen der richtigen Dressur der zugeschnittenen Sakkoteile hat das Bügeleisen seinen unverrückbaren Stellenwert. „Das Flachbügeln der Nähte und das Endbügeln des fertigen Kleidungsstücks dienen dazu, die Nähte unsichtbar zu machen, sowie alle anderen Zeichen von Verarbeitung weitestgehend zurückzunehmen, um nur noch die Persönlichkeit des Trägers zu zeigen."[15]

Alte Herrenschneiderbügeleisen unterscheiden sich durch Gewicht und Form von gebräuchlichen Hausbügeleisen. Ein schwerer, massiver Bügelkörper aus Gußeisen oder Stahl wurde einstmals durch Kohlen-, Koks- oder Gasfeuerung erhitzt. Heute gibt es letzte Modelle, deren Erhitzung durch elektrischen Strom erfolgt. Das Gewicht dieser Geräte beträgt 5 bis 12 Kilogramm.[16] Der Form nach können Bügeleisen sehr verschieden sein. Allen Ausführungen gemeinsam ist die nach vorne auslaufende Spitze, die beim Ausbügeln von Nähten dazu dient, die Kanten derselben auseinanderzudrängen.

14 Die Stoffauswahl wird von den Vorgaben des Modells und des Kunden geleitet. Persönlicher Geschmack und Phantasie finden begrenzte Einflußmöglichkeiten. Auch nach dem Ende strenger Kleiderordnungen bleiben in der Mode des eleganten Herrn mehr oder weniger verbindliche Materialvorschriften zur Anfertigung der klassischen englischen Herrengarderobe gültig.

15 Kraft, Kerstin, S. 87.

16 Das Bügeln erfordert Ausdauer und Körperkraft und ist mit ein Grund, weshalb nur wenige Frauen dieses Handwerk erlern(t)en.

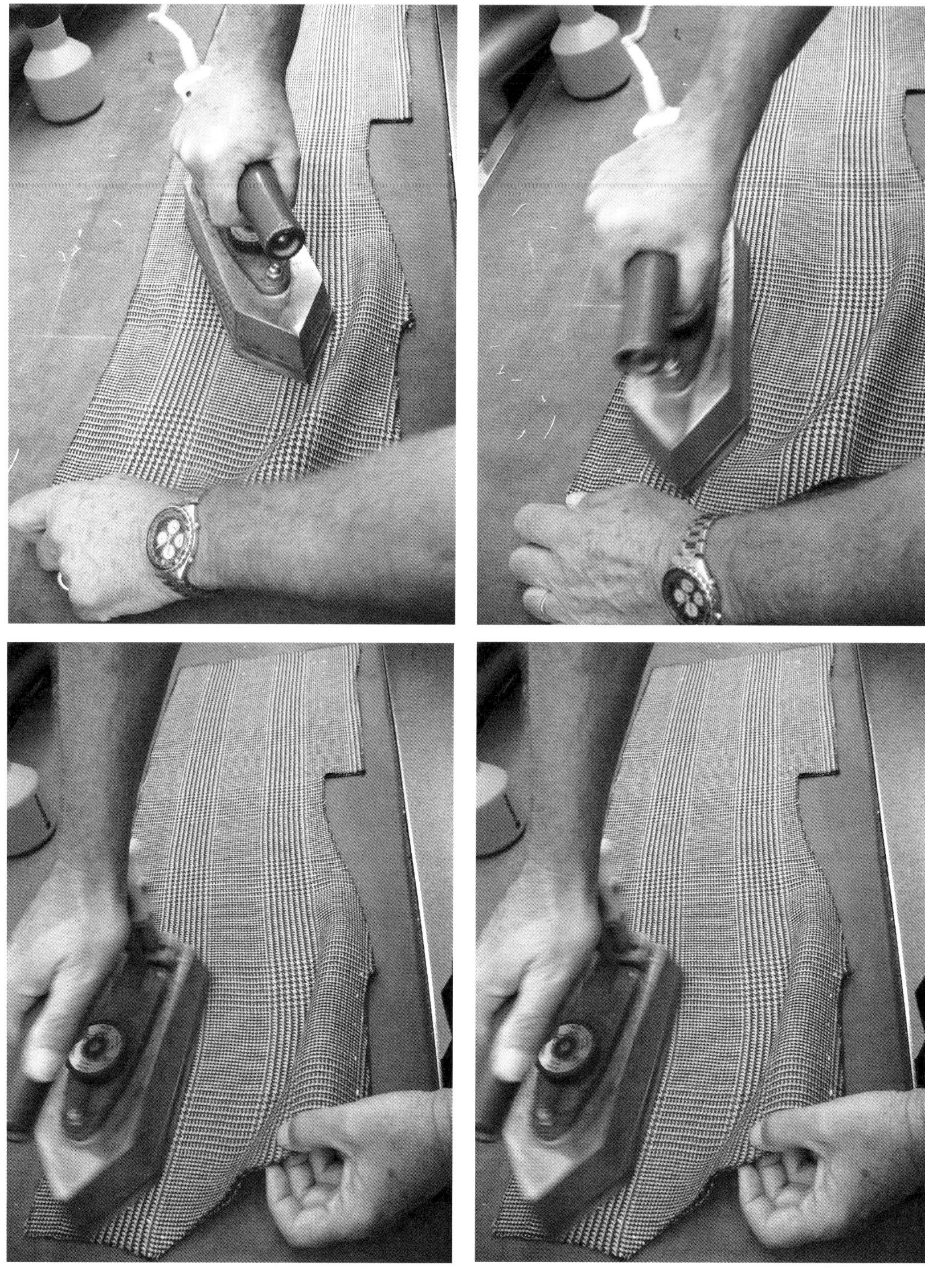

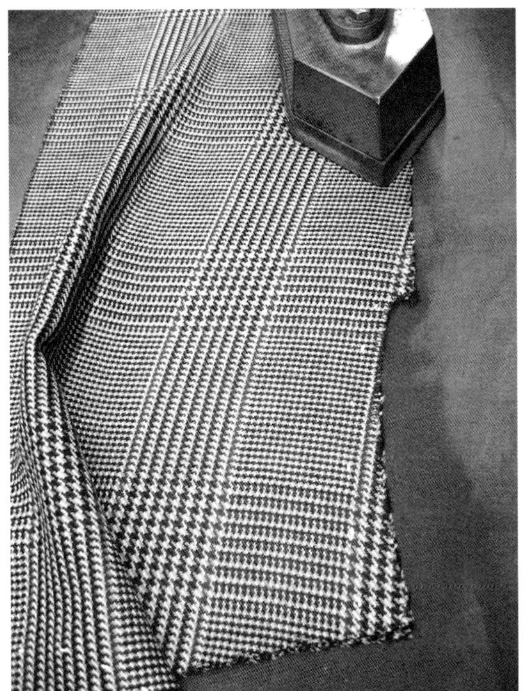

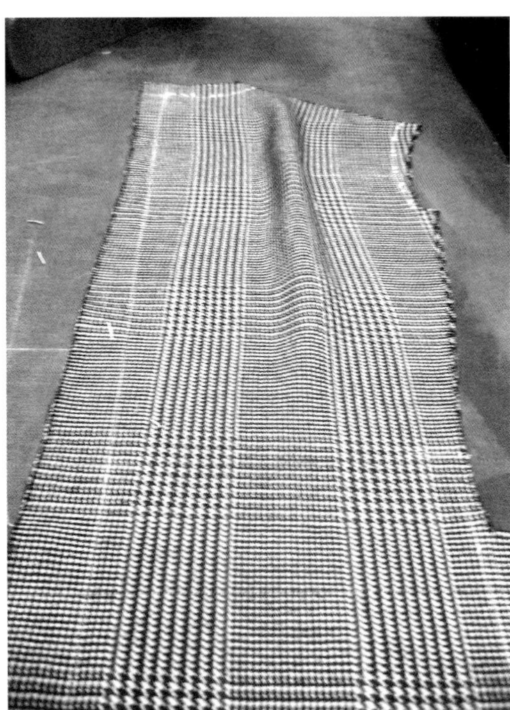

Die durch die Rückendressur erzielte Länge über den Schulterblättern bei gleichzeitiger Kürze im Armloch und in der Rückenmittelnaht.

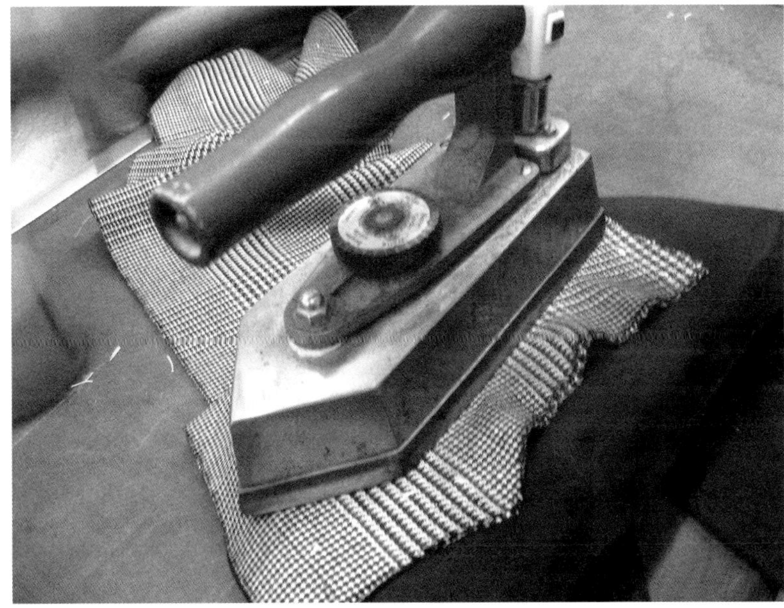

Die Anhalteweite der rückwärtigen Schulter wird von der dressierten Schulterpartie (Schulterblatt) her zusammengebügelt.

Als *Bügelunterlagen* dienen je nach Größe und Form verschiedene Bügelpolster und -unterlagen. Der bohnenförmige Ärmelpolster wird zum Abbügeln der Ärmelkugel, als Unterlage beim Flachbügeln und zum Glanzabziehen kleiner, gewölbter Flächen verwendet. Die meisten *Bügelpolster* sind mit Salonsegelleinen überzogen und mit Sägespänen oder Stoffabfällen ausgefüllt. Auf einem ovalen Glanzpolster werden große und gewölbte Flächen unterschlagen und geheftet. Auch dient es als Unterlage beim Flachbügeln und Glanzabziehen. Das *Klappenholz* ist eine halbkreisförmige, dicke Holzplatte. Der Schneider verwendet es zum Ausbügeln kurzer Nähte, beim Unterschlagen der Vorderteile, beim Bügeln des Kragens und der Fasson.

Beim Glanzabziehen wird das Reinleinen (Salonsegel) naß gemacht (besprüht) und auf die glänzende Stelle gelegt. Durch das heiße Eisen entwickelt sich Wasserdampf, der den Glanzfleck verschwinden läßt.

Die *Schneiderbürste* aus reinen und besten Schweinsborsten bringt den beim Glanzabziehen in Unordnung geratenen Strich wieder zurecht. Durch das Klopfen werden die Deckhaare des Stoffes (z. B. Flausch) wieder angedrückt.

Die Dressur wurde durch eine verbesserte und natürlichere Zuschnittweise am Ende des 19. Jahrhunderts bereits erheblich erleichtert. Enorme Dressuranstrengungen gehörten alsbald der Vergangenheit an. Heute ist der Zuschnitt nur dort durch Dressur zu ergänzen, wo Wölbungen und Hohlungen des Körpers ein Einarbeiten oder Ausdehnen der jeweiligen Schnitteile verlangen.

Die für die Schulterblätter erforderliche Länge im Rücken wird durch Diagonaldressur erzielt. Die Stoffteile werden stets in doppelter Stofflage dressiert, um eine gleichmäßige und spiegelgleiche Form der Teile zu gewährleisten.

Das Vorderteil muß vom Armloch her kurzgebügelt und die anfallende Länge in die Brustpartie gebügelt werden. Im Bereich des Reversbruchs muß das Vorderteil ebenfalls kurzgebügelt werden. Die Länge in der Brustpartie entsteht so aus der (Schräg-)Dressur im Brustbereich selbst und durch Einbügeln der sie begrenzenden Partien. In nachfolgenden Arbeitsschritten muß die durch Bügeln erlangte Formgebung im Rücken- und Vorderteil dauerhaft gesichert werden. Eine Nachdressur der Schnitteile kann während der Verarbeitung und nach den Anproben notwendig werden.

Mit dem produktionsbedingten Verzicht auf die Dressur der Schnitteile (z. B. in der Konfektion) geht die effiziente Möglichkeit verloren, eine dem Körperbild des Kunden angepaßte und gezielt verschönernde Wirkung des Sakkos herauszuarbeiten. Nach den strengen Paßformkriterien der klassischen Herrenkleidermacherkunst läßt sich ein formvollendetes Kleidungsstück keinesfalls ohne Dressur erreichen. Deshalb ist der meisterhafte Gebrauch des Bügeleisens „keine Geckerei und keine Fadesse, sondern eine ästhetische Notwendigkeit".[17]

17 Brummel, Georges: Der gut gekleidete Mann. Ein Berater für Geschmack und Korrektheit in der Herrenkleidung. Dresden, 1910, S. 14.

4. Die Arbeit an der Front: Gerüst für ein Sakko

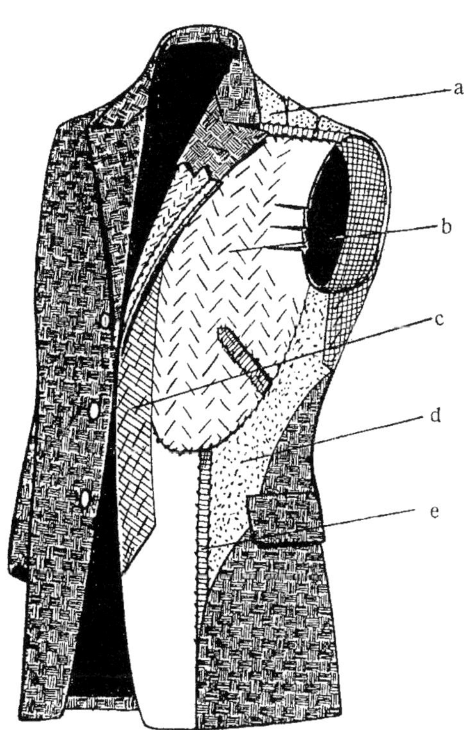

Gestaltungsbeispiel einer Ganzeinlage mit Plack und Schulterstütze. In: Budde, C. H.: Das moderne Schneidergewerbe. 2. Auflage, Nordhausen 1920.

Die über Jahrhunderte durch Erfahrung und Tradition verfeinerte Schnitttechnik konnte den menschlichen Körper in der gewünschten Form modellieren. Die materielle Umsetzung dieses Vorhabens gelingt jedoch nie ohne jene „unsichtbaren Helfer", die an bestimmten Stellen stützen, polstern, verstärken oder zusammenhalten.

Durch die gezielte Modellierung können Körperteile bewußt betont und in ihrer Wirkung hervorgehoben werden. In der gehobenen Herrenschneiderei sind es vor allem Roßhaareinlagen und Steifleinen, die das Erscheinungsbild und die Wirkung des Vorderteils (der Front) eines Sakkos bestimmen. Die Manipulation der Einzelteile dient schließlich der Erzeugung einer Gesamtsilhouette.[18]

Überdies läßt sich die angestrebte Faltenlosigkeit nur durch einen die Körperhaltung berücksichtigenden Zuschnitt und die Steifheit der Innenverarbeitung herstellen. So bildet die Einlage in bewährter Weise das Rückgrat der Sakkofront. Die Innenverarbeitung nutzt die Sprungkraft des Roßhaars, das lebendige Elastizität besitzt und in dieser Eigenschaft dauerhafte dreidimensionale Stabilität gewährleistet.

Die exakte Abstimmung zwischen Einlage und Oberstoff steht am Beginn der Bearbeitung des Vorderteils. Das Gewicht des Oberstoffs und Gewicht und Sprungkraft der Einlage müssen zusammenpassen. Fingerspitzengefühl und Erfahrung gehören dazu, um das geeignetste Material auszuwählen. Allgemeine Regeln lassen sich schwer aufstellen, dennoch mag gelten, daß dünnere und weichere Oberstoffe auch zartere Einlagen verlangen als schwere Obermaterialien.

Die gewählten Einlagen (Leinen, Roß- oder Kamelhaar) müssen vor ihrem Zuschnitt angefeuchtet und abgebügelt werden, um einem möglichen Einlaufen entgegenzuwirken.

Die Front erhält meist ein Gerüst, das aus einer Ganzeinlage (aus Leinen, gezwirnter Roßhaar- oder Kamelhaareinlage) und einem die Brust- und Schulterpartie verstärkenden Plack (Roßhaareinlage, Roßhaarsieb) besteht. Eine zwischen Ganzeinlage und Plack eingearbeitete Schulterstütze verstärkt die aufgebaute Form von Einlage und Plack an der Schulterpartie (Hohlung).

18 Vgl. Kraft, Kerstin: S. 64.

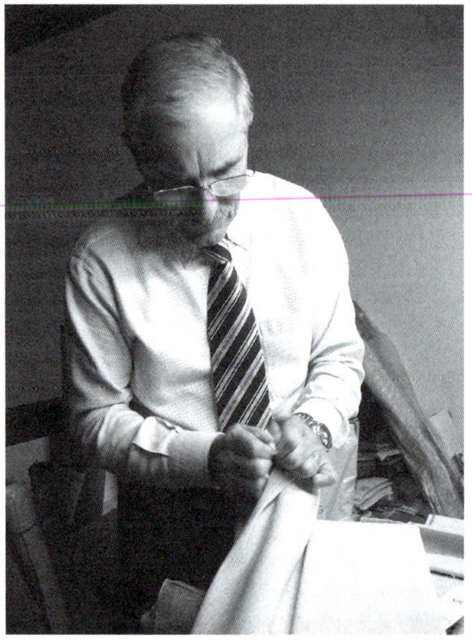

Mit den Fingern und reibenden Bewegungen werden Stärke und Sprungkraft der Einlage getestet.

Jeder Schneider hat seine von anderen Meistern übernommene oder selbst erarbeitete Methode, Abnäher zu setzen und Einschnitte anzuordnen, um Wölbungen oder Hohlungen zu erzielen, die als Stütze der Vorderteile die geforderte Festigkeit und Elastizität gewährleisten und den Stoff in loser, aber dennoch stabiler Form tragen können.

Die Einlage wird gewöhnlich im Fadenlauf des Oberstoffes zugeschnitten, der Plack kann dem Fadenlauf des Stoffes entsprechen, er kann aber auch so geschnitten werden, daß die Kettrichtung des Placks parallel zur späteren

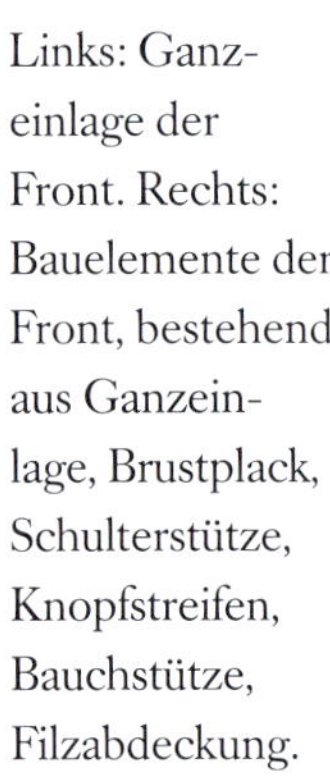

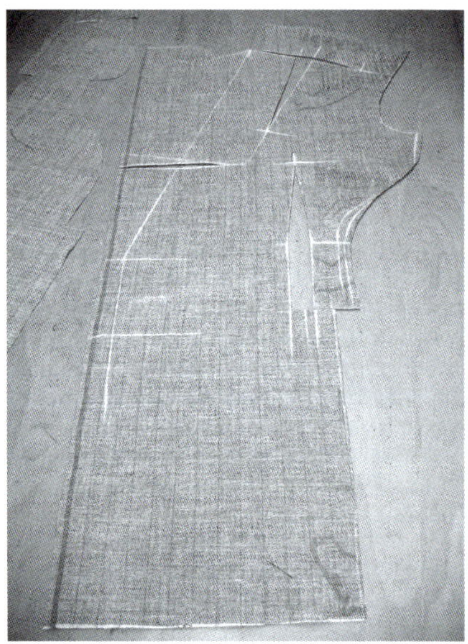

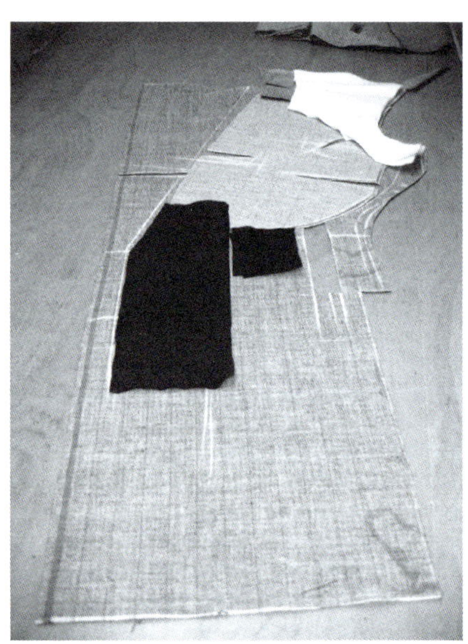

Links: Ganzeinlage der Front. Rechts: Bauelemente der Front, bestehend aus Ganzeinlage, Brustplack, Schulterstütze, Knopfstreifen, Bauchstütze, Filzabdeckung.

Reversumbruchlinie verläuft. Die Schulterstütze kann einteilig und im Fadenlauf der Ganzeinlage geschnitten oder aber auch in der Mitte geteilt werden. Mit Blick auf die zu erzielende Wirkung wird die Sprungkraft des Roßhaars gewählt, die immer in Schußrichtung der unterschiedlichen Einlagen verläuft. An Bauch-, Knopf- und Knopflochpartie werden je nach Bedarf und in Abstimmung mit dem Oberstoff zusätzliche Stützen (Knopfstreifen, Bauchstütze) angebracht.

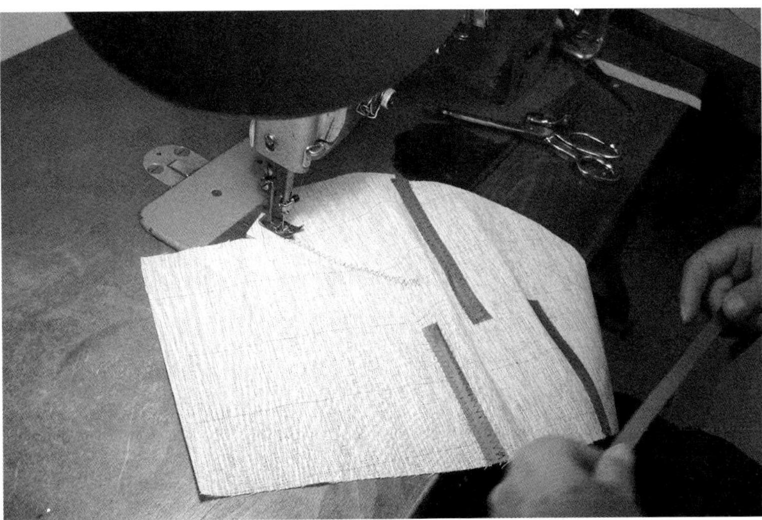

Plack mit geschlossenen Abnähern.

Entscheidend ist die richtige Formgebung der fertigen Einlage, auch wenn im Detail hinsichtlich Form, Zahl und Plazierung der Abnäher unterschiedliche Schneideransichten herrschen. Modelinie und Arbeitsstil bestimmen den Bau des Sakkogerüsts unweigerlich mit. Grundsätzlich wird versucht, mit möglichst wenigen Abnähern das Auslangen zu finden. Die Einlage wird dabei immer nach den Vorderteilen (Oberstoff) zugeschnitten. Sie wird etwas größer als der Oberstoff zugeschnitten, um beim darauffolgenden Unterschlagen genug Spielraum für eine abgestimmte Positionierung zu haben. Der Zuschnitt der Schichten des Unterbaus gestaltet sich verschiedenartig und variiert je nach Körperbau und gewünschter Silhouette. Körper mit starker Brust benötigen mehr Wölbung; größere Einschnitte und Abnäher werden dann auch vom Armloch her erforderlich.

Das Schließen der Abnäher kann mit breitem Zickzackstich erfolgen. Die Schnittkanten der Abnäher stoßen aneinander, ohne sich zu überlappen und die Einlage dadurch ungewollt steifer werden zu lassen. Anschließend werden die geschlossenen Abnäher mit schrägen Futterstreifen mehrfach übersteppt, um das Brechen der Einlage an den Abnäherstellen zu verhindern.

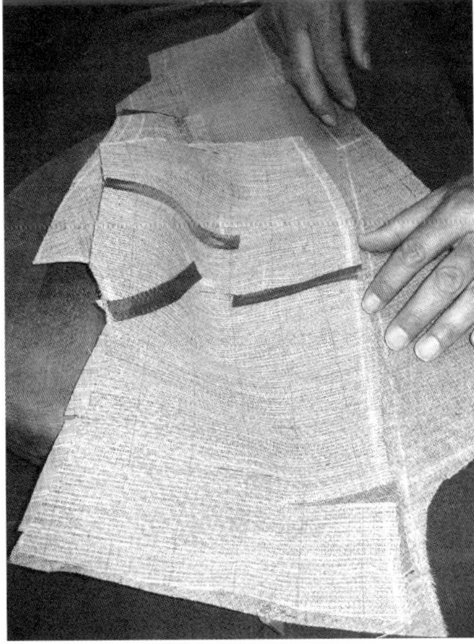

Brustplack auf der Ganzeinlage, hinter der vorgesehenen Reversbruchlinie positioniert.

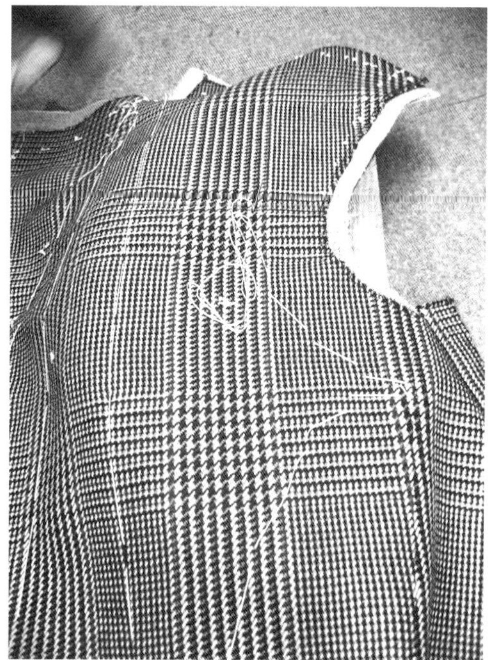

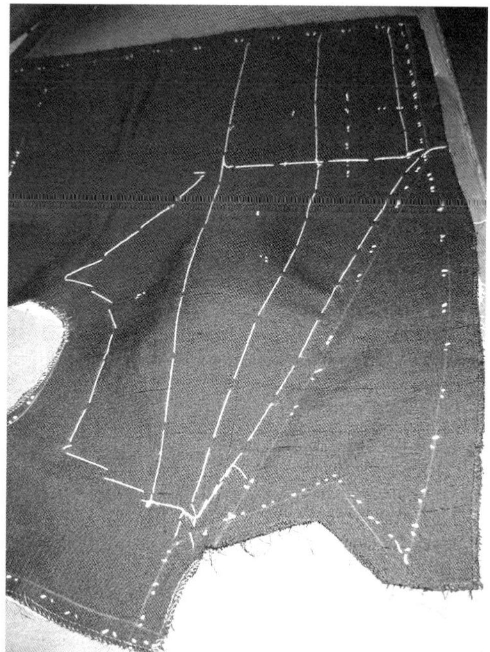

Die einzelnen Bauelemente des Frontunterbaus werden aufeinander positioniert und anschließend pikiert. In nebeneinandergesetzten Stichreihen werden die verschiedenen Einlageschichten mit Pikierstichen verbunden. Das *Pikieren*, das von Hand oder mit der Maschine erfolgen kann, stellt eine lebendige und weiche Verbindung von Einlage und Plack her, um die Sprungkraft und Geschmeidigkeit des Unterbaus dauerhaft zu erhalten. Frühere Zusatzplacks vor und hinter dem Armloch werden heute nicht mehr eingesetzt und würden der Tendenz erwünschter leichter Sakkoverarbeitung widersprechen.

Nach dem Schließen des Brustabnähers bzw. der Biese und dem provisorischen Schließen des Tascheneinschnitts ist das Vorderteil (Oberstoff) zu dressieren und die pikierte Einlage in ihrer Form zu überbügeln. Anschließend wird das Vorderteil auf die pikierte Einlage gelegt und überprüft, ob die in Oberstoff und Einlage eingearbeitete Form beider Teile harmonisch übereinstimmt.

Das *Unterschlagen* hat den Zweck, eine provisorische Verbindung von Oberstoff und Einlage herzustellen. Mit lockeren, systematisch angeordneten Stichreihen (Hefttouren) wird eine ungezwungene und spannungsfreie Verbindung beider Lagen angestrebt. Filzunterlage und Klappenholz dienen bei diesem Arbeitsgang als feste und formstützende Unterlagen. Mit dem Mittelfinger streicht der Schneider den Oberstoff behutsam einmal von der Taille zur Schulterpartie vorrückend aus, dann wieder quer von der vorderen Mitte zur Seite und zum Armloch hin. Die bedachte

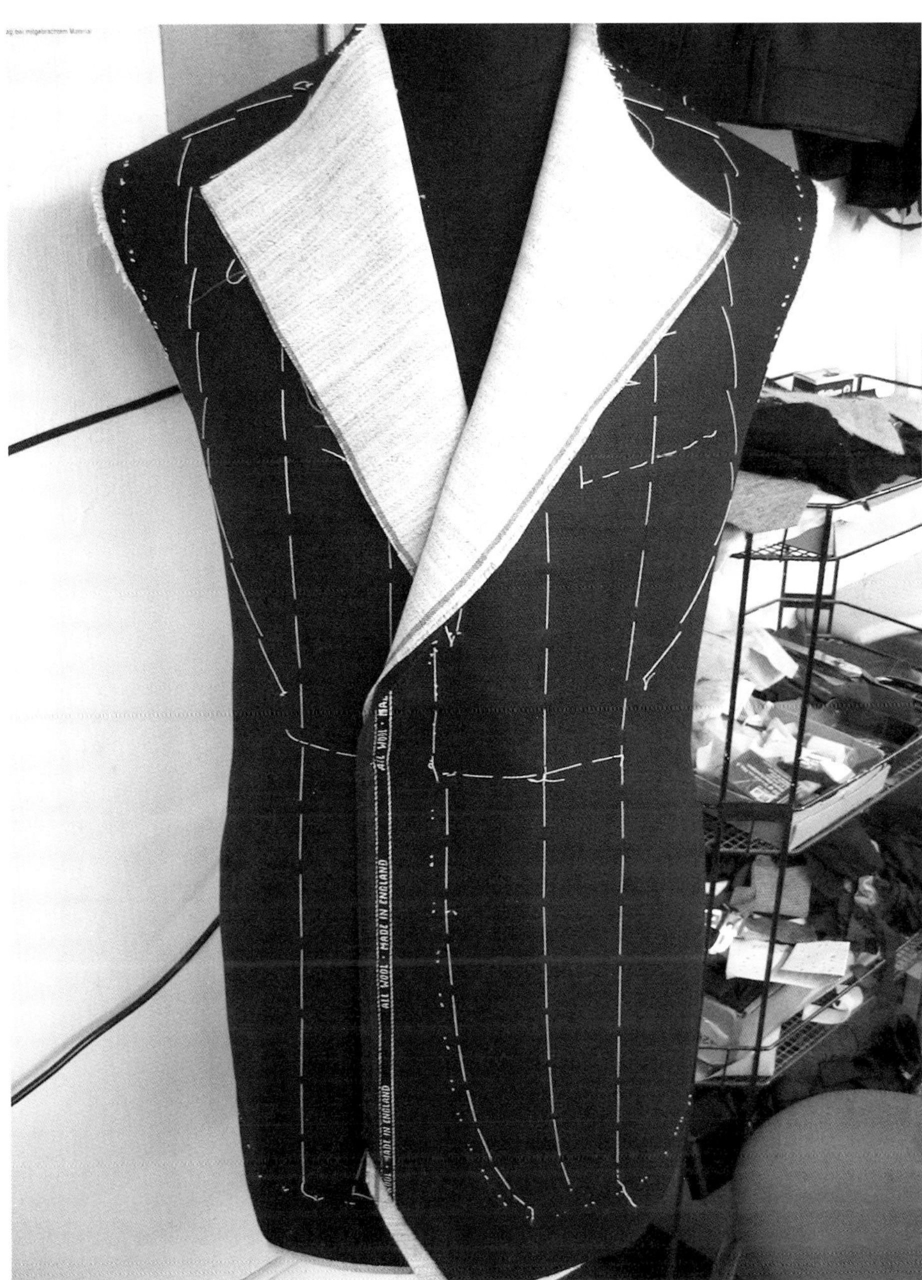

Die fertig unterschlagenen Vorderteile. © Modell: R. Sprenger.

Behutsamkeit, in der Stoff und Einlage mittels dieser Heftstiche eine einstweilige Verbindung eingehen, verrät die Streicheleinheiten des Schneiders und die kontrollierte Führung der gesetzten Stiche. Wenn beide Teile unterschlagen sind, wird die Einlage mit den Schnittkanten des Oberstoffs gleichgeschnitten. Die unterbaute Front des Sakkos ist indes fertig aufgestellt.

5. Dreidimensionales Vorspiel: Ein Sakko, auf die Probe gestellt

Es ist davon auszugehen, daß „es in der ganzen Welt kein einziges System gibt und auch niemals erfunden werden kann, welches jeden das Zuschneiden erlernenden Fachmann in den Stand setzt, fehlerlos zuzuschneiden und fehlerlose Kleidungsstücke herauszubringen".[19] Der versierte Umgang mit Schnittsystemen reicht nicht aus, um ein perfekt sitzendes Kleidungsstück anzufertigen. Der Kunst des Übersetzens der genommenen Körpermaße auf ein zweidimensionales Koordinatensystem muß nach dem Zuschnitt, dem Aufbau eines passenden Unterbaus, der gelungenen Dressur einzelner Partien die *Kunst des Änderns* folgen.

Ohne das Vornehmen von Anproben und das Abändern nach dem Zuschnitt bleibt die Anfertigung von paßgerechter Kleidung eine Illusion. Erst die Betrachtung der Person, die ein für sie zugeschnittenes Kleidungsstück trägt, kann die Frage nach den jeweiligen Vorstellungen von gut zugeschnittener Kleidung, von Paßform und deren Umsetzung beantworten.[20] Das Zusammenspiel von Körper und Sakko ist auf keine andere Weise wiederzugeben.

Leicht gesagt aber schwer auszuführen

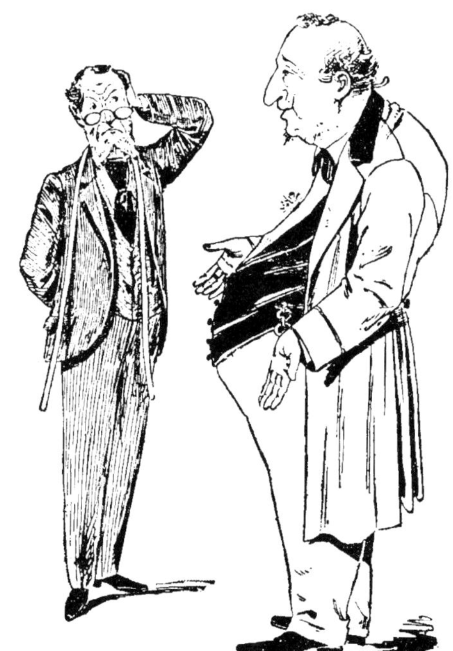

Kunde: Wissen Sie, Meister, es kommt mir weniger auf einen extrafeinen Stoff, als auf einen elegant tadellosen Sitz an.

Europäische Modenzeitung für Herren-Garderobe, 1897.

19 Herzberg, Franz: Die Kunst des Schneiders, S. 6.

20 Kraft, Kerstin, S. 24.

Bei den Anproben können Änderungen vorgenommen werden, deren Ermöglichung im vorausschauenden Zuschnitt liegt. (Angst-)Einschläge sind Bedingung für gegebenenfalls durchzuführende Änderungen, dürfen jedoch nicht willkürlich angebracht werden, da sie Spannungen verursachen können und Material verschwenden.

Der Änderungsgedanke selbst impliziert ein Unendliches, eine Unmöglichkeit der Fertigstellung[21], eine prinzipielle Unabschließbarkeit eines Werkstücks. Die Schneiderpraxis verlangt nach tragbaren Ergebnissen, mehr noch: nach sichtbaren Meisterleistungen. Das fertige Sakko ist eine scheinbar endgültige Stellungnahme des Schneiders. Um der Eleganz und dem Anspruch der Herrenschneiderei[22] jedenfalls Rechnung zu tragen, finden während der Arbeit an einem Maßsakko normalerweise drei Anproben statt: eine Rohprobe, eine Zwischenprobe und eine Fertigprobe.

Ein besseres, bestimmt auch durch den Schneider selbst gebildetes Herrenpublikum würdigt das Handwerk durch das entsprechende Verständnis für die Notwendigkeit der durchzuführenden ein bis drei Anproben, indem es begreift, wie schwierig es an sich ist, den hohen Ansprüchen des Faches wie des Kunden gerecht zu werden. Die Anprobe dient einerseits dem Kunden, seine Wünsche in bestimmter Weise kundzutun, andererseits in höchstem Maße der Schulung des Schneiderauges, das in zeitlich gedrängter Aufmerksamkeit alle körperlichen Eigenheiten in ihrer Relevanz für Schnittgestaltung, Abänderung und Verarbeitungsstrategie wahrnehmen muß. Das unermüdliche Studium der Anproben und der notierten Vermerke eicht und sichert a priori alle weiteren Arbeitsschritte, die sich vor ihrer Durchführung des Augenmaßes als verinnerlichter Kontrollinstanz bedienen.

Viele technische Schwierigkeiten und Fragen der Eleganz, etwa die Länge des Modells, die Länge und Position der Ärmel sowie die Kontrolle der Balance, lassen sich ausschließlich durch Anproben meistern. Die Ernsthaftigkeit des Gegenstandes verlangt nach der Anprobe des Stücks, um dem Anspruch an Sitz und Stil zu entsprechen. Unterschiedliche Stoffarten machen überdies Anproben unentbehrlich, da diese oft – bei gleicher Schnittgestaltung – gravierenden und unabschätzbaren Einfluß auf die Paßform ausüben.

Die Änderungen, die nach einer durchgeführten Anprobe auszuführen sind, werden vom Schneider bei der Anprobe in der Nadel- oder Kreidensprache festgehalten. Meist wird mit Kreide markiert, wo gekürzt oder verlängert werden muß. Kreuzchen zeigen an, wo nachdressiert, und versetzte Striche, um wieviel ein Teil gegen das andere verschoben werden muß. Bei massiven Umstellungen werden zusammengeheftete Schnitteile in einem hörbaren, gewalttätig anmutenden Akt wieder auseinandergerissen und – neu positioniert – mit Stecknadeln wieder befestigt. Der auf Probe gekleidete Körper bestimmt und übertrifft als Maß jedes guten Sakkos oft

21 Kraft. Kerstin, S. 28.

22 Eleganz ist der höchste Anspruch dieser hohen Kunst. Siehe Kapitel „Instanz der Eleganz“.

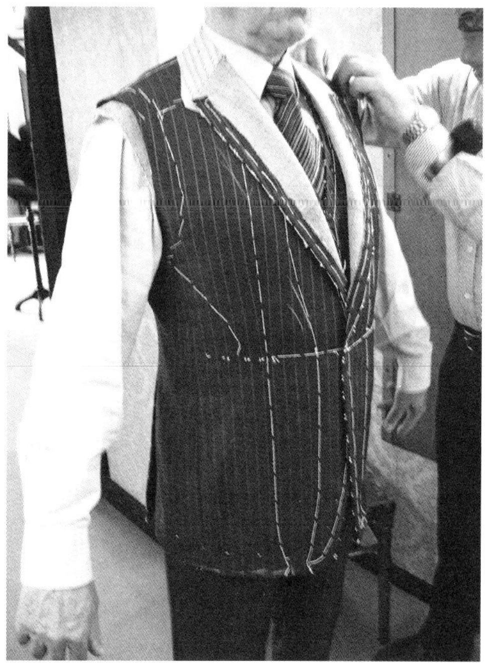

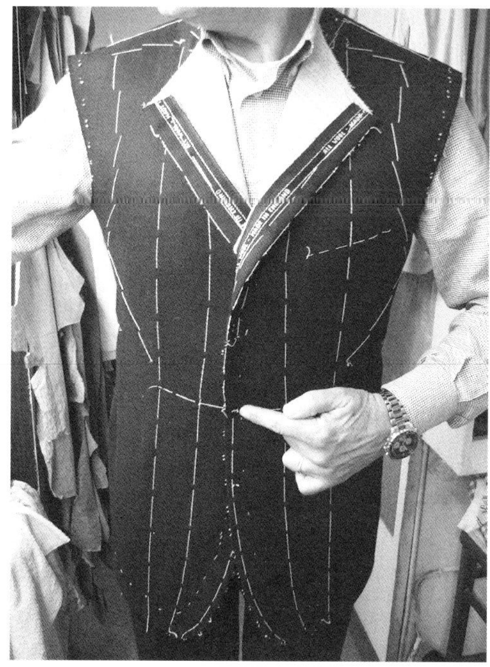

Erste Anproben: links Modell A. Konsal, rechts Modell R. Sprenger.

alle in Zuschnitt und Bearbeitung berücksichtigten Eigenheiten und fordert das Erfassen sämtlicher notwendigen Anpassungen durch höchste Konzentration und Aufnahmefähigkeit des Schneiders während der Anproben. Die Profession des Schneiders liegt auch hier nicht in seiner Fehlerlosigkeit, sondern vielmehr in seiner Leistung, Fehler zu erkennen und diese durch adäquate Änderungen zu beheben.

Die erste Anprobe des Sakkos, die dem Kunden das Bild eines vollkommen „rohen" Kleidungsstückes präsentiert, erscheint als die grundlegendste und wichtigste aller Anproben. Der Kunde schlüpft in ein Sakko, das aus Rücken- und unterschlagenem Vorderteil besteht. Ein linker Ärmel kann, muß aber noch nicht eingeheftet sein, ebenso wie der Unterkragen, der oft erst bei der Anprobe selbst am Hals gesteckt wird. Die Nähte am Seitenteil und Rücken sind in vorgesehener Breite geheftet und gebügelt, die Taschenlage und sämtliche andere Merkzeichen durch eingezogene Stiche markiert. Die vordere Kante und Fasson sind in der vorgesehenen Form umgeheftet.

Bei der Anprobe selbst müssen die vorderen Kanten in markierter Knopfhöhe mit passendem Übertritt gesteckt und mit Kreide markiert werden. Die Schulterbreite muß kontrolliert und angezeichnet werden, der Rücken das ungezwungene, glatte Bild und die geforderte Bequemlichkeit aufweisen, darüber hinaus ein Beispiel von Faltenfreiheit und Ungezwungenheit abgeben. Der Ärmel wird, falls eingeheftet, bereits auf seinen korrekten Fall in der natürlichen, herunterhängenden Position des

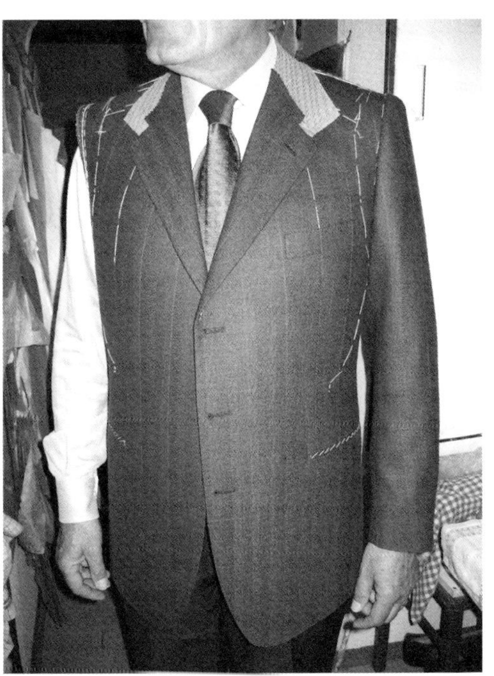

Zweite Anprobe: Modell: A. Konsal.

Armes und seine Länge kontrolliert. Der notwendige Schluß unter dem Arm und der Armlochdurchmesser sind mit einem typischen Schneidergriff am Armvortritt zu prüfen. Für den guten Sitz um den Hals ist die Anprobe mit Hemd ratsam, da sich Balancefragen in erster Linie an der Halsspitze entscheiden, deren Bedeutung für die Paßform des fertigen Sakkos nicht zu überschätzen ist. Die richtige Lage der Halsspitze bestätigt sich im horizontalen Fall der vorderen Kanten. Sowohl nach unten auseinander- als auch übereinanderfallende vordere Kanten lassen ein denkbar häßliches Bild entstehen: die Saumlinie verläuft nicht wie gefordert ebenmäßig horizontal; das Sakko fällt oder steigt im Vorderteil, die Stoffmusterung und die gesamte Fasson wirken entstellt.

Eine zweite Anprobe wird mit einem bereits fertig fassonierten, eingefütterten Sakko durchgeführt, an dem alle Taschen gearbeitet und oft beide fertiggestellten Ärmel (Ärmelschlitze, Knopflöcher, Knöpfe, Ärmelfutter) eingeheftet sind. Die korrekte Position der Ärmel im Armloch wird nochmals überprüft. Bei extrem schwierigen Figuren wird der Kragen nur geheftet und erst nach der zweiten Anprobe fassoniert.

Die dritte Anprobe darf als Fertigprobe gelten. Nur gelegentlich müssen kleine Korrekturen vorgenommen werden. Andernfalls darf das gute, neue und bezahlte Stück seinen eleganten Dienst am Mann antreten

Mögliche Ursachen der bei Anproben auftretenden Fehler können entweder im abgenommenen Maß, in der Schnittaufstellung oder in der Verarbeitungsweise liegen. Sie müssen bei der Anprobe entdeckt werden; die Analyse ihrer Entstehung ist dabei nicht immer eindeutig. Die Fehlersuche ist jedoch unerläßlich und dient der Reflexion der Arbeit im Hinblick auf Effizienz und Perfektion im ureigensten Interesse.

6. Scharf und hohl: Die vordere Kante

Flach und sauber verarbeitete Kanten waren immer schon ein Wertmesser für das handwerkliche Können eines Schneiders. Auch dieser Arbeitsschritt erfordert Sorgfalt und Übung.

Nach der ersten Anprobe wird der korrekte Übertritt[23] festgelegt; der Verlauf der fertigen vorderen Kante und des bereits pikierten Revers wird mit Kreide am linken Vorderteil angezeichnet. Anschließend wird das unterschlagene Vorderteil 1 cm hinter dieser Linie (Nahtbreite) zurechtgeschnitten.

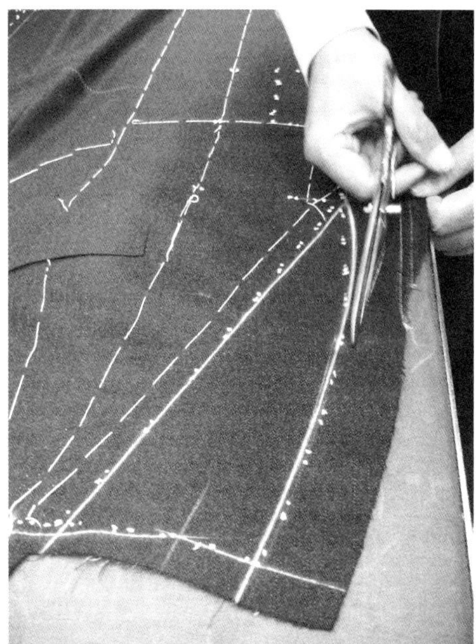

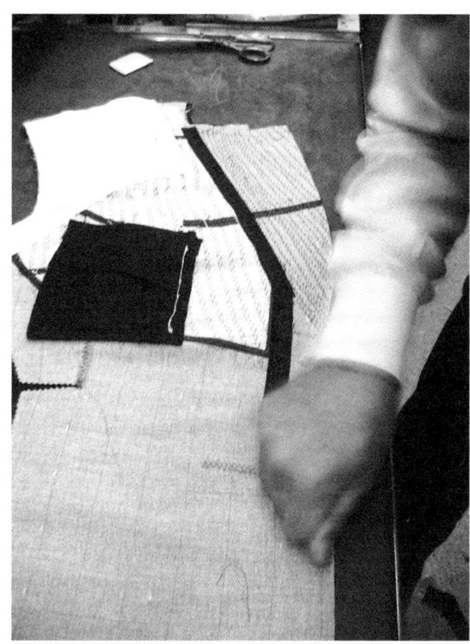

Das rechte Vorderteil wird rechts auf rechts unter das bereits fassonierte linke Vorderteil gelegt. Die eingezogenen Stiche beider Vorderteile müssen exakt aufeinanderliegen. Das rechte Vorderteil wird gleichgeschnitten, ehe die Kreidelinien durch Abklopfen übertragen werden.

Bei der klassischen Verarbeitung der Front muß die Einlage nach dem Fassonieren an der vorderen Kante zurückgeschnitten werden.

Ein Baumwollschrägband, das an der zurückgeschnittenen Ganzeinlage der Front vom Reversabstich zum Ende des Kantenabstichs am Saum mit Zickzackstich befestigt wird, stellt das notwendige, dünne und weiche Verbindungsstück von Einlage und Kante her. Das Schrägband muß so angenäht werden, daß sich die Kante später weder ausreckt noch kräuselt.

23 Beim Einreiher gewöhnlich 3,5 cm, beim Doppelreiher je nach Knopfstellung und Kundenwunsch.

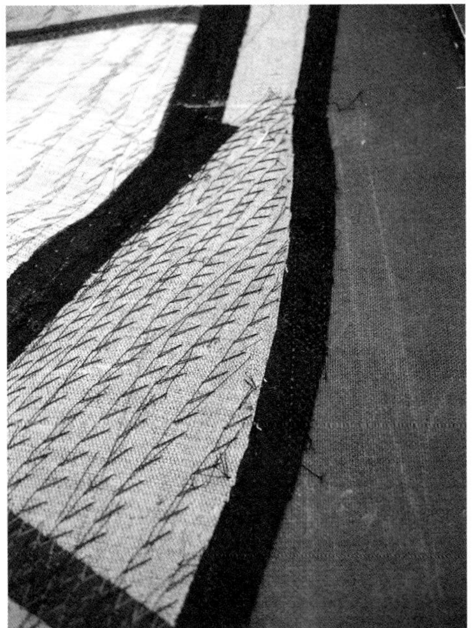

Zurückgeschnittene Einlage an der fassonierten Kante.

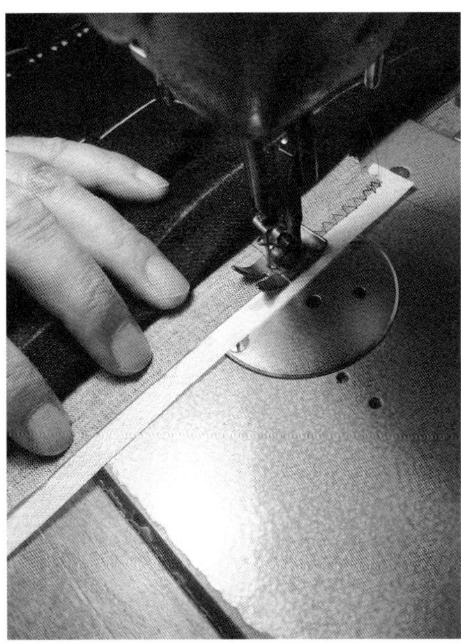

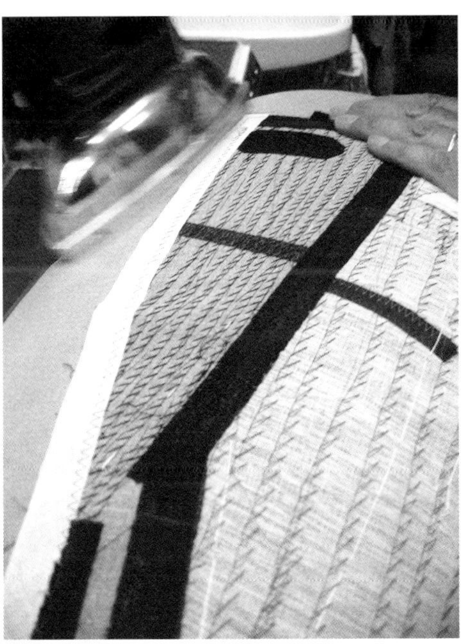

Anschließend wird das Vorderteil entlang der vorderen Kante flachgebügelt. Nach dem Überbügeln der vorderen Kante und des Revers wird das Schrägband an der vorderen Kante festgeheftet, dann das zurechtgeschnittene Besetz zum Verstürzen aufgeheftet.

Beim Auslauf der Fasson, wo das Revers in die vordere Kante übergeht, muß die an das Schrägband gezackte Einlage und das Besetz ausreichend „Länge" aufweisen, während der Oberstoff Richtung Revers gestrichen und kurz gehalten werden muß, um das spätere Anrollen über dem obersten Knopf zu erzielen. Ist dies nicht der Fall, so legt sich das Revers nicht zwanglos entlang der Umbruchlinie, oder das Revers zieht zu tief. Das Fassonbild wirkt unruhig. Beim Aufheften des Besetzes ist deshalb auf die richtige Verteilung der Besetzlänge zu achten. Im Bereich des Revers und an der Reversoberkante muß das Besetz ausreichend Länge und Breite aufweisen. Entscheidend für das

Die richtige Besetzlänge bewirkt das harmonische, ungezwungene Anrollen der Fasson.

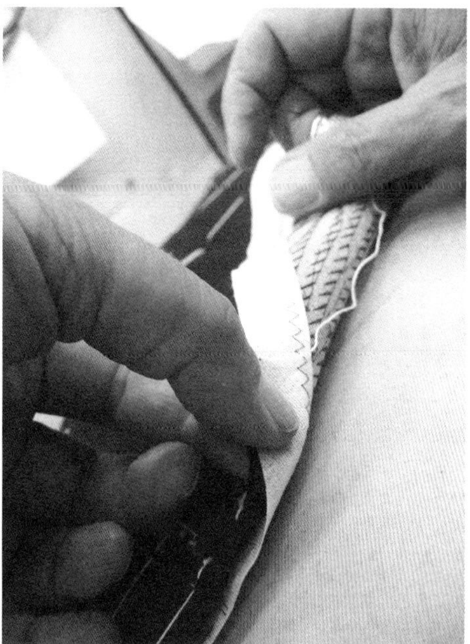

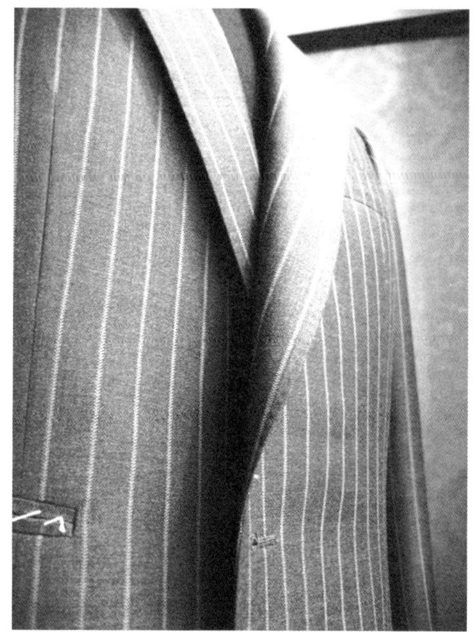

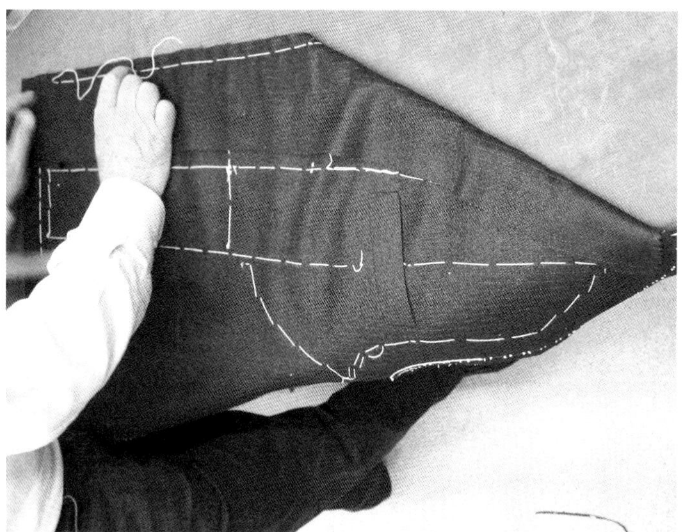

Das Aufheften des Besetzes in abgestimmter „Länge“.

ungezwungen leichte Umlegen des Revers und den harmonischen Auslauf der Fasson über dem obersten Knopf ist die ausreichende Besetzlänge in diesem Bereich. Deshalb wird das Besetz mit kalkulierender Sorgfalt an die vorbereitete Kante geheftet. Die richtige Einhalteweite des Besetzes verlangt viel Fingerspitzengefühl, Erfahrung und Kenntnis darüber, wie sich der Oberstoff bei diesem Arbeitsgang verhält und bearbeiten läßt. Die ideale vordere Kante verläuft in einer harmonischen Linie, flott abgestochen und „papierdünn“, was heißen mag, daß sich die verstürzte Naht an der Kante nicht durchdrückt. Um dem Durchdrücken entgegenzuwirken, werden Besetz und Vorderteil an der verstürzten Kantennaht abgestuft zurückgeschnitten. Auch die Nahtzugabe an der Reversecke wird reduziert.

Die zurückgeschnittene Naht der vorderen Kante wird über dem Kantenholz auseinandergebügelt.

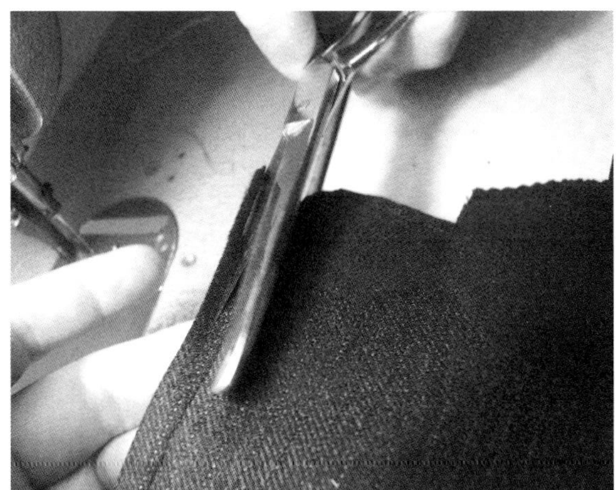

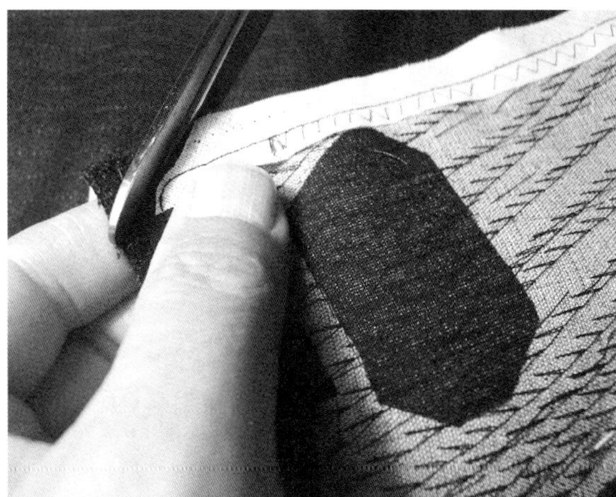

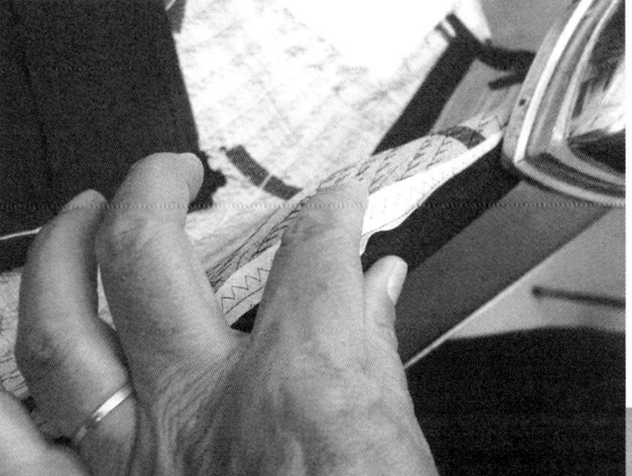

Auseinandergebügelte Reversoberkante am Crochet.

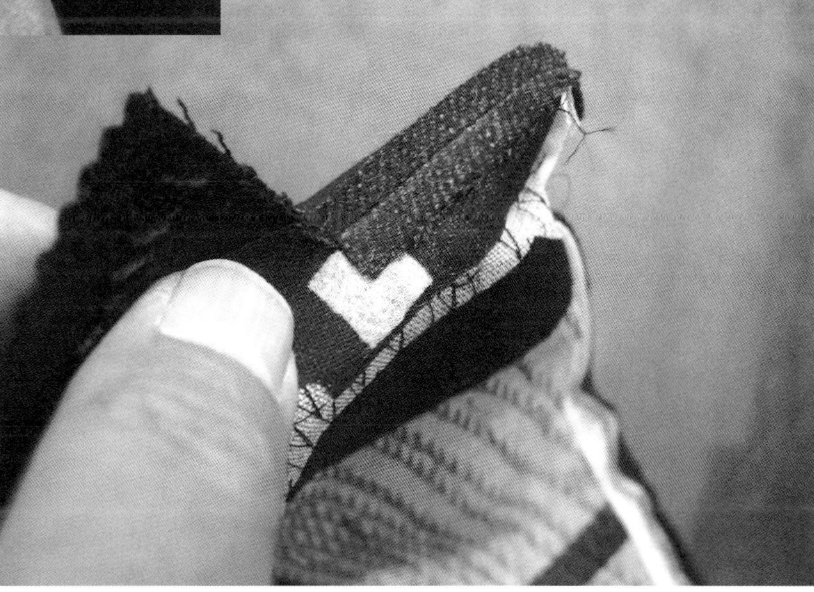

7. Das Sakko nach seiner Fasson: Schneiderhandschrift an Revers und Kragen

Die Fasson eines Sakkos ist nicht Produkt eines augenblicklichen Einfalls, sondern wird aus stilistischen Erwägungen heraus geboren. In ihr präzisieren sich die unterschiedlichsten Ansprüche und Ideen des Sakkomodells und des Schneiders. Revers und Kragen bilden so ein markantes Sprachmittel der Differenzierung, und die Bekanntschaft, die man mit dieser oder jener Sakkofasson macht, spricht über die angewandte Kunst des Schneiders, seine wortlose Handschrift an Revers und Kragen dem Träger wie Betrachter zum ästhetischen Genuß zu formen.

Der perfekt gestaltete Kragen und das flach liegende Revers bilden noch immer das charakteristische Element des modernen Sakkos. Kragen und Revers sind heute für beide Geschlechter universell üblich und dadurch fast unsichtbar geworden. Die *Kunst der Fasson* ist jedenfalls unsichtbar.

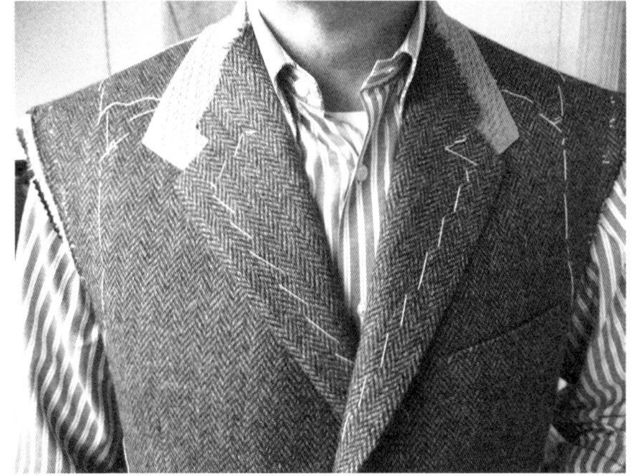

Unter der Bezeichnung „Fassonieren" versteht man in Fachkreisen im besonderen die äußere Gestaltung des Revers und Kragens. Das Fassonieren als Zurechtschneiden der Fasson hat auf das äußere Erscheinungsbild des Kleidungsstückes großen Einfluß. Es verlangt neben der Geschicklichkeit in der Verarbeitung einen persönlichen Schönheitssinn, aus dem man schöp-

Ruhige Lage des Unterkragens, von oben und hinten gesehen. © Modelle: A. Konsal

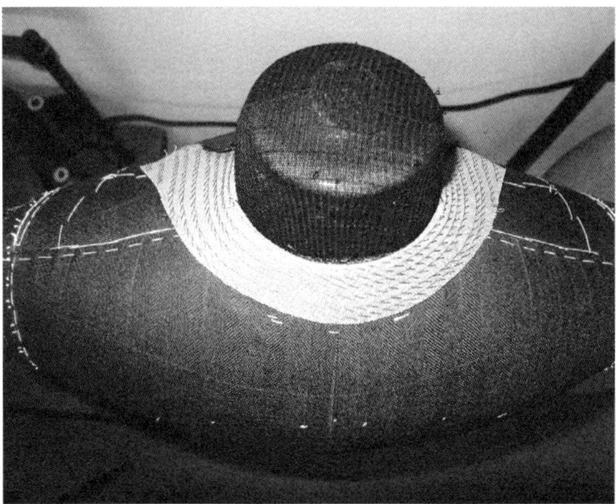

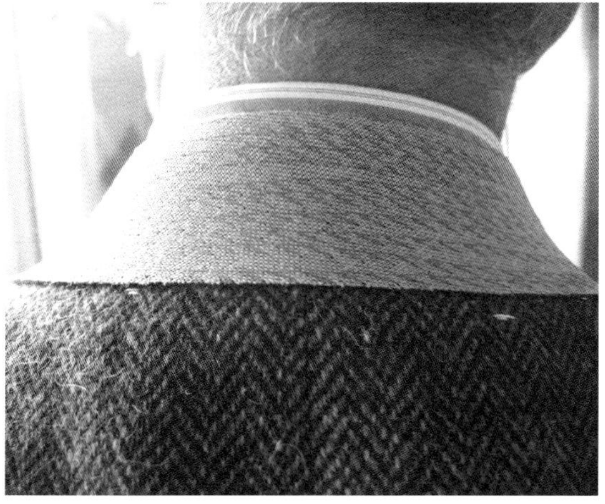

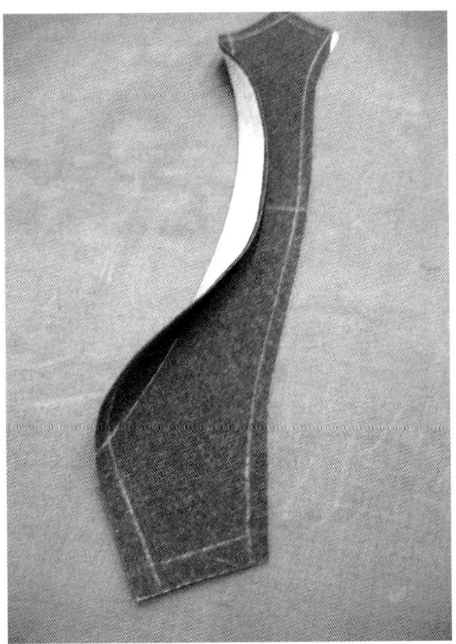

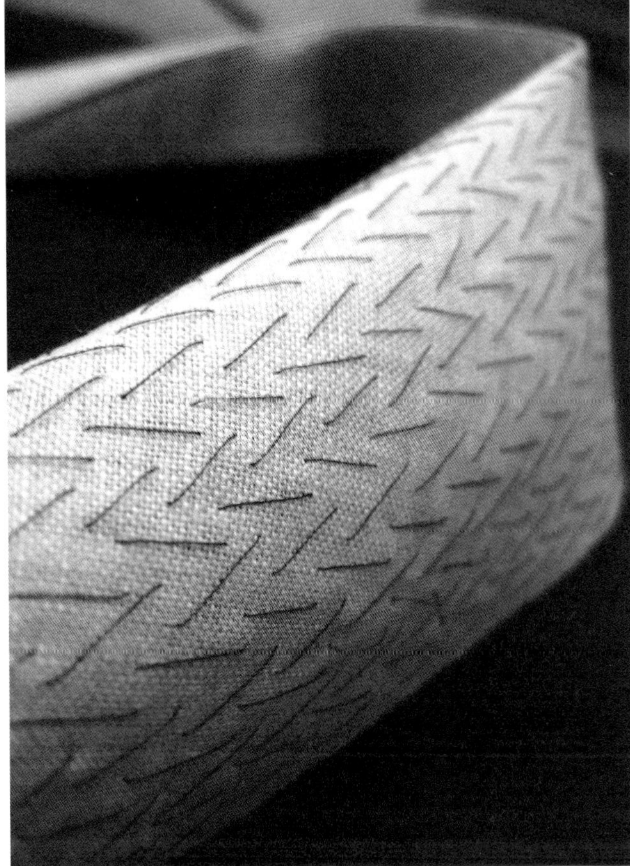

Links: Rückwärtig umgebügelter Kragenbruch vor dem ersten Aufheften. Rechts: Handpikierter Unterkragen. © Modell: R. Sprenger.

fen, den man jedoch nur schwer „erlernen“ kann. Dementsprechend gibt es nur allgemein gehaltene Regeln und Konstruktionsanleitungen. Eine mustergültige Fasson trägt dadurch immer die Handschrift des Schneidermeisters. Für die formvollendete Wirkung der Fasson übernimmt der Kragen die Hauptrolle, da er die gesamte Fasson in Ordnung hält. Der sogenannte Kragenzug wird durch den Kragen bewirkt. Deshalb ist ein richtig konstruierter und zum Halsloch passender Kragen die Grundbedingung für eine bildschöne Fasson.

Der Kragen des Sakkos besteht aus dem Oberkragen (Sakkostoff) und einem Filzunterkragen, der auf geleimtes Kragenleinen aufgearbeitet ist. Der Unterkragen leistet einen wesentlichen Beitrag zur Paßform des gesamten Sakkos. Sehr ungünstig beeinflußt ein zu kurzer Unterkragen die gesamte Balance des Stückes; auch die Schulterpartie kann durch einen schlecht sitzenden Unterkragen beeinträchtigt werden. Durch eine exakte Kragenverarbeitung lassen sich viele Paßformfehler vermeiden. Der Unterkragen darf auf keinen Fall zu kurz aufgesetzt sein, da sich der Halsring und die Lage der Halsspitze dadurch erheblich verändern und Fehler in der Balance sowie Schrägzüge verursachen können.

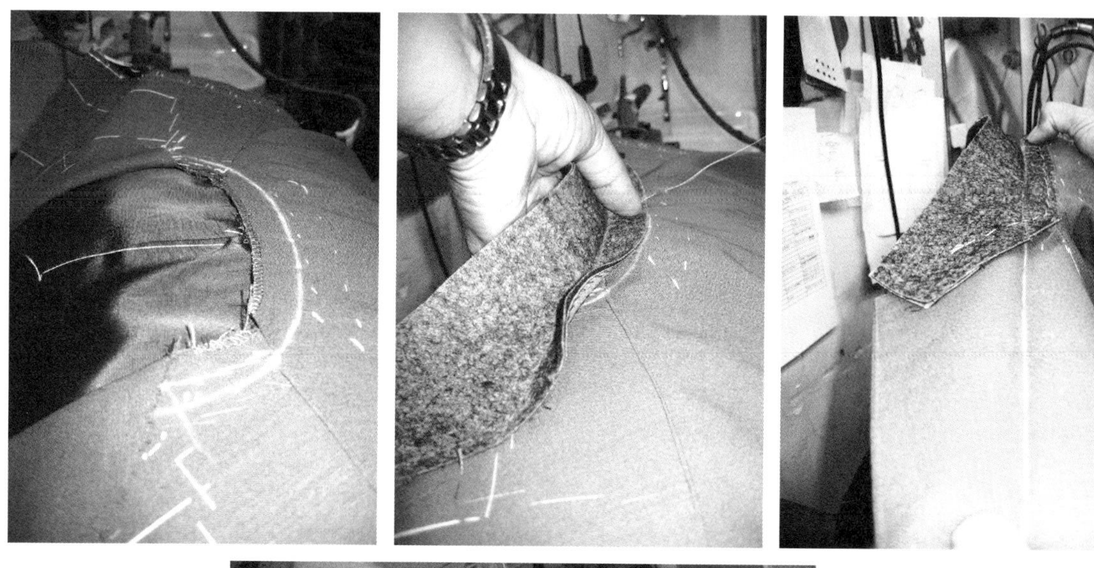

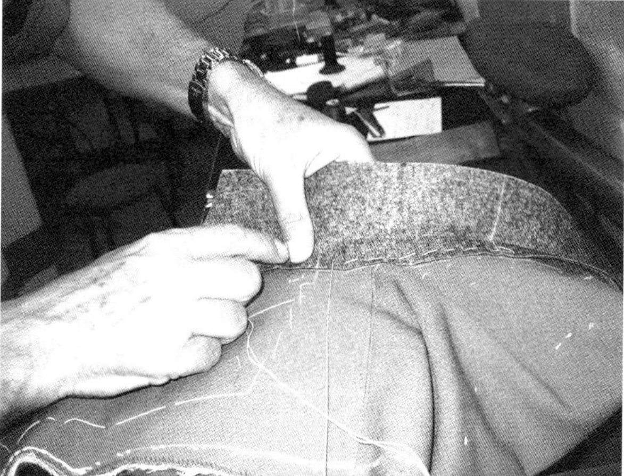

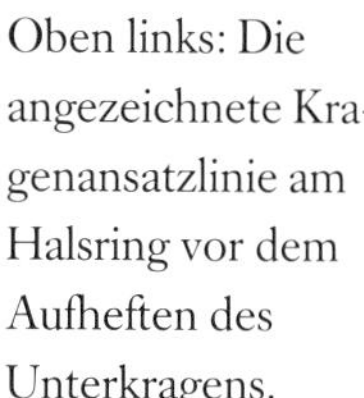

Oben links: Die angezeichnete Kragenansatzlinie am Halsring vor dem Aufheften des Unterkragens.

Bereits zur ersten Anprobe wird der Unterkragen präpariert. Der spätere Kragenbruch wird durchgesteppt und bildet dadurch eine feste Verbindung von Kragenleinen und Filz. Krageneinlage und Kragenfilz werden durch Pikierstiche von Hand oder mit der Maschine verbunden. Pikierstiche sind auch hier notwendig, um einen formbeständigen, aber elastischen Kragen herzustellen. Der Unterkragen muß so pikiert werden, daß das Leinen an Länge gewinnt und der Filz von der Umbruchlinie zum Halsansatz und zur Kragenaußenkante gestrichen wird. Damit legt sich der Kragen entlang des Bruches ohne Stauchungen ungezwungen um. Nach dem Schließen der Schulternähte am eingefütterten Sakko wird der bei der Anprobe geprüfte Sitz des Unterkragens angezeichnet, indem man das Halsloch als

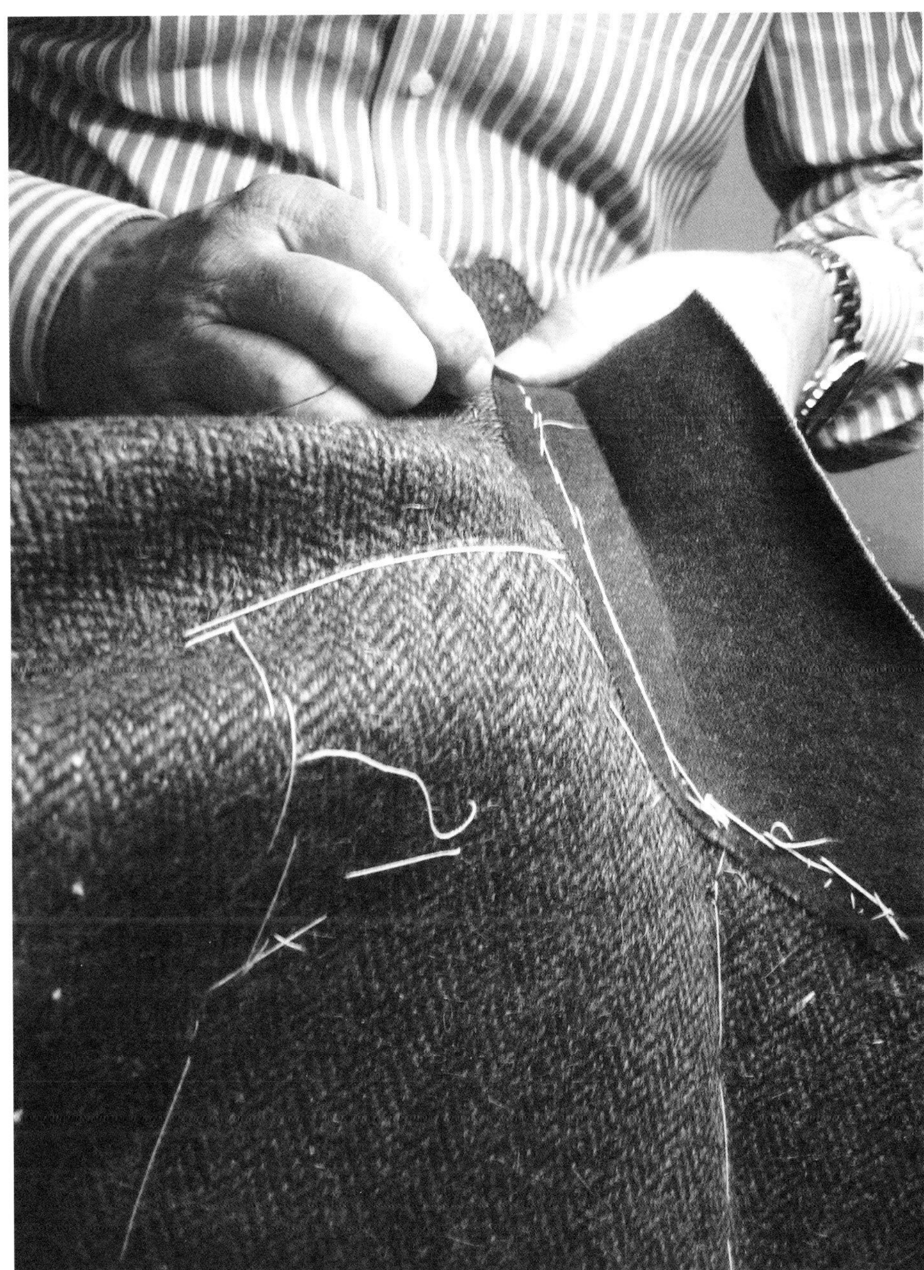

Kragenansatzlinie mit Kreide markiert. Das Aufheften des Unterkragens muß mit höchster Sorgfalt geschehen. Die Kragenansetzzeichen an der Schulterlinie und der Fassonumbruchlinie müssen genau übereinstimmen. Mit dem Aufheften wird in der rückwärtigen Mitte begonnen. Die linke Hand faßt das Sakko dabei entlang des

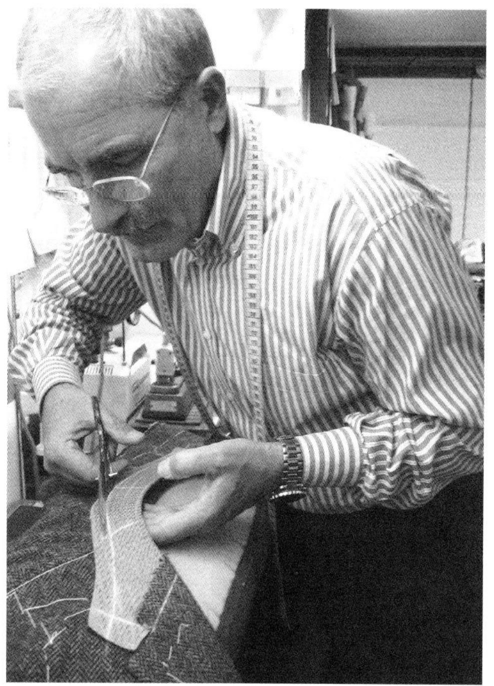

Halslochs und richtet den Einschlag behutsam auf, so daß der Unterkragen ohne Spannung festgeheftet wird.

Von der Halsspitze an muß die Umbruchlinie des Unterkragens und des Revers völlig geradlinig verlaufen. Der frontgerechte Kragenzug wird über dem Bügelpolster kontrolliert.

Die richtige Form wird dem Unterkragen erst gegeben, nachdem er auf den angezeichneten Halsring geheftet wurde. Der Schneider bestimmt die Form des Kragens nach genauer Kenntnis der Körperhaltung und Halsstellung. Aufrechte Figuren brauchen einen ziemlich gerade

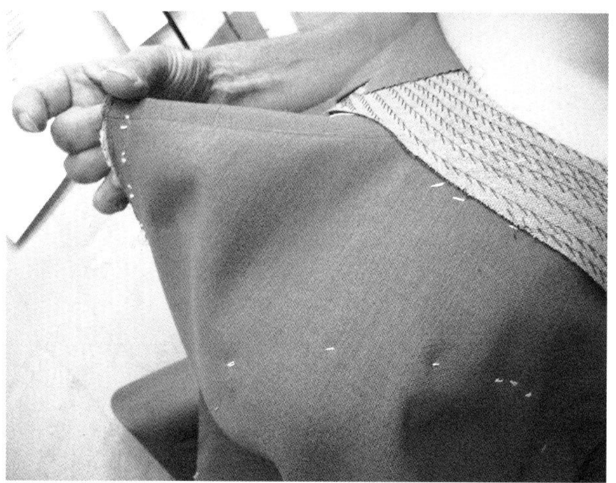

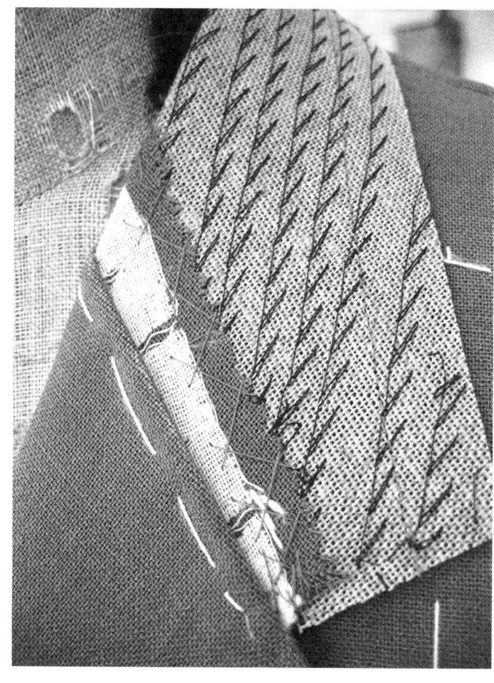

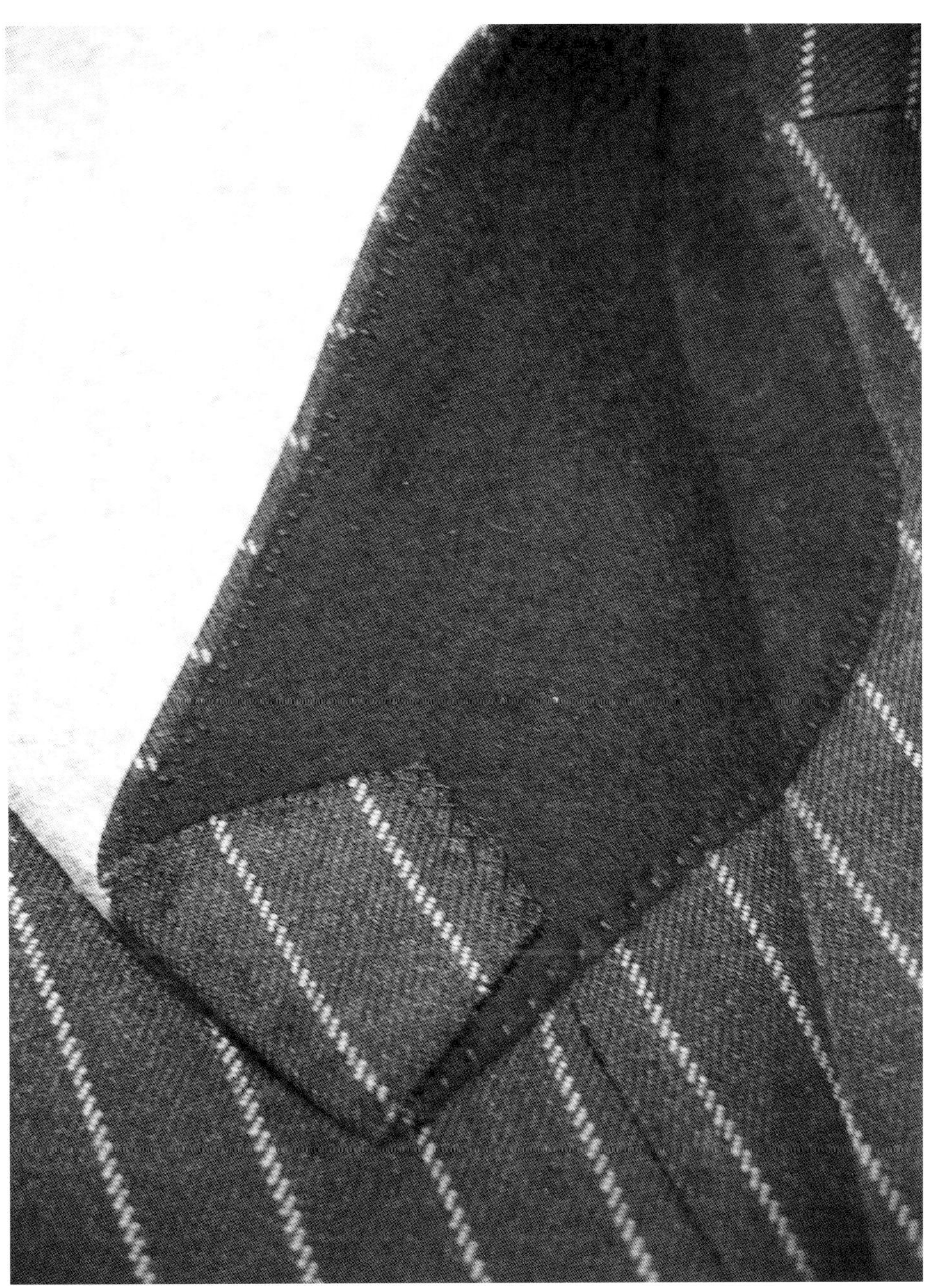

Der fertige Sakkokragen, von der Unterkragenseite her betrachtet.

dressierten, vorgeneigte Figuren einen runden Unterkragen. Auch die wahlweise ansteigende oder flache Positionierung des Kragens am Halsring verlangt nach unterschiedlich dressierten Kragenformen.

Der Unterkragen wird in seiner endgültig zurechtgeschnittenen Form von Hand an das Halsloch „angestoßen". Der Kragensteg wird anschließend am Vorderteil auf der Fronteinlage und am Rücken auf dem Rückenfutter und der dazwischenliegenden rückwärtigen Halslochsicherung mit Kreuzstichen zusätzlich befestigt.

Der angestoßene, formgebügelte Unterkragen erhält beim anschließenden Fassonieren seine endgültige Gestalt. Seine Form wird mit Hilfe einer Schablone und nach dem Schönheitssinn des Schneiders mit Kreide auf dem Kragenleinen angezeichnet und dann zurechtgeschnitten.

Der Revers- und Kragenbruch wird auf dem Bügelpolster gebügelt. Der ungebrochene, harmonische Verlauf der Fassonumbruchlinie und der Kragen werden in bügelwarmem Zustand an der Schneiderbüste kontrolliert und, wenn nötig, etwas nachgeformt.

Der Unterkragen darf nach dem Formbügeln weder an seiner Außenkante noch entlang des Kragenbruchs „Länge" aufweisen. Er muß völlig spannungsfrei an Hals und Schulter anliegen. Die Kontrolle der Paßgenauigkeit des Unterkragens kann nur an einer Büste vorgenommen werden. Der Unterkragen ist fassoniert, das Revers entlang der Spiegelnaht umgeheftet.

Vor dem Verstürzen des Oberkragens wird das Kragenleinen etwa einen Millimeter zurückgeschnitten, damit die harten Gewebefäden des Leinens an der Kragenaußenkante nicht durchstoßen. Der Oberkragen erhält durch Dressur die gleiche Form wie der Unterkragen.[24] Die Kragenaußenkante soll fadengerade in Entsprechung zum Schußfadenlauf dressiert sein. Der fassonierte Unterkragen wird durch eine locker geführte Zickzacknaht mit dem formdressierten Oberkragen entlang der Außenkante „verstürzt". Beim Festheften des Oberkragens ist besonders darauf zu achten, daß dieser an der Kragenecke und entlang der Spiegelnaht nicht spannt, um ein späteres Abstehen des Kragens zu vermeiden.

24 Nur wenige Materialien „verweigern" sich der Dressur und verlangen nach einem formgeschnittenen, zweiteiligen Oberkragen, der undressiert verarbeitet wird.

8. Eine gewonnene Partie: Die hohle Schulter

Die Verarbeitung der Achsel gilt in der Herrenschneiderei als ein – bei übereinstimmender modischer Zielsetzung – umstrittenes Verarbeitungsgebiet. Die persönliche Erfahrung des Schneiders prägt die Gestaltung der Schulterpartie, die dem Träger ein luxuriöses, (un)sichtbares Wohlbehagen schenken soll, wenn das Sakko perfekt auf dessen Schultern ruht.

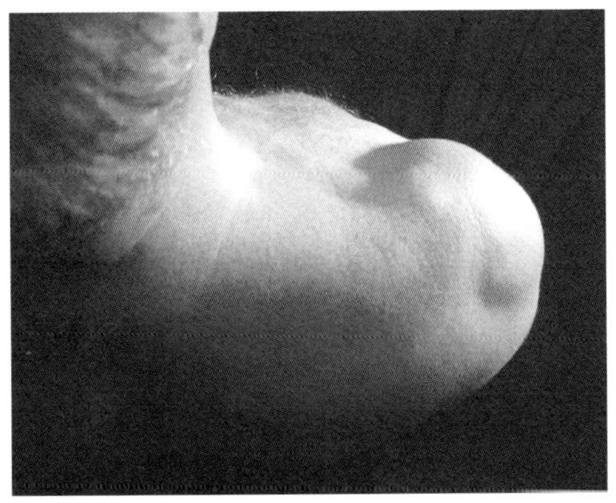

Rundrücken und natürliche Schulterhohlung.

Die gesamte Schulterpartie ist eine für den Schneider äußerst bedeutsame Körperpartie. Der Achselstellung, der Achselverarbeitung und dem Achselsitz wird eine weitreichende Bedeutung für die Gesamtpaßform des Sakkos beigemessen. Die bekleidungstechnische Herausforderung erwächst aus der Hohlung des Körpers, die bei natürlicher Haltung von der Achselmitte nach vorne gelagert ist. Neben den anatomischen Vorgaben stellt auch der modische Wechsel unterschiedlichste Anforderungen an die Schulterausarbeitung: Schmale und breite, runde und eckige, hohe und natürlich fallende, geschweifte und gerade Schultern verlangen – unabhängig vom individuellen Paßformanspruch – nach unterschiedlichen Arbeitsmethoden.

Eine häufig bei Sakkos auftretender, fataler Paßformmangel ist die unschöne Faltenbildung an der Front von der Halsspitze zur Ärmelnaht hin. Die Schulterpartie erscheint unruhig und führt zu einem unbequemen Tragegefühl, das der Kunde intuitiv wahrnimmt. Fehlerhafte Schulterpartien machen sich durch einen erheblichen Druck auf den Schultern bemerkbar und lassen das Gewicht des Stückes unangenehm spüren, weil das Teil auf dem Schultergelenk zu fest aufliegt. Eine angenehme, bekleidungstechnisch einwandfreie Schulterpartie ist hingegen kaum spürbar, da das Sakko im ersten Drittel der Schulterlinie am Halsansatz (etwa in Hosenträgerlinie) getragen wird.

Mehrere Ursachen kommen bei der Fehleranalyse in Betracht: Der Halsring im Rücken ist zu klein, die Schulter abgesperrt, der Kragen zu kurz aufgesetzt oder die Halsspitze[25] falsch positioniert. Häufig jedoch liegt der Fehler in einer mangelnden Anhalteweite der Schulter im Sakkorücken. Auch eine ausgezerrte Schulternaht kann Ursache dafür sein, daß die gesamte Schulterpartie ein gestörtes Gesamtbild der Front bewirkt. Die im Vorderteil für den Schulterknochen erforderliche Bewegungslänge

25 Ein Drehen des Vorderteils zum Hals könnte in diesem Falle Abhilfe schaffen. Die Halsspitze des Vorderteils wird durch die Verschiebung höher gestellt.

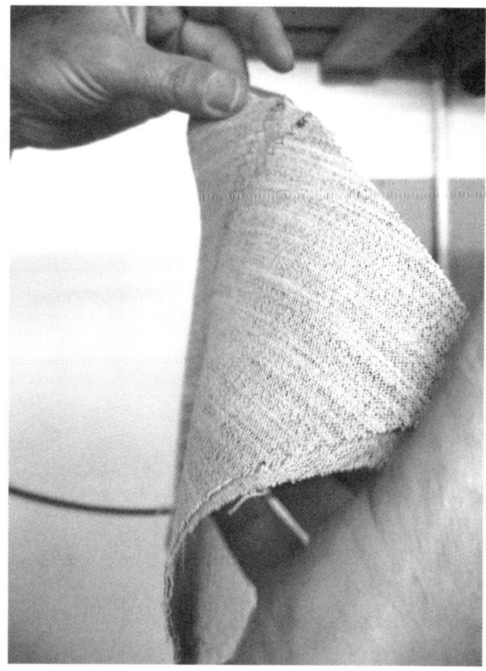

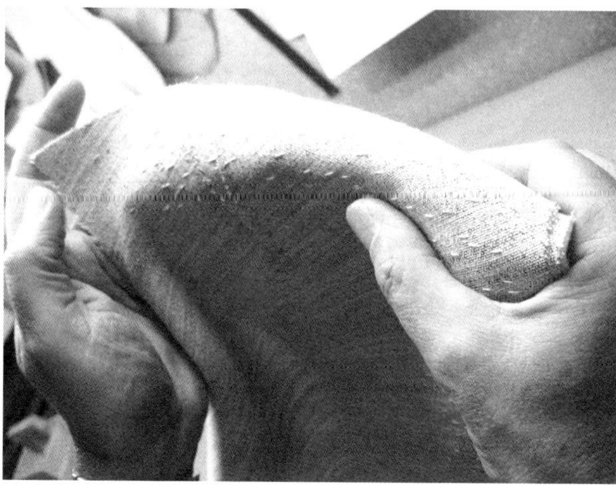

im Übergangsbereich von vorderer Schulter und Ärmel bedarf einer hohlen Ausarbeitung, die sich wiederum auf eine exakte Gestaltung des Unterbaus stützt.

Bereits im Aufbau der Roßhaareinlage muß das Grundgerüst geschaffen werden, das den Übergang von Brust- und Schulterpartie harmonisch und ohne Spannung in der notwendigen hohlen Form hält.

Durch einen eingesetzten Keil oder einen Abnäher von der Schulter zur Brust kann die erforderliche Länge für den Schulterknochen in die Einlage gearbeitet werden. Auch der Plack ist für diese Hohlung mäßig zu öffnen. Die zwischenliegende Schulterstütze öffnet sich in der erforderlichen Länge zum Armloch hin.

Zur Vorbereitung der ersten Anprobe wird die geheftete Schulternaht auseinander- und kurzgebügelt, nachdem Vorder- und Rückenteil über dem Bügelpolster auseinandergezogen wurden.

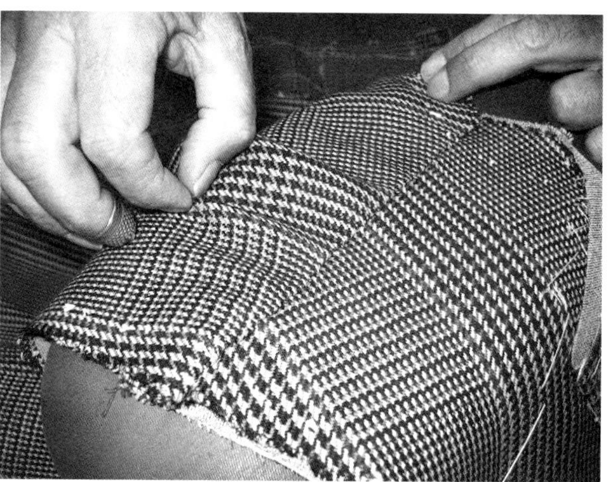

Die Schulternaht wird anschließend über das Handgelenk gelegt und vom Halsring bis zum Armloch entlang der gehefteten Schulterlinie durch Heftstiche mit der Einlage verbunden. Die

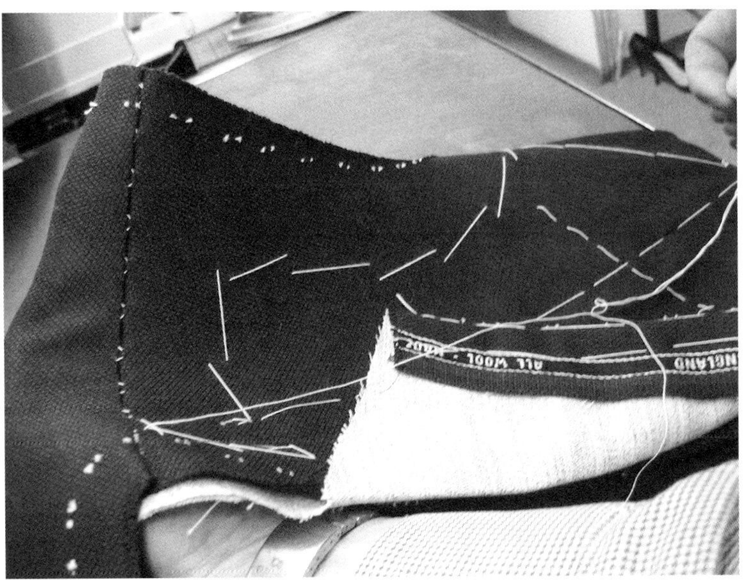

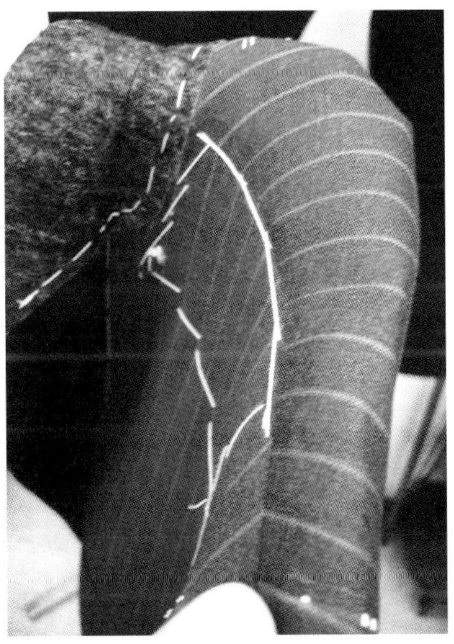

Positionierung des Schulterbereichs auf der Einlage verlangt Fingerspitzengefühl, da dieser Arbeitsschritt auf die Paßform und Balance weitreichenden Einfluß nimmt. Der Stoff ist gefühlvoll zum Halsloch hin auszustreichen und mit einigen Heftstichen entlang des vorderen Halslochs zu fixieren. Damit wird einer späteren Faltenbildung unter dem Kragen vorgebeugt.

Eine reichliche Anhalteweite der Rückenachsel gilt als Vorbedingung für die harmonische Gestaltung und den Paßformerfolg der Schulterpartie. Die einzuarbeitende Mehrweite des Rückens muß sich dabei nach dem verarbeiteten Material richten und kann daher sehr verschieden sein.

Beim Schließen der Schulternaht ist darauf zu achten, daß sich die vordere Schulter nicht ausdehnt, weil dadurch der Effekt, den eine reichliche rückwärtige Einhalteweite für die Hohlung bewirkt, wieder zunichte gemacht wird. Deshalb wird meist ein schräger, zuvor ausgebügelter Futterstreifen beim Steppen der Schulter mitgenäht. Der Hohlschulter-Effekt kann an der gesteppten, gebügelten und unterschlagenen Schulter auf dem Kleiderbügel kontrolliert werden. Die Schulterpartie dreht sich zum Armloch hin, dreht sich dabei wie von selbst nach vorne und gibt Raum für den berücksichtigten Schulterknochen.

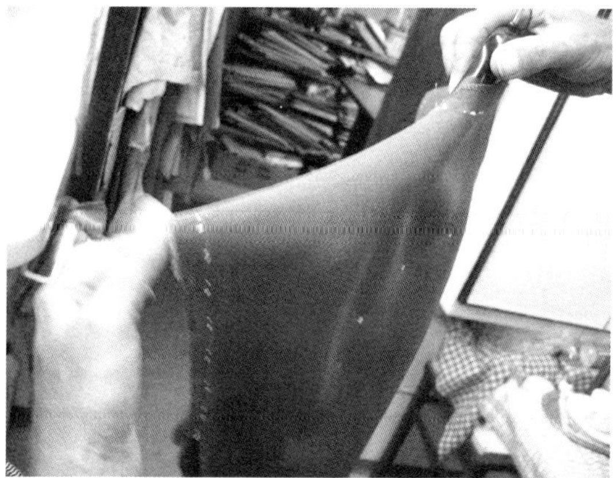

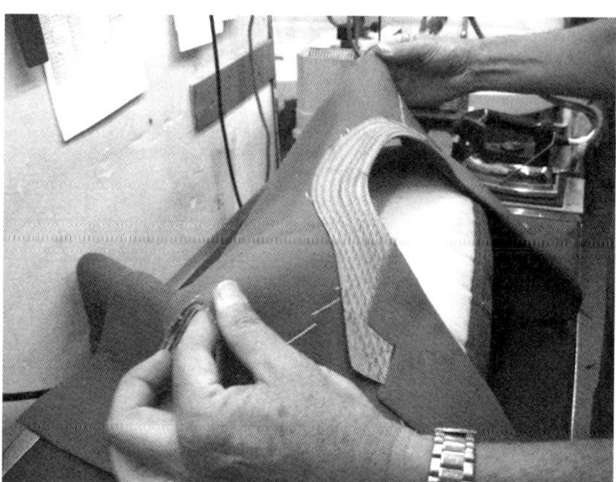

Eine Art „Elchtest" läßt Rückschlüsse auf die Qualität der Schulterausarbeitung zu: Die zwischen den beiden Armlöchern gefaßte Schulterpartie darf keine Spannungen aufweisen und bei aufgesetztem Kragen keine Züge an der Schulternaht erkennen lassen.

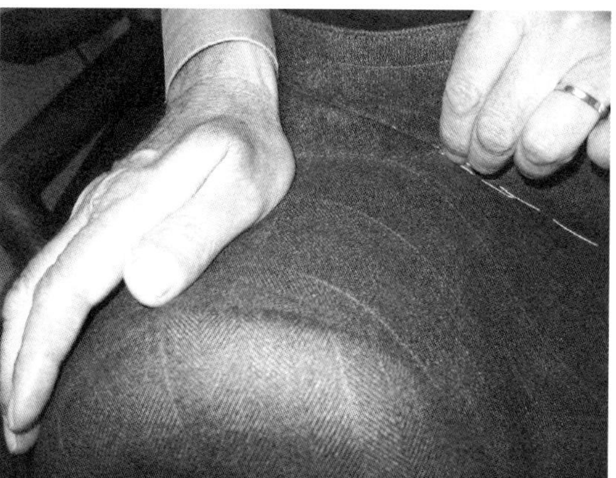

Die fertige Schulter wird über dem Bügelpolster ein letztes Mal kurzgebügelt und ergibt bei einwandfreier Ausarbeitung das harmonische Bild der korrekten, körpergerecht hohlen und spannungsfreien Form und ein luxuriöses Tragegefühl.

Harmonische Schulterlage mit tadellosem Ärmelübergang.

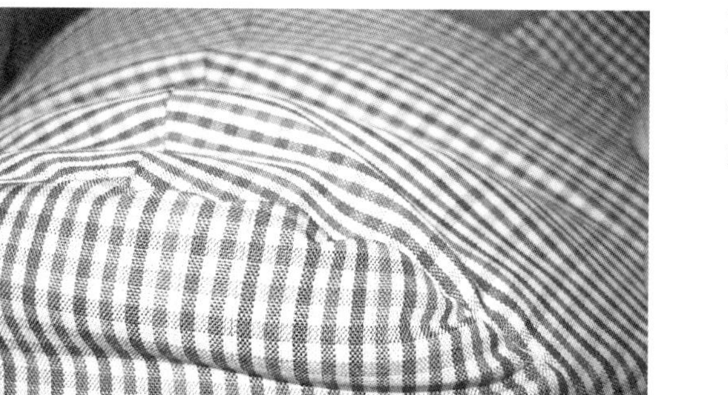

Beispiel für eine „Katastrophenschulter": Fehlende Hohlung durch fehlende Anhalteweite im Rücken. Die Schulter ist abgesperrt.

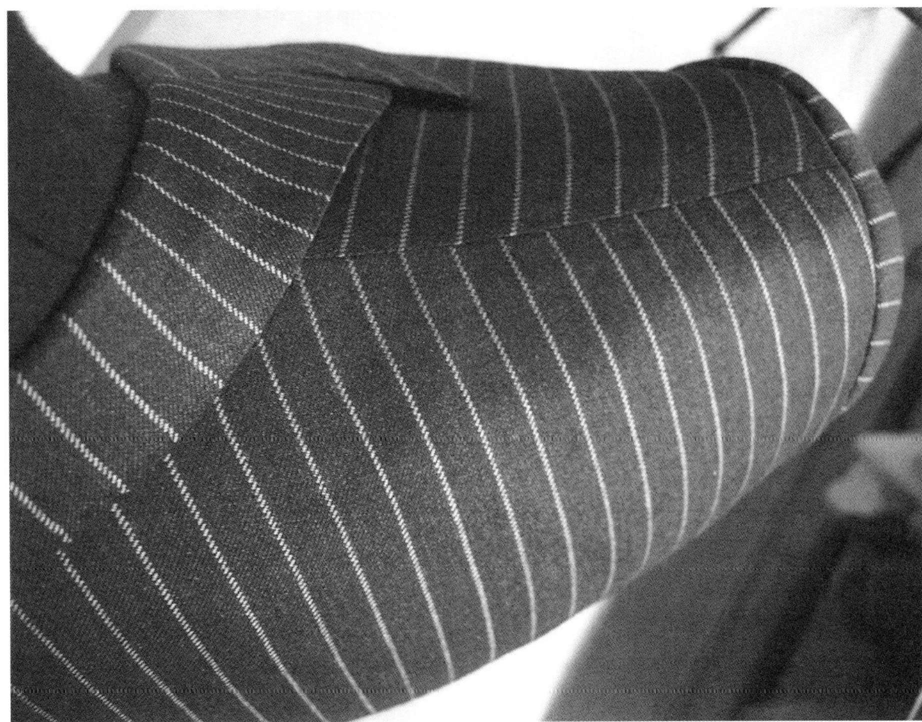

Die gemeisterte hohle Schulter. © Modell: A. Konsal.

9. Über eine schwierige Beziehung: Armloch und Ärmel

Der Ärmel wird zum Prüfstein für das wirkliche Können eines guten Schneiders: er verlangt unendlich viel Übung, Erfahrung und Wissen über das komplizierte Verhältnis, in dem Ärmel und Armloch zueinander passen. In vielen Fachbüchern wird dieses Thema als „Ärmelproblem" überschrieben. Vieles gehört zu einem paßformsicheren Ärmel: sein korrekter Fall, sein harmonisches Aussehen und das bequeme Gefühl, das er seinem Kunden vermittelt. Die Kunst, einen Ärmel tadellos in das vorbereitete Armloch einzusetzen, veranschaulicht eine Reihe von Kriterien, die die Qualität und Schwierigkeit dieses Arbeitsganges beurteilen helfen. Der gute Sitz eines Ärmels ist von enormer Bedeutung für das gesamte Kleidungsstück und verleiht ihm – zusammen mit anderen vorzüglich gestalteten Elementen – das Bild beeindruckender Eleganz.

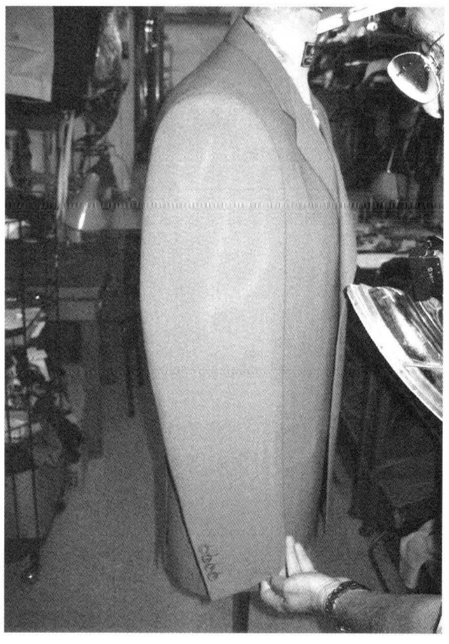

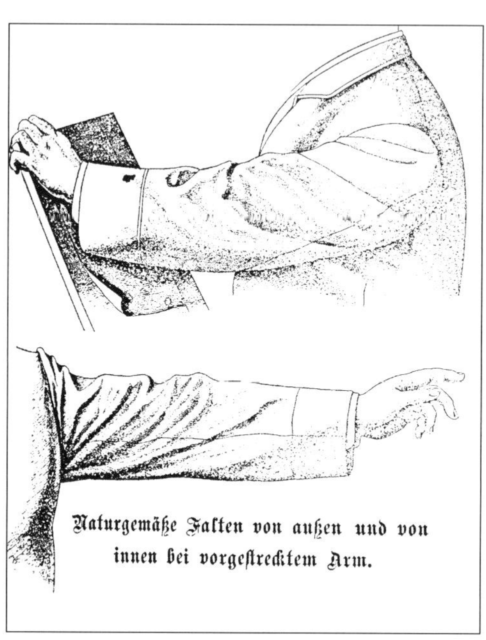

Der formvollendete Ärmel mit korrektem Fall.

Rechts: Alte Fachzeitschriften thematisieren die verbotene und naturgemäße Faltenbildung am Ärmel.

Der Sakkoärmel hat generell eine keulenähnliche Form, in Wien „Kipferlform" genannt. Der Ästhetik des modernen Sakkos entsprechend muß der zweiteilige Kugelärmel durch seinen Schnitt und die Dressur so geformt werden, daß er der natürlichen Beuge des Armes folgt, ohne Falten zu werfen. Im Lauf der schnittechnischen Entwicklung wurde die vordere Ärmelnaht um etwa drei Zentimeter nach rückwärts verlegt, um sie „unsichtbar" zu machen. Diesen ästhetischen Fortschritt erzielt man jedoch nur, indem man die aufgrund der Nahtverlegung entstandene Verkürzung der Ärmelnaht im Oberärmel durch Dressur wieder ausgleicht. Verzichtet man auf diese Dressur, so kommt es meist zu einem unruhigen Fall und einem gestörten Erscheinungsbild des Ärmels in der Seitenansicht des Sakkos.

Der Kugelärmel eines Maßsakkos verfügt über einen zwischen 4 bis 8 cm (ca. 8–10 % des Armlochumfangs) größeren Umfang als das Armloch. Diese Mehrweite des Ärmels gewährleistet einerseits seinen schönen Fall, andererseits ist er entscheidend für das zu erzielende bequeme Tragegefühl des Stücks. Die Kunst, ihn so in das Armloch einzusetzen, daß er tadellos anrollt, besteht vor allem in der korrekten Verteilung der Mehrweite des Ärmels.

Ein Sakkoärmel ist nur dann richtig eingesetzt, wenn er an der Kugel (d. h. im oberen Bereich um die Schulterlinie) glatt liegt und an der gesamten Ärmelnaht keine Falten zeigt oder Blasen wirft. Der Übergang von der Schulter zum Ärmel

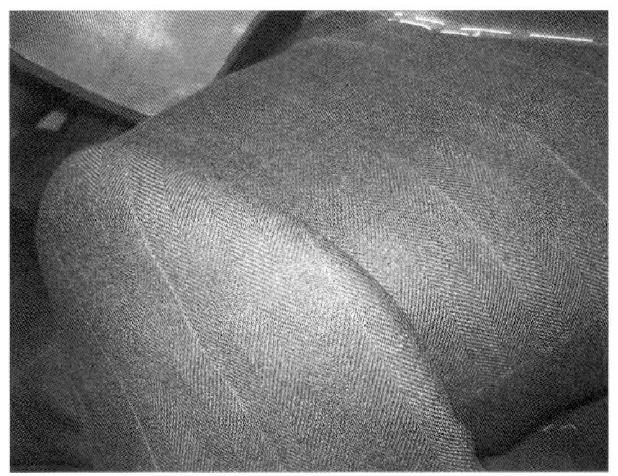

Gleichmäßiges Anrollen der Mehrweite im gesamten Kugelbereich des korrekt eingesetzten Ärmels.

muß einen harmonischen Verlauf zeigen. Der Ärmel muß sowohl im Vorder- wie im Rückenteil gleichmäßig anrollen. Die vordere Ärmelnaht darf sich nicht nach außen drehen, so daß der Ärmel glatt am Vorderteil herunterfällt. Der Ärmel muß der natürlichen, herunterhängenden Armhaltung des Trägers in solcher Weise entsprechen, daß sich keine Querfalten im Ellbogen und Vorderärmel (zu tief eingesetzt) oder Stauchungen im Bereich des Oberärmels (zu hoch eingesetzt) bilden. Nur wenn die Höhe der Armkugel mit der Armlochhöhe in Einklang steht, Ärmelweite, Armlochumfang, Armlochdurchmesser, Ärmelbreite und Armlochform harmonisch zusammenspielen, entsteht das Bild des formvollendeten Ärmels.

Eine kalkulierte Bewegungslänge im Unterärmel kann den Ärmelfall beeinflussen, ist aber notwendig für die angestrebte Bewegungsfreiheit, ebenso wie ein generell kleines, also hohes Armloch, das bei Bewegungen gewährleistet, daß nur der Ärmel der Bewegung des Armes folgt und sich nicht – wie bei konfektionierten, tief ausgestochenen Armlöchern – der gesamte Sakkorücken zusätzlich mitbewegt und ein sperrendes, unangenehmes Tragegefühl erzeugt.

Bereits zur ersten Anprobe kann ein Ärmel (üblicherweise der linke Ärmel) eingeheftet werden. Sein korrekter Fall wird mit einem Griff unter den Armlochausstich geprüft, bei dem die Front leicht nach vorn gezogen wird. Eine ausreichende

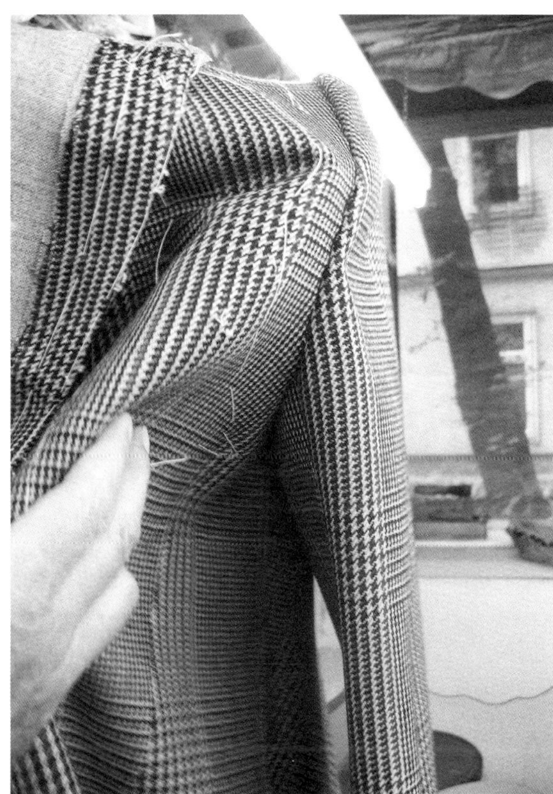

Prüfung des Ärmelfalls und der Unterärmelfülle beim Einheften zur ersten Anprobe.

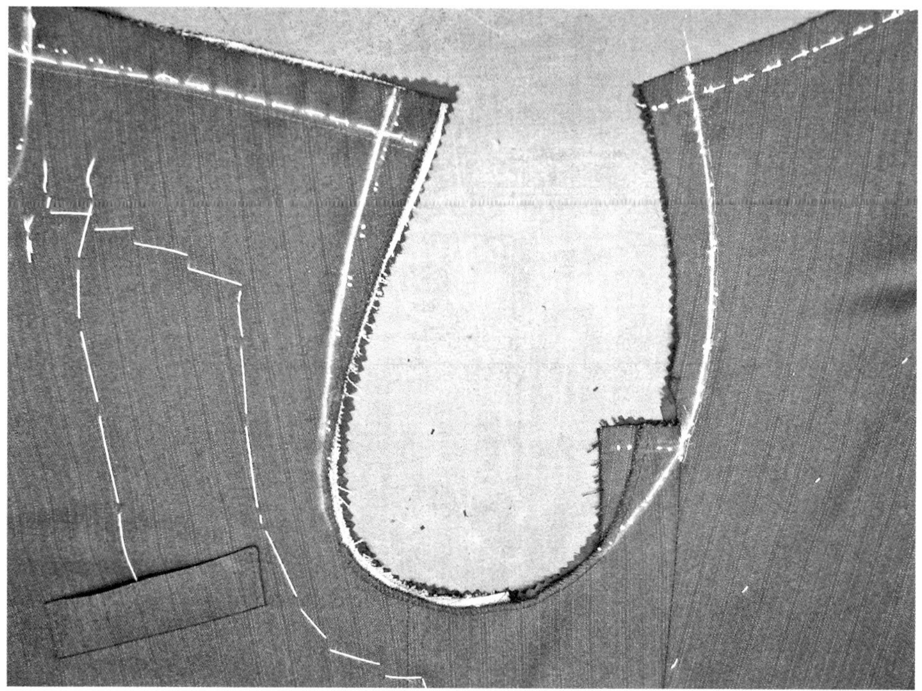

Fülle des Ärmels auch im Bereich des Unterärmels ist für den tadellosen Fall des Ärmels unerläßlich. Sie bewirkt einerseits das tadellose Gesamtbild des Ärmels, andererseits auch die geforderte Bewegungsfreiheit bei vorgestrecktem Arm.

Das sauber und formschön ausgezeichnete Armloch mit reinen Übergängen an den Nahtstellen und der reine Verlauf der Schnittkanten bilden eine weitere Voraussetzung für die gelungene Ärmelverarbeitung. Die Armlochform muß bereits vor dem Zusammensetzen der Schulter an den flach liegenden Teilen überprüft und festgelegt werden. Zu den wertvollsten Hilfsmitteln des Maßschneiders gehört dabei die Armlochschablone, die das genaue Nachzeichnen des korrekten Armlochverlaufs erleichtert. Denn unabhängig von der Schulterformation des Kunden und den nach der Anprobe eventuell notwendigen Änderungen muß die Form des Armlochs gleich bleiben. Bei geschlossener Schulternaht wird der Verlauf des Armlochs über der Büste kontrolliert. Der korrekte Armlochverlauf wird mit Kreide angezeichnet.

Das Armloch muß mit Rückstichen gesichert werden, um den guten Schluß im Armloch mitzubewirken und ein Ausdehnen des Armlochs während der Verarbeitung und des Tragens zu verhindern.

Die üblichen Ärmeleinsetzzeichen markieren die „normale“ Stellung des Ärmels im vorbereiteten Armloch. Die tatsächliche Ärmelposition wird bei der Anprobe geprüft und markiert. Das Einheften des Ärmels erfolgt vom vorderen

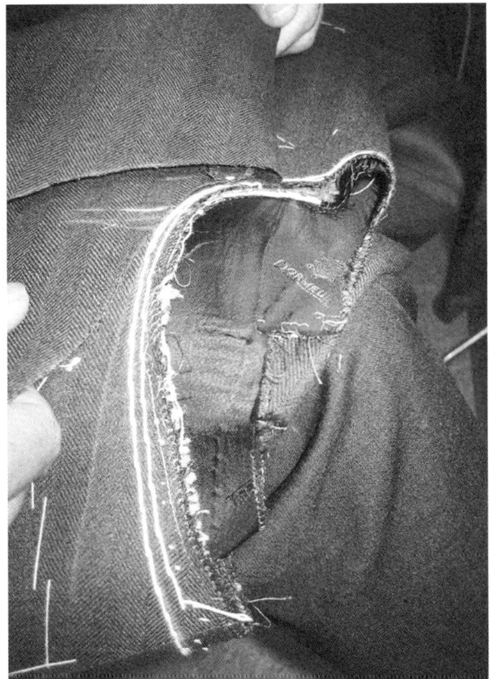

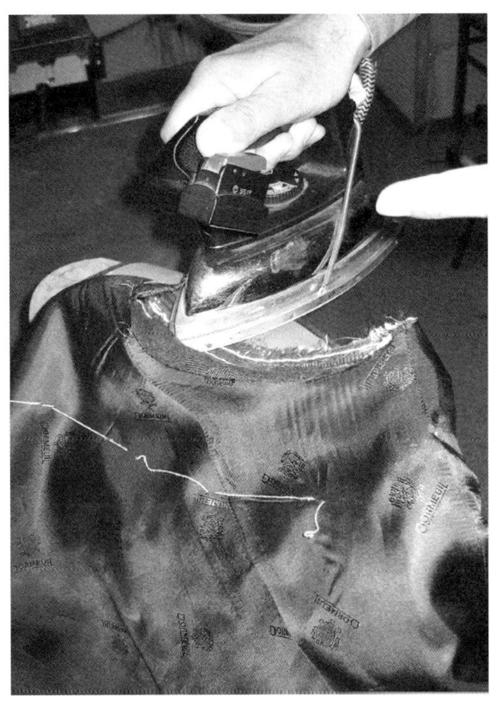

Links: Anlegen des Ärmels zum Einheften.
Rechts: Bügeln der gehefteten Armlochnaht.

Einsetzzeichen beginnend und kann von außen durchgeführt werden, was eine erste Kontrolle des Ärmelfalls erleichtert. Der Ärmel wird doppelt eingeheftet, zuerst „grob" mit der Verteilung der Einhalteweite an den richtigen Stellen, dann „fein", um ein Verschieben der verteilten Weite beim anschließenden Einnähen zu verhindern und gegebenenfalls kleine Unebenheiten im Nahtverlauf zu korrigieren.

Der Bereich der Armkugel kann unterschiedlich verarbeitet werden. Die klassisch-englische Schulterlinie erhält man durch einen Schrägstreifen aus Steifleinen, der beim Einnähen des Ärmels an der Kugel mitgenäht wird. Er dient der Ausarbeitung eines runden Übergangs von Schulter- und Ärmelpartie, der die Ärmelnaht an der Kugel wie ausgebügelt und flach erscheinen läßt. Scharf konturierte Übergänge von Schulter und Ärmel, so die hohe italienische Schulter-

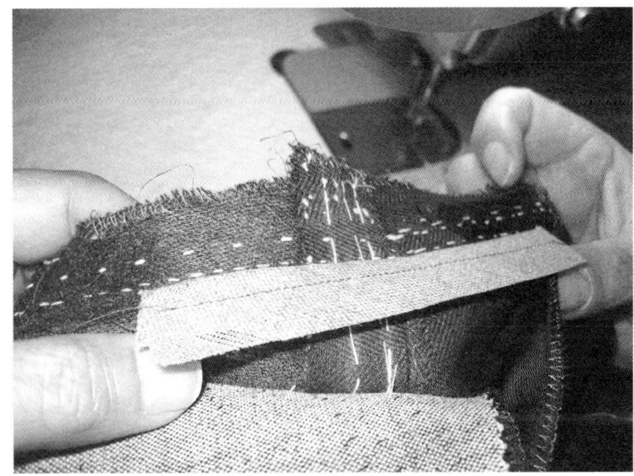

linie, verzichten meist auf diesen Streifen und zeigen dann ein „Gupferl", bei dem der Übergang deutlicher sichtbar wird, weil die Ärmelnaht in den Ärmel gelegt wird und ohne Streifen füllig anrollt.

Nach dem sorgfältigen Anbringen der Ärmelfische muß der Ärmel und die Lagen, die der Abstützung der Kugelpartie dienen, in Form gezogen werden. Dies geschieht mit viel Kraft und Gefühl in einem „Gewaltakt", bei dem der Ärmel und die Schulterpartie, von innen mit der Hand abgestützt, gegen das Kinn gedrückt werden, während der Ärmel mit der zweiten Hand fest nach unten gezogen wird. Die Wattierung der Kugel legt sich dabei in seine angestrebte, ausgewogene Form.

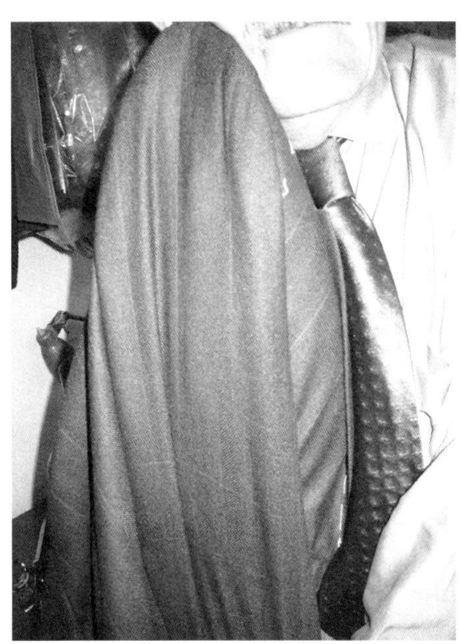

Nach der Kontrolle des Ärmelfalls wird das Armloch angeschlagen: vom Armlochausstich wird das Vorderteil entlang des vorderen Armlochs bis zur Schulter auf die darunterliegende Einlage geheftet. Durch dieses Heften wird die endgültige Verbindung des Armlochs mit der Sakkofront festgelegt. Das Armloch darf dabei nicht verzogen

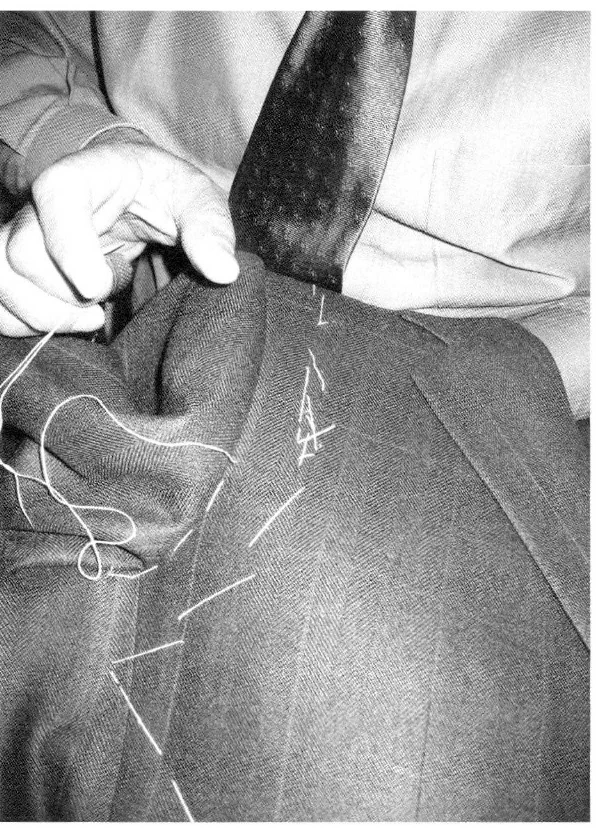

Das Anschlagen des Armlochs.

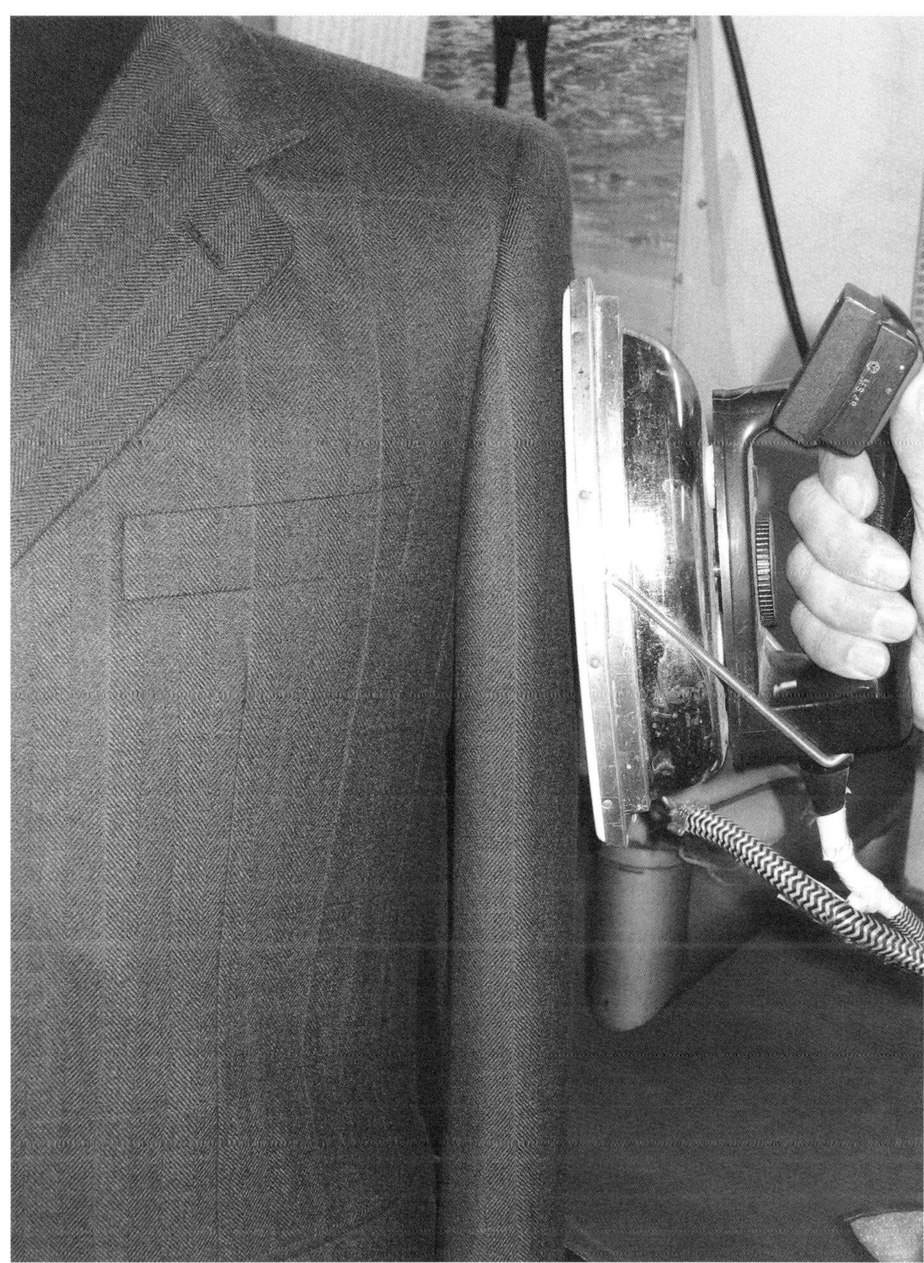

Der formvollendete Ärmel in seiner Vorderansicht beim Endbügeln des Sakkos. © Modell: A. Konsal.

werden. Beim Anschlagen schieben die Finger der linken Hand die Armlochnaht in den Ärmel, während die Finger der rechten Hand die Naht entlang des eingesetzten Ärmels behutsam nach oben Richtung Schulternaht ausstreichen und auf dem Vorderteil festheften.

10. Von hinten besehen: Der tadellose Rücken

Das zurückhaltende Erscheinungsbild des Rückenteils soll sich vor allem durch seine Glätte auszeichnen. Zur Erzielung der erforderlichen Bequemlichkeit des modernen Sakkos muß der Rücken jedoch über ausreichend Weite verfügen. Diese Weite muß sich in der natürlichen Haltung des Kunden, d. h. im Stehen mit herabhängenden Armen, in Schulterhöhe als Rollfalte über den Ärmelansatz legen. Dieses „Anrollen" läßt sich nur durch eine entsprechende Rückengestaltung erzielen. Die sogenannte Rollweite oder Rollfalte soll maximal 1,5 cm tief sein. Sie ist zugleich die einzige erlaubte Falte im Rücken eines tadellosen Sakkos.

Die richtige Lage der Schulter – grundgelegt im Zuschnitt – ist Voraussetzung für das korrekte Anrollen am Ärmelansatz. Die Dressur des Rückens, die bereits individuelle Bearbeitung zulässt, berücksichtigt die Ausformung des Rückens und der Schulter. Die Haltung des Kunden mit geneigter, aufrechter oder einseitig hängender Schulter und die Ausprägung der Schulterblätter muß durch die Dressur in den Rücken eingearbeitet werden. Auch die Stellung der Schulternaht muß angepaßt werden. Mit ihr ändert sich auch die Höhe des Armlochs. Neben der Dressur und der korrekten Bearbeitung der hohlen Schulter ist auch die Bearbeitung des Armlochs von entscheidender Bedeutung für die angestrebte Rollfalte am Rücken.

Links: Tadelloses Rückenbild. Rechts: Rollfalte über dem Ärmelansatz.

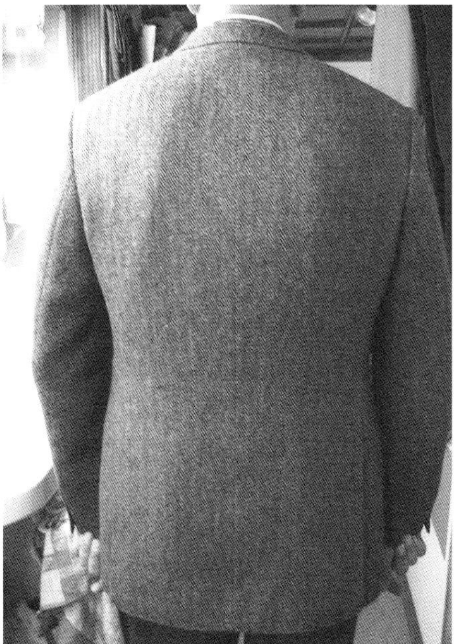

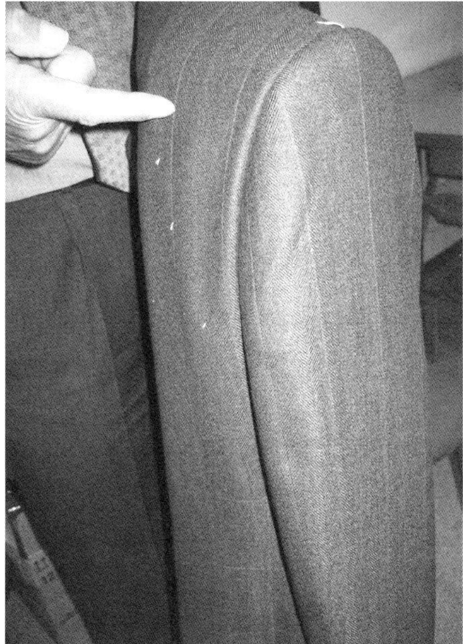

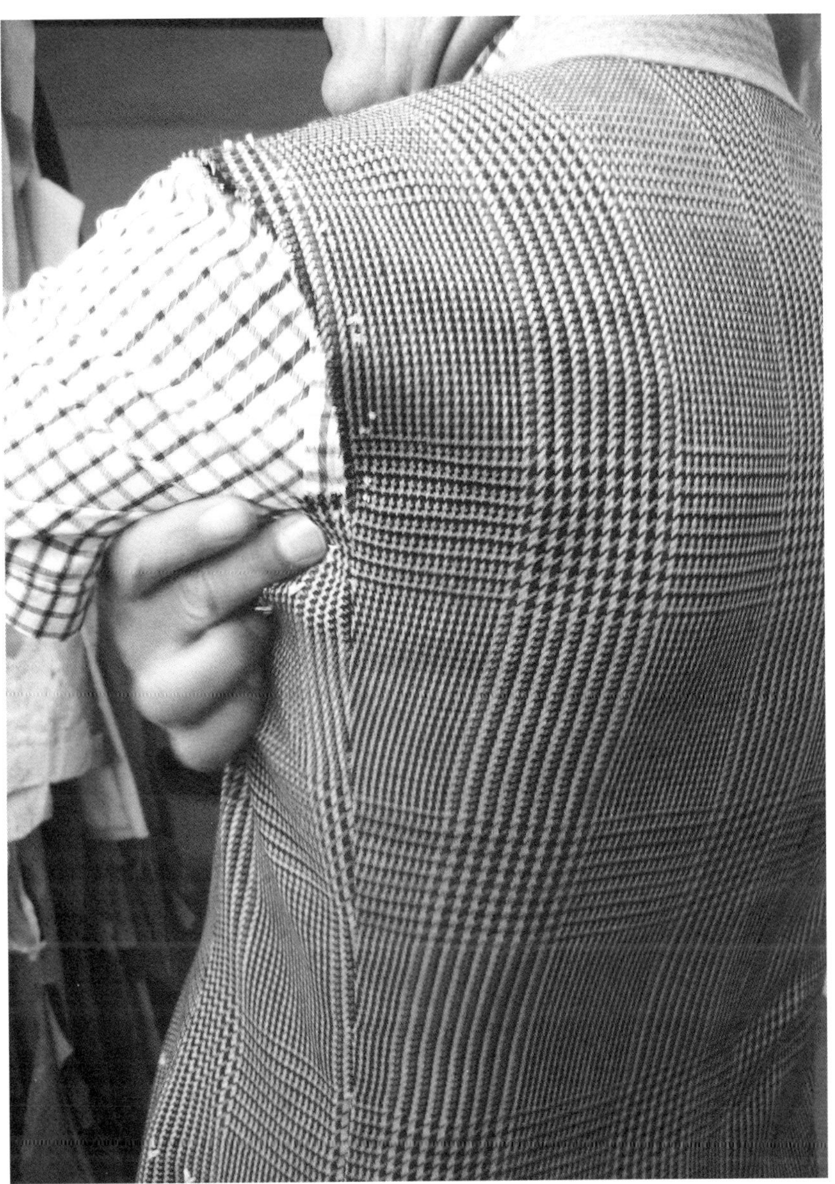

Sichtbare Länge über dem Schulterblatt und Kürze im Armloch. © Modell: A. Konsal.

Unmittelbar nach der Rückendressur werden am Armloch und im oberen Bereich der Seitennaht gerade Futterstreifen aufgesteppt, um das Armloch dauerhaft kurz zu halten. Die erforderliche Länge des Rückens über den Schulterblättern und die notwendige Kürze im Armloch gilt als Vorbedingung eines tadellosen Bildes des fertigen Rückens.

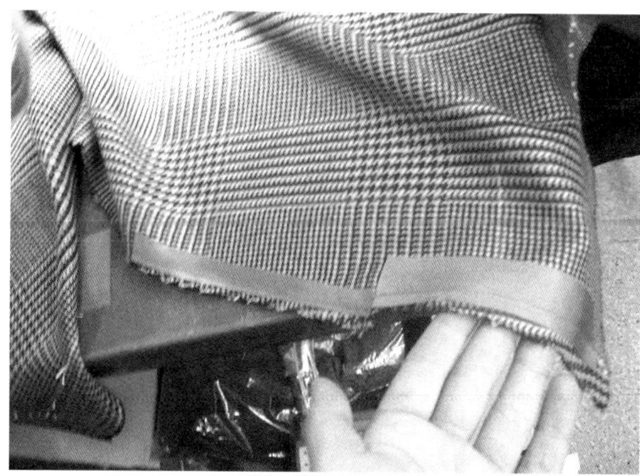

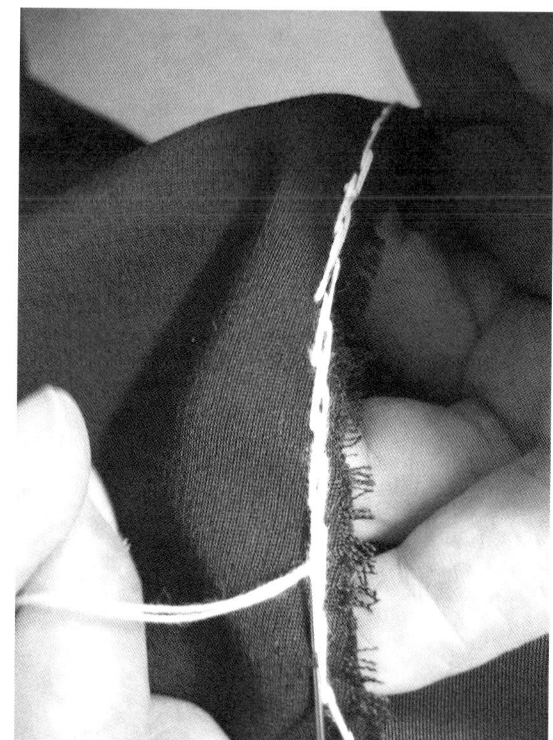

Links: Futterstreifen zur Armlochsicherung am rückwärtigen Armloch und der oberen Seitenpartie. Rechts: Rückstichreihen am rückwärtigen Armloch.

Das Armloch muß noch vor dem Einheften des Ärmels mit zwei Rückstichreihen eingezogen werden, damit es sich nicht ausdehnt und in Folge bewirkt, daß sich die Weite des Rückens in einem ausgezerrten Armloch als Länge unterhalb des Armlochs absetzt. Die Sicherung der „Kürze" im Armloch begünstigt im Umkehrschluß die geforderte Länge über dem Schulterblatt und sorgt – zusammen mit der korrekten Schulterausarbeitung – für den gelungenen Schluß unter dem Arm. Ein Deckblatt oder kleines Schulterpolster hält die erforderliche, korrekte Rückenfülle als Rollfalte dauerhaft in ihrer erwünschten Position.

11. Der letzte Akt

Nachdem das Sakko in etwa einer Stunde endgebügelt ist und alle Spuren der Bearbeitung beseitigt sind (Heftstiche, Kreidemarkierungen etc.), wird das Sakko auf die Büste gehängt und ausgekühlt. Als letzter Akt nach einem langen Weg der Verarbeitung werden die Knöpfe an der rechten Front und die Innenknöpfe an den Futtertaschen mit Knopfzwirn angenäht. Das Sakko ist fertig.

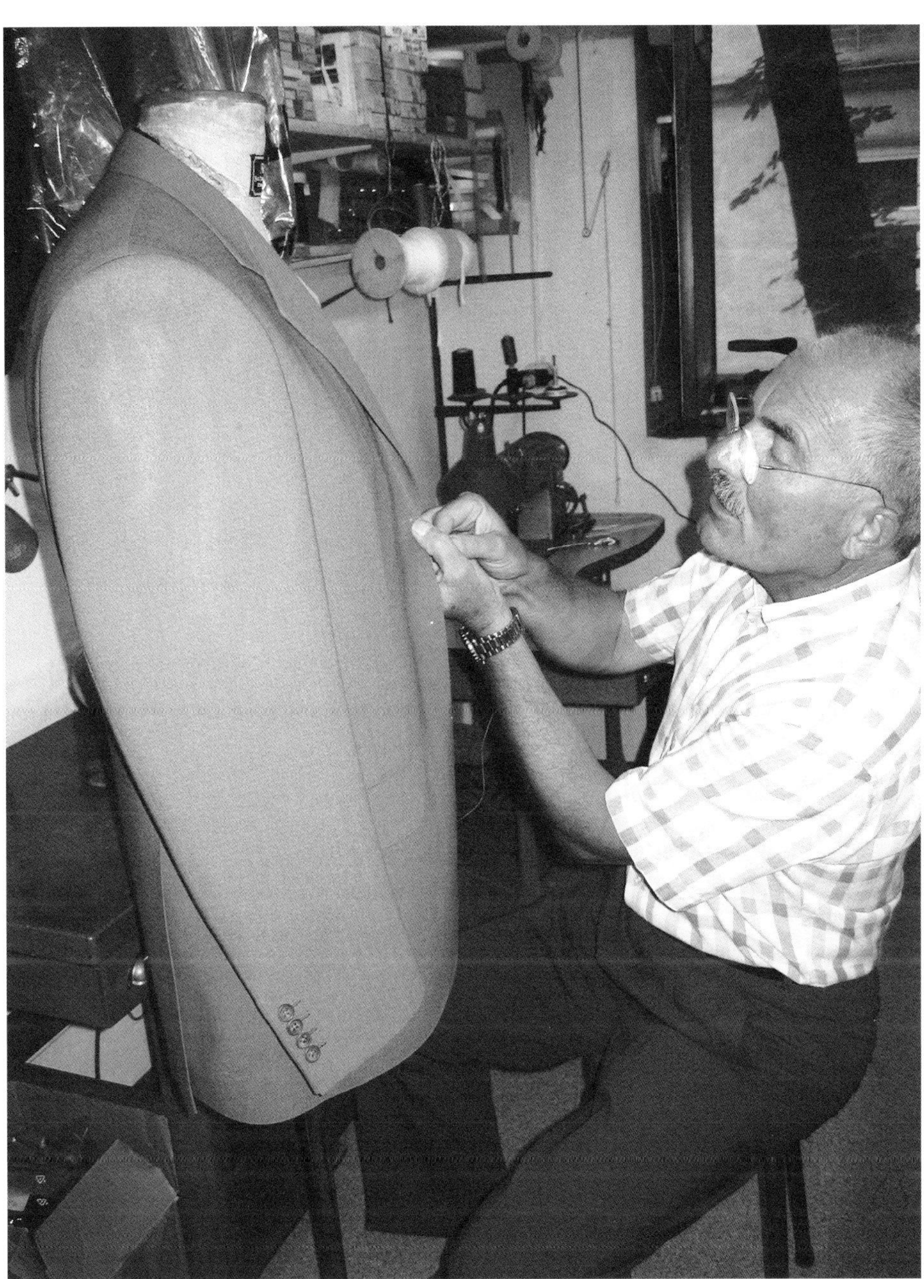

12. Anblicke: Das glückliche Los des Schneiders

„Paßt, pfeift, sitzt, hat Luft!“, sagte Alfred Konsal vor seinem fertigen Meisterstück. Es ist weit mehr als die Bewältigung aller fachlichen Herausforderungen, die absolute Glücksmomente eines Schneiders bewirken können. Im Idealfall zeigt sich die Kunst eines gelungenen Sakkos, eines Anzugs, in dem Moment, in dem der Kunde in vollendeter Eleganz vor ihm steht. Im Idealfall hat der Schneider die körperliche und damit die natürliche Identität jener Männer bewahrt, die diese Anzüge auf den Straßen der Stadt und den Schauplätzen der Welt in unauffälliger Auffälligkeit als schlichte Schönheiten in weltmännischer Eleganz tragen werden. Die gelungene Kunst des Schneiders muß die körperliche Präsenz seines Kunden unterstreichen und noch steigern. Der wirklich passende Maßanzug vermittelt dieselbe Aussage wie das Gesicht und die Geschichte des Körpers, den sie bedecken. „Anzug, Erfahrung, soziale Formation und Funktion sind eins.“[26] Einen Körper durch Bekleidung zu entstellen, zu deformieren ist leicht. Den Weg der Eleganz, ein Meisterstück gleichsam *ex nihilo*, aber immer aus bester Wolle zu schaffen, bleibt eine ernste, große, schöne und schwere Kunst, ein sich stetig wiederholender Schöpfungsakt.

26 Berger, John: Der Anzug und die Photographie. In: Berger, John: Das Leben der Bilder. Die Kunst des Sehens. Aus dem Englischen von Stephen Tree. Berlin 1981, S. 32.

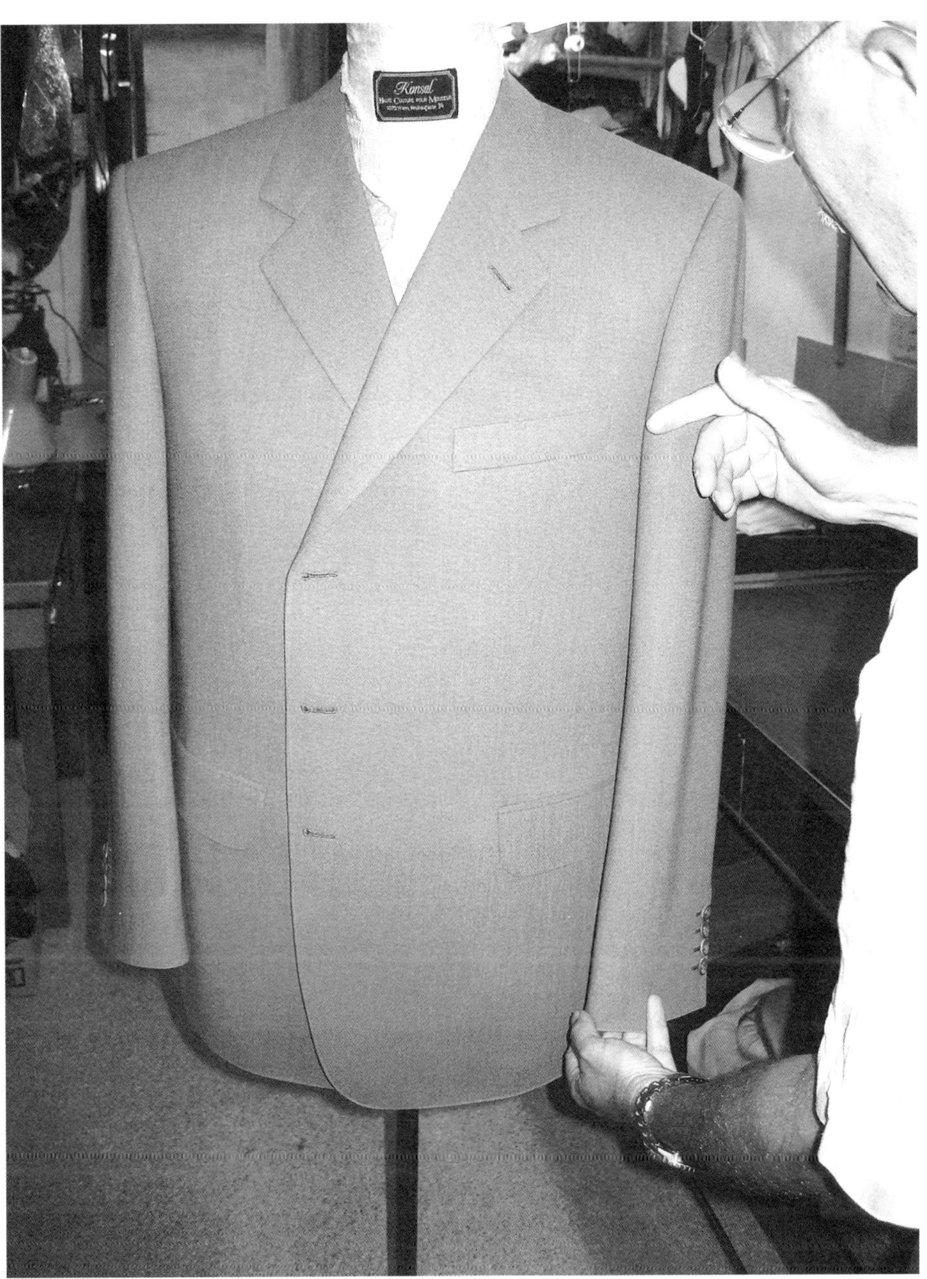

© Modell:
A. Konsal.

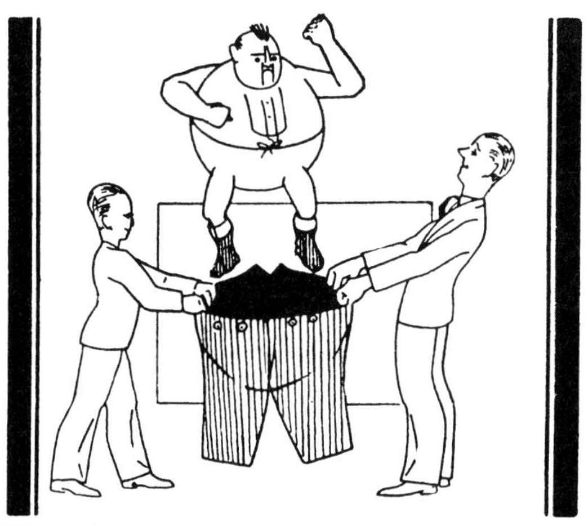

Ein Sprung in's Ungewisse

ist und bleibt die Konfektion, die das Passen zur Sache des Zufalls macht. Deshalb müßte es sich jeder zweimal überlegen, ob er nicht die bewährte Maßarbeit bevorzugen soll. Für Kleider, die der Eleganz, dem guten Aussehen des Trägers, der Behaglichkeit, der lang andauernden Benutzung dienen sollen,

verdient Maß-Arbeit den Vorzug

Im Verhältnis zu dem, was sie dem Träger leistet, wird Maßarbeit die billigere sein. In vielen Einzelheiten, besonders auch durch gediegene Innenbearbeitung, die dem Stück die dauernde gute Fasson erhält, liegt der Wert der Maßarbeit. Wenn die Konfektion mit ihrer Scheinherrlichkeit längst verblüht ist, kann der Maßanzug noch lange der treue und erfolgreiche Diener seines Besitzers sein. Bestellen Sie Maßarbeit und Sie werden das geschmacklich und wirtschaftlich Richtige gewählt haben. Zur Anfertigung der neuesten und elegantesten Herrenmoden bei vorteilhaften Preisen, halte ich mein Maßgeschäft empfohlen

Ernst Richter, Maßschneider, Pirna

Dresdener Straße 10

VII. Der große Unterschied: Schneiderkunst und Konfektion

Konfektionierte Anzüge waren zunächst eine amerikanische Erfindung. Bereits in den 1820er Jahren gab es in der Neuen Welt für Männer, die nicht der wohlhabenden Oberschicht angehörten, mehr oder minder elegante englische Mode „von der Stange". Um die Jahrhundertwende, spätestens nach dem Ersten Weltkrieg, wurde der Anzug zu einem Massenprodukt für den städtischen und ländlichen Markt. Die Konfektion liefert bis heute massengefertigte Anzugversionen aller Preisklassen.

Aufgrund seiner Ornament- und relativen Modeferne schien das Sakko, der Anzug, dazu prädestiniert, den Beginn der Erfolgsgeschichte konfektioneller Fertigung zu markieren. Die Herrenschneider selbst wurden zu Wegbereitern der Konfektion, sie beförderten und ermöglichten mit ihren Erfindungen in der Schnitttechnik erst eine konfektionelle Produktion. Das 19. Jahrhundert als Jahrhundert der Schnittechnik ermöglichte in seinen Systembestrebungen einerseits den Aufstieg der Herrenschneiderei, bewirkte andererseits zugleich auch das langsame Aussterben dieses Handwerks mit der Etablierung der Konfektion. Der Gebrauch von Schnittmustern (Patronen/Schablonen) in der Herrenschneiderei ermöglichte an und für sich erst die „serielle" Produktion von Kleidungsstücken, indem der vorhandene Schnitt die Reproduzierbarkeit zuließ.

Neu an der englischen Herrenschneiderei war die Vereinigung individueller Maßvorgaben mit dem Ideal klassischer Proportionen. Die Konfektion bediente sich dieses Prinzips zu jenem Zweck, gutsitzende Anzüge für viele Männer herzustellen. „Viele neue Maßeinheiten wurden von fähigen und erfahrenen Schneidern für die Erzeugung variabler Muster erfunden, die den Konfektionsanzügen den erwünschten guten Sitz verleihen sollten."[1] Die technische Rationalisierung der Kleidungsherstellung gelang zunächst den Uniformschneidern, die anhand von vier körperlichen Größenordnungen ihre Schnittmuster fertigten.[2] Die serienmäßige industrielle Herstellung von Bekleidung nach Größensätzen begann in Deutschland in den 1850er Jahren. Technische Errungenschaften, Verbesserungen in der Spinnerei und Weberei und der Einsatz der Nähmaschine ermöglichten die schnellere und billigere Anfertigung von Herrenbekleidung. Durch die Verwendung von gradierten Papierschnitten wurde der Zuschnitt ab 1863 erheblich erleichtert.[3] Der wirtschaftlichen Entwick-

1 Hollander, A., S. 165.

2 Vgl. Mentges, Gabriele, u. a. (Hg.): Schönheit der Uniformität. Körper, Kleidung, Medien. Frankfurt a. M. 2005, S. 20.

3 Der Amerikaner Ebenezer Butterick erfand ein Gradiersystem. Vgl. Kraft, Kerstin, S. 89.

lung Europas entsprechend beschleunigte sich das Leben und erhöhte den Bedarf an konfektionierter Kleidung, die ab den 1880er Jahren auch in Warenhäusern zu erwerben war.

Beim einsetzenden Kampf um den Kunden gewann die sich mehr und mehr vervollkommnende Industrie durch Rationalisierungsmaßnahmen, bessere kaufmännische Geschäftsführung und nicht zuletzt durch die bedeutend niedrigeren Preise. Die Konfektion wurde bald als „größter Feind des Maßschneiders"[4] angesehen, der mit seinem „Ersatz für Maß"[5] den unaufhaltsamen Abstieg des Schneiderhandwerks einleitete. Die „bessere Maßschneiderei" konnte ausschließlich punkten, wo es ihr gelang, den bleibenden Unterschied zwischen Maßarbeit und Konfektion sichtbar herauszuarbeiten. Die Erkenntnis, daß die Zukunft des Schneidergewerbes der Qualitätsarbeit gehört, fand sich nach dem Ersten Weltkrieg erst recht bestätigt. Nur feinste Qualitätsarbeit verbleibt der handwerklichen Erzeugung in Geschäften mit eigener Werkstätte und höchstausgebildeten, kunsthandwerklich geschulten Arbeitskräften.

Nach dem Ersten Weltkrieg wurde die Massenerzeugung mehr und mehr von Maschinenarbeit bewerkstelligt. Nach dem Zweiten Weltkrieg erlaubte das endgültige Vordringen der Konfektion eine „Volksmode", die eine modische Belebung des Anzugs mit sich brachte.

Ab 1965 kam die Vervollkommnung der Technik des Frontfixierens dem Bedürfnis der Konfektion nach zeitsparender Fertigung und dem Verbraucherwunsch nach leichteren, weicheren Einlagen entgegen. Erst mit der Erfindung und Anwendung der Frontfixierung änderte sich Anfang der 70er Jahre die Herstellungsmethode eines serienmäßig gefertigten Sakkos grundlegend. Zuvor stellte die Großserienfertigung nichts anderes als die Übertragung der handwerklichen Anfertigung des Schneiders auf die industrielle Produktionsweise (arbeitsteiliger Fertigungsablauf) dar.

Die Frontfixierung, das Unterkleben der form- und festigkeitsgebenden und -erhaltenden Einlage im Bereich des Vorderteils eines Sakkos, sollte die Verarbeitung „narrensicher"[6] machen und allen Konfektionsbetrieben ermöglichen, ein gutes Teil herzustellen. Während bei der klassischen Verarbeitungsmethode des Maßsakkos die Einlage lose zwischen dem Oberstoff und dem Futter verarbeitet und nur an einzelnen Punkten (Armloch, Taschen, Kante, Fasson, Knöpfe, Knopflöcher, Abnäher) fest miteinander verbunden ist, wird die Einlage beim Frontfixieren ganzflächig befestigt. Dieses alternative Fertigungsverfahren spart mehrere Arbeitsgänge und verleiht dem Sakko neue Eigenschaften (Weichheit, stabilisiertes, glattes Erscheinungsbild, verkürzte Gebrauchsdauer, verringerte Feuchtigkeitsaufnahme etc.). Die Frontfixierung erwies sich als technische Revolution; ihre Rationalisierungseffekte machten das Industrieprodukt – verglichen mit dem Schneidersakko – konkurrenzlos billig.

4 Verlag der Europäischen Modenzeitung (Hg.): Was der Schneider wissen muß. Ein Lehrkursus der Hauptwissensgebiete im Schneidergewerbe, Heft 3, o. J., S. 7.

5 Ebenda, S. 7.

6 Steuckart, Helmut: Die Grundlagen der Fronfixierung. In: Bekleidung und Wäsche. Heft 23, Dezember 1968, S. 1629.

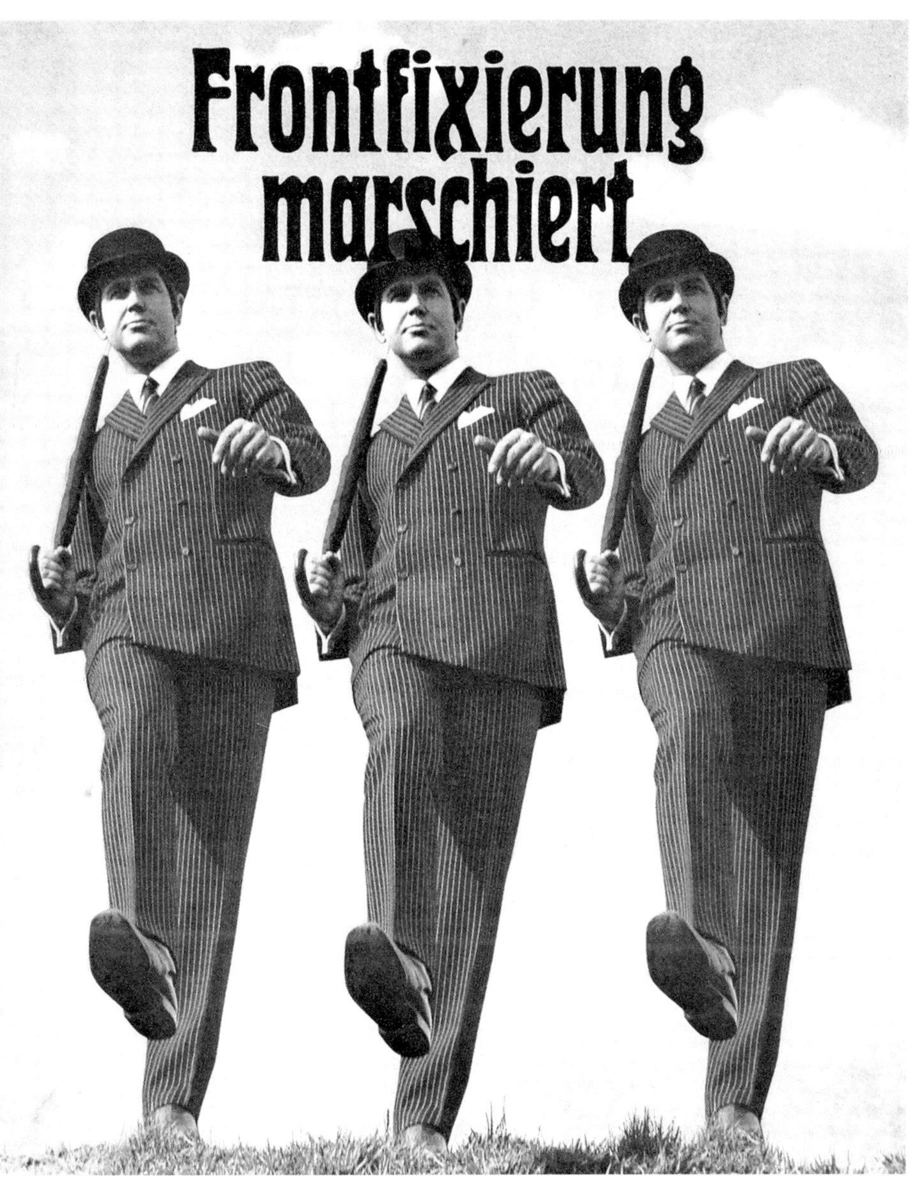

In: Bekleidung und Wäsche, 1968.

Die Ästhetik der Konfektion versteht Schönheit als Regelhaftigkeit, Uniformität, Ordnung und Symmetrie. Das Konzept der maschinellen Fertigung verbürgt Gleichartigkeit und Regelhaftigkeit. Diesem objektivistisch bestimmten Schönheitsbegriff steht die subjektive Auffassung des Schneiders entgegen. Die Uniformierung durch Massenproduktion von Bekleidung zieht die egalisierende Wirkung derselben nach sich und bewirkt – aus dem Blickwinkel der Ästhetik des Bekleidungskünstlers – notgedrungen die Egalisierung der Geschmacklosigkeit und eine grundlegende Verkümmerung ästhetischer Wahrnehmung. Durch die Vermessung der Körper, durch das Maß als uniforme Einheit und durch die standardisierte Herstellung der Kleidung wird eine soziale Konstruktion von Gleichheit durch Uniformierung hergestellt.[7]

Während bei der Anfertigung eines Maßsakkos durch den Schneider neben der Qualität des Materials vor allem die Fertigkeiten des Schneiders in hohem Maße zu tragen kommen, erfährt die moderne industrielle Produktion ihre Qualitätsstandards aus der Anpassung der Produktion an die technischen Gegebenheiten.[8] Der Einsatz von Einzweckmaschinen dient der Zielsetzung möglichst konstanter Produktqualität, die unabhängig von der Qualität menschlicher Arbeitskraft umzusetzen ist. Heute ermöglichen computergesteuerte Spezialmaschinen das korrekte Einnähen des Ärmels, sie übernehmen die Verteilung der Mehrweite des Ärmels auf das präparierte Armloch. Solche Maschinen arbeiten zwar mit höchster Präzision, garantieren jedoch nicht, daß ein gut eingenähter Ärmel seinem Träger auch wirklich paßt. Die Stellung des Ärmels und die Schulterformation des Trägers können sehr verschieden sein.

Verkäufer werden nicht müde zu betonen, daß ihr Produkt nur bei genauer Prüfung von maßgeschneiderter Kleidung zu unterscheiden sei. Dabei ist konfektionierte Ware sichtbar entindividualisiert, ihre Entstehung basiert auf einem idealisierten, berechneten Körper. Der Herstellungsprozeß und sein Produkt haben nichts mit dem Kunden zu tun. Das hergestellte Sakko und sein potentieller Träger sind sich a priori fremd. Tadellose Paßgenauigkeit können Ready-to-wear-Modelle niemals erzielen, es sei denn, der errechnete Durchschnittsmann existiert wirklich. Welche Körpermaße die Kunden eigentlich haben, weiß die Textilindustrie indes nicht genau, und so findet kaum jemand ein Kleidungsstück am Ständer, das in allen Maßen paßt. International einheitliche Größensysteme existierten überdies nicht.

Seit den Anfängen der Konfektion war die industrielle Fertigung bestrebt, handwerkliches Finish zu imitieren, um die hergestellten Massenartikel mit dem Reiz des Hochwertigen zu konnotieren. Maßstab der Konfektion und Richtschnur aller Perfektionsbestrebungen bleibt bis zum heutigen Tag die in allen Details überzeugende Qualitätsarbeit der besten Herrenschneider. Das Handgenähte ist Gegenstand der Imitation, und nur in seltenen Fällen wird das Maschinelle betont oder dekorativ eingesetzt. Das industriell gefertigte Sakko wird mit dem Beiwort „tailormade“ absatzfördernd aufgewertet. Die Meisterleistung eines Kunsthandwerkers fungiert als eine Art uneinholbares, vorbildliches Regulativ und zugleich als luxuriöser Anti-Trend des Industriezeitalters.

Eine Trendwende hin zur industriellen Maßkonfektion vollzog sich in den letzten Jahrzehnten. „Gute Markenfirmen haben sich eine Lösung einfallen lassen und bieten einen speziellen Maßanfertigungsservice. Auch traditionelle Herrenaus-

7 Vgl. Mentges, Gabriele, u. a. (Hg.): Schönheit der Uniformität. Körper, Kleidung, Medien. Frankfurt a. M. 2005, S. 26f.

8 Vgl. Hofer, Alfons: HAKA. Herrenbekleidung, Freizeitbekleidung, Legerbekleidung. Frankfurt a. M. 1978, S. 144.

statter führen solche Halbkonfektionsartikel und stellen damit eine Alternative zum alten Schneiderhandwerk dar. Man nimmt dem Kunden Maß, legt ihm Stoffmuster vor und ruft schließlich die Fabrik an, die dann einen Konfektionsanzug nach Maß herstellt."[9] Seit diesen Bestrebungen der Maßkonfektion wurde „Maßfertigung" zum verheißungsvollen Trend innerhalb der konfektionären Produktion. Künftig soll ein „E-Tailor", der mit Bodyscanner über zwei Millionen Meßpunkte eines Kunden erfaßt und daraus eine virtuelle dreidimensionale Figur errechnet, Maßanzüge für kleine Geldbeutel Wirklichkeit werden lassen.[10] Die elektronisch erfaßten, tatsächlichen Meßdaten werden dem Hersteller übermittelt. Während Produkt und Service unschlagbar preiswert ausfallen, wird ein solcherart gefertigter „Maßanzug" trotz aller Präzision der Datenerfassung nicht darüber hinwegtäuschen, daß es sich nicht um eigentliche Maßarbeit handelt, da die Voraussetzungen industrieller Fertigung niemals einholen können, was als Herausforderungen des Schneiderhandwerks in der Arbeit eines Maßschneiders umsetzbar wird.

Der Anzug, in dem Mann ein Drittel seines Lebens verbringt, verdient bestimmt das Interesse, das man ihm heute kaum mehr entgegenbringt, und nur mehr dem Fachmann scheint es überflüssig, auf die nutzbringenden Vorteile des gutgekleideten Mannes in jedem Alter, jeder Schicht und jedem Berufszweig hinzuweisen. Im Zeitalter globalisierter Modetrends wachsen junge Herren zumeist ohne jede innere Beziehung zur überlieferten Anzugkultur auf. Modische Stilfragen, der Sinn für einwandfreie Anzugzusammenstellung mit dem passenden Beiwerk oder gar das feine Gefühl für die Differenzierung sind und bleiben dieser Generation meist Terra incognita. Das allgemeine „Dress down" hat als demokratischer Ausdruck modischer Gleichgültigkeit jeden sichtbaren Standesunterschied ausgelöscht. So prägte das 20. Jahrhundert der Verlust des Reizes oder der Erlaubnis, sich modisch vor jemandem auszuzeichnen.[11] Der Triumph der Konfektion hat dazu geführt, daß selbst modisch interessiertes Publikum Wahrnehmung und Bewußtsein für Verarbeitungsqualität und Paßform weitgehend verloren hat. Der Paßformanspruch scheint vom Prinzip auffälligen Designs abgelöst worden zu sein.

Die Überzeugungskraft eines maßgeschneiderten Anzugs bleibt über alle Jahre und Jahrzehnte tradierten Schneiderhandwerks ein und dieselbe: Ein Anzug nach Maß besticht durch den gewonnenen Tragekomfort, in dem sich das Stück quasi zurücknimmt, weil sein Träger kaum spürt, daß er einen Anzug trägt. Sein besseres Aussehen macht ihn überdies zu einem Erfolgstyp.[12] Ein Maßschneider faßt die Gegenintention zu dem ins Werk, was global agierendes Klamottentheater betreibt, dessen Label das Verfallsdatum des Kleidungsstücks listig verkauft. Er arbeitet an einem Stück, das – an dessen Haltbarkeit gemessen – an der kleidsamen Zufriedenheit seines Trägers festhalten möchte.

9 De Greef, John: Männermode. Sakkos & Anzüge. Bonn, 1989, S. 77.

10 Die Europäische Kommission bewilligte 3,5 Millionen Euro für das Forschungsprojekt E-Tailor, um durch die Maßkonfektion die Wettbewerbsposition der europäischen Textilindustrie zu stärken. Quelle: Asendorf, Dirk: Der digitale Maßanzug. In: Die Zeit, 31.10.2002, S. 32.

11 Vgl. Schlaffer, Hannelore: Kleidersprache. Über die Mode. Zürich, 2005, S. 44.

12 Faustmann, Jolanthe: Maßschneider suchen Weg gegen Jeans und Konfektion. In: Kleine Zeitung, 3. Dezember 1977, S. 15.

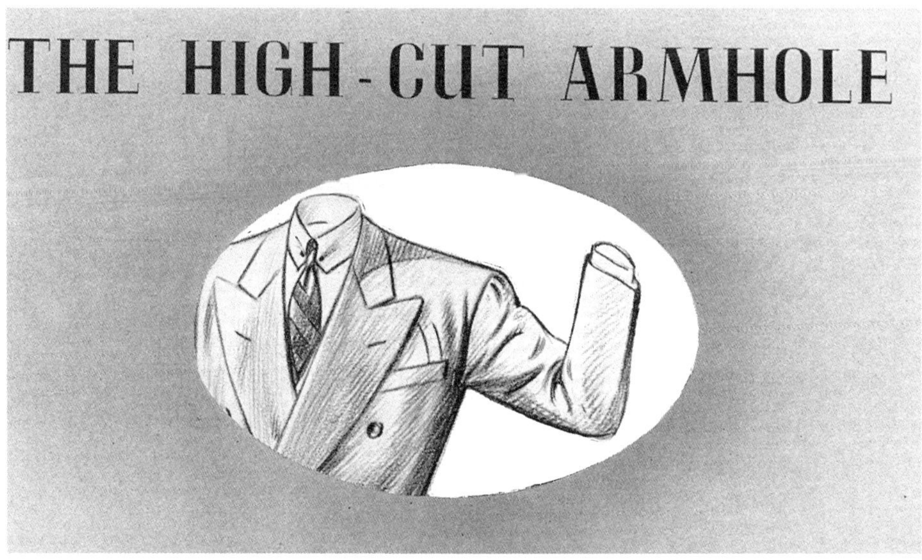

Werbung für Maßkomfort, 1937.

Wenngleich konfektionierte Anzüge heute gut sitzen können, bleibt das negative Urteil über Konfektionsanzüge aktuell. Konfektionierte Anzüge höchster Verarbeitungsstufe werden andererseits vielfach besser benotet als Schneider-Maßanzüge. Das konfektionierte Stück profiliert sich durch bewährten Schnitt und durch die Präzision maschineller und automatengesteuerter Produktion, die ein gutes Ergebnis gewährleisten. Ein Anzug von der Stange wird hingegen niemals ein individuelles Kleidungsstück sein können. Fertigkleider schaffen im Idealfall Kompromißlösungen und Modelle mit großen Toleranzen.

Bei einwandfreier Leistung bleibt dem Schneiderhandwerk das gehobene Genre. Paßform, Eleganz und Service vermögen den bestehenden Unterschied zwischen Schneiderkunst und Konfektion weiterhin zu bestätigen. Daneben sichert der bevorzugte Einsatz durchdachter Handarbeit dem Einzelstück auch eine höhere Lebensdauer. Dort, wo der Schneider alle Feinheiten seiner Profession in seiner Arbeit umzusetzen versteht, ist die Konkurrenz der Konfektion eigentlich kein Thema.

Ein Maßsakko hat ein hohes Armloch mit exakter Positionierung und abgestimmter Ärmelbreite, was einen unverzichtbaren Beitrag zur Bequemlichkeit und dem wohlgeformten Erscheinungsbild einer eleganten Silhouette darstellt. Proportionale Abweichungen von Rückenbreite, Brustbreite und Armdurchmesser können nur vom Schneider berücksichtigt werden. Dem Anspruch der Tradition seines Handwerks verpflichtet, bleibt dem Maßschneider die geforderte Paßform in Verbindung mit der individuellen Wahl und Ausgestaltung des Modells und der subtil verschönerten Persönlichkeit des Trägers seine bestechende Leistung und Ergebnis angewandter Bekleidungskunst.

Im Preisvergleich zwischen Konfektion und Maßanfertigung wird der Schneider stets der Verlierer bleiben. Die Unterscheidung muß folglich im Produkt liegen. Die konsequente Abgrenzung gegenüber der Maßkonfektion besteht in der Bewahrung der handwerklichen Tradition als Maßstab für Qualität. Ein Anzug vom Schneider leistet mehr und kostet mehr. Der bezahlte Aufpreis muß der Wertigkeit des Anzugs angemessen sein. Mann trägt den Beweis als zweite Haut an sich. Die Qualitätsvorteile eines Maßanzugs müssen ins Auge stechen und in überzeugender Weise erlebbar sein. Paßform- und Verarbeitungsmängel darf ein Maßmodell nicht aufweisen, wenn es der beachtlichen Konkurrenz der Konfektion standhalten will. Eine Vernachlässigung jener Eigenschaften, die ein Maßanzug vor allen konfektionierten Stücken auszeichnet, käme dem Ausverkauf jenes Ideals gleich, das die beherrschte Meisterschaft auf dem Gebiet dieser Handwerkskunst – als Anachronismus – bis dato am Leben erhielt.

Selbst bei konsequenter Rationalisierung wird Maßschneiderei nie für den Massenbedarf in Frage kommen. Mit dem Anliegen der Rettung, Ausbildung und Pflege der Individualität ist das Schneidergewerbe restlos überfordert: ihr Gegenstand ist ebenso elegant wie anspruchsvoll und scheint den Vergleich zwischen Massenprodukt und Unikat letztendlich als unzulässig zurückzuweisen.

VIII. Kleine Philosophie der Herrenschneiderei

Annäherungsversuche: Was den Schneider in seiner täglichen Arbeit beschäftigt, sind Annäherungsversuche an das von ihm selbst und der Instanz männlicher Eleganz vorgegebene Ideal: die Idee des vollkommenen Sakkos.

Aufwand: Man(n) lese dieses Buch als Versuch, eine Geschichte des verborgenen Aufwands zu verfassen. Dieser Aufwand, der die hohe Kunst der Herrenkleidermacher stillschweigend herausfordert, entspringt aus dem Anspruch der Eleganz, den die Herrenmode seit Brummell kennzeichnet. Eine der wesentlichen Wirkungen der Eleganz besteht seither darin, den Aufwand, den diese Eleganz erfordert, zu verbergen (vgl. H. Balzac). Und so kam kaum ein Schneider zu Wort, über den Aufwand der kunsthandwerklich hergestellten Eleganz zu sprechen, über die zu sprechen jedem Understatement eines Gentleman widersprochen hätte.

Auge: „Die Mode bestätigt die tiefe Bedeutung aller Erscheinung."[1] Menschen, die nur begrenzt verstehen, wozu sie ihre Augen haben, wird durch die Mode eine große Bürde auferlegt. „Wir leben in einer Welt sichtbarer Projektionen, und wir sind alle sichtbare Projektionen in ihr. Ob es uns gefällt oder nicht, wir alle sehen irgendwie aus und sind dafür verantwortlich."[2] Der Schneider besitzt mit seinen Augen das sensibelste Organ und das beste Instrumentarium für die Ausrichtung seiner täglichen Arbeit und künstlerischen Sorgfalt. Sein Augenmaß ermöglicht und erleichtert die Arbeit, es ist Bedingung der Möglichkeit des Gelingens und zugleich auch der Prüfstein seiner praktischen Umsetzung: Seine Hände müssen in das Stück einarbeiten, was seine Augen gemessen haben. Grenzerfahrungen dieser Umsetzung sind ebenso unerwünscht wie alltäglich und ergeben sich aus den Vorgaben des Materials, aus dem Können des Kunsthandwerkers und dem betrachteten Körper selbst. Nicht alles Gesehene läßt sich in jedes Stück übersetzen. Der → Zweifel des Schneiders an der begrenzten Umsetzung und Umsetzbarkeit ist eine zu erduldende Begleiterscheinung. Vor das geistige Auge des Schneidermeisters stellt sich das Bild eines vollkommenen Sakkos. Alles, was er produziert, mißt sich an dieser → Idee. Vielleicht, wenn die gelungene Arbeit nah genug an das Ideal heranrückt, stellt sich

1 Hollander, A., S. 305.

2 Ebenda, S. 305.

→ Glück ein. Der Schneiderblick sieht und mißt alles, was ein Stück hat, und was ihm fehlt. Immer sticht etwas ins Auge, und selten genug ist ein Stück bestechend schön.

Besessenheit: Ein Phänomen der Aufmerksamkeit. Fast alle großen Männer und Frauen waren Besessene, deren Manien und fixe Ideen uns als nützliche, bewundernswerte Folgen ihrer Besessenheiten erscheinen können.[3] „Alles Sakko!" verrät die gestörte Aufmerksamkeitsfunktion eines Schneiders, bewirkt gezwungenermaßen freiwillig, Tag und Nacht über dem hohen Anspruch der Maßschneiderei zu brüten. Besessenheit treibt die Suche nach Wegen zur Perfektion an; einzelne Meisterstücke sind Form gewordene Zeugnisse dieser Verfassung, die einige Schneider auszeichnet und zuweilen auch knechtet (Unruhe, → Selbstzweifel).

Charakter: Ein kantiges, stacheliges, aggressives und explosives Wort. Vordergründig vielleicht unzeitgemäß, ist es doch der Schlüssel zu allem: „Sich ohne Charakter – ohne persönliches Gepräge – anziehen, das heißt, nur bekleidet zu sein. Bekleidet ist noch lange nicht angezogen."[4] Zwar betrügt man sich im Spiel des Lebens gerne selber, doch „beim Spiel der Eleganz ist kein Selbstbetrug möglich"[5], alles wird offenbar, nichts bleibt verborgen. Die Kenntnis der physischen und geistigen Individualität ist deshalb unerläßlich. Das Format eines Charakters findet so seinen unweigerlichen Ausdruck, gerade in der Art des Menschen, sich anzuziehen. „Charakter und Eleganz sind unlöslich miteinander verbunden."[6]

Eleganz: Das lateinische „eligere" bedeutet soviel wie „auswählen". Gewählt und erlesen zu sein liegt im Begriff der „elegantia": ihre ureigenste Forderung, eine – bedachte – Auswahl zu treffen, um ihrem Gegenstand Besonderheit oder Unvergleichlichkeit zu verleihen. Seit jeher ist Eleganz an den Wert einer Prüfung, eine Schwierigkeit, an eine elitäre Begrenzung gebunden. Wie die Schönheit der Gestalt bleibt sie ein Privileg, wenn man ihr Wesen nicht absichtlich leugnet.[7] „Eleganz wird nicht erworben; sie will verdient sein. Um in Erscheinung zu treten, muß sie zuerst innerlich und unsichtbar vorhanden sein. Um in einem Gewebe lebendig zu werden, muß sie zuerst einmal Fleisch und Blut sein."[8] In allem Wechsel gleicht sich das Bild der Eleganz, was sie zuweilen abgehoben in Erscheinung treten läßt. Das Unauffällige ihres Auftritts, den Brummell pries, hat sich immer wieder in Frage gestellt. Und daß es eine der wesentlichen Wirkungen der Eleganz bleibt, den → Aufwand, den sie erfordert, zu verbergen, tritt als unerwünschte und unzeitgemäße Forderung auf, wo „dress down" und Freizeitkleidungsnonchalance als unelegantes Statement modebestimmend geworden sind.

3 Vgl. José Ortegas Aufsatz „Die Liebe bei Stendhal" in: Ortega y Gasset, José: Über die Liebe. Meditationen. München, 1993.

4 Rouff, Maggy: Philosophie der Eleganz. Übersetzt aus dem Französischen. 2. Auflage, München 1951, S. 17.

5 Ebenda, S. 17.

6 Ebenda S. 20.

7 Wittkop-Ménardeau, Gabrielle: Unsere Kleidung. Aus der Geschichte der Moden bis zum Jahr 1939. Frankfurt a. M. 1985, S. 143.

8 Rouff, Maggy: Philosophie der Eleganz. Übersetzt aus dem Französischen. 2. Auflage, München 1951, S. 21.

Entstellungen: Modernes Bekleidungsdesign „von der Stange“ und Schneider, die zu wenig → Poesie und → Können in ihr Handwerk gelegt haben, entstellen die äußere Erscheinung des bekleideten Menschen. Das → Auge des Schneiders sieht diese Entstellungen auf offener Straße, in Theater, Ballsaal und Büro, die modische → Eleganz tritt nur durch ihre zeitgemäße Abwesenheit zutage. „Die wahre Eleganz bemerkt man nicht“, hieß es in Brummells Leitsätzen verbindlicher Herrenmode. Die wahre Eleganz wirkt heute auffällig und provokativ, stammt immer noch vom Schneider, der mit dem Anspruch der Eleganz verschwindet. Das Verschwinden der Eleganz bleibt unbemerkt.

Erfahrung: → Praxis.

Erfolg: In die Form gelungener Sakkos gegossene Erfahrung, manchmal abgesegnet durch ein positives Kundenecho oder ein über die Straße erblicktes, passendes, getragenes Meisterstück, mithin unscheinbarer Erfolg. Schneidererfolge, bei Nadel, Faden und Licht betrachtet, definieren sich durch die unauffällige Eleganz eines Meisterstücks, das ins → Auge sticht, besticht und schlicht und einfach gefällt und sowohl dem Anspruch des Trägers wie des Schneiders (→ Selbstzweifel) Genüge tut. Erfolg verhilft mehr zum → Glück als zu Reichtum im Schneiderhandwerk.

Erotik: Unausgesprochene, teils unreflektierte Triebfeder allen Bemühens um ästhetische Perfektion, nicht nur in der Schneiderei.

Feinsinn: Er offenbart sich in der Art des Umgangs mit Stoffen, in der Konfrontation mit einem Verarbeitungsproblem, mit der Herausforderung, die die Paßformerfordernis an das zu bearbeitende Material stellt. Mit dem Gespür für die „Bedürfnisse“ des Materials antwortet die Zärtlichkeit des Meisters in einem Balanceakt zwischen Dressur und Behutsamkeit. Es ist kaum zu beschreiben, doch sehen Sie am besten einem Schneider bei der Arbeit zu. Seinen Feinsinn verrät er bei der Arbeit, das Material antwortet mit Gefälligkeit.

Fehler: In der Schneiderei wie im Leben etwas ebenso Unvermeidliches wie Elementares, mithin eine Bedingung der Möglichkeit von (Schneider-)Erfolg überhaupt. Gepaart mit Talent, → Besessenheit, Reflexion, Ehrgeiz und → Genie, mündet die Beschäftigung mit eigenen und fremden Fehlern nicht selten in der Vervollkommnung der eigenen Fähigkeiten und Erfahrungen mit Stoffen, Schnitten, Verarbeitungstechniken und als sichtbares Ergebnis in tragbaren und erstaunlichen Meisterleistungen.

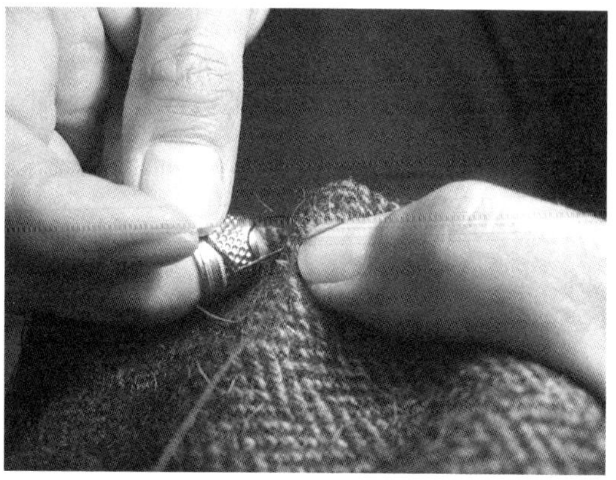

Finger: Einem Schneider auf die Finger zu sehen verrät (sehr) viel über ihn als Handwerker und als Mensch überhaupt: Jeder einzelne Finger wird in den Dienst eines bestimmten Arbeitsgangs gestellt (Arbeitsteilung). So ist der kleine Finger beispielsweise jener, der den Faden mit einer Bewegung in der richtigen Spannung anzieht. Der Daumen streift Nähte und Kanten aus, der Zeigefinger legt vor, streift aus etc. Der Umgang der Finger, der ganzen Hand mit den Stoffen und Materialien der täglichen Schneiderarbeit verrät etwas von der Zärtlichkeit des Meisters, die das fertige Stück zum Bildnis werden läßt. Zärtlichkeit ergibt sich aus dem bewußten und behutsamen Umgang mit Stoff und Werkzeug, was wiederum → Können voraussetzt und verrät.

Geld: → Luxus kostet Geld: Alle Dandys und Gentlemen und alle Männer (und Frauen) des Genusses werden dies bestätigen. Dem Ja zum besprochenen Maßanzug geht vielleicht die Entscheidung voraus, womöglich auf einen anderen Luxus zu verzichten. Überzeugende Schneidermeisterwerke tragen in sich alle Argumente, die ihren Wert über den Rechnungsbetrag stellen, der für Bekleidungskunst zu bezahlen ist, wenn man sich erst einmal von der Unverzichtbarkeit dieser „unnötigen" Anschaffung überzeugt hat. Andererseits ist es nie eine Sache des Geldes, sondern des glücklichen Instinkts, sich gut anzuziehen. In der Reihe von Bedingungen der →Eleganz hat Geld eine nachgeordnete Stelle (→ Charakter, → Geschmack, → Manieren, → Selbsterkenntnis).

Genie: Das fertige Meisterstück verrät dem geschulten Auge die Handschrift des Künstlers, der am Werk war. Tritt zum Eindruck der Vollständigkeit das Bild der Harmonie von Formvollendung und Stil, Detailgenauigkeit und Übereinstimmung des Trägers mit dem geschaffenen Werk, so verrät das Meisterstück das Genie dahinter, ohne den Namen auszusprechen. Der Kunde spricht den Namen des Schneidermeisters aus. Trotz allem Reiz ist das Genie nicht zu beneiden. Das Genie leidet am meisten. Sein Dauerzustand ist die Unzufriedenheit mit sich selbst und dem Erreichten, sein ständiger Begleiter der → Selbstzweifel.

Geschmack: „Geschmack ist vor allem eine Frage der Entscheidung und der Auslese, und um seiner teilhaftig zu werden, muß man bereit sein, sich sozusagen zu häuten und alles Überflüssige von sich zu tun."[9] Zeitweilig angefeindeter Begriff für etwas, was alle Anfeindungen übersteht, in Sachen Mode eine Art „zeitlose", mithin „klassische" Eleganz, nicht nur für den Mann von Welt. Man(n) folgt der Mode zwar, aber nicht ohne sie zugleich zu zähmen. Im Meisterwerk treffen Kunst und Geschmack zusammen (→ Charakter, → Eleganz, → Stil). Der Pfad des guten Geschmacks ist bekanntlich recht schmal, und Ausrutscher sind an der Tagesordnung. Dennoch orientiert sich Geschmack an einfacher und natürlicher Reinheit, an integrer Geschlossenheit und schlichter Vollständigkeit. Form und Farbe, Stoff und Verarbeitung führen den Geschmack des Trägers vor Augen und stellen Geist und Hand des Schneiders zur Schau: die Reinheit der Linie, die Harmonie der Körperformung, die Geschlossenheit des Gesamtbilds, das sich aus den gemeisterten Elementen eines Sakkos zusammensetzt. Über Geschmack läßt sich doch nicht streiten, vielmehr diskutieren – „zum größten Vorteil all derer, die keinen haben".[10] Ein Kleidungsstück von exklusivem Geschmack huldigt dem Träger und dem Schneider.

Glück: Ein vortrefflich passendes Sakko ruht glücklich auf den Schultern seines Trägers. Der Schneider, der es baute, prüft es mit kritischem → Auge, manche Selbstkritik läßt ihn schwer zur Zufriedenheit mit seiner Schöpfung finden. Es gab Schneider, die über dem Glück, dem Staunen, dem Stolz in Bewunderung ihrer Hände Werk so versunken oder verblüfft standen, daß sie unfähig waren oder vergaßen, den Lohn für ihr Kunstwerk einzufordern. Und nicht jedem Mann im kostbaren Anzug kam in dem Sinn, im Bezahlen seiner Schuld seine Wertschätzung des Schneiders auszudrücken. Das eigentliche Glück des Schneiders besteht weitgehend aus immateriellem → Erfolg, wie bei aller → Kunst.

Gott: „Der erste Schneidermeister war Gott,
unser Herr im Paradies,
der unser sündig Elternpaar
nicht unbekleidet ließ."[11]

Hand: Früher der Inbegriff jeder Maßarbeit eines Schneiders, heute vor und neben der Nähmaschine das Arbeitsmittel schlechthin. Die hohe Kunst der Herrenkleidermacher verlangt der Arbeit der Meisterhände auch heute noch alles ab: eine ruhige Hand, denn nicht immer geht es leicht von der Hand. Die Hand selbst erscheint als paradoxes Phänomen: sie ist körperlich und zugleich geistiges Instrument. Sie übersetzt → Feinsinn, → Können und → Erfahrung eines Schneiders in

9 Rouff, Maggy: Philosophie der Eleganz. Übersetzt aus dem Französischen. 2. Auflage, München 1951, S. 42.

10 Ebenda, S. 45.

11 Lukas, Josef (Hg.): Schneider machen Leute. Das ehrbare Handwerk der Schneider. Ein kulturgeschichtliches Potpourri. Zürich 1987, S. 15.

sichtbare Eleganz. Ihre Bewegungen sind zärtlich, bestimmt, unnachgiebig und zuvorkommend, eingespielt auf das Echo des Materials und wirken oft wie die stillschweigende Absprache mit dem wollenen Gegenüber, das der Schneider so gut kennen und verstehen muß.

Handwerk: „‚Handwerk' setzt sich aus zwei bedeutsamen Worten zusammen. Hand und Werk gehören unzertrennlich zusammen. [...] Ohne geistige Grundlagen ist das Handwerk nicht denkbar. Auch unser technisch und naturwissenschaftlich orientiertes Zeitalter kann trotz seiner Maschinen und der dadurch aufkommenden Serienfabrikation heute und in der Zukunft das Handwerk nicht entbehren. Paart sich die Handfertigkeit mit formalem Empfinden, so kommt es ähnlich wie beim freien Kunstschaffen zu einer schöpferischen Tätigkeit."[12] Das Werk des Schneiders wird somit immer die Hand des Meisters verraten, ihre Geschicklichkeit, ihre Kunstfertigkeit, ihre Zärtlichkeit, ihre → Präzision.

Herr(enschneider): Die hohe Kunst der Herrenkleidermacher soll, was sein Äußeres angeht, aus dem nackten Mann einen eleganten Herrn machen. Seine Eleganz entsteht jedoch niemals durch die Kunst des Schneiders allein. Der Schneider tut alles für die elegante, vortreffliche Erscheinung, den Unterschied zwischen „Mann" und „Herr" macht letztlich jedoch nur der Herr selbst (→ Charakter, → Eleganz, → Manieren, → Selbsterkenntnis). Obwohl der Herrenschneider oftmals das Ansehen eines „Verwandlungskünstlers" besitzt, der Meisterstücke mit „Seele" produziert, überschreiten die Ansprüche an den „inner man" seine dadurch fragwürdig erscheinende Profession. Seine Schneiderkunst bleibt ohnmächtig und unbeachtet ohne den herr-lichen Auftritt des Trägers.

Ideal, Idee: Das Bild eines geschaffenen Meisterstücks, das dem Ideal eines perfekten Kleidungsstücks möglichst nahe kommt, mit dem es niemals koinzidiert, ist für den ambitionierten, genialen Schneider ein Regulativ bei der Arbeit, die höchste Form der Herausforderung, eine Provokation, eine unverrückbare Idee. Den Entwurf eines gelungenen Sakkos vor Augen, macht er sich ans Werk, geht er jede notwendige Änderung an, bringt er jedes Stück zur Auslieferung an seine (Selbst-)Kritik und an den Kunden. Groß und nicht selten unbelohnt ist die Mühe und Hingabe, die der Schneider seinem Stück schenkt, um sich der hohen Vorstellung männlicher Eleganz anzunähern. Die Idee des vollkommenen Sakkos scheint dabei als unerschütterlich. Der Schneider interpretiert diese Idee und begrenzt sie in seiner künstlerischen Verwirklichung nicht ohne → Zweifel.

12 Guggenbühl, Paul: Kunst und Handwerk. Von den Anfängen bis zur Romantik. Zürich 1968, S. 10f.

Koketterie: „Mode ist ohne Koketterie [diese beglückende Zweideutigkeit] nicht denkbar, und kokett ist jeder, sei er Mann oder Frau, der ein Zeichen aus dem Vokabular der Mode gebraucht: immer spricht er, und nie ohne Scheinheiligkeit, nur halbverständlich und läßt die anderen raten, was er denn habe sagen wollen.“[13]

Können: In Wirklichkeit ist es vornezu eine Frage der Beweisführung. Es setzt sich aus dem Handwerkswissen, dem Talent, der → Erfahrung, dem Gestaltungswillen (Kreativität und Intuition), dem → Feinsinn und der Liebe für dieses Kunsthandwerk zusammen. Das Zusammenspiel dieser Zutaten bestimmen das Können in seiner Entfaltung und die einzigartige Note eines Schneidermeisterwerks.

Kopf: Im Handwerk generell vielleicht eher verrufen als gefragt. Es hieße, das viele Nachdenken stehe der geschickten Handarbeit im Wege. Der alte Widerstreit zwischen Kopf- und Handarbeit dringt hier immer wieder durch. Im Hinblick auf belegte Meisterleistungen ließe sich deren Gegensätzlichkeit harmonisieren, mehr noch: reflektierte Arbeit als Bedingung der Möglichkeit vortrefflicher Handwerksleistung betrachten.

Konfektion: Von ihr kann der Maßschneider lernen, was sie selber lieber verschweigt. Und er kann sich an ihren Vorgaben messen. Sein eigenes Handwerk kann zuweilen nur bestehen, wenn sich seine Arbeit in mancher Hinsicht angenehm und augenfällig von den Erzeugnissen der Konfektion unterscheidet.

(Selbst-)Kritik: Gleichermaßen produktiv wie destruktiv für das Handwerk.

Kunst: „Erlebnisfähigkeit, Phantasiereichtum, eine gute Beobachtungsgabe sind unentbehrliche Gaben für die Ausübung einer Kunst. Das handwerkliche Können ist aber ebenso wichtig. Jede echte Kunst entspringt einem zündenden Gedanken. Die Ausführung muß erkämpft, oft erduldet werden. Große Künstler sind stets Werdende und auf dem Weg Begriffene, mit einem Ziel vor Augen, das sie kaum je erreichen werden.“[14] Die hohe Kunst der Herrenkleidermacher lag in der Außergewöhnlichkeit ihres Anspruchs begründet. Mit dem Sinn für die Kunst der Bekleidung verschwindet auch das Handwerk, das ihr im höchsten Maße diente.

Luxus: (Warum nicht?) Der Luxus eines maßgeschneiderten Sakkos definiert sich heute aus dem handwerklichen Können des Meisters und dem daraus resultierenden → Aufwand an Arbeitszeit. Mit dem Luxus, den vergangene Kleiderverordnungen einzudämmen versuchten, hat er nichts mehr gemein. Mit dem Prädikat

13 Schlaffer, Hannelore: Kleidersprache. Über die Mode. Zürich, 2005, S. 11.

14 Guggenbühl, Paul: Kunst und Handwerk. Von den Anfängen bis zur Romantik. Zürich 1968, S. 10.

„Luxus“ versehene Güter wirk(t)en begehrenswert und provozier(t)en immer Gegnerschaft. Weil sie schlichtweg als unnötig beurteilt werden, kann man sie erst recht als notwendig erachten. Keine Frage: (Mann ist Mann auch ganz ohne Sakko!) Mann ist Mann in einem konfektionierten Sakko. Mann ist Mann in einem maßgeschneiderten Sakko! Worin bestünde der kleine oder große Unterschied? Nur mehr Kennern wird der Unterschied erkennbar sein. Die Antwort liegt hinter dem Begriff: in der Entscheidung, sich diesen maßgeschneiderten, besprochenen und stillschweigenden Genuß zu gönnen, einen Anzug vom Feinsten zu tragen. Dieser Anzug muß beweisen, daß er sich seinem Träger unterordnet, nicht umgekehrt. Dieser Anzug nimmt sich zurück und macht es seinem Träger leicht, denn er spürt ihn kaum. Ein himmlisches Luxusgefühl auf den Schultern, das den Körper verwöhnt und seiner Erscheinung schmeichelt! Abseits der Zeit scheint dieser Luxus einer der geheimnisvollsten, unbeschreiblichsten und unbekanntesten Art zu sein. Beinahe braucht es Glück, diesen Luxus zu erfahren, ehe er – in Ermangelung einer rechtzeitigen Denkwürdigung und (Wieder-)Entdeckung – vom modeglobalisierten Erdball verschwindet.

Manieren: Wesentlich schwerer zu erwerben als ein Maßsakko. Ihr Besitz bildet eine scheinbar unentbehrliche Voraussetzung für die wahrhafte → Eleganz eines Herrn und die Unterscheidbarkeit von anderen Geschlechtsgenossen. Als Habitus angeeigneter Selbstkultivierung stehen sie für eine bestimmte, selbstgewählte (?) Art, sich als (sozialer) Mensch zu formen. Zu den sogenannten Manieren zählen der Gang, die Haltung, die Bewegungen eines Menschen, seine Art, Geld auszugeben, sich in der Öffentlichkeit zu bewegen, mit Damen und Herren umzugehen, anhand scheinbar banaler Alltagssituationen seinen → Charakter zu beweisen. Die Wege der Verfeinerung beschritt der moderne Anzug, als könnte er zum Mann passen, der ihn trägt. Dieser Mann mit Manieren fällt nicht aus der Rolle und nicht auf, er erinnert so sehr an den Gentleman, dessen vermeintliche und anzügliche Eigenschaften ebenso antiquiert scheinen wie das Werk des Maßschneiders anachronistisch.

Maß: Zu Beginn des 19. Jahrhunderts verfügte der Kunde über die Autorität, das Aussehen des maßgeschneiderten Endprodukts vorzuschreiben. Später verlagerte sich die Autorität auf den Schneidermeister selbst, der Vorschläge machte und wußte, was „in“ und „out“ war. Besonders im konservativen England bot sich den Tailors die Möglichkeit, sich alle Kniffe ihres Faches anzueignen und es damit weit zu bringen. Als die Mode Ende der fünfziger Jahre breitere männliche Kundenkreise erfaßte, die Löhne stark anstiegen und gutem Konfektionsdesign in den 60er und 70er Jahren der Durchbruch gelang, verwandelte sich das Schneidergewerbe in ein elitäres Handwerk, dessen Dienste sich nur noch eine kleine, meist ältere Schicht leisten kann.[15]

Maßschneider(in): Neben allen Erscheinungen des alltäglichen Lebens, die sich nun schon mit dieser Bezeichnung (maßgeschneiderte Autos, Beratung, Möbel, Reisen, Karrieren ...) ausweisen, bleibt diese Frage: Was ist eigentlich ein Maßschneider, eine Maßschneiderin? Ein Anachronismus, ein ausgehöhlter, verfremdeter Begriff, eine obsolet gewordene Institution des 21. Jahrhunderts? Oder am Ende doch noch der unzeitgemäße, aber notwendige Stand jener Menschen, die handwerkliches Geschick, schnitttechnische Meisterschaft, Feingespür für Stil und Modeimpulse sowie Vorlieben und Figureigenheiten einer Person auf einen Kleidernenner zu bringen verstehen?

Meisterschaft: Immer der vorläufige Versuch zu beweisen, wozu ein Meister fähig sein soll.

Mode: „Die Kleidung der Männer ist offenkundig nicht direkt Teil der ‚Mode', da ‚Herrenmode' eine anerkannte Unterteilung ist und kaum den Ruhm und die Resonanz hat, die der ‚Mode' eigen ist."[16] In der Herrenmode und für traditionsbewußte Herrenkleidermacher gilt noch mehr als für die Damenmode Coco Chanels Leitsatz: „Mode kommt aus der Mode, aber Stil niemals."

Nützlichkeitsprinzip: Ein Schneider würde dieses Prinzip niemals reiten. Die modernen, bekannten und unbekannten Denker und Sprecher dieses Prinzips verkünden, Eleganz habe sich überlebt, Schneider-Luxus sei verächtlich und unnütz. Die vom Schneider geschaffene Eleganz widerspricht: Eleganz ist Luxus, und Luxus eine sehr notwendige Sache, wenngleich vielleicht jenseits aller Nützlichkeit. „Eleganz verpflichtet, meine Herren! Verpflichtet sogar sehr! Eleganz, auch wenn sie nicht nützlich ist – es ist der Adel alles Schönen, mitunter weniger nützlich als die nützlichsten Dinge – Eleganz ist schön."[17] Diesem Adel wahrhafter Eleganz dient der Meisterschneider; sein Werk ist ein wortloser Widerspruch.

Poesie: Sie bezeichnet das eigentliche Verfertigen eines (Kunst-)werks, nicht nur die Dichtkunst schlechthin. Sie verlangt nach der Schöpferkraft eines Meisters, auch wenn den Schneider nur wortlose Kunstwerke auszeichnen. Ein Schneider, der sich nicht auf die Poesie seines Kunsthandwerks versteht, erscheint als Widerspruch in sich, da die hohe Kunst der Herrenkleidermacher nicht als Kunst des Zufalls zu meistern ist. Das poetische Verständnis der Schneiderkunst machte Schneider aller Nationen zu Machern und ihre Kunst zum Mythos.

15 Vgl. De Greef, John: Männermode. Sakkos & Anzüge. Bonn, 1989, S. 76.

16 Hollander, A., S. 23.

17 Herrenwelt, Jahrgang 1924, Heft 1, Vorwort, ohne Seitenzahl.

Praxis: „Praxis ist eine nicht erlernbare Kunst, sagte der Meister und setzte den Fleck neben dem Loch.“[18]

Präzision: Ein grundsätzlicher Anspruch bei vollendeter Maßarbeit: bei jedem Arbeitsschritt nicht die kleinste Nachlässigkeit zuzulassen, eine Frage des → Können; zugleich das Ergebnis fortwährenden Übens (→ Praxis, → Fehler).

Qualität: Eine sinnliche Erfahrung, eine Sache des Instinkts, der Feinfühligkeit für Stoffe, eine Angelegenheit des Hautgefühls. In Schneiderhänden werden Textilien zum ekstatischen Erlebnis. Erst wenn der Schneider wieder zu sich kommt, kann er an die Arbeit gehen. Doch die → Erotik der gestreichelten Oberfläche bleibt in der Luft hängen, in der er arbeitet. Zärtlichkeit im Umgang mit diesem Material ist die Erwiderung dieser sinnlichen Herausforderung, vor die ein Schneider in seiner täglichen Arbeit gestellt ist. Das verarbeitete Material verrät seine Qualität mit einem Griff, das getragene Sakko die Qualität der Arbeit des Meisters. Die Anziehungskraft dieser Stoffe liegt in ihrer Qualität: ohne die Woll-Lust der Wolle geht gar nichts!

Selbsterkenntnis: „Um sich gut anzuziehen, muß man vor allem sich selbst gut kennen. Und was nützt es, vor sich selbst seine eigenen Fehler zu leugnen? Sie treten dann noch stärker in Erscheinung. Diese vor sich selbst sorgfältig zu vertuschen, führt dazu, daß man gar nichts tut, um sie den andern zu verbergen. […] Jede Möglichkeit zur Eleganz beruht auf dieser Selbsterkenntnis.“[19]

„Bei all den widersprüchlichen Einflüssen, die in der Mode am Werk sind, ist klar, daß die am besten angezogen sind, die das größte Maß an Selbsterkenntnis haben, gleich welcher Mode sie folgen ...“[20] Menschen, die ein sicheres inneres Gespür für ihr eigenes körperliches Aussehen haben, eine körperliche Sicherheit also, besitzen „ein intuitives Wissen darüber, was den sich bewegenden und agierenden Körper in einem gesellschaftlichen Milieu verschönert – und was nicht.“[21]

Diese Form der Selbsterkenntnis verlangt dem modischen Subjekt die Aufmerksamkeit für sein spezifisches äußeres Selbstverständnis ab, eine detaillierte Selbstbetrachtung, die aus der Mode gekommen ist. Kaum einer will wirklich gesehen werden oder etwas über sich selbst verraten. Scheinbar ist nur modernen Showbusineß-Künstlern, Politikern und Moderatoren gestattet, ihr Aussehen in jedem Augenblick unendlich wichtig zu nehmen. „Gewöhnliche Menschen tun tatsächlich eine Menge dafür, um nicht zu erkennen, wie sie tatsächlich aussehen, indem sie behaupten, sie könnten das nicht aushalten, und indem sie gutes Aussehen loben, aber sich selbst dafür verachten, daß es ihnen wichtig ist, schön auszusehen, die sich von → Spiegeln magisch angezogen fühlen, die sie gleichzeitig lauthals verachten.“[22]

18 Lukas, Josef (Hg.): Schneider machen Leute. Das ehrbare Handwerk der Schneider. Ein kulturgeschichtliches Potpourri. Zürich 1987, S. 38.

19 Rouff, Maggy: Philosophie der Eleganz. Übersetzt aus dem Französischen. 2. Auflage, München 1951, S. 17f.

20 Hollander, A., S. 293.

21 Ebenda, S. 293.

22 Ebenda, S. 295.

Der Stil der Bewegungen und Gesten, der körperliche Charme eines Menschen, sein normaler Gesichtsausdruck und Gang sowie die Art, wie man seine Kleidung trägt, das wirkliche Aussehen, bleibt bei Besuchern von Fitneßstudios zumeist unreflektiert.

Schein-Eleganz: Was ist denn wirkliche Eleganz? Vielleicht gehört kultivierter → Geschmack zur wahrhaftigen Eleganz. Die verzwickte Frage nach der Essenz echter Eleganz ist nicht zu beantworten ohne den Herrn, der, vom Schneider bestmöglich eingekleidet, erkennt und weiß, daß das einzige, was das Bild seiner Eleganz echt macht, nur er selbst sein kann. Er verläßt sich nicht ausschließlich auf die Kunst seines Schneiders.

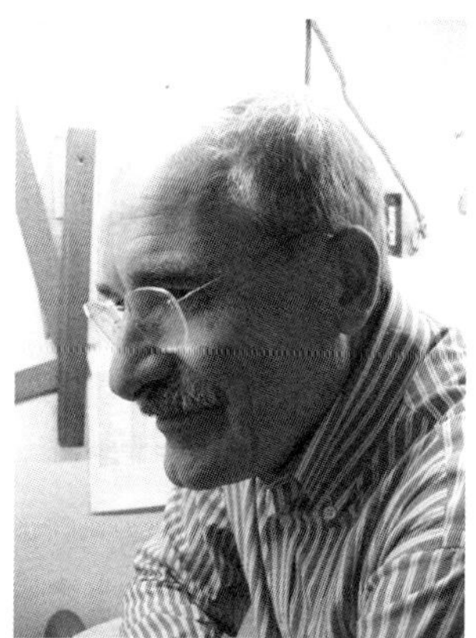
Alfred Konsal, 2005.
© Foto: R. Sprenger.

Schneider: Was ist ein Schneider, eine Schneiderin? Die Umgangssprache bezeugt in zahlreichen Redensarten[23] die Abwertung des Schneiders im gesellschaftlichen Urteil: „Frieren wie ein Schneider" (seiner angeblichen Schmächtigkeit, Schwäche und Kränklichkeit wegen als kälteempfindlich und sehr leicht fröstelnd verrufen), „Essen wie ein Schneider" (mangelnde Nahrung und schwacher Appetit bei Schneidern), „Laufen wie ein Schneider" (schneller Lauf eines Menschen mit Fliegengewicht). „Herein, wenn's kein Schneider ist!" bedeutet eigentlich eine Parodie auf die Sitzungen der Schneidergesellen bei offener Zunftlade. Diese streng geschlossene Gesellschaft gewährte nur Schneidern Einlaß: „Herein, wenn's ein Schneider ist!" Anlaß zur Parodie gaben wohl Schneider, die ihre Forderungen eintreiben wollten. Die Schneider taten einen „Schneidergang", denn sie gingen nicht selten vergeblich ihre Schulden eintreiben, sie wurden oft abgewiesen und noch dazu verspottet: „Dastehen wie ein geleimter (nicht bezahlter) Schneider", und der Kunde, der „beim Schneider hängenblieb" (seine Kleiderrechnung nicht beglich). „Sich wie ein Schneider am Ostertag tummeln" hieß, sogar an Sonn- und Feiertagen zu arbeiten. Es gab fleißige Schneider, aber dem Schneiderstand wurde Faulheit, Nachlässigkeit und Pfuscherei nachgesagt. Die einfache Feststellung „Er ist ein Schneider" galt (gilt?) schon als verächtliches Schimpfwort. „Schneider sein" bedeutet allgemein leer auszugehen, keinen Jagderfolg zu haben, oder am Tag nichts verkauft zu haben. Wer wollte da nicht „aus dem Schneider sein" (vom Kartenspiel übernommener Ausdruck, wenn man mehr

23 Röhrich, Lutz: Das große Lexikon der sprichwortlichen Redesarten. Bd. 3, Freiburg 1992.

als 30 Augen hatte)? Auch wird das Wort „Schneider" euphemistisch für Teufel eingesetzt: „Hol dich der Schneider!" Das Märchen vom „Tapferen Schneiderlein" setzt hier eine bemerkenswerte Ausnahme. Der Schneiderberuf schneidet als verfemter Beruf ab. Wer wollte da ein Schneider sein und dem Ruf entsprechen, der ihm voraus- und nacheilt? Jeder Schneider und jede Schneiderin schneidere und arbeite an der Widerlegung obiger und weiterer Schneider(vor)urteile! Auch wenn die Redensarten kaum umgeschrieben werden, bezeugt ein Schneidermeisterwerk und Schneiderleben eine meist stillschweigende, aber dennoch vortreffliche Widerlegung. Das Schneiderhandwerk, als Kunsthandwerk betrachtet, praktiziert und anschaulich bewiesen, bringt diese kleine Philosophie zur Welt. Die hohe Kunst der Herrenkleidermacher hat doch sehr mit →Besessenheit, → Erfahrung, → Feinsinn, → Können, → Hand und → Kopf, → Präzision und → Sorgfalt zu tun, falls man sich wirklich auf seine Profession als Schneider versteht. Jeder Schneider prüfe sich und sei geprüft! Ein Schneider-Beispiel: Ecce sarto! → Alfred Konsal.

Schönheit: Der Anblick eines Sakkos verrät Schönheit oder Häßlichkeit. Der Anblick eines gelungenen Sakkos gewährt „reine Heiterkeit"[24] und versetzt in grenzenloses Staunen über das → Genie des Meisters. Beinah könnte die Anschauung eines solchen Kunststücks genügen, und doch: man sollte unbedingt eines besitzen und tragen (→ Glück).

Sorgfalt: Sie ist „das Lächeln der Eleganz"[25] (→ Präzision).

Spiegel: Das ebenso alltägliche wie unerträgliche Erscheinungsbild schlecht gekleideter Männer und Frauen läßt den → Schneider diese unverschämte Frage formulieren: Besitzen diese Menschen keine Spiegel? Schlampige Kleider, ungebügelte Stoffe, ausgebeulte Taschen etc. gehören scheinbar zum modischen Update einer Zeitgenossenschaft, die sich nie im Spiegel selbst betrachtet. Unvermeidlich wären Ansichten physischer und geistiger Individualität, mithin menschliche Unzulänglichkeit, die, weil einmal angerührt, Prozesse der Selbsterkenntnis auslösen, die auf Umwegen zur Eleganz führen könnten. Elegie im Konjunktiv: → Eleganz, → Charakter, → Selbsterkenntnis, → Unzeitge-

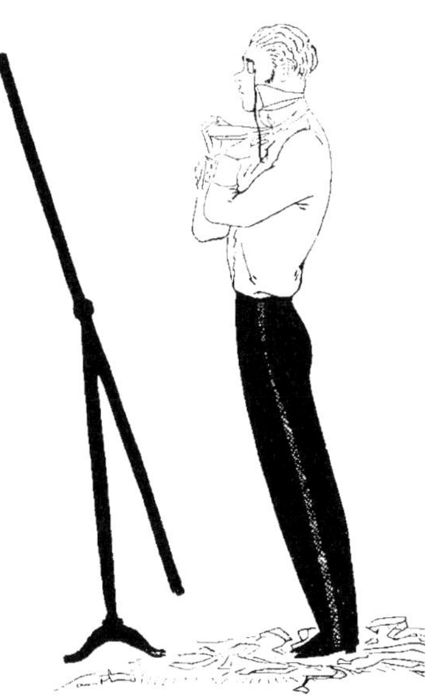

24 Rouff, Maggy: Philosophie der Eleganz. Übersetzt aus dem Französischen. 2. Auflage, München 1951, S. 41.

25 Ebenda, S. 133.

mäßes. Reichhaltig gefüllte Kleiderschränke können eine Tatsache nicht verleugnen: „Ob man etwas anzuziehen hat, hängt nicht von der Zahl der Kleider im Schranke ab, sondern von ihrer Qualität."[26] Wendig im Selbstbetrug, haben viele den Spiegeln etwas vorzuspiegeln, ohne eine Frage an den Spiegel zu stellen: Wie bin ich angezogen?

Stil: Das „Ideal von Stil: die Verbindung von Sachlichkeit mit Inspiration".[27] Das Wort „Stil" kann vielerlei bedeuten, doch weist es immer auf formende Kräfte hin, sei es in der Kunst oder im Kunstgewerbe. Das Wort ist lateinischen Ursprungs und leitet sich ab von ‚stilus' (Griffel), dem Schreibgriffel des antiken Schreibers. Ursprünglich bedeutet ‚Stil' eine ausgeprägte Handschrift, später wird er auf die künstlerische Entwicklung der Künstler und Kunsthandwerker ausgedehnt.[28] Stil ist etwas in einem Stück, das sich erfolgreich gegen die Antiquiertheit seiner Erscheinung auflehnt.

Technik: Im antiken Sinn umfaßt „techné" nicht die Spannweite des modernen Kunstbegriffs, sondern bezieht sich vor allem auf handwerkliche Geschicklichkeit und Kunstfertigkeit. Der Meisterschneider ist einerseits Handwerker, überschreitet jedoch in seinem Schaffen das Maß handwerklicher Normerfüllung. Die individuelle Umsetzung seines handwerklichen Anspruchs macht ihn zum genialen Solitär, dessen signiertes Meisterstück die Handschrift (→ Stil) des Kunsthandwerkers trägt. Der Kunsthandwerker kennzeichnet sich nicht durch die Befreiung von jeglicher Norm und Systemvorgabe, wie sich dies ein „Designer" etwa erlaubt. Vielmehr bedient er sich dieser in Bewußtsein und Kenntnis ihrer Grenzen und setzt seine „Kunstgriffe" dort an, wo die reine Technik des rechten Wissens versagt. Dennoch ist er in höchstem Maße kreativ und schöpferisch im ureigensten Wortsinn.

Tradition: Bewahrung des Feuers oder: ein Balanceakt zwischen dem unerschütterlichen Traditionsbewußtsein der Engländer und der modisch-frischen Raffinesse der Italiener.

Unzeitgemäßes: Maßkleidung wird allgemein unter dieser Rubrik angeführt. Der Zeitgeist propagiert Schnellebigkeit, dogmatische Unterordnung unter den Zwang zu willkürlichem Wandel. Das Individuum, das sich diesem Wandel bewußt und willentlich verschließt, gilt als konservativ, altmodisch. Diese Attribute hängen der Herrenbekleidung zwar generell an, die Konfektion hat dieser Kategorisierung dennoch Einhalt geboten. Maßkleidung beinhaltet a priori eine bewußt vollzogene Hinwendung zur Person, zum Individuellen, zur Reflexivität eines ausgebildeten

26 Rouff, Maggy: Philosophie der Eleganz. Übersetzt aus dem Französischen. 2. Auflage, München 1951, S. 128.

27 Dedecius, Karl (Hg.): Bedenke, bevor du denkst. 2222 Aphorismen, Sentenzen und Gedankensplitter. 3. Auflage, Frankfurt a. M., 1995, S. 217.

28 Guggenbühl, Paul: Kunst und Handwerk. Von den Anfängen bis zur Romantik. Zürich 1968, S. 12.

menschlichen Charakters, einer mit Nachdruck formulierten Vorliebe, sich zu kleiden. Mann kleidet sich im Widerspruch zur modischen Erscheinung, die nur anzieht.

Verallgemeinerungen: „Immer wichtig, niemals richtig" (Erich Kästner). Dieser epigrammatische Lehrsatz gilt auch in der Maßschneiderei. Bei allen Fragen, über denen sich die Schneider-Geister scheiden, steht die Anmerkung, daß letztlich vor allem das ästhetisch überzeugende, haltbare Ergebnis zählt. Traditionalistisch wie progressiv orientierten Schneidermeistern ist gemeinsam, daß sie nach dem Ergebnis ihrer Arbeit beurteilt werden. Verallgemeinerungen zur Arbeitsmethode relativieren sich dadurch selbst. Jeder Meister erarbeitet seinen Weg zum Erfolg. Dieses Buch zeigt einen Weg, aber es gibt ohne Zweifel viele Wege und → Annäherungsversuche.

Verrat: In der Art, wie wir uns anziehen, verraten wir unser Innerstes, alles, was uns berührt; was uns einhüllt, enthüllt unsere Persönlichkeit: Selbstverständnis, den Grad an → Selbsterkenntnis, das vorweggenommene Selbstbild im → Spiegel der Augen unserer bekleideten Umwelt. Die Kleidung, die wir tragen, übt täglich Verrat an unserem → Charakter, unseren Gedanken, Gefühlen und der Selbstreflexion, mit der wir sie tragen (→ Geschmack).

Der andere Verrat: Das Sakko verrät die → Kunst des Schneiders. Die Architektur, die Komposition, die Pinselstriche und die → Poesie eines Schneiders koinzidieren in der Gestalt eines Sakkos und verraten, was der Meister von seiner Sache versteht.

Wahn: … des Schneiders vor der Anprobe, der ersten, der Zwischenprobe, der Endprobe; Unzufriedenheit im Arbeitsfortschritt und der Qualität der Arbeit, sichtbar am (un)fertigen Stück. Kennzeichnend für den Meister, der zwischen → Genie und Wahn an sich selbst oft nicht zu unterscheiden weiß. Das fertige Stück soll womöglich nur Genie verraten. Der Wahn unerreichbarer, göttlicher Vollkommenheit bleibt als Ansporn und Fluch im Meister zurück.

Wissen: (Was weiß ich?) Die Beherrschung des Schneiderhandwerks setzt enormes Fachwissen voraus. Seine Umsetzung wird nicht selten zur Mutfrage, da mit dem Wissen auch der → Zweifel wächst. Das → Können verrät die Interpretationsgabe, die Übersetzungskunst des Meisters, die Sprache seiner → Hände verrät ihn in seinem Stück.

Zauber(ei): Der Schneiderei wohnt ein Zauber inne, das versteht mancher Schneider, mancher Betrachter der von Schneidern hervorgebrachten Werke. Da kein

Meister vom Himmel fällt, läßt sich die Kunst der Herrenkleidermacher wohl mit Talent und Eifer erlernen. Manche Erfahrung der täglichen Schneiderarbeit grenzt dennoch an Zauberei, vielleicht zu verstehen als eine außerordentliche Meisterschaft, in der alles bisher Erlernte und Praktizierte nicht hinreicht, um ein schnitt- oder verarbeitungstechnisches Problem zu lösen. Ein neuer Kunstgriff ist gefragt als Antwort auf ein unvergleichliches Problem. Und wenn das Unterfangen gelingt, ist Zauberei im Spiel, manchmal → Glück, wenn das Gelingen ebenso schwer wie unmöglich erscheint. Die Zauberei bei der Verwirklichung eines → Ideals hat dabei nicht im entferntesten etwas mit „Pfusch" (schnelle, mangelhafte, vielleicht unüberlegte Erledigung einer Aufgabe) zu tun. Die Art der Ausführung entspreche der Vorgabe der klassischen männlichen Bekleidung: → Eleganz ist auch hier das Zauberwort.

Zeitlosigkeit: Mode als Spiegel der Geschichte (Sonnenkönig Ludwig XIV. sah es so) steht im scheinbaren Widerstreit zum Bestreben des guten und besseren Maßschneiders, lange tragbare Modelle zu fertigen. Schnellebigkeit ist seiner Arbeitshaltung abträglich. Die Arbeit am Modell erfordert viel Zeit, das Material und die Verarbeitung sind auf Dauer und Haltbarkeit „zugeschnitten". Vielleicht steckt in jedem über Jahrzehnte tragbaren und de facto getragenen Modell eines Maßschneiders die „eingenähte" Sehnsucht nach Dauerhaftigkeit inmitten alltäglicher, menschlicher Wechselhaftigkeit. Damit geht jeder Maßschneider zwangsläufig in Opposition zur Konfektion, die die Schnellebigkeit durch die Koppelung von Designervorgaben und Modetrends bestätigt und zur Erhöhung der Umsatzzahlen werbestrategisch noch befördert. Manche Maßschneider fertigen Sakkos, die den Zeitgeist spiegeln, aber gleichwohl zeitlos sind (→ Unzeitgemäßes, → Stil).

(Selbst-)**Zweifel:** Unter Schneidern, für die ein perfekt sitzendes Meisterstück das Ziel allen Arbeitens und Strebens ist, ständiger Begleiter: War es der richtige Stoff für das gewählte Modell, der Goldene Schnitt für diesen einen Kunden? Die richtige Einlage, nicht zuviel Überweite? Zweifel beschäftigen den Maßschneider in bezug auf seine ureigenste Disziplin: Was ist das richtige → Maß? Zu viele Zweifel enden selbst in der Maßlosigkeit, die mit dem Zweifeln auszuräumen beabsichtigt war. Der Zweifel bewährt sich nur als methodischer Zweifel des Umgangs mit der erreichten Arbeitsleistung. Als Zweifel des Schneiders an seinem eigenen Vermögen und Stand erweist er sich als lähmend und kontraproduktiv: Daß es im 21. Jahrhundert des Schneiderhandwerks noch immer bedarf, hätte jedes Meisterstück, der Vergleich mit den Unzulänglichkeiten der → Konfektion und mithin jeder zufriedene Kunde bewiesen und hoffentlich honoriert. Die → Idee des vollkommenen Sakkos provoziert zu hervorragender Arbeit und zur Überwindung des Zweifels.

IX. Rückstiche: Schneider mach(t)en Leute

„If John Bull turns to look after you,
you are not well dressed.“[1]
George Bryan Brummell

Das „perfekte“ Sakko wird vom Schneider gebaut, versteht sich, nach dem bebilderten Beweis, den dieses Buch versuchte. Stil im Anzug schafft das vordergründig tadellose Erscheinungsbild des eleganten Herrn. Doch die Wirkung seines kunsthandwerklich gemeisterten Kleidungsstücks ist damit noch keineswegs eine gemachte Sache. Die eigentliche Wirkungsgeschichte des Schneiders beginnt mit dem gesellschaftlichen Auftritt des Trägers. Auch wenn die Wahl des Schneiders nie ohne Konsequenz für sein Styling sein wird, steht dem eleganten Mann das Statement in jedem Moment bevor: Die Art des Tragens seiner Maßanfertigung, die Wahl des modischen Beiwerks, aber vor allem die „unsichtbare“ Ausstattung des Herrn bestimmen den Erfolg des Schneiders mit. Ohne die bestehende Abhängigkeit vom „inner man“ läßt sich das Verhältnis von Schneider und dem eleganten Herrn nur unvollständig wahrnehmen.

Die scheinbar gesetzmäßige Wechselwirkung von gemeistertem Schneiderhandwerk und der männlichen Persönlichkeit zeigt die nach wie vor wirksame Relation von Ästhetik und Ethik auf kleidersprachlicher Ebene: Was der Schneider schafft, verlangt dem Träger eine seinen Anzug transzendierende Bestätigung ab. Der „bewußtlose“ Träger, ohne Stil und Innerlichkeit, der Mann ohne „gentle manners“ wird zur lächerlichen Figur, dem zwar alles auf den Leib geschneidert paßt, dessen Auftritt dennoch kaum für den Schneider spricht. Diese Wahrnehmung gilt als Ohnmacht des Schneiders.

Der Stil im Anzug beginnt und endet mit der (Selbst-)Erkenntnis des bekleideten Herrn: Vitalität, Attraktivität, Überzeugungskraft und Weltanschauung, aber auch die undefinierbare Ausstrahlung des modischen Statements sprechen aus, worüber Mann nicht spricht. Jeder Moment impliziert die Möglichkeit persönlichen Stils. Die Ästhetik des Sakkos selbst zeigt, daß alle seine Details ausschlaggebend für die Gesamtwirkung sein können. Die Beachtung jedes Details nutzt diese Effizienz.

1 Zitiert nach: Wittkop-Ménardeau, Gabrielle: Unsere Kleidung. Aus der Geschichte der Moden bis zum Jahr 1939. Frankfurt a. M. 1985, S. 143.

Es gab „elegante Bonvivants“[2], deren anziehende Persönlichkeit nicht den Eindruck erweckte, durch die Kunst des Schneiders entstanden zu sein, für den er „nur“ als Träger seiner Kunsthandwerke fungieren sollte. Der Schneider selbst machte und macht (!) keinen Lärm um seine ernste Kunst, seine Kunst und Leistung stand und steht im Dienst des Mannes, dessen Persönlichkeit so stark durch ihre Eleganz wirkt, daß jedermann nach dem Schneider fragt. Es ist nicht zu leugnen, daß heute nur bei wenigen der angeschwärmten Operetten-, Kino- und Schauspielhelden die Persönlichkeit über den Anzug hinausragt.[3]

Die Kunst der Kleidermacher erlangte ihre nachvollziehbare Höhe mit dem Ansehen jener eleganten Herren, an deren Leben und Erfolg der Schneider sein beherrschtes Handwerk im Dienst an der englischen und kontinentalen Bekleidungskultur entfaltete. Der Untergang dieser Kultur selbstverständlich wirkender Eleganz, bedingt durch gesellschaftliche Veränderungen, die schnellebigen Anforderungen des Bekleidungsmarktes und die daraus erwachsene Massenproduktion, beförderte den Niedergang dieses stillen Handwerks der poetischsten Art. Mit der modischen Sonnenfinsternis der Gegenwart geht das unauffällige Verschwinden dieses großartigen Kunsthandwerks einher, deren Künstler wie alle Handwerker dazu berufen waren, die europäische Kultur um ihr unscheinbares Beispiel zu bereichern. Denn „eine Kultur lebt vor allem in der Mannigfaltigkeit ihrer Berufe. Jeder von ihnen bringt, abgekapselt in seiner Zelle, für sich Gesichtsausdrücke, Kleidung, Sprachen, Haltungen, rührende oder scherzhafte Anekdoten, eine Pädagogik, eine Moral hervor. Das waren die Werkstätten bis vor kurzem: Kulturgerinnsel, sich selbst genug; Königreiche, in denen der König ‚Mastro‘ genannt wurde, der Drehbank ... Historische Orte und geweihte Stätten, deren veraltete Techniken, deren edler Phalanstère-Geruch in keine Enzyklopädie mehr aufgenommen werden wird.“[4]

Die Werkstatt des Schneiders Alfred Konsal war auch so ein Ort, an dem es nach erhitzter Wolle, Roßhaar, Kaffee, Besessenheit und Zurückhaltung roch. Wenn der Meister in Gesellschaft seiner gebündelten Schnitte seiner Arbeit voraus- oder nachdachte, wartete die beinah enge Luft auf den nächsten Laut der Maschinen, die das stille Handwerk eiliger vollenden halfen. Dann wieder knisterte das gleich darauf verdampfte Wasser unter der Last der heißen, schweren Sohle eines unzeitgemäß wirkenden Eisens. Es duftete wunderlich. Die Nadeln im Kissen sahen alles mit an. Leere Kleiderbügel und gestapelte Stoffe ließen an wartende, fallende Schultern und runde Rücken denken. Alle Stiche wurden sichtbar vor dem Blick des Künstlers, vor allem die unsichtbaren. Ihre Sprache war eindeutig, ernst und stach immer ins angestrengte Auge unter dem schonungslos hellen Licht der Tischlampe. Die Hände bemühten sich um alles, was das Material verriet, und antworteten mit manchmal

2 Kühn, R. M. (Hg.): Herrenwelt. Berlin 1924, Heft 1, S. 2.

3 Kühn, R. M. (Hg.): Herrenwelt. Berlin 1924, Heft 1, S. 3.

4 Bufalino, Gesualdo: Museum der Schatten. Geschichten aus dem alten Sizilien. Berlin 1982, S. 21.

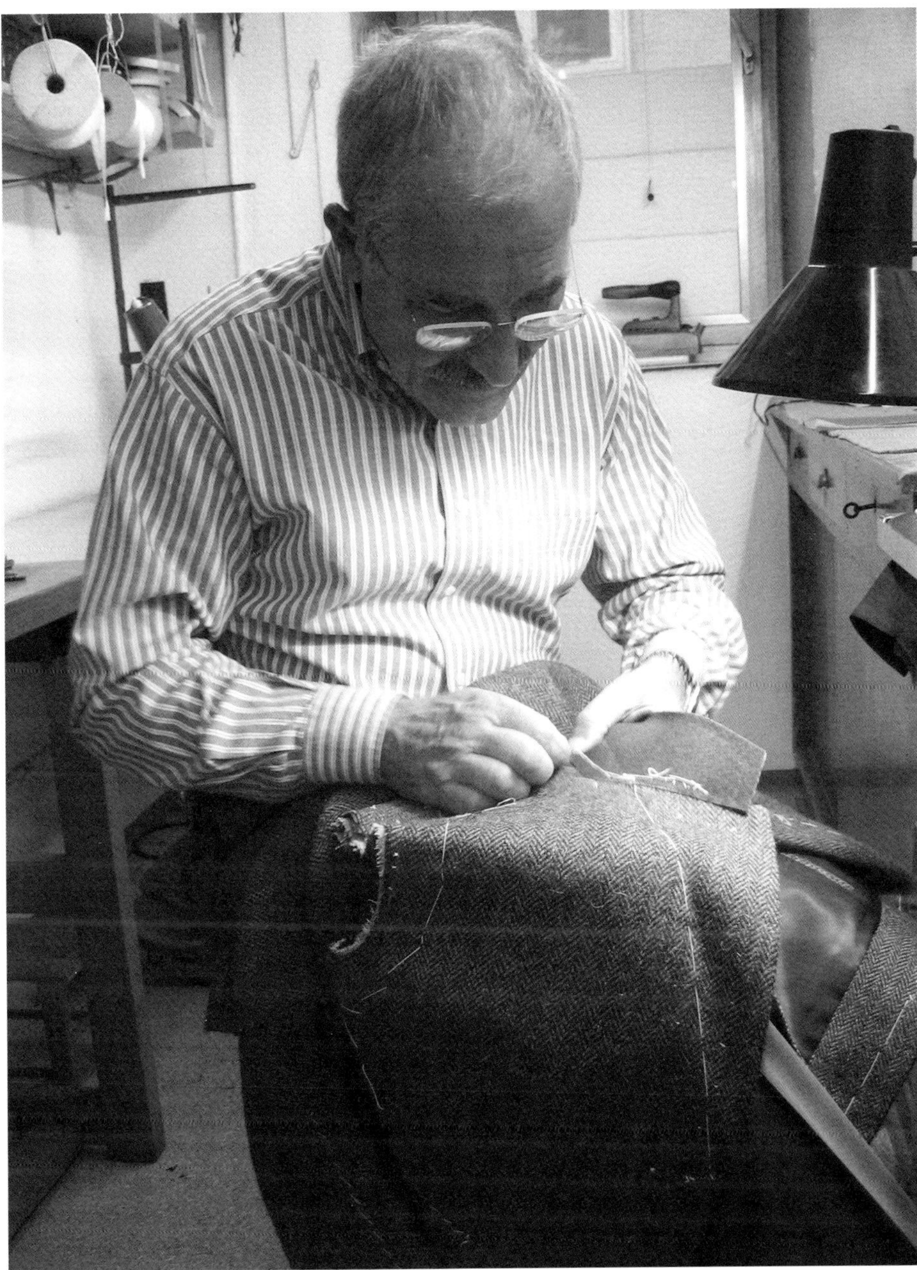

zögernder, aber stets zärtlicher Geste. Über der Stiege hallte das Schnalzen der Finger des Meisters als untertrieben hörbarer Jubel über ein weiteres, fertiges, vortreffliches Meisterstück.

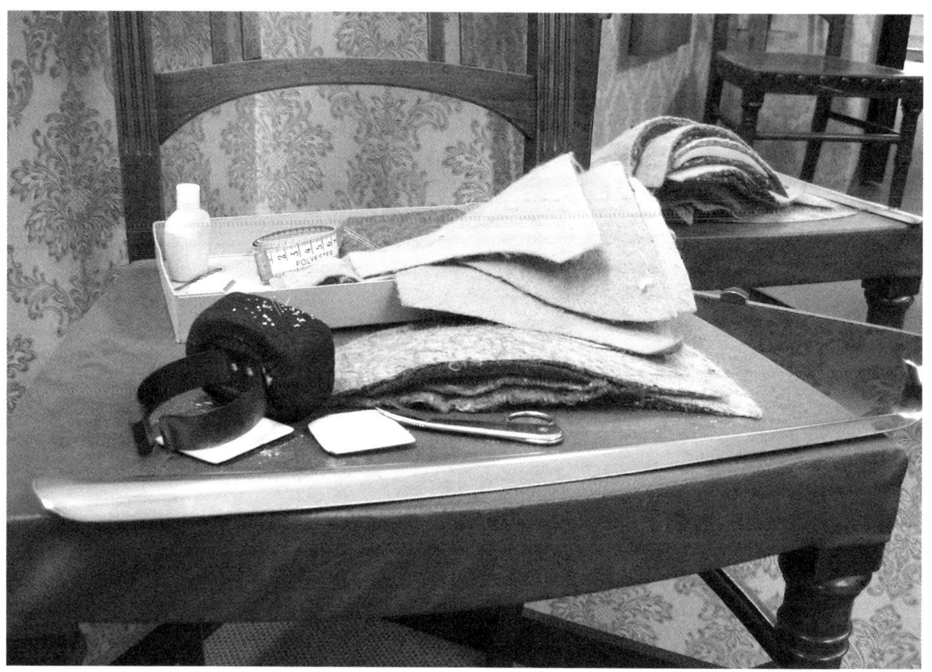

Schneiderwerkzeug für die Anproben. © R. Sprenger

X. Schneider-Stichwortverzeichnis

Abendanzug, großer: → Frack.

Abendanzug, kleiner: Kennzeichen des kleinen, einfarbigen, dunklen, ein- oder zweireihigen Abendanzugs ist die → Schleife. Er ist immer mit Weste zu tragen.

Abendkragen: → Vatermörderkragen.

Abendmantel: Um 1900 nur als Begleiter des → Fracks getragene Mantelformen: → Balmacaan, → Invernes, → Macfarlane, → Havelock. Mit dem Frack verschwanden auch diese Abendmäntel weitgehend. Als Abendmantel gelten heute auch der → Paletot und der → Chesterfield.

Abklopfen: Markierungen werden in der Herrenschneiderei häufig durch Abklopfen von einem Schnitteil auf das gegengleiche Teil übertragen, indem man die Schnitteile exakt links auf links legt und die Kreidezeichnung vom einen auf das andere Teil durch festes Klopfen überträgt.

Abito: Ital. Bezeichnung für den → Anzug.

Abnäher: Ein Abnäher ist ein formgebendes Schnittelement, das die Weite, Länge und Form bestimmter Schnitteile herstellt (z. B. Brustabnäher). Überschüssige Weite an diversen Körperstellen (Brust, Schulter, Seitenteil etc.) wird „abgenäht". In der Herrenschneiderei werden Abnäher generell zu vermeiden und die notwendige Formgebung durch → Dressur der Schnitteile zu erreichen versucht.

Abstich: Bezeichnet generell die Linienführung am Kragen (Kragenabstich), an der vorderen Kante (Kantenabstich) und am Ärmel (Ärmelabstich). Die Gestaltung des Kragen- und Kantenabstichs unterliegt bestimmten ästhetischen Gestaltungsregeln ebenso wie der modischen Interpretation.

Achselrolle: Am Trachtensakko, an Kostümen und Mänteln vorkommender, kontrastfarbiger, wattierter Einsatz an der Armkugel.

AFM: Abkürzung für den Arbeitskreis führender Maßschneider; als deutsches Pendant etwa dem → Wiener Modering vergleichbar.

AFM-Kante: Bezeichnung für die in imitierter Handarbeit mit der Kantensteppmaschine gesteppte → hohle (vordere) Kante am konfektionierten Sakko und Mantel.

After-six-Anzug: Abart des Straßenanzugs, meist aus wertvollem dunklem Stoff mit Multicolor- oder feinen Streifendessinierungen.

Amerikanische Fütterung: Nicht komplett eingefütterte Kleidungsstücke sind mit sogenannter amerikanischer oder französischer Fütterung ausgestattet.

Amerikanischer Schlitz: Mittelschlitz im Rücken.

Amerikanische Silhouette: Formlos saloppe Sakkolinie mit Hängeschultern (→ Hollywood-Silhouette).

Amerikanische Tasche: Bezeichnung für die durch amerikanische Uniformhosen bekannt gewordene Seitentaschen mit verlegter Naht. Der Eingriff verläuft im Vorderteil etwa 5 cm vor der Seitennaht vom Bund in etwa 16 cm Länge schräg bis zur Seitennaht.

Änderungsschneider: Beschäftigt sich mit der Änderung oder Reparatur von Fertigkleidern (→ Konfektion). Den Marktanforderungen entsprechend müssen sie rasch und billig arbeiten. Das Arbeitsergebnis paßt sich diesen Erfordernissen an.

Angora-Ziege: Lieferant der Mohair-Wolle. In Schurwoll-Beimischung wird Mohair-Wolle zu qualitativ hochwertigen, leichten Kid-Mohair-Anzugstoffen verarbeitet.

Anschlagen: Nach dem Einheften (1. Anprobe) und Einnähen des Ärmels wird das Vorderteil entlang der Ärmelnaht spannungsfrei und paßgerecht an die Einlage geheftet, um die Verbindung von Oberstoff und Einlage am vorderen Armloch für die Weiterverarbeitung zu sichern. Dieser Arbeitsgang wird als Anschlagen bezeichnet.

Anzug: Im engeren Sinn der moderne, dreiteilige Herrenanzug, bestehend aus → Sakko, → Hose und → Weste, zumeist aus gleichem Stoff gearbeitet. Sportliche Anzüge werden kombiniert, d. h. aus verschiedenen, in Farbe und Webart aufeinander abgestimmtem Materialien gefertigt.

Arbiter elegantiarum: Seit dem klassischen Alterum verwendeter Titel für Männer, die als Vorbild des guten Geschmackes gelten. → Brummell und andere spätere Dandys, die Prinzen von Wales, insbesondere Eduard VII., bestätigten ihre Qualifikation als „arbiter elegantiarum".

Ärmel: Erst im 13. Jahrhundert schneidet man die Ärmel mit sogenannter Armkugel und setzt sie dem von nun an oval geschnittenen Armausschnitt ein. Zu Beginn des 19. Jahrhunderts erhalten die Männerärmel ihre klassische, zweinähtige Form.

Ärmelaufschlag: Erstmals am Justaucorps des 17. Jahrhunderts zu finden. An bestimmten Manteltypen (→ Ulster etc.) klassisch gewordene Ausstattung. Schmückendes Stilelement des → Edwardian-Style, der um die Jahrhundertwende in war; im → New-Edwardian-Style der 50er Jahre wieder aufgegriffen.

Ärmelfisch: An eingesetzten, klassischen Sakko- und Mantelärmeln werden im Bereich der Kugel vorgefertigte oder selbst hergestellte Streifen aus Watte, Watteline oder diversen Einlagen eingenäht, um dem Ärmel einen dauerhaften, vollen Fall zu verleihen.

Ärmelfutter: Traditionell wird der Sakkoärmel im Unterschied zu Vorder- und Rückenteil mit weißem oder weiß gestreiftem Futter aus Taft, Serge oder Satin gefüttert.

Ärmelpolster: Bügelpolster in bohnen- oder niedereartiger Form. Er dient als Unterlage beim Flachbügeln und → Glanzabziehen kleiner, gewölbter Flächen sowie beim Bügeln der Armkugel und der Ärmel.

Ärmelschlitz: Am klassischen Sakkoärmel als aufknöpfbarer Schlitz mit ein bis vier Knöpfen gearbeitet. Von der Kleidung der Arbeiter übernommen, räumt er die Möglichkeit des „Hochkrempelns" ein, die der Bürger niemals nutzt. Heute nur mehr ein klassisches Sakkodetail, das von Herrenschneidern mit → aufgezogenen Knopflöchern ausgestattet wird.

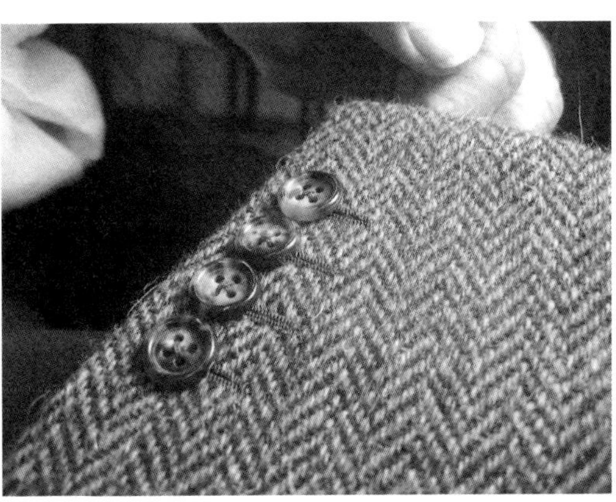

Ärmelschlitz mit Büffelhornknöpfen. © Modell: A. Konsal.

Ascot: Halsbinde, die in den 1880er Jahren zum Gehrock und beim Royal-Ascot-Pferderennen getragen wurde, nach dem sie benannt ist. Die freien Enden dieser Gordischen Krawatte werden übereinandergelegt und mit einer Nadel befestigt. Heute noch bei englischen Hochzeiten und Pferderennen als Beiwerk des → Cutaway zu sehen.

Aufgang: Differenz zwischen Seitenlänge und Schrittlänge einer Hose (Leibhöhe).

Aufgesetzte Tasche: Allgemein Kennzeichen sportlicher Bekleidung, erstmals am → Norfolk ausgeführt. Kann mit oder ohne Patte gearbeitet sein. Mit seitlichen Einsätzen erhalten sie zusätzliche Geräumigkeit (→ Blasebalgtaschen).

Aufschneider: Er schneidet nicht mit der Schere, sondern mit einem zu großen Messer. Aufschneidergeschichten erzählen von großen Lügen und Übertreibungen, nicht von Schneiderkunst, die mit echten Beweisstücken hervortritt.

Autocoat: Kurzer, sportlich-eleganter Herrenmantel, der knapp bis zum Knie reicht. Er wird mit Raglan- oder eingesetztem Ärmel verarbeitet.

Augenknopfloch: Knopfloch an Herrenoberbekleidung, das dem Hals des Knopfes durch eine kreisförmige Aussparung am zur Kante gerichteten Knopflochende Platz gibt. Kann als → Glanzknopfloch oder → aufgezogenes Knopfloch gearbeitet werden.

Aufgezogenes Knopfloch: Augenknopfloch, bei dem das Stichbild die Knoten des Knopflochstiches zeigt, der durch das vertikale Aufziehen des Seidenzwirns gebildet wird. In der Herrenschneiderei gebräuchliche Form der Knopflochausarbeitung an Sakko und Mantel.

Aufschlag: Synonyme Bezeichnung für die an Herrenhosen gearbeiteten → Stulpen am Saum der Hosenbeine; ca. 4 cm breit. Frack- und Smokinghosen werden immer ohne Aufschläge getragen (→ Umschlag, → Hose).

Ausstich: Bezeichnung für die runden Ausnehmungen im Schnitt, z. B. am Armloch, an der Gesäßnaht. Bei Änderungen nach Anproben kann sich eine Verschiebung des Ausstichs ergeben, also der Form und Tiefe des Armlochs oder der Gesäßrundung.

Autoschlitz: Rückenschlitz bei Sakkos und Mänteln, der nach links offen ist. Gleichfalls werden hohe Seitenschlitze an Mänteln als Autoschlitze bezeichnet, da diese das Hochschlagen des unteren Mantelteils gestatten und störende Faltenbildung vermeiden helfen, da der Autofahrer nicht auf seinem Mantel sitzt.

Balance: Sie bezeichnet das ausgewogene Verhältnis von Vorder- und Rückenlänge eines Modells. Entscheidend für die passende Balance ist die Lage der Schulterpartie und der korrekte Sitz des Kragens sowie der Fall der Fasson. Die Balance beeinflußt das Tragegefühl und das Erscheinungsbild des Sakkos oder Mantels maßgeblich.

Balancemaße: Beim Vermessen des Kunden wird mit dem → Lotband von der Halsspitze über den Rücken und nach vorne über die Brust zum Boden die gesamte Rücken- und Vorderlänge gemessen. Sie gibt Aufschluß über die Körperhaltung und dient als wichtiges Kontroll- und Hilfsmaß bei der Schnittaufstellung.

Balmacaan: Schwarzer oder mitternachtsblauer → Raglanmantel mit → Sliponrevers, verdeckter Leiste, beinah vertikalen Tascheneingriffen und → Ärmelaufschlägen (auch seidenbesetzt). Wurde vor allem in der Zwischenkriegszeit getragen. Reiner → Abendmantel, der als Nachfolger des Frackhavelock (→ Havelock) gilt.

Barathea: Klassisch englische, dunkelblaue oder schwarze Stoffqualität für den → Frack.

Barde, Fulerand Antoine: Französischer Schneidermeister (1779 – ?) und Erfinder des Maßbandes (1815).

Bauchstütze: Am Unterbau der Front (→ Einlage) unterhalb des Brustplacks zusätzlich angebrachtes Einlagenstück zur Verstärkung der Bauchpartie am Bauchsakko.

Be-Bops: Be-Bop als amerikanischer Tanz gab dieser „Tracht" der Existenzialisten (um 1948/49) den Namen. Vorschriftsgemäße Tracht sind kariertes Sporthemd „à la Gaucho" zu dunkler Hose.

Beinling: Früher Bezeichnung für die einzelnen Hosenbeine. Im Schneiderhandwerk das Schnittmuster für eine halbe Hose.

Beiwerk: Ein ziemlich umfassender Begriff für alles, was sich zu verschiedenen Tageszeiten und Anlässen zum Anzug gesellen kann: Hemd, Hut, Krawatte, Schleife, Schal, Schuhe, Strümpfe, Taschentuch … und ähnliche Attribute der täglichen Herrenmode. Das Beiwerk ist schlichtweg das beste Variationsmoment des Anzugs.

Bemberg: Futterstoff aus Zellulose-Chemiefaser, nach dem Kupferoxydammoniakverfahren hergestellt. Beste Futterqualität, die sich durch ihren seidigen Touch, gute Trageeigenschaften und besondere Haltbarkeit auszeichnet. Made in Italy, J. B. Bemberg.

Besetz: Das Besetz bezeichnet in der Herrenschneiderei den Besatz aus Oberstoff, mit dem die fassonierte Kante der Sakko- oder Mantelfront bis zum → Abstich verstürzt wird.

Das Besetz ist bei einreihigen Sakkos bis zu 10 cm breit, bei → Doppelreihern verbreitert er sich je nach gewünschtem → Übertritt.

Beutelschneider: Sie beschäftigen sich nicht mit der Schneiderkunst, sondern schneiden nur Beutel auf, die früher als lederne Geldbehältnisse außen am Gurt getragen wurden. Heute werden sie meist als Diebe bezeichnet und nicht mehr mit der Schneiderei in Zusammenhang gebracht.

Bienenwachs: Dient zum Glätten des Knopfzwirns, dessen Oberfläche beim Durchstechen des Leines (Roßhaar) dadurch geschont wird, was die Lebensdauer bzw. die Haltbarkeit der Verbindung erhöht. Früher diente das Bienenwachs bei der Herstellung eines Knopfzwirns (Quispel), bei dem die noch ungedrehten Fäden eingewachst, dann gedreht, abermals gewachst und mit einem Stückchen Stoff- oder Futterfleckchen bestrichen wurden, damit der Zwirn glatt wurde.[1]

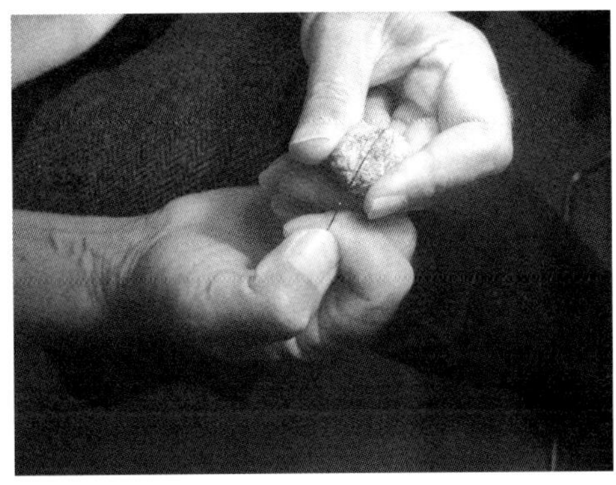

Biese: Sie wird in der Herrenschneiderei alternativ zur Legung eines Brustabnähers als Taillierung der Front eingesetzt. Die Taillierung wird nur angedeutet, indem man eine schmale Falte von der Brusthöhe bis zum Beginn des Tascheneingriffs abnäht. Die Stoffmusterung wird dadurch, anders als beim → Abnäher, minimal gestört. Vor allem bei gemusterten Stoffen und an Bauchsakkos ist die Biese zur Andeutung einer Taillierung vorteilhaft.

Billettasche: Kleine, fakultative, meist bei Sportsakkos angebrachte → Pattentasche rechts über der → Seitentasche. Sie ist immer der Pattentasche, über der sie in etwa acht Zentimeter Abstand angeordnet ist, um etwa 1 bis 1,5 cm zur vorderen Mitte hin vorgerückt.

Black Watch: Originalschottenmuster in stets schwarz-blau-grüner Farbstellung. Klassisches Dessin für → Blazer und Sakkos.

Blasebalgtasche: Abgewandelte Form der → aufgesetzten Tasche, die durch seitliche Einsätze mehr Platz einräumt. Nur an sportlichen Modellen zu finden, typischerweise am → Norfolk.

Blazer: Abgeleitet vom französischen „blason" (Wappenschild). Clubjacke der Männer, benannt nach dem auf der linken Brusttasche angebrachten Clubabzeichen. Der Blazer kann gefüttert oder ungefüttert, mit eingeschnittenen oder → aufgesetzten Taschen gearbeitet sein. Klassisch wird er aus eleganten Kammgarnstoffen oder Kammgarnfla-

1 Vgl. Rössler, Karl und Strahammer, Anton: Fach- und Werkstoffkunde für Herrenschneider. Bücher der Berufsschule. Wien, 1956, S. 14.

nell in Dunkelblau oder Schwarz gefertigt. Stets ist er mit auffälligen (Metall-)Knöpfen versehen. Klassisch kombiniert ihn der elegante Herr zu grauen Flanellhosen.

Blazeranzug: Anzug mit dezent-sportlichen Attributen, meist aus klassisch glattem Kammgarn hergestellt. Oft mit drei → aufgesetzten Taschen, mit → hohler Kante oder gesteppt gearbeitet. Mit oder ohne Zierknöpfe und Wappen.

Blazermantel: Korrekter Mantel im Blazerstil.

Blouson: Modisches Oberbekleidungsstück, das in der Taille oder Hüfte mit einem Bund abschließt. Diese blusige Jackenfasson ist je nach Weite und Trend unter verschiedenen Namen aktuell (Hipster- oder Pilotjacke, Battlejacket, Jockey-Blouson).

Blousonfalte: Seitliche Falte am Sakkorücken, die unten beginnt und nach oben ausläuft.

Blume: Vielleicht das älteste Beiwerk der Mode: → Knopflochblume.

Bonner Anzug: → Stresemann.

Bordjacke: Synonyme Bezeichnung der → Mess(e)jacke bzw. des → Spenzers; kurze Jackenform, die in Schnitt und Gestaltung an den Frack ohne Schöße erinnert.

Bordsteinkante: → Trottoir.

Bordierung: Seit der Viktorianischen Zeit vor allem an gesellschaftlicher Tageskleidung (→ Cutaway, → Stresemann) hin und wieder gearbeitete, eingefaßte Kante, die das Stück noch eine Stufe seriöser wirken lassen sollte.

Bougram: → Schirtling.

Bow-tie: → Frackschleife.

Boxcoat: Auch als Topcoat bekannter, sportlich kurzer Mantel (→ Sportmantel), der dem → Kugelschlüpfer ähnlich sieht, jedoch an der (unwattierten) Schulter deutlich überschnitten ist, so daß eine weiche, raglanähnliche Schulterlinie erzielt wird. Die Ärmelnaht ist an der Kugel durch Stepperei oder Kappnaht betont. Diese Schulterverarbeitung findet sich auch bei Freizeit- oder → Sportsakkos.

Breeches: Sporthosen mit engem Wadenteil und einem sogenannten Ballon oberhalb des Knies. Heute ausschließliche Bezeichnung für die Stiefelhosen der Reiter.

Brummell, George Bryan: Englischer Modeheld, bekannt als Beau Brummell und „Dandy der Dandies", geboren 1778 in London, gestorben 1840 in Caen. Berühmt als Freund Georgs IV. und „Erfinder" des englischen Anzugs. Brummell verpönte Pracht und Farben, bevorzugte Schwarz und gab die Parole aus, daß nicht die Aufmachung, sondern der gute Schnitt des Anzugs und der Schick, ihn zu tragen, den eleganten Mann kennzeichne. Dieses neue Ideal männlicher Eleganz ist Brummells Vermächtnis an die Nachwelt und hat Geltung bis zum heutigen Tage.

Brustleistentasche: Auf der linken Front in Brusthöhe gearbeitete, aufgesetzte Leistentasche an Sakko und Weste. Sie ist in der Herrenkleidung immer noch mehr Zweckding als Schmuck und muß deshalb mit höchsten Ansprüchen an die Haltbarkeit gearbeitet werden. Die Leiste muß außen und innen mit unsichtbaren Staffierstichen gefestigt werden. Der italienische Schneider erlaubt sich sichtbare, wohlgesetzte Staffierstiche mit Steppeffekt. Sie ist die stilgerechte Brusttasche für alle korrekten Anzüge einschließlich des Smokings und Fracks.

Büffelhorn: Aus den Hörnern des Büffels werden Knöpfe und Schnallen hergestellt.

Bügelfalte: Gebügelter Faltenbruch an modernen Männerhosen. Zeichen für gepflegte Herrenkleidung. Die Bügelfalte soll durch Eduard VII. in Mode gekommen sein, als er noch Prinz von Wales war. Seither kennzeichnet die tadellose Bügelfalte den gutgekleideten Herrn.

Bügelpolster: → Ärmelpolster, → Glanzpolster.

Bügelleinwand: Zum → Glanzabziehen verwendet man ein Bügeltuch aus Salonsegelleinwand (Reinleinen), das mit Wasser besprüht wird. Auf die glänzende Stelle gelegt, mit dem entsprechend heißen Bügeleisen mehr gedämpft als gepreßt, verschwindet der Glanzfleck durch den sich entwickelnden Wasserdampf.

Bügelofen: Ehe es elektrische Bügeleisen gab, mußten die 5 bis 12 kg schweren Bügeleisen in sog. Bügelöfen mit Gas-, Kohle- oder Koksfeuerung erhitzt werden.

Bundverlängerung: An der Herrenhose mit → Rundbund gebräuchliche Verarbeitung, bei der dem linken Bundteil eine unterschiedlich lange Verlängerung über den Schlitzteil hinaus angeschnitten wird.

Büroanzug: Sein Kennzeichen ist unauffälliges Dessin, die einreihige Dreiknopffront und ein solide fallendes Revers. Keine Einschränkungen beim Beiwerk.

Buttonkragen: Hemdkragen, dessen Kragenspitzen auf das Hemdenvorderteil geknöpft werden (Button-down).

Caban: Zweireihiger, modischer Kurzmantel in jugendlichem Schnitt. Er ist der Jacke der französischen Teerarbeiter nachgebildet, von der er auch seinen Namen hat. Meist körpernah geschnitten und mit paspelierten oder Leisten-, Steck- und Schubtaschen ausgestattet, übernimmt er auch Elemente aus dem Marine-Stil (Schulterklappen, Ärmelspangen).

Caddyhose: Jugendlich-sportliche Überfallhose (engl. caddy: Golfjunge), die ähnlich wie die Knickerbocker-Hose der 20er Jahre eine knappe Handbreite unter dem Knie endet, jedoch etwas schmaler geschnitten ist.

Camping-Fasson: → Gentfasson.

Campusrevers: → Gentfasson.

Carrick: → Garrick.

Chesterfield: Streng geschnittener, eleganter Übergangsmantel, der mit verdeckter Knopfleiste (→ Flyfront), → fallendem Revers, einreihig und kniebedeckend gearbeitet ist. Seit der Wende zum 20. Jahrhundert beliebter klassischer Stadtmantel.

Cisson: Die Herrenschneider gebrauchen für → Abnäher meist die französische Bezeichnung einer keilförmig abgenähten Falte zum Herausarbeiten von Brust, Taille und oder Hüfte.

Coat: Englische Bezeichnung für das → Sakko.

Coatmaker: In England Titel des Sakkoschneiders.

C-Fasson: Heute kaum mehr gebräuchliche Bezeichnung einer fallenden Fasson mit einem → Crochetwinkel, der kleiner als 90° ist. Auch Winkel-Fasson genannt.

Covercoat: Bezeichnung eines untaillierten, eleganten → Wettermantels, der ursprünglich als dreiviertellanger Sportpaletot geschnitten war, heute auch als → Kugelschlüpfer. Die verwendeten Anzug- und Mantelstoffe in Steilkörperbindung, meist aus Wolle und deren Beimischungen, gaben ihm seinen Namen. In der Kette werden melierte Zwirne verwendet.

Crochet: Bezeichnet den Kragenabstich, der in einem bestimmten Winkel (→ Crochetwinkel) auf die → Spiegelnaht tritt.

Crochetecke: → Crochetwinkel.

Crochetnaht: → Spiegelnaht, Kassurnaht.

Crochet-Weste: Frühere Bezeichnung für eine Weste mit → Fasson.

Crochetwinkel: Bezeichnet den Winkel, der sich an der Fasson zwischen Kragenabstich und Reversoberkante (→ Reversabstich) öffnet. Bei → steigender Fasson ist dieser Winkel fast oder ganz geschlossen, bei fallender Fasson kann der Winkel sehr verschieden sein.

Crombiemantel: Eleganter Trotteur- oder Abendmantel aus feinstem Mantelvelour, paletotähnlicher Schnitt. Mantel nach dem original „Crombie"-Stoff benannt.

Cufflinks: Englische Bezeichnung für Manschettenknöpfe.

Culotten: So nannten sich die Kniehosen, die vor der Französischen Revolution getragen wurden. Die Revolutionäre trugen lange Hosen, gingen also ohne Kniehosen und kleideten sich mit Sansculotten. Die Kniehose war nur mehr an Hof üblich.

Cut, Cutaway: Ein Nachfolger des → Gehrocks, der diesen in den 1920er Jahren als formelles Tageskleid des eleganten Herrn ablöste. Sein eigentliches Vorbild ist allerdings der Reitrock, den die Engländer „Cutaway" nennen. So wird der Cut in Großbritannien als „morning coat" bezeichnet: er ist der Frack des Tages, vor allem von Diplomaten getragen. Die → Schöße sind vom Schließknopf an bogenförmig nach rückwärts geschnitten. Er ist mit einer grau gestreiften Hose (Ausnahme: → Turfcut) ohne Umschläge und einer perlgrauen, meist zweireihigen Weste zu kombinieren. Als Anzug für den Bräutigam am Tage noch gelegentlich in Verwendung. Im 19. Jahrhundert war er als → Jackett der Vorläufer des → Sakkos und Bestandteil der Alltagskleidung des (Wiener) Bürgers. In Wien auch als „Cöt" ausgesprochen.

Cutter: In England Berufsbezeichnung des Zuschneiders.

Dandy: Der Begriff des Dandys bezeichnet um 1815 ein neues Stil- und Lebensgefühl, eine Seinsart des Mannes, die von George Bryan → Brummell als dem Urtypus des Dandys verkörpert wurde und mannigfaltige Interpretationen erfuhr.

Dandy-Look: In Abweichung vom Brummell'schen Urtypus des Dandys Bezeichnung für

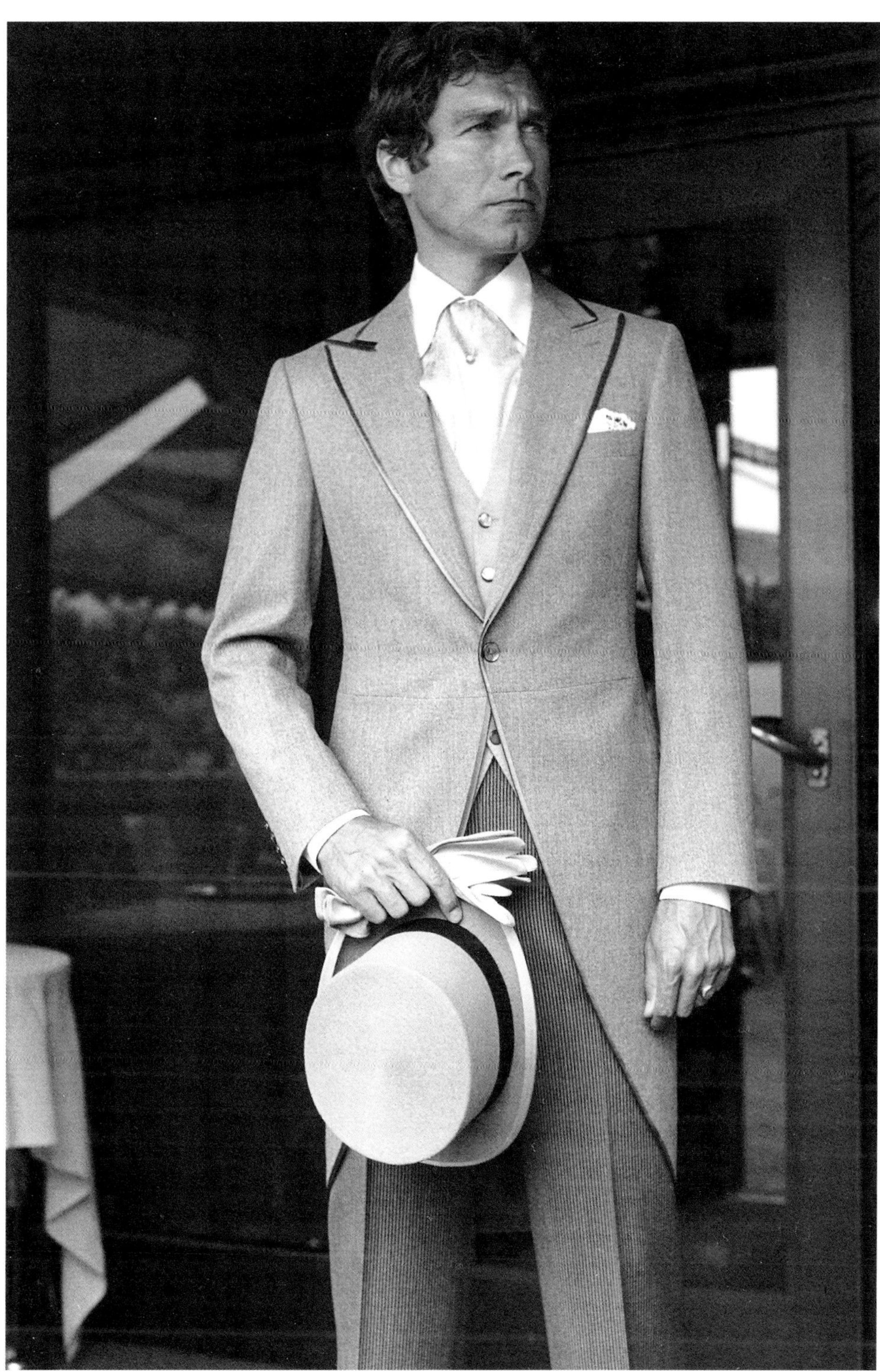

Cutaway mit eingefaßter Kante, Modell Alfred Konsal. © Höpler 1976.

eine weiblich akzentuierte Herrengarderobe durch Verwendung von Samt, Brokat, Spitzen, Rüschen und dergleichen. Die Umkehrung der ursprünglich unauffälligen Eleganz kennzeichnet den Begriffswandel innerhalb der letzten zwei Jahrhunderte.

Deichselfront: In Y-Anordnung wird beim Doppelreiher das oberste Knopfpaar (→ Trombonknöpfe) in erweitertem Abstand plaziert. Das Knopfpaar unterhalb des mittleren Schließknopfpaares wird parallel zu diesem angeordnet.

Dekatieren: Dem Zuschnitt vorangehende Arbeit, bei der durch Bügeln mit Dampf im entspannten Zustand einem späteren Einspringen der Wolle entgegengewirkt wird.

Dekorknöpfe: → Trombonknöpfe.

Diagonal-Dressur: → Schräg-Dressur.

Diagonaltasche: Eine an sportlichen Sakkos und Mänteln mit einer Leiste versehene Eingrifftasche, die in einem 45gradigen Winkel zur Waagrechten geschnitten ist.

Dinnerjackett: In England Bezeichnung für den → Smoking. Er gilt als kleiner → Abendanzug und entspricht in Stil und Fasson dem Smoking. Einschränkend wird die Bezeichnung Dinnerjackett für den weißen Smoking verwendet.

Doppelreiher: Das Sakko ist mit zwei Knopfreihen zu schließen und als korrektere Sakkoform immer geschlossen zu tragen. Ein bis vier Knopfpaare (Schließknopf- oder Trombon-Knopfpaare) ergeben je nach Anordnung eine unterschiedliche Frontoptik. Die Knopfreihen können parallel, trapez- oder deichselförmig positioniert sein. Der Doppelreiher wird generell mit Spitz- oder Schalfasson gearbeitet.

Dornschlaufe: Kleine Schlaufe, die an der Hosenbundnaht am Übertritt des Hosenschlitzes mitgefaßt wird, um das Einhängen des Gürteldorns zu gestatten. Ein Verschieben des Gürtels wird dadurch verhindert.

Dornschnalle: Verstellbarer Verschluß in der Taille am Westenrückengurt.

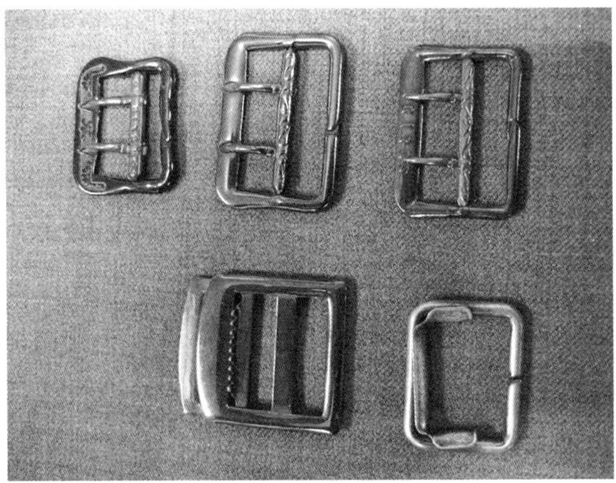

Gezahnte, gelöcherte Dornschnallen in Handarbeit. Sammlerstücke: Uherek & Trappl, Wien.

Dressur: Mit schwerem, heißem Eisen (Druck und Feuchtigkeit) durchgeführtes, gewolltes Verformen der zugeschnittenen Teile, um entweder Kürze (Einbügeln) oder Länge (Dehnen) an bestimmten Partien zu erzielen. Unerläßlicher Arbeitsgang zur Erlangung angestrebter Paßgenauigkeit an Kleidungsstücken der klassischen englischen Maßschneiderei.

Dufflecoat: „Düffel", ein Stoff aus dicker, körperbindiger, tuchartiger Halbwolle stand Pate für diese Mantelform, die erstmals um 1850 auftauchte. Im Zweiten Weltkrieg startete der Dufflecoat in Dunkelblau und Beige bei der englischen Marine seine eigentliche Mantelkarriere. James Mason verewigte ihn im Film „Der dritte Mann" (1949). Bezeichnende Merkmale für diesen Kapuzenmantel sind sein sackartiger, knielanger Schnitt, Schultersattel, Seitenschlitze, meist aufgesetzte Taschen sowie markante Verschlüsse aus Kordelbändern. Knebelverschlüsse aus Holz, Horn oder im Materialmix in der Kombination mit Kordeln oder Lederbändern gelten heute als typische Verschlussattribute.

Durchgrifftasche: Eine ohne Taschenbeutel gearbeitete Manteltasche, durch die man in die Sakko- oder Hosentasche durchgreifen kann. Eigentlich handelt es sich um Schlitze, hinter der normalen Tasche angebracht, die dem Mantelträger ermöglichen, in die Sakko- oder Hosentasche zu greifen, ohne den Mantel zu öffnen (bei hochwertigen Lodenmänteln und -jacken, z. B. → Hubertus-Mantel).

Eckenkragen: → Vatermörderkragen.

Edwardian-Style: Kennzeichnend sind die nur oben geschlossene Front bei kurzer Fasson, Samtkragen, bequeme schräge Taschen, Ärmelaufschläge, Melone. Vorbild ist Edward VII.

Einlage: Bezeichnung für den aus Leinen oder Roßhaareinlage bestehenden, mit Keilen und Abnähern versehenen formgebenden und -erhaltenden Unterbau der Front eines Sakkos oder Mantels. Auch synonym verwendet als Bezeichnung des gesamten unsichtbaren formgebenden Gerüsts.

Einlagenstoffe: Sammelbegriff für alle elastischen und unelastischen Materialien, die zwischen Oberstoff und Futter in Anzügen und Mänteln zur Formerhaltung oder zur Erhöhung des Wärmeisolationsvermögens eingearbeitet werden. Dazu gehören in der klassischen Herrenschneiderei: Haareinlagestoff (Wollwattierung), Roßhaareinlagestoff (Sakko- und Mantelfront), Steifleinen (Wattierleinen), Watteline (Wärmefutter). In der Konfektion oder zur Kleinteilfixierung werden auch aufbügelbare Materialien (Klebevlieseline) verwendet.

Einrichten: Bezeichnet die Tätigkeit, das zugeschnittene Kleidungsstück für die Weiterverarbeitung durch den Schneider (Stückschneider, Arbeiter etc.) mit allen Teilen und dem benötigten Zubehör auszustatten. Dem Arbeiter mußte ein beigelegter Arbeitszettel alle Besonderheiten der jeweiligen Ausführung aufzeigen.

Einreiher: Bezeichnung für das auf eine Knopfreihe zu schließende Sakko. Entsprechend gibt es auch einreihig schließende Mäntel.

Einschlag: In der Herrenmaßschneiderei übliche Zugaben bei diversen Nähten, die breiter sind als die Nahtbreite und eine spätere Umarbeitung und Erweiterung des Modells bei Figuränderungen gestatten. Ein wesentlicher Vorteil und Kennzeichen maßgeschneiderter Modelle.

Einstecktuch: Ab etwa 1910 wurden alle Sakkos mit Brusttasche gefertigt. Schließlich kam das dekorative Taschentuch für diese Brusttasche in Mode. Später differenzierte sich Art, Farbe und Musterung desselben je nach Anzugkategorie und Tageszeit. Die farbliche Akzentuierung ließ dieses Beiwerk zum Modeartikel werden. Selbst die Weise, in der das nicht benutzte Einstecktuch gefaltet wird, paßt sich dem legeren oder korrekten Anzug und Träger an.

Elle: Vor der Einführung des metrischen Systems war die Schneiderelle der allgemein gültige Maßstab des Schneiders und Stoffhändlers, ein Holzstab mit einem Handgriff und einer kleinen Vertiefung für die Daumenspitze am Anfang der Skala. Die Ellenlänge differierte zwischen 60 und 80 cm. Mit der Einführung des metrischen Maßsystems (zuerst in Frankreich Ende des 18. Jahrhunderts) wurde die Elle durch das Metermaß ersetzt. Das Maßband wurde 1815 erfunden.

Endel: Ein bis zwei Zentimeter breites Baumwollband zur Verstärkung von Kanten und Reversbrüchen usw. Es dient der Formerhaltung und wird meist aufpikiert.

Englische Einfütterung: Klassische, dreiteilige, saubere und weiche Art, eine Herrenhose einzufüttern. Sie besteht aus Bund-, Bauch- und Hinterhosenfutter, das aus unterschiedlichen Materialien (Futterstoff, Baumwollfutter) geschnitten wird.

Englische Silhouette: Bevorzugt strenge Konturen mit natürlichem Schulterverlauf. Die Hüftpartie ist oft glockig gestaltet.

Esterházy: Österreichische Bezeichnung für den → Glencheck.

Etikette: Sie umfaßt eine Reihe geschriebener und ungeschriebener Vorschriften zum Gebrauch der einzelnen Kleidungsstücke der männlichen Garderobe und deren Attribute. Jede Anzuggattung erfordert eine eigene Zusammenstellung je nach Gelegenheit. Heute spricht man von Dresscode, wenn es um solche Vorschriften geht, die jedoch zunehmend unbeachtet bleiben.

Fallende Fasson: Typische Reversform für einreihige Sakkos und Mäntel, bei der die → Spiegelnaht stets abwärts zeigt, selbst wenn diese am Kragenansatz gebrochen ist (→ gebrochene Fasson).

Falten: Seit dem Aufkommen der langen Hosen ist die → Bügelfalte in der männlichen Kleidung wichtig. Am Sportsakko fand sich die sogenannte → Golffalte im Rücken (→ Norfolk). Im übrigen hat die Herrenmode keine Verwendung für die Falte. Der Herrenanzug soll möglichst faltenfrei sitzen, nur die erforderliche Bewegungsfalte (→ Rollfalte) ist gestattet. Durch hohe Schneiderkunst ist es möglich, daß Kleidungsstücke durchaus bequem sitzen, ohne daß sich ungewollte Falten bilden.

Fantasieweste: Im allgemeinen Bezeichnung für die Weste, die nicht aus dem Stoff des Anzugs gearbeitet wurde; oft mit aufgelockerter Knopfanordnung. Sie dient je nach Trend der modischen Belebung oder der davon unabhängigen individuellen Akzentuierung des klassischen Anzugs. Sie ist oft aus Seide gearbeitet, in Kontrastmusterung zu Sakko und Hose.

Farbe: Das 19. Jahrhundert brachte die Abkehr von der Buntheit der Herrenmode. Seit England in modischer Hinsicht tonangebend war, wurden nicht nur für die Form der männlichen Kleidung, sondern auch deren Farbe strenge Gesetze aufgestellt. Für den Tag dezente (Natur-)Töne in allen Nuancen zwischen Beige, Braun und Rotbraun, alle grauen und gedämpften blauen Töne bis Marineblau, für den Abend im allgemeinen Schwarz. Nur die Sportbekleidung erlaubt eine gewisse Farbenfreudigkeit, die sich in der Tageskleidung sonst nur in der Krawatte bekunden darf.

Fasson (1): Bezeichnet ganz allgemein den Schnitt, die Machart eines Kleidungsstücks.

Fasson (2): Vorderfront des Sakkos oder Mantels, die sich aus Kragen und Revers zusammensetzt. Gebräuchlich sind die → steigende, → fallende, → gebrochene und die → Schalfasson.

Fassonformen: → fallende Fasson, → steigende Fasson, → gebrochene Fasson, → Schalfasson, → Slipon-Fasson, → Camping-Fasson, → Golffasson, → Gentfasson, → Ulsterfasson, → Haifischfasson, → Kleeblattfasson.

Feierabendschneider: → Pfuscher.

Feste Fasson: Das Revers erhält gewöhnlich eine fixe Umbruchlinie, die zum obersten Knopf hin ausläuft. Davon unterscheidet sich die → Rollfasson.

Filz: Dickes Flächengebilde aus Wolle oder Haar, nicht gewebt, sondern verfilzt und gepreßt. In der Herrenschneiderei findet Filz zur Herstellung des Unterkragens (Kragenfilz) und als Abdeckung der Sakkoeinlage im Brustbereich Verwendung.

Fingerhut: Wie der → Fingerring zur Grundausstattung des Schneiders gehörig. Schützt den (rechten) Mittefinger vor Verletzungen durch die Handnäharbeiten, vor allem bei der Bearbeitung der sehr festen → Roßhaareinlagen.

Fingerring: Aus Eisen erzeugt, dient er dem Schutz des Mittelfingers vor Verletzungen beim Handnähen. Der Mittelfinger, der sich immer direkt am hinteren Ende der → Nähnadel positioniert hält, schiebt in kurzer → Nadelführung die Nadel in einem Zug durch das Nähgut. Seit Jahrhunderten ein Erkennungszeichen des Schneiderhandwerks. In der Herrenschneiderei ist er aufgrund der zur Verarbeitung kommenden Materialien im Unterschied zur Damenschneiderei unentbehrlich.

Fixiereinlagen: In der klassischen Herrenschneiderei kommen im Gegensatz zur → Konfektion für die Front keine Fixiereinlagen zum Einsatz. Die Verwendung für die Kleinteilfixierung (Ärmelschlitz, Kragen, Revers, Tascheneinschnitte etc.) wird von einigen Schneidern befürwortet, die diese „Modernisierung" des Handwerks als verarbeitungstechnische Erleichterung und als Verbesserung der Arbeitsergebnisse ansehen. Andere Schneider lehnen auch diesen Einsatz von Fixiereinlagen kategorisch ab. Traditionalistische und für Neuerungen aufgeschlossene Schneidergeister scheiden sich vor allem beim Thema Fixiereinlagen.

Flanell: Sammelbegriff für mittelstarke, einseitig oder beidseitig geraute Gewebe aus Wolle oder Baumwolle in Köper- oder Leinwandbindung. Wollflanell gilt als beliebter, klassischer Stoff für Herrenanzüge; in klassischem Grau ist die Flanellhose im Club-Stil mit dem → Blazer zu kombinieren.

Flankennaht: → Troikanaht.

Flaptasche: → Pattentasche an der Brust bei Herrensakkos.

Flickschneider: Im 19. Jahrhundert Stand jener Schneider, die als Heimarbeiter fertige Stücke umarbeiten oder reparieren mußten. Der Begriff ist abwertend konnotiert noch in Verwendung.

Flyfront: Im Englischen wird die Front mit verdeckter Leiste „flyfront" genannt. Außer den Regenmänteln, dem → Covercoat und dem → Kugelschlüpfer interessiert sich besonders der → Chesterfield für diese Frontgestaltung.

Formelle Kleidung: → Busineßanzug, → Cutaway, → Smoking, → Frack. Korrekte Kleidung nach vorgeschriebenen Regeln für öffentliche Auftritte untertags und abends.

Frack: Großer Abendanzug für den Herrn. Er entstand im 18. Jahrhundert, als – zunächst in Offizierskreisen – die am üblichen langen, durchgeknöpften Rock hinderlichen Rockschöße zurückgeschlagen und hinten aufgeknöpft wurden, so daß sich das bunte Rockfutter zeigte. Später arbeiteten die Schneider den Rock gleich so, als wäre er umgeknöpft, indem man den Schoßteil gleich andersfarbig arbeitete. So entstand der militärische Frack, der in Preußen als Offiziersuniform und in England als Reitfrack getragen wurde. Schließlich wurden die Schöße vorne rund oder eckig abgeschnitten. Bald in die bürgerliche Kleidung übernommen, ist er während der Biedermeierzeit als Straßenanzug in Farbe (braun, blau, grün) gebräuchlich, kombiniert mit farblich abstechendem Beinkleid. Um 1850 verschwindet der Frack von der Straße und wird zum ausgesprochenen Ballanzug, immer dunkler gehalten, schließlich nur mehr aus schwarzem oder mitternachtsblauem Tuch gearbeitet. Die Länge der Schöße wechselt mit der Mode. Die → Revers werden mit schräg geschnittener, tropfechter Seide belegt (→ Seidenspiegel). Mit → Frackhose, weißer, V-förmig ausgeschnittener → Pikeeweste und → Frackhemd bildet er den formellen, großen Abendanzug. Ein weißer Querbinder (→ Schleife) schwarze Lackpumps und Zylinder sind obligatorisches Beiwerk.

Frackhemd: Das vorschriftsgemäße Frackhemd hat eine gesteifte Hemdbrust und einen steifen Kragen mit umgebogenen Ecken (Vatermörderkragen). Die Front des Hemdes wird meist durch drei Knöpfe geschmückt. Das Hemd wird mit einer Lasche an der → Frackhose angeknöpft, um einen strafferen Sitz der Hemdbrust zu erzielen.

Frackhose: Lange Hose mit hoher Taille, Hosenträgern, doppeltem → Galon oder seitlichem Tressenbesatz (→ Lampassen) an den äußeren Hosennähten. Die Frackhose hat keine Umschläge.

Frackschleife: Ausschließlich weiße, steife Fliege (→ Querbinder) zum → Frack.

Frackweste: Aus weißem Pikee und mit V-förmig spitzem Ausschnitt gearbeitet; obligatorischer Bestandteil des großen Abendanzugs.

Französische Silhouette: Betonte Schulter- und Hüftpartie sowie starke Taillierung am Sakko. Modisch beeinflußt durch Pierre Cardin.

Freizeitsakko: Unkonventionell, auch salopp geschnittenes Sakko, das modisch akzentuiert und freier kombiniert werden darf.

Frontfixierung: In der Konfektion übernimmt die Frontfixierung die Funktion der Schneider-Wattierung. In der klassischen Herrenschneiderei gilt Frontfixierung als Tabu.

Futterstoffe: In der Schneiderei und Mode der innere Stoff, mit dem ein Kleidungsstück „abgefüttert" wird. Um Kleidungsstücke wärmender zu machen, wird häufig ein Zwischenfutter aus Watteline eingearbeitet (Mäntel). Das Futter ist allgemein dem Oberstoff farblich angepaßt. Übliche Futterqualitäten sind Serge, Taft und Satin. Je nach Verwendungszweck unterscheidet man Ärmelfutter, Hosenbundfutter, Taschenfutter, Westenrückenfutter etc.

Futtertaschen: Innentaschen an Sakko und Mantel, die oft als → Paspeltaschen mit nicht ausgebügeltem Paspel und eingenähter Futterpatte (mit Knopfloch) als zweckmäßige Ausstattung des Maßsakkos gearbeitet werden. Für die Paspelstreifen wird entweder Futter oder Oberstoff verwendet, die Taschenbeutel selbst sind aus Baumwolle. Der Beutel wird auf Eingriffhöhe mit Futterstoff besetzt.

Galon: In der Herrenschneiderei Band aus reiner Seide, das einfach oder doppelt die seitlichen Hosennähte der Smokinghose oder Frackhose schmückt. Die Seitennaht der Hose wird dabei vorverlegt.

Garnierung: Frühere Bezeichnung für die Ganzeinlage der Sakko- oder Mantelfront, auch als → Wattierung bezeichnet.

Garrick: Langer, teils taillierter Herrenmantel mit mehreren übereinanderliegenden Schulterkragen, die nach oben immer kleiner werden und in einem Stehkragen abschließen. Der nach einem englischen Schauspieler benannte Mantel fand um 1800 von England aus Verbreitung. Der Kutschermantel lehnt sich an dieses Modell an.

Gatsby-Look: 1925 erschien der Roman „The great Gatsby" des amerikanischen Schriftstellers F. Scott Fitzgerald. Robert Redford trug in der Kinoverfilmung 1974 als Modeanregung die Hauptfarbe Weiß oder Eierschale. Der Stil der 1920er Jahre betonte Eleganz für wagemutige Männer mit etwas kürzeren Sakkos und Bundfaltenhosen mit höherem Leib.

Gebrochene Fasson: Die Kassur- oder Spiegelnaht, die den Kragen mit dem → Revers verbindet, wird nicht in einer geraden Linie gearbeitet, sondern in einem zum Kragen hin steileren Winkel geführt, der den Kragen optisch schmaler wirken läßt. Manche Schneider bevorzugen diese Variante des → fallenden Revers und machen sie zum Markenzeichen (z. B. Alfred Konsal).

Geck: Modenarr, → Stutzer, auf wienerisch: Gigerl.

Gehrock: Schwarzer langer Rock mit übereinandergelegten Schößen. Neben dem Frack war er am Ende des 18. und zu Beginn des 19. Jahrhunderts der Alltagsrock des Bürgers. Mitte des 19. Jahrhunderts wurde der Jackett- und Sakkoanzug modern und der Gehrock zum formellen Anzug. In Wien hielt er sich noch nach dem englischen „Nekrolog auf den Gehrock".

Gehpelz: Eleganter Herrenwintermantel aus schwarzem Wollstoff mit Pelzfutter und Revers- oder Schalkragen.

Gentfasson: Der äußeren Form nach der → Haifisch-Fasson ähnlich, verfügt die Gentfasson im Unterschied zu dieser über eine → Spiegelnaht. Der Kragen dieser → fallenden Fasson zeigt keinen → Crochetwinkel. Auch Campingfasson oder Campusrevers genannt. Nur an Freizeitsakkos zu sehen.

Gesäßtasche: Hinterhosentasche, meist als knöpfbare → Paspeltasche oder → Pattentasche gearbeitet.

Gesellschaftsanzug: Zu den Gesellschaftsanzügen zählen der → schwarze Anzug, der → Stresemann, der → Smoking, der → Cut und der → Frack.

Gesperrte Fasson: Wenn der → Crochetwinkel, der sich zwischen Kragenabstich und Reversoberkante ergibt, größer als rechtwinklig ist, spricht man von einer gesperrten Fasson.

Gilet: Die französische Bezeichnung für die klassische, ärmellose Weste. Die französische Bezeichnung „veste" bedeutet übersetzt nicht Weste, sondern Jacke.

Glanzabziehen: Bezeichnet die Tätigkeit, bei der die durch die Verarbeitung entstandenen Glanzstellen des Oberstoffs durch einen speziellen Bügelvorgang wieder entfernt werden. Man verwendet dazu → Bügelleinwand, → Glanzpolster und → Schneiderbürste.

Glanzpolster: Bügelpolster in ovaler Form, mit Salonsegelleinen überzogen, mit Textilabfällen oder Sägespänen fest und prall gefüllt (ca. 70 cm lang, 30 cm breit, 15 cm hoch). Der Glanzpolster findet Verwendung beim → Unterschlagen und → Heften großer und gewölbter Flächen, z. B. der gewölbten Sakkofront, als Unterlage beim Flachbügeln und → Glanzabziehen und beim Glattbügeln des Futters.

Glencheck: Beliebteste Karoart, nach dem Prinzen von Wales auch „Prince de Galles", in Österreich Esterházy genannt. In seiner klassischen Form ist der Glencheck ein Doppelköper 2/2, das als Kleinmuster die Farbfolge der Musterfäden wechselt, so daß ein Überkaro entsteht.

Glockenlinie: Sakkolinie englischen Ursprungs, die die Taille betont und den Schoß glockenartig erweitert gestaltet. Auch die Ärmel werden am Ärmelschlitz nach außen erweitert und oft mit einem Einzelknopf versehen.

Golffalte: Seitliche Bequemlichkeitsfalte am Rücken des Sakkos, die von der Schulter bis zur Taille verläuft. Die lockere Faltenlegung läßt den Rücken breiter erscheinen. Stilelement des → Norfolks, aber auch an Sportsakkos zu sehen.

Golfhose: Eng anliegende Kniehose ohne → Überfall (→ Kniebundhose).

Golffasson: Für die Option, ein Sakko am Kragen hoch schließen zu können, erhält ein einreihiges Modell eine Lasche am Kragen (links), die mit Knopfloch versehen ist.

Guardscoat: Der charakteristische Mantel der Wächter und Garden ist behäbig, besitzt eine zweireihige Front (parallele Knopfstellung), einen Rückengurt und eine fast bis zu den Schulterblättern reichende mittlere → Quetschfalte, flankiert von → Kellerfalten. Dem → Ulster nicht unähnlich, erhielt er einen wesentlich korrekteren Stil, der ihn zum flotten Universalmantel machte, mit → steigender Fasson, ohne Ärmelaufschläge und mit knopflos befestigtem Rückengurt. Im Vergleich zum deutschen → Ulsterpaletot ist dieser englische Manteltyp eleganter und schnittiger aufgrund des für ihn gewählten Materials: meist leichte bis mittelschwere Uniqualitäten in Marine oder Braun.

Guardscoat-Falte: → Kellerfalte in der Rückenmitte von Sportsakkos oder Mänteln. Sie verläuft von den Schulterblättern abwärts und wird unterhalb des Rückengurts durch eine Riegelnaht zusammengehalten.

Gunkel, Joseph: Nobelschneider des Biedermeier und Begründer der Wiener Herrenmode (1802–1878).

Habit habilé: Hofkleid des Herrn: Frack à la française, schwarze seidene → Culotte, seidengesticktes weißes Gilet, weiße Strümpfe und schwarze Schnallenschuhe, dazu den Zweispitz. Die Frage zur Verabschiedung des männlichen Hofkleids auf dem Wiener Kongreß lautete: „Sollte die Heilige Allianz die Pantalons billigen oder an der Culotte festhalten?“

Hahnentritt: Zwei- oder mehrfarbiges Kleinmuster, das auf Karos aufbaut. Es unterscheidet sich vom Pepita durch kleine Verlängerungen an den Ecken des Karos, mit denen die Karos verbunden sind. Musterelement des → Glencheck.

Haifisch-Fasson: Seltene Fassonform, die wie die Schalfasson aus einem Stück geschnitten ist und somit über keine Spiegelnaht verfügt, jedoch auf Spiegelnahthöhe an der Fassonkante eckig nach außen geschweift. Nur an Freizeitsakkos zu finden.

Hakenschlitz: An → Cutaway, → Frack und → Reitsakkos gearbeiteter Rückenschlitz, der im Nahtverlauf der Mittelnaht knapp unterhalb der Taille ansetzt und einen etwa 3 cm breiten, die Naht winkelig unterbrechenden Übertritt zeigt. Seiner sportlichen Herkunft nach wird er auch als Reiterschlitz bezeichnet.

Halbraglan: Aus Gründen der Bequemlichkeit sind Kombinationen aus Kugel- und Raglanärmeln an Mänteln durchaus beliebt. Der Halbraglan verbindet den strengeren Charakter des eingesetzten Ärmels mit dem sportlicheren Raglanärmel. Der Schnitt zeigt den Vorderärmel eingesetzt, den rückwärtigen Ärmel als Raglanarm. Die umgekehrte Kombination wird als → Janusärmel bezeichnet. Die Teilung des Ärmels vom Schulterpunkt zum Ärmelsaum folgt dem Raglanschnitt. Auch wird der nicht zum Halsring auslaufende, sondern zur Schulternaht geführte Raglanärmel als Halbraglan bezeichnet.

Halstuch: Früher Beiwerk des Gehrocks und Fracks.

Handschere: Schere von mittlerer Größe, die dem Zurechtschneiden von kleineren Stoffteilen, zum Durchschneiden von Fäden, zum Einschneiden von Knopflöchern und zum Zurückschneiden von Nähten dient.

Hängeschulter: An Figuren mit extrem schräger Schulterlinie; auch einseitige Hängeschulter. Sie muß je nach Grad der Schrägung im Schnitt berücksichtigt oder durch die Verarbeitung oder Polsterung ausgeglichen werden. Extremste Ausprägung in Kombination mit Flaschenhals. Die gewollte, sehr fallend geschnittene Schulter wird in Nachahmung eines Stils gearbeitet (z. B. Jean-Gabin-Schulter).

Harris-Tweed: Geschützte Bezeichnung für handwebartige Wollgewebe, die aus Melangegarnen hergestellt, gewalkt und gerauht sind. Benannt nach dem südlichen Teil der Insel Lewis, die zu den äußeren Hebriden gehört (nordwestlich des schottischen Festlands), wo bis heute dieser bekannteste aller Homespuns hergestellt wird. Für → Sportsakkos beliebt.

Haute Couture: Französischer Begriff der hohen Schneiderkunst, verwendet für die künstlerisch geschaffene Maßkleidung für Damen. Die hohe Schneiderkunst der Herrenkleidermacher illustriert dieses Buch.

Havelock: 1857 für den einarmigen englischen General Sir Henry Havelock erstmals gefertigter, mantelartiger Überwurf mit hüftlanger Pelerine und ohne Ärmel. Dieser Pelerinenmantel wurde aufgrund seiner Bequemlichkeit um die Jahrhundertwende populär und Vorbild für einen Wettermantel. Als Abendmantel (Frackhavelock) ist er aus schwarzem Tuch und mit Seidenrevers, verdeckter Knopfleiste und Pattentaschen gearbeitet.

Heften: Provisorisches Verbinden zweier Stofflagen mit Vorderstichen aus → Heftwolle.

Heftwolle: Baumwollgarn von geringer Festigkeit, gebleicht oder ungebleicht erhältlich. Sie wird für das → Heften, → Unterschlagen, → Pikieren, → Sticheinziehen verwendet.

Hemd: Auch „Wäsche" genannt. Vielleicht das wichtigste Beiwerk des Anzugs.

Hochzeitsanzug: Man unterscheidet den kleinen (→ Stresemann) und den großen Hochzeitsanzug (→ Cutaway). Als heute gebräuchlichste Form des Hochzeitsanzugs dient der dunkle bzw. schwarze, korrekte, ein- oder zweireihige Anzug mit Weste.

Hohe Schulter: Bei Figuren mit extrem gerader Schulterlinie spricht man von hohen Schultern. Diese können – nach gängiger Modelinie – auch durch extreme Polsterung einer normalen Schulter erzielt werden.

Hohle Kante: Übliche Verarbeitung der vorderen Kante an Sakkos und Mänteln. Im Unterschied zur gesteppten Kante (an sportlichen Modellen) wird die hohle Kante, die sich beim Verstürzen der Vorderteile mit dem Besetz ergibt, nur flachgebügelt und zu ihrer dauerhaften Fixierung von Hand durchgenäht.

Hohlung: Aus der natürlichen Neigung des Schulterknochens entstehende Schulterlinie, die in Zuschnitt (→ Einlage) und Verarbeitung des Sakkos und Mantels berücksichtigt werden muß.

Hollywood-Silhouette: Amerikanische, sackartige Kontur, taillenlose Trapezform, stark abfallende Schultern, legere Brustpartie, betonte Nonchalance. 1950 bot das im amerikanischen Film erschienene Sakkomodell die saloppe, nonchalante Alternative zur klassischen englischen Fasson.

Homo-Bonus-Medaille: Höchste Bundes-Auszeichnung des Österreichischen Kleiderma cherhandwerks für besondere Verdienste um das Schneiderhandwerk. Namensstifter dieser Medaille ist St. Homobonus, ein Kaufmann aus Cremona (Lombardei), der 1197 starb und bereits 1199 von Papst Innozenz III. heiliggesprochen wurde. Er wird in Österreich, Deutschland, Italien, Frankreich und der Schweiz als Schutzpatron der Schneider verehrt.

Hose: Ursprünglich aus zwei Beinlingen bestehendes Kleidungsstück für Knaben und Herren. Die Französische Revolution brachte die → Pantalons, die langen Hosen, in Mode, die sich seitdem bei allen zivilisierten Völkern durchgesetzt haben. Ende des 19. Jahrhundert erhielt die Röhrenhose → Bügelfalte und → Umschlag. Sie wird je nach Mode mehr oder weniger weit, knöchellang oder spanbedeckend, mit und ohne Bundfalten getragen. Zum klassischen Straßen- und Gesellschaftsanzug wird ausschließlich dieser Hosentypus getragen. Verschiedene Sporthosen sind → Breeches, Jodhpurhosen, → Knickerbockers, Shorts, Skihosen.

Hosenlatz: Verschluß der Männerhosen in Form einer aufknöpfbaren Klappe, wie er am Ende des 18. Jahrhunderts an den Kniehosen (→ Culotten) aufkam. Heute nur noch an bayrischen Trachtenhosen üblich.

Hosenträger: Zu Beginn des 18. Jahrhunderts kamen Bänder und Riemen zum Halten der Männerhose (zunächst an der Arbeitshose) auf, die bequemer und lockerer sitzen sollte als die elegante, enge → Knie(bund)hose. In der eleganten Herrenkleidung wurden Hosenträger erst am Ende des 18. Jahrhunderts an den → Pantalons gebräuchlich. Sie wurden immer unter der Weste verborgen. Der elegante Herr trägt heute noch Hosenträger zu den Hosen der Gesellschaftskleidung, den Frack-, Smoking- und Cuthosen. Für Tages- und Sporthosen wird meist der Gürtel vorgezogen. Mit Hosenträgern liegt die Taille höher, die Beine wirken länger, der ganze Herr erscheint „gestreckt“. Hosen für Gesellschaftskleidung werden daher mit höherem Schritt geschnitten.

Hubertusfrack: Geschlossener, zweireihiger, roter → Frack (Gala-Uniform für Jäger und Reiter) mit trapezartiger Knopfanordnung und waagrechtem Schluß in der Taille.

Hubertus-Mantel: Ursprünglich Mantel für Jäger und Förster, der sich als Mantel aus wasserabstoßendem Loden auch als Schlechtwettermantel allgemein bewährt hat. Er hat eine verdeckte Knopfleiste, einen Liegekragen, Schubtaschen und eine tiefe Quetschfalte in der Rückenmitte. Diese Mantelform zeigt bequeme, meist geteilte, eingeschobene Kugelärmel, → Durchgrifftaschen an der Seitennaht und meist durchgesteppte Verarbeitungsdetails.

Incroyable: Zunächst für den übertrieben großen Zweispitz, wie er in Frankreich nach der Revolution getragen wurde, bald generell verwendete Bezeichnung für die Stutzer der Directoire-Zeit. Die Incroyable-Tracht bestand aus Stulpenstiefeln, in denen die langen Pantalons steckten, die oben fast bis zur Brust hochgezogen waren, dem Frack mit Riesenaufschlägen und sehr hohem Kragen, vielen dicken weißen Halstüchern, die den Hals kropfartig aussehen ließen. Lange wirre Haare und der Zweispitz vervollständigten das Gegenbild des eleganten Herrn der Zeit.

Informelle Kleidung: Sie unterscheiden sich von der korrekten → formellen Kleidung durch die Stoffwahl und die mögliche Variation sportlicher oder modischer Details. Die verwendeten Stoffe können lebhafter gemustert und auch Streichgarnqualitäten sein. Die Fasson-, Taschen- und Rückengestaltung lassen sich abwandeln. Informelle Kleidung unterscheidet sich jedoch klar von formlos-ungezwungener Freizeitbekleidung.

Italienische Fasson: Bezeichnung für eine am Mantel (besonders am → Trenchcoat) vorkommende Fassonform, die im Gegensatz zur → Ulsterfasson Kragen und Revers durch einen sichtbaren Zwischenraum voneinander trennt.

Italienische Mode: Herrenmodegeschichte offenbart, wie bedeutend der Anteil des italienischen Geistes in ihr ist.

Inverness: Nach der schottischen Stadt Inverness benannter → Abendmantel zu Frack und Smoking, dem → Balmacaan ähnlich, der aus verschiedenen Stilen kombiniert ist: → Ärmelaufschläge, → Raglanärmel, → Sliponrevers, → Flyfront. Charakteristisch ist das relativ kurze, seidenbelegte Revers.

Jackett: Der Form nach dem einreihigen → Gehrock verwandt, sind die vorderen Schöße mit mehr oder weniger rundem → Kantenabstich gearbeitet. In Wien einstmals Bezeichnung für den → Cut (morning coat).

Janusärmel: Im Gegensatz zum → Halbraglan an sportlichen Mänteln wird hier ein vorderer Raglanärmel mit einem hinteren Kugelärmel kombiniert. Durch diese schnitttechnische Option soll ein schönerer Fall des Rückenteils begünstigt werden.

Jean-Gabin-Schulter: Extrem fallende Schulter, als Trendsetter am → Keilsakko gearbeitet (Wiener Modering, 1979).

Jochfront: Vertikaler → Abstich am einreihigen Sakko, auch → Topperabstich genannt.

Josef-Madersperger-Medaille: Österreichische Auszeichnung für verdiente Schneidermeister: z. B. Alfred Konsal.

Kantenabstich: Verlauf der vorderen Kante vom untersten Knopf bis zum Saum hin. Man unterscheidet grundsätzlich den senkrechten Abstich (→ Doppelreiher, → Squarefront, → Jochfront, → Lotfront) vom mehr oder weniger geschwungenen, abgerundeten Verlauf der vorderen Kante (→ Einreiher).

Kassur: → Spiegelnaht.

Keil: In der Schneiderei dreieckig eingesetzter oder angesetzter Stoffteil. Meist bei knapper Stoffbreite eingesetzter Keil am Schritteil der Hinterhose.

Keilhose: Seit 1937 ist die moderne Skihose durch ihre keilförmig geschnittenen Beinlinge bekannt, deren elastische Stege festen Halt in den Schuhen sichern.

Keilsakko: Kurzes, hüftenges Sakko mit breiten Schultern. Auf Schlitze wird meist verzichtet.

Kellerfalte: Bezeichnung für zwei Falten, deren Brüche aneinanderstoßen. Mehrere aneinandergereihte Kellerfalten ergeben eine → Quetschfalte. Sie findet sich gelegentlich bei Sportsakkos (→ Norfolk), auch beim → Guardcoat.

Kentfasson: Nach dem Herzog von Kent benannte langgestreckte Fasson am Doppelreiher, die durch tiefe und trapezförmige Knopfstellung (zwei → Trombon-Knopfpaare, ein Schließknopfpaar) erzielt wird und auch beim Doppelreiher viel von Hemd und Krawatte zeigt.

Kid-Mohair: Besonders zarte und seidig-feine Mohairwollhaare junger Mohair-Ziegen.

Kingscoat-Kragen: → Tellerkragen.

Kipferlärmel: In Wien Bezeichnung für den klassischen Zweinahtärmel an Sakko und Mantel, der dem natürlichen Verlauf des Armes folgt und demgemäß eine schöne, sich zum Ärmelsaum verjüngende Form eines „Kipferls" zeigt.

Kissing buttons: Am → Ärmelschlitz anzutreffende Variante, bei der die Knöpfe so eng übereinander angeordnet sind, daß sie sich ein wenig überdecken. Gilt als modische Akzentuierung des Ärmelschlitzes.

Klappe: Frühere Bezeichnung für das → Revers.

Klappenholz: Aus Hartholz hergestelltes Werkzeug, seiner Form nach die Hälfte einer kreisförmigen Platte (7 bis 19 cm dick). Es findet Verwendung beim Kragen- und Fassonbügeln und beim Bügeln kleiner Teile, ferner wird es zum → Dressieren kurzer Flächen, zum Flachbügeln und zum Ausbügeln kurzer und krummliniger Nähte sowie beim → Unterschlagen benützt.

Kleeblattfasson: An Sportmänteln; Variante der → Slipon-Fasson, die hier gerundete Ecken an Kragen und Revers zeigen.

Kleingeldtasche: In den Taschenbeutel der → Seitentaschen an Sakko und Mantel eingearbeiteter, kleiner Taschenbeutel, der von außen völlig unsichtbar ist und als praktischer

Aufbewahrungsort für Kleingeld von Maßsakkoträgern äußerst geschätzt wird. Der Schneider berücksichtigt alle möglichen Sonderwünsche.

Kleppermantel: Nach dem Rosenheimer Schneidermeister Johann Klepper benannter Lodenmantel mit → Raglanärmeln, Längsteilungsnähten mit eingearbeiteter → Leistentasche und Umlegekragen (→ Slipon).

Knickerbockerhose: Am Knie überfallende Sporthose, weiter als die → Kniebundhose. Sie wurde mit dem in den 1880er Jahren aufkommenden → Norfolk kombiniert und Anfang der 1930er Jahre von der (grauen) Flanellhose abgelöst.

Kniebundhose: Eine etwas über knielange Herrenhose mit fest anliegendem unterem Beinabschluß (Bündchen), besonders zum Wandern geeignet, ohne Überfall.

Knopf: Knöpfe als Schmuckstücke existieren schon jahrhundertelang, in der Herrenschneiderei haben sie lediglich funktionalen Wert. Knöpfe für Herrenmaßkleidung bestanden – wie das Kleidungsstück selbst – aus edlen Naturmaterialien: Steinnuß, Büffelhorn, Perlmutt. Für Blazer wurden Metallknöpfe verwendet.

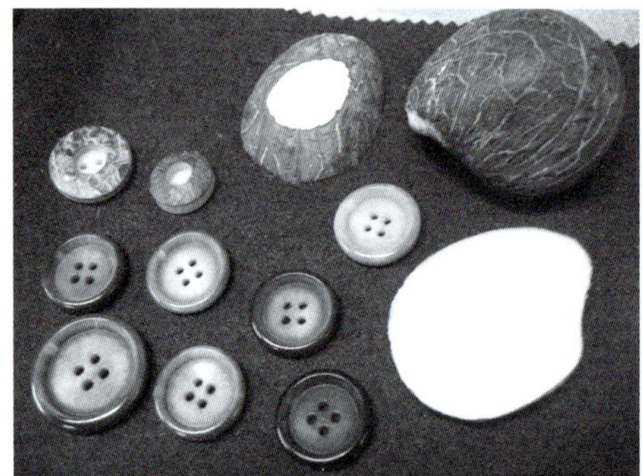

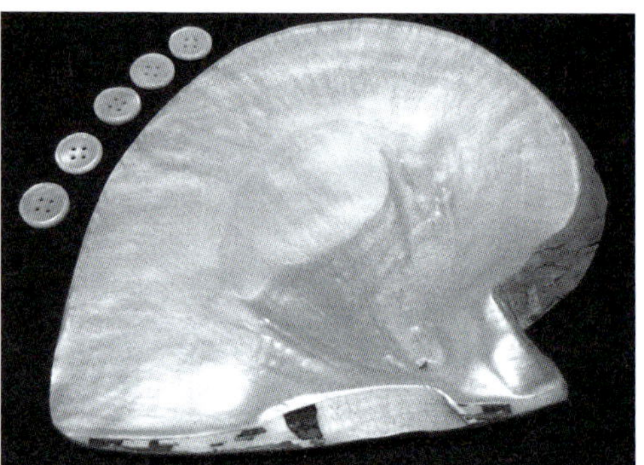

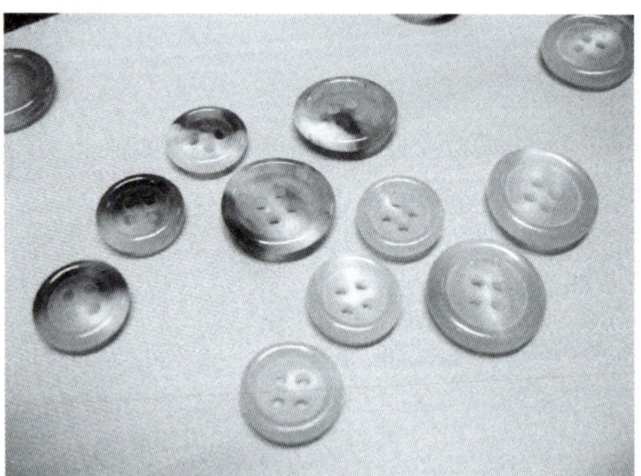

Klassische Steinnußknöpfe mit natürlicher Maserung. Als einziges Naturmaterial läßt sich die Steinnuß auch in jeder gewünschten Farbe einfärben.

Makassarmuscheln für weiße Dinnerjacketts, Perlmutt für diverse andere Farben.

Knöpfe aus Büffelhorn sind die wertvollsten; sie passen besonders gut zu klassischen Sportsakkos und Blazern. Alle Knöpfe: Uherek & Trappl, Wien.

Knopfloch: Eine Erfindung aus dem 12. Jahrhundert.[2] Man unterscheidet Wäsche-, Glanz- und aufgezogene Knopflöcher. Je nach Kleidungsstück und Stoffart werden in der Herrenschneiderei Knopflöcher von Hand aus Knopflochseide verfertigt. Beim Sakko kommen entweder Glanz- oder aufgezogene Knopflöcher vor. Beide Arten werden als Augenkopflöcher gearbeitet. Das Auge wird mit der → Knopflochzange gestanzt und ist die Ausnehmung für den Hals des Schließknopfes.

Knopflochblume: Nach Oskar Wildes Diktum das einzige Bindeglied zwischen Kunst und Natur. Die Kunst des Sakkos verband sich vor allem in den 1930er Jahren mit der Blume im Handknopfloch der linken Reversklappe. Jedes Land besitzt seine Nationalblume (Österreich: Edelweiß). Wenn Mann will, läßt sich auch hier durch die Blume sprechen.

Knopflochzange: Dieses Werkzeug locht das spätere Auge des → Knopflochs.

Knopfriegel: An → Smoking, → Spenzer und → Partyanzug mögliche Verschlußgestaltung: Modelle ohne Kantenübertritt werden durch einen Riegel in Taillenhöhe geschlossen (→ Spaßvogel).

Knopfstreifen: An der Einlage der Sakko- und Mantelfront unterhalb des Placks (Innenseite) angebrachter Einlagestreifen (aufgebügelt oder aufpikiert), der die Verschlußpartie hinter der vorderen Kante formerhaltend sichert.

Koller: An Mänteln angesetzter oder aufgeknöpfter, sattelartiger Schulterteil (→ Garrick, → Guardscoat, → Kutschertracht, → Trenchcoat etc.).

Kombination: Bezeichnung für die modische Ableitung eines zwei- oder dreiteiligen „Anzugs“, bei dem das Sakko und die Hose nicht aus dem gleichen Stoff, jedoch in der Wahl des Materials und der Musterung harmonisch aufeinander abgestimmt sind. Für die Weste gilt dasselbe. Die modische Kombination gilt als beliebter Alltagsanzug, der besonders oft aus Sportsakko und passender Hose besteht. Er ist jedoch kein → Busineßanzug.

Konfektion: Industrielle Fertigung von Kleidung, die „prêt-à-porter“, fertig zum Tragen ist. Alle Anproben entfallen. Die Fertigprobe findet im Geschäft statt, wo man das Stück von der Stange nimmt. Alle Vorzüge der Maßschneiderei entfallen, dafür ist der Preis unschlagbar. Die Preisgünstigkeit wird meist durch Paßformmängel, reduzierte Qualitätskriterien und den Verzicht auf individuelle Tragewünsche relativiert. Man(n) trägt ein kurzlebiges Massenprodukt.

2 Vgl. Kraft, Kerstin: S. 36.

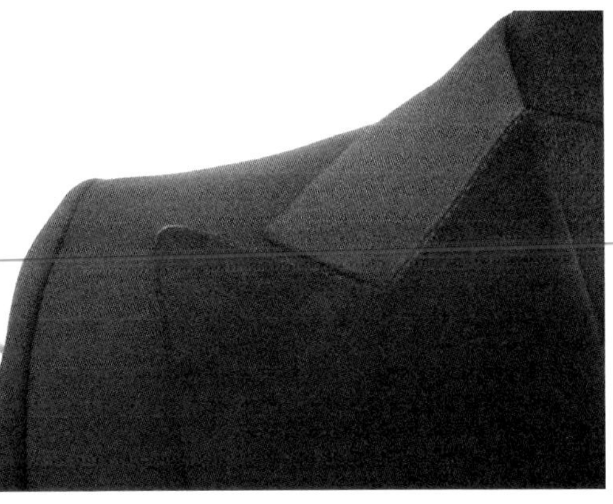

Konkavschulter am Frack. Modell: A. Konsal, 1975. © R. Sprenger.

Konkavschulter: Kennzeichnend für diese Schulterausarbeitung sind die hoch und hohl ausgearbeitete Schulterlinie und der meist aufgestellte Ärmel, der einen markanten Ärmelansatz zeigt. Vor allem die 1970er Jahre lancierten diesen französisch beeinflußten, jugendlich-mutigen Stil der Schulter in Sattelform.

Kotze: Besonders im Trachtenstil beliebter, capeartig geschnittener Umhang, auch Wetterfleck genannt.

Kragen: Schnitteil, das am Halsausschnitt des Kleidungsstücks angesetzt wird. An Sakko und Mantel bildet der Kragen, aus Ober- und → Unterkragen bestehend, einen Teil der → Fasson. Die richtige → Dressur des Kragens hat erheblichen Einfluß auf die Paßgenauigkeit des gesamten Sakkos. Der Kragenabstich (→ Crochet) kann unterschiedlich gestaltet sein und richtet sich nach ästhetischen Vorgaben, Modellvorschriften und der gängigen Mode.

Kragenabstich: Gestaltungsform des Oberkragens an Weste, Sakko und Mantel (→ Crochet).

Kragenfuß: Frühere Bezeichnung für den Steg des Unterkragens.

Kragenleinen: Steifes, geleimtes Leinengewebe für den Unterkragen, das immer schräg zugeschnitten und formgebügelt wird.

Kragenzug: Die korrekte Form und Länge des Kragen eines Sakkos und Mantels wird bei der Anprobe kontrolliert: bei zu wenig Kragenzug stehen Kragen und Fasson vom Körper ab, bei zu starkem Kragenzug wird die Fasson-Umbruchlinie irritiert. Im ersten Fall ist die Kragenaußenkante zu lang, im zweiten zu kurz. Ein harmonisches Fassonbild wird dadurch unmöglich.

Krawatte: Aus dem Halstuch der Söldner entwickelter, moderner Langbinder, der sich zusammen mit dem Anzug ab Mitte des 19. Jahrhunderts durchsetzte. Am Tagesanzug des eleganten Herrn das einzige modische Beiwerk, das nach persönlichem Geschmack und eigenem Farbempfinden zu wählen ist. Für feierliche Anzüge ist die Krawatte Pflicht.

Kreuznaht: Gesäßnaht an Hosen, die sich mit den Schrittnähten am Übergang von Vorder- und Hinterhose kreuzt. Sie verbindet die beiden → Beinlinge miteinander. Sie wird generell stark strapaziert und deshalb doppelt gesteppt.

Kummerbund: Eigentlich Cumberbund genannt; ergänzt den Schalkragen-Smoking. Seit den 30er Jahren ersetzt er als schärpenartiger Bund die Weste.

Kundenschneider: So nannten sich die selbständigen Schneidermeister, die nach dem Siegeszug der Konfektion weiter mit der Maßanfertigung für Kunden im Kleingewerbe beschäftigt waren. Sie gaben um 1900 ein eigenes Fachblatt der Wiener Herrenkundenmeister heraus.

Kurzmantel: → Stutzer.

Kutschertracht: Um 1797 in England und auf dem Kontinent verbreitete Stutzertracht: Hose in hohen Stulpenstiefeln, Weste, Frack und darüber ein weiter Mantel mit mehreren stufenartig übereinanderliegenden Schulterkragen (→ Garrick), dazu Zylinderhut. Heute noch Berufstracht der Berliner Droschkenkutscher.

Lampassen: Bezeichnung für die Tressen an den Seitennähten der → Frackhose.

Langbinder: → Krawatte, → Plastron.

Latzstück: An der rechten Vorderhose (als Knopfleiste, alternativ mit Reißverschluß) angebrachter Untertritt des Hosenschlitzes.

Leinen: Leinwandbindige Einlage aus Leinen, Baumwolle oder Wolle, mit oder ohne Roßhaar, in verschiedensten Ausführungen und Stärken. In der klassischen Herrenschneiderei zur Gestaltung des Unterbaus der Front im Einsatz.

Leistentasche: Pattenlose, eingeschnittene Eingrifftasche. → Brustleistentasche.

Libenyi, Johann: Ungarischer Schneidergeselle, der durch einen schlechten „Stich" zum Wiener Gespött wurde. Sein 1853 versuchtes Attentat auf Kaiser Franz Joseph scheiterte am Kragenknopf des Kaisers. Acht Tage später wurde der Freiheitsfanatiker bei der Spinnerin am Kreuz erhängt. Noch Jahrzehnte später hörte man in den Wiener Höfen das Lied vom armen Schneider singen: „Auf der Simmeringer Had, Hat's an Schneider verwaht, G'schicht ihm scho' recht, Warum sticht er so schlecht."[3]

Lotband: Maßband mit angehängtem Bleigewicht zur Messung der → Balancemaße.

Lotfront: Bezeichnung für die einreihige Sakkofront mit senkrechtem Abstich (auch → Squarefront).

Lüster: Leinwandartig gewebter, stark glänzender und appretierter Kleiderstoff: Kette: Baumwolle, Schuß: hartes Kammgarn oder Mohair.

Macaronis: Junge Männer aus höheren Gesellschaftsschichten, die in den 1760er Jahren – vor allem in England – extravagante, barocke und bizarre Mode trugen. Sie trafen sich in Clubs, trugen große gepuderte Perücken, üppige Stickereien, Schmuck und weiße, zu riesigen Schleifen gebundene Halstücher. Die → Incroyables übernahmen im Frankreich der 1770er Jahre den überladenen Stil der Macaronis. Die Provokation lag bei beiden im Übermaß ihrer modischen Stellungnahme (→ Stutzer).

Macfarlane: Nach einem englischen Millionär benannter, taillenloser Pelerinenmantel, mit oder ohne Ärmel gearbeitet. Die Pelerine reicht im Unterschied zum → Havelock nur bis zum Ellenbogen, deckt also den Rücken nicht ab (halbe Pelerine; Flügel). Der Rükken ist im Bruch geschnitten. Als Wettermantel wurde er vor allem aus Loden oder Cheviot hergestellt.

3 Bezugnahmen auf diese Schneidergeschichte bei Wagner, Richard, S. 96f.

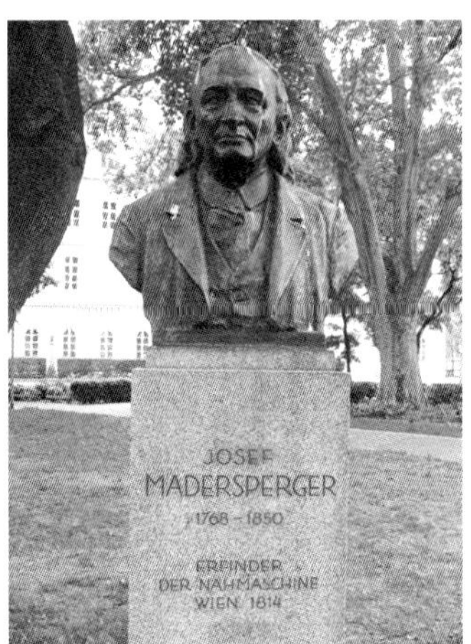

Schneider-Denkmal im Resselpark, Wien.

Madersperger, Josef: Genialer, verkannter Schneidermeister, geboren 1768 in Kufstein, seit 1790 Wiener Bürger. Er konstruierte eine „nähende eiserne Hand" und ergrübelte ein Grundprinzip der Nähmaschine. Das Ausland nahm seine Idee auf und vollendete sie. Der New Yorker Schneider Elias Howe stellte 1845 die wirklich brauchbare Maschine mit Doppelstichen zusammen, die zehnmal mehr Stiche pro Minute machte als die Hand eines Schneiders. Der Wegbereiter eines entscheidenden Umbruchs im Schneidergewerbe wurde mit einer Vereinsmedaille für seine „uneigennützigen Bestrebungen, nützlich zu werden", abgespeist und starb 1850 in einem Wiener Armenhaus. Er wurde in einem Massengrab am St. Marxer Friedhof beerdigt.[4] Heute besitzt er ein Ehrengrab, an dem jedes Jahr am 1. November ein Schneider-Kranz niedergelegt wird.

Madersperger-Medaille: Auszeichnung der Wiener Landesinnung für besondere Verdienste um das Schneiderhandwerk.

Mayerlingstil: In Paris wurde 1950 nach der Uraufführung einer Tragödie von Jean Marais, das den Liebestod des Kronprinzen Rudolf von Österreich und Baroness Mary von Vetsera thematisierte, der Mayerlingstil geschaffen. Er charakterisiert sich durch das ziemlich hochgeschlossene Sakko mit kleinem Revers und der vierknöpfigen Front. In der Pariser Modepresse erschienen Jacketts, die sich an die historische Silhouette dieser Ära der Herzöge anlehnten. Der oberste Knopf noch höher liegend als die Brusttasche, und zwar ebenso wie der folgende geschlossen, so daß sich ein ganz neuer Stil ergab, der bald auch vom dreiknöpfigen Einreiher übernommen wurde.

Mentschikoff: Nach dem russischen Staatsminister und Feldmarschall Alexander Fürst Mentschikoff (1672–1729) benannter, besonders weiter und langer, doppelreihiger Mantel mit breiter Quetschfalte und knöpfbarem Dragoner im Rücken. Die Vorderansicht gleicht dem → Paletot. Durch seine Verwendung als → Reisemantel wurden meist gemusterte Cheviots als Material gewählt.

Mess(e)jacke: Sie kommt aus dem Uniformbereich englischer Offiziere und wurde als Galauniform im Speiseraum (Messe) der englischen Marine getragen. Sie ist auch unter der Bezeichnung → Spenzer bekannt. Der Form nach ein → Frack ohne Schöße, wird die Messejacke wie dieser mit → Spitzfasson oder → Schalfasson gearbeitet und vorne nicht geschlossen. Der Seidenspiegel ist jedoch nicht obligatorisch. Die einzige Tasche ist eine → Brustleistentasche mit passendem Einstecktuch. Der Rücken zeigt Flankennähte (→ Troikanaht); der Saum verläuft spitzförmig zur Rückenmitte. Die ergänzende

4 Lukas, Josef (Hg.): Schneider machen Leute. Das ehrbare Handwerk der Schneider. Ein kulturgeschichtliches Potpourri. Zürich 1987, S. 144–146.

Hose entspricht der → Frackhose. Klassisch mit einreihiger, schwarzer Stehbrustweste oder mit → Kummerbund sowie einer Schleife zu tragen.

Morgensakko: Doppelreihig geschnittenes Sakko, das oft mit Posamentschlingen und Knöpfen zu schließen ist. Es ist etwas länger geschnitten als ein gewöhnliches Tagessakko, ziemlich hoch geschlossen und ähnlich wie ein Schlafrock ausgestattet (Schalkragen, aufgesetzte Taschen, bunte Besätze und Ärmelaufschläge). Nur für den Hausgebrauch bestimmt und heute selten geworden.

Morning coat: Engl. Bezeichnung für den → Cutaway bzw. das → Jackett.

Mufftasche: Am behäbigen Mantel vertikal angeordnete Eingrifftaschen, die meist als Leistentaschen gearbeitet sind.

Muscadins: → Stutzer zur Zeit der Französischen Revolution; sie trugen drei bis vier Westen übereinander. Die Holländer übernahmen diese Revoluzzermode und trugen bis zu sieben Westen gleichzeitig.

Nackenfalte: Unerwünschte Querfalte im Rücken unterhalb des Kragens. Das Entstehen von Nackenfalten kann unterschiedliche Ursachen haben: Unter anderem führt eine sehr aufrechte Körperhaltung dazu, daß der Hals den Kragen nach unten drückt und sich die Länge des Rückens als Nackenfalte unterhalb des Kragens absetzt. Auch eine zu schräg geschnittene Schulter, d. h. eine nicht im Schnitt berücksichtigte hohe Schulter des Kunden staucht den Rücken unterhalb des Kragens. Wenn das Schulterpolster im Rükken zu weit (mehr als 1,5 cm) vom Armloch entfernt ist und sich dadurch eine zu tiefe → Rollfalte ergibt, schiebt sich die Weite des Rückens bei Bewegungen ebenfalls als Falte zum Nacken. Bei geneigter Körperhaltung (Rundrücken) kann es zu Nackenfalten kommen, wenn in Verbindung von mangelhafter Dressur der Schulterblätter ein knapp bemessener Rücken vom Schulterknochen (starke → Hohlung) nach vorne gezogen wird. Die Schulterlinie verläuft unruhig und setzt sich als Falte unterhalb des Kragens fort.

Naht: Sie verbindet zwei (textile) Einzelteile miteinander. Als Notbehelf erfunden, dient sie der Formgebung zur Gestaltung einer Hülle für einen Körper (Prinzip der Bekleidung). Sie entsteht aus Stichen von unterschiedlicher Art und Länge, die ihre Haltbarkeit und ihr Erscheinungsbild wesentlich bestimmen. Schneider produzieren Nähte von Hand und mit der Nähmaschine.

Nähnadel, kurze: Im Unterschied zur Damenschneiderei werden in der Herrenschneiderei hauptsächlich kurze Nähnadeln für händische Näharbeiten verwendet. Dieser Verwendung zum → Heften, → Unterschlagen, → Staffieren etc. entspricht die kurze Nadelführung der Herrenschneider.

Nahtholz: Vierkantiges Bügelholz, in dem eine sogenannte Passepoilrinne angebracht ist, welche zum Ausbügeln von Passepoils und langen Nähten dient.

Napoleonkragen: Durch Napoleon popularisierter Fassonkragen, der mit hohem Kragen (meist mit separatem Steg) geschnitten ist. Bei Trenchmänteln und Modellen im Uniformstil beliebte Kragenform. Selten an → Partysakkos zu sehen.

New-Edwardian-Style: In den 1950er Jahren griffen einige Schneider der Savile Row auf den Stil Edwards VII. zurück, um einen neuen, nostalgischen Look zu kreieren. Typisch waren Samtkragen, schräg angeordnete Seitentaschen und Ärmelaufschlage.

Norfolk: Ab etwa 1885 Jacke für sportliche Aktivitäten (mit → Knickerbockers kombiniert), benannt nach der englischen Grafschaft Norfolk. Meist etwas länger als das Sakko, mäßig tailliert, mit → aufgesetzten Taschen, Rückengurt und → Golffalte im Rücken oder im Vorderteil und Rücken mit zwei → Pilasterfalten versehen.

Norfolk-Rücken: → Guardscoat-Falte im Sakkorücken, kombiniert mit einem einteiligen Rückengurt.

Orthopädieschneiderei: Bezeichnet den quasi schicksalhaft verbleibenden Weg der gehobenen Herrenmaßschneiderei. Zum Kundenstock dürften künftig vor allem verwachsene Personen gezählt werden, denen mit Konfektionsware nicht gedient werden kann.

Overcoat: Sammelbegriff für die gängigsten Mantelformen der Tagesgarderobe: → Chesterfield, → Paletot, → Ulster, → Raglan, → Boxcoat etc.

Paletot: Eleganter, anliegender Wintermantel (Stadtmantel) mit Taillenbetonung, ein- oder zweireihig. Das Revers orientiert sich am Sakko, der klassische Paletot ist jedoch stets doppelreihig und mit → steigender Fasson versehen. Als Abarten des Paletot gelten Ulsterpaletot und → Guardscoat.

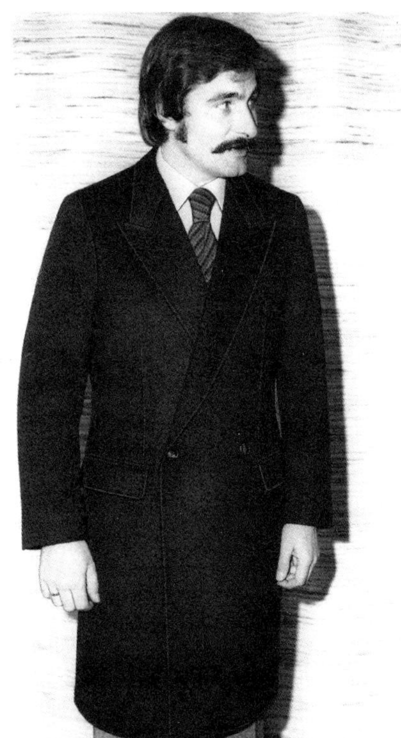

Paletot. Modell: Alfred Konsal, 1975. © A. Konsal.

Pantalons: Lange, eng anliegende Herrenhose, die die Kniehosen (Culotten) der Hofkleidung nach 1815 ablöste.

Party-Anzug: Ab 1960 getragener, fröhlicher Abendanzug, oft eine Kombination aus einem gemusterten Sakko mit dunkler, einfarbiger Hose. Das Modell erlaubt modische Abwandlungen des Schnitts und der Fasson.

Paspeltasche: Eingeschnittene Tasche, deren Einschnitt mit zwei Paspelstreifen verstürzt wird. Nach den geltenden

Schneiderregeln der Herrenschneiderei ist sie für elegante Anzüge (→ Cut, → Frack, → Smoking) ohne Patte zu arbeiten.

Die Paspeltasche wird als Innentasche (Sakko, Mantel) und als Hosenaußentasche mit nicht ausgebügeltem Paspel gearbeitet.

Passe: In der Herrenkonfektion synonymer Begriff für → Koller oder Sattel. Nur bei sportlichen Modellen gebräuchlich.

Patrone: In Wien „Patrandl", aber auch „Herrgöttl"[5] genannt; Bezeichnung für die Schnittmusterteile, die für ein Kleidungsstück vom Schneider erstellt wurden. Heute wird generell von → Schnitt gesprochen. Durch die Jahrhunderte galt die Patrone als großes, aber zweifelhaftes Werkstättengeheimnis des Schneiders.

Patte: Taschenklappe der → Pattentasche an eingeschnittenen → Seitentaschen, → Billettaschen und → Flaptaschen an Sakkos und Mänteln. Sie haben den Zweck, den Tascheneingriff abzudecken. An Abendanzügen und festlichen Modellen wird generell auf die Patte verzichtet.

Pattentasche: Gebräuchlichste Taschenform am klassischen Sakko; eine → Paspeltasche, die mit einer → Patte versehen wird. Sie kann schräg oder gerade als → Seitentasche positioniert sein, 1 cm vor dem vorderen Abnäher bis in das Seitenteil reichend. Pattentaschen in Brusthöhe werden als → Flaptaschen bezeichnet. Die Patte muß so verarbeitet sein, daß die Stoffmusterung nicht gestört wird.

Parabelfalte: Synonym verwendete Bezeichnung für die → Kellerfalte. Im Rücken des → Guardscoat und des → Norfolks anzutreffen.

Pelerine: Ärmelloser Umhang mit Umlegekragen.

Pfeffer und Salz: Dezent-elegante Standardqualität von Anzugstoffen, eigentlich ein fil-à-fil-Kammgarngewebe, dessen Farbstellungsmuster durch Zusammenwirken der Doppelköperbindung und des Farbwechsels 1 Schwarz 1 Grau in Kette und Schuß entsteht.

Pfriem: Werkzeug aus Bein oder Metall, das zum Ausziehen von Heftfäden, zum Zurechtziehen von Knopflochrundungen (→ Knopfloch) und zum Vorstechen von kleinen Löchern (Markierungen) dient.

Pitti Uomo: Alljährlich in Florenz im Palazzo Pitti stattfindender, gegenwärtig wichtigster Event der Herrenmode. Über 600 Aussteller präsentieren ihre Kollektionen, zeigen in Modeschauen die Trends der aktuellen Männergarderobe.

Prinz of Wales-Check: → Glencheck.

Pfuscher: Im Kontext Bezeichnung für den Feierabendschneider, der den Finanzminister betrügt und bzw. oder den Kunden, falls er das Schneiderhandwerk nicht beherrscht. Eine menschliche Spezies, die unter allen Handwerkern (und darüber hinaus) anzutreffen ist, über die man in mehr oder weniger eleganter Weise oder notgedrungen (nicht) spricht. Bis heute ist er ein gefährlicher Konkurrent, der dem Schneider anmaßend ins Handwerk pfuscht. Faulheit und Nachlässigkeit gehören nicht zu den Erkennungszeichen ho-

5 Quelle: Kraft, Kerstin, S. 90.

her Schneiderkunst. Sie reagiert mit Entrüstung und Ohnmacht auf den Schaden, den Pfuscher für das Handwerk anrichten.

Pikee: Dichtes, schweres Baumwollgewebe, das wie gesteppt wirkt. Doppelgewebe mit übereinanderliegenden Ketten, von denen jede einen besonderen Einschuß erhält. Ursprünglich aus England; Stoff für die Frackweste.

Pikieren: Beim Aufbau des Unterbaus der Sakkofront und der Bearbeitung von Reversklappe und Einlage werden zur Verbindung der unterschiedlichen Lagen in Reihen angeordnete Ährenstiche verwendet. Das Pikieren kann von Hand oder mit der Maschine erfolgen und hat den Zweck, eine dauerhafte und elastische Verbindung und elegante Formgebung herzustellen. Es entsteht keine Naht, sondern eine lebendige Verbindung zweier Flächen. Am Oberstoff des Revers (→ rollpikiert) dürfen die Pikierstiche nicht sichtbar sein.

Pilasterfalte: Bei → Jochfront bzw. Norfolk: flache Falten auf der Brust und im Rücken. Benannt nach den in der Architektur üblichen senkrechten Zierleisten gleichen Namens. Bis zur Hochkonjunktur (nach 1920) der Sattelmode griff man bei → Norfolk und Lodenanzug immer wieder auf diese Fasson zurück.

Pikeeweste: Nur (!) zum Frack als Festanzug gehört die weiße Pikeeweste. Der Westenausschnitt muß V-förmig sein. Ein U-förmiger Westenausschnitt ist nur an der Arbeitskleidung des Kellners gestattet.

Plack: Bestandteil des Unterbaus der Front, der im Brust- und Schulterbereich eine zusätzliche Stütze der Einlage des Sakkos und Mantels bildet.

Plastron (1): Das Plastron ist ein gesteifter Brusteinsatz bei Hemden.

Plastron (2): Der Plastron ist eine seidene Schalkrawatte als Beiwerk des → Cutaway. Deutsche Bezeichnung für den → Ascot.

Prince-de-Galles: Französische Bezeichnung für den → Glencheck. In England auch Prince-of-Wales-Check genannt (Edward VIII.).

Prince-of-Wales-Revers: Bezeichnung für ein → Ulsterrevers an der einreihigen Front.

Querbinder: → Schleife.

Quetschfalte: → Guardscoat-Falte.

Quispel: → Bienenwachs.

Radmantel: Kreisförmig geschnittener und nur am Hals zu schließender Mantel.

Raglan: Nach dem englischen General Lord James Henry Raglan benannter Mantel, bei dem Ärmel- und Schulterteil in einem geschnitten sind. Die Raglannaht verläuft vom vorderen zum hinteren Halsring schräg. Raglan bezeichnet heute eine bequeme Ärmelform an sportlichen Mänteln (→ Slipon, → Topper, → Trenchcoat, → Stutzer etc.).

Raglanmantel: → Autocoat, → Balmacaan, → Reisemantel, → Slipon, → Stutzer, → Topper, → Trenchcoat.

Rahmentasche: An sportlichen und behäbigen Mänteln gearbeitete, → aufgesetzte Tasche, die als eingeschnittene Pattentasche auf die Front an der Stelle der Seitentaschen rundum aufgesteppt wird. Am → Ulster häufig anzutreffen, deshalb auch Ulstertasche genannt.

Randrieren: Zwei offene, aufeinandertreffende Schnittkanten werden mit kleinsten, hin- und herwechselnden Stichen miteinander verbunden. Die Stiche werden so zusammengezogen, daß sich die fransenden Kanten zusammenschieben. Das Ergebnis ist eine sehr flache Verbindung zweier Stoffteile. Wird bei der Herstellung einer flachen Kantenverarbeitung an schweren Mänteln (z. B. → Crombiemantel) sowie zur Reparatur kleiner Stoffverletzungen angewandt.

Redingote: Französische Bezeichnung (engl. riding coat) für den taillierten Mantel der englischen Countrygentlemen, mit dem die englische Mode erstmals kontinentalen Einfluß gewann. Er verfügt über anliegende Ärmel und einen glockigen Schoß, der unterste Schließknopf liegt immer in der Taille.

Reiseanzug: Anzug mit unkonventionellem Schnitt oder vom klassischen Anzug abweichenden Details, oft mit Rückenfalte und Rückenspange, meist aus strapazierfähigen Kamm- oder Streichgarntwisten gearbeitet.

Reisemantel: Ein- oder zweireihiger Mantel ohne Fassonvorgaben, oft mit sportlichen Details, die die klassische Strenge auflockern. Freie Wahl des Materials, das gerne Musterung zeigt (→ Mentschikoff).

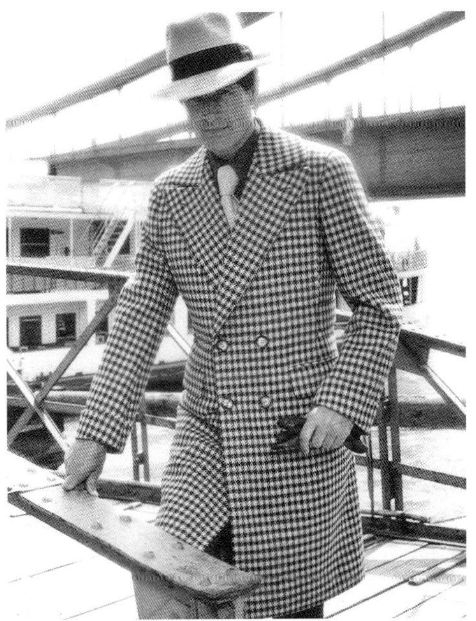

© Krammer, 1975.
Modell Reisemantel: Alfred Konsal, Weltkongress Rom 1975: Sportliches Modell aus braungrünem Hahnentritt mit rotem Fensterkaro, zweireihig, auf vier tiefliegende Knöpfe zu schließen, Pattentaschen, Ärmel mit Aufschlägen, Golffalten im Vorderteil, in welche der Dragoner eingearbeitet wurde; Mittelschlitz im Rücken. Modell mit markant runden Schultern und viel Bewegungsfreiheit

Reiterschlitz: → Hakenschlitz.

Reitsakko: Aus der klassischen Bekleidung des Landadels hervorgegangen. Das Reitsakko unterscheidet sich vom Tagessakko durch die glockige Gestaltung der Hüftpartie. Es kann mit oder ohne Schoßnaht gearbeitet sein, auch die Taschengestaltung ist variabel. Generell werden die Knöpfe zweckmäßig hoch angeordnet. Der Rücken ist oft mit → Hakenschlitz versehen.

Revers: Sakkoaufschlag, früher Klappe genannt, mit dem Kragen durch die → Spiegelnaht verbunden. Zusammen mit dem Kragen bildet das Revers die → Fasson an Weste, Sakko und Mantel. Mehrere Grundformen des Revers als Bestandteil der → Fasson lassen sich unterscheiden: → fallende, → steigende, → transformable Revers und Phantasierevers.

Reversabstich: Gestaltungsform des fassonierten Revers vom Ende der Spiegelnaht (→ Crochet) bis zum Fassonauslauf über dem obersten Knopf.

Reitrock: Wie das Reitjackett wurde der Reitrock mit Schoßnaht, einreihig und mit großzügiger Schoßweite gearbeitet. Bezeichnung heute ungebräuchlich (→ Redingote).

Riegelnaht: → Guardscoat.

Robes habillées: International gebräuchlicher Ausdruck für die gesamte festliche Bekleidung (Dinner-, Nachmittags-, Cocktail- und Abendbekleidung).

Rock: Synonym verwendeter Begriff für die Jacke des Herrn. In Wien „Röckl" genannt. Allgemeiner, alter Überbegriff, im Englischen als → Coat bezeichnet.

Rockanzug: Bezeichnung für einen Anzug, der aus einem → Cutaway und Beinkleid aus dem gleichen Stoff besteht. Zur Gründerzeit und um die Jahrhundertwende fand er eine dem Sakkoanzug angenäherte Verwendung, da für gesellschaftliche Gelegenheiten am Tage noch der → Gehrock getragen wurde.

Rollaufschläge: Knopflose Stulpen am Ärmelsaum.

Rollfalte: Bezeichnung für die korrekte Überweite auf Brust- und Rückenhöhe an Front und Rücken, die sich je nach Bewegung über den Ärmel legt. Sie ist im Rücken unerläßlich, um die Bewegungsfreiheit und das angenehme Traggefühl des Kleidungsstücks zu gewährleisten. An der Front rollt sich die Brustpartie bei vorneigenden Bewegungen ebenfalls Richtung Arm.

Rollfasson: Bezeichnung für die im Unterschied zur → festen Fasson variabel auslaufende Fassongestaltung, bei der die Umbruchlinie nicht festgebügelt werden darf. Das ganze geschieht auf Kosten des guten Aussehens.

Rollpikiert: Als Gütezeichen hochwertiger Maßbekleidung gilt das Revers, das sich – handpikiert – „wie von selbst" entlang der Umbruchlinie zum Körper legt. Diesen Effekt erzielt man durch Kurzhalten des Oberstoffs beim Pikieren der Fasson. Die Fasson rollt dadurch harmonisch und standfest über dem obersten Knopf an und bildet, einen entsprechenden → Kragenzug vorausgesetzt, ein tadelloses „Gesicht" der Front. Das Pikieren erfolgt stets von der Leinenseite aus. In möglichst dichten, gleichmäßigen Stichreihen wird die spä-

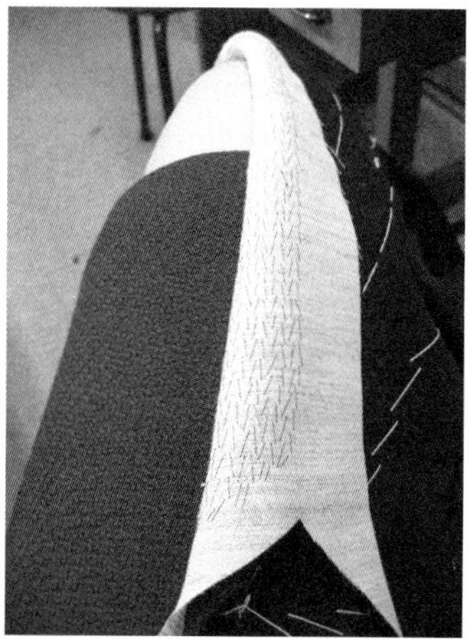

Rollpikiertes Revers. © Modell: R. Sprenger.

tere Reversklappe parallel zur Umbruchlinie pikiert, wobei der Stoff kurzgehalten wird. Die Konsistenz und Elastizität des Revers wird maßgeblich von der Qualität dieses Arbeitsvorgangs bestimmt.

Rosegger, Peter: In Krieglach (Steiermark) geborener Dichter (1843–1918), der als → Störer auf Bauernhöfen „die edle Schneiderei" lernte und als „dichtender Schneiderbub" später seine Erfahrungen und Begebenheiten aus der Schneiderwelt literarisch festhielt. Seine Schneiderlehrzeit war ihm eine Hochschule der Menschenkenntnis und Menschenbeobachtung, um die ihn mancher Fachpsychologe hätte beneiden können.[7] Sein Werk umfaßt 40 Bände, die in über 20 Sprachen übersetzt wurden. Nach ihm ist ein Trachtenjanker und ein karierter Loden benannt (Rosegger-Loden).

Roßhaar: Wichtiger Bestandteil der Sakkoeinlage. Aufgrund seiner spezifischen Eigenschaften ist das Roßhaar wie geschaffen für die Erzielung eines stabilen, stützenden Frontunterbaus, da es dauerhafte Sprungelastizität gewährleistet.

Roßhaarsieb: Italienische Roßhaareinlage, die als → Plack und → Schulterstütze Verwendung findet.

Rückengurt: Schmuckgurt am Rücken von Mantel oder Sakko, fest angenäht oder abknöpfbar (→ Norfolk, → Ulster, → Guardscoat, → Mentschikoff).

Rückenschlitz: Vom Saum des Sakkorückens ausgehender, sauber eingearbeiteter Schlitz. Der Rückenschlitz wird entweder im Verlauf der Rückenmittelnaht oder als Seitenschlitz (zwei Seitenschlitze) gearbeitet. Bei korrekten Sakkos (→ Doppelreiher) stets zwei Seitenschlitze. Beim Rückenschlitz tritt üblicherweise die linke Seite über die rechte, so daß der Schlitz nach rechts offen ist (im Gegensatz zum → Autoschlitz).

Rundbundhose: Die meisten modernen Herrenhosen sind als Rundbundhosen gearbeitet. Der Hosenbund verläuft vom vorderen Untertritt des Hosenschlitzes (Knopf- oder Reißverschluß) um die gesamte Taille bis zum Übertritt, der eine → Bundverlängerung erhält. Der Bund ist nur an der hinteren Mitte im Verlauf der Gesäßnaht geteilt, um ein späteres Ändern bei Figuranpassungen zu erleichtern.

Rundumpasse: An meist sportlichen Mänteln wird das Vorder- und Rückenteil in Brusthöhe ringsum durch eine Naht unterbrochen. Der Raglanärmel wird jedoch ohne diese Trennung geschnitten.

Sakko: Der oder das Sakko?! In Österreich: das Sakko. Das Sakko entwickelte sich zum beliebtesten, einfachsten und bequemsten Alltagsrock des (westlichen) Bürgers. Der Zuschnitt ist sackartig, daher die italienische Bezeichnung „sacco". Das Sakko besteht aus Vorder-, Seiten- und Rückenteil, Ärmel und Kragen. Der Zuschnitt des Sakkos ist (an sich) sehr bequem gehalten und gestattet daher die Anbringung der größtmöglichen Zahl von Taschen. Das Sakko kann ein- oder zweireihig gearbeitet (→ Einreiher, → Doppelreiher, → Blazer, → Abendanzug, kleiner) und je nach Tageszeit und Anlaß unterschiedlich ausgestattet sein (→ Busineßanzug, → Smoking). Die hohe Kunst der

7 Vgl. Katterfeld, Anna: Leuchtendes Leben. Vom Werden, Wirken und Wesen Peter Roseggers. 2. Auflage, Stuttgart 1950, S. 68.

Herrenkleidermacher konzentriert und beweist sich heute hauptsächlich in der Anfertigung dieses wichtigsten Kleidungsstücks der eleganten männlichen Garderobe.

Salonfrack: In seiner Grundform ein sogenannter Schlußrock, der auf steten Schluß in der Taille und mit angesetztem Schoß gearbeitet ist. Der Salonfrack entspricht dem heutigen → Frack, kann mit Spitzfasson oder Schalkragen gearbeitet sein. Charakteristisch für den Salonfrack war die eigentümliche Schoßgestaltung: rechtwinklig angesetzte Schoßteile als 4 bis 5 cm breite Streifen (→ Scharniere) als Abschluß des Vorderteils.[8]

Salonrock: Ausschließlich schwarzer, doppelreihiger Gehrock, der den Frack als Repräsentationskleid bei Feierlichkeiten am Tag ersetzte. Ein farbiger Rock in Form eines Salonrockes wurde als → Gehrock bezeichnet.

Savile Row: Schneidermeile in London, bis heute Stätte der feinen, klassischen Herrenmaßschneiderei. Die kleine Straße der einstmaligen Schneider-Hauptstadt wurde zum Aushängeschild für den Begriff englischer Herrenmode schlechthin.

Saxony: Anzugstoff aus edlen Merino-Streichgarnen mit leicht deckender Meltonappretur, häufig als → Glencheck, → Pepita oder → Hahnentritt gemustert.

Scarf: Englische Bezeichnung für den → Plastron (2) bzw. den → Ascot. Diese Krawattenart wird heute nur mehr zum → Cutaway und → Stresemann getragen.

Schalfasson: Fasson, bei der Kragen und Revers nahtlos zusammenhängen und sich schalartig um den Hals legen. Ein schräg geschnittener, schalähnlicher Streifen verläuft vom obersten Schließknopf um den Hals des Trägers und bildet so am Westen-, Sakko- oder Mantelausschnitt die Fasson (→ Frack, → Smoking). An Tagesanzügen erlaubt, jugendlich konnotiert, aber selten anzutreffen.

Scharniere: Heute ungebräuchliche Bezeichnung für die am Vorderteil eines Fracks nur mehr angedeuteten Schoßteile, die als 4–5 cm breite Streifen das Vorderteil abschließen. Etwa ein Drittel der gesamten vorderen Schoßbreite ist somit rechtwinklig an die Taillennaht angesetzt. Der moderne → Frack wird ohne Scharniere gearbeitet.

Schirtling: Weiches Baumwollfutter, das man als Zwischenfutter für die Schoßteile des → Cutaway und → Fracks verwendet. Wird auch Bougram genannt.

Schleife: Querbinder, in zwei Varianten bekannt: als Schmetterlingsschleife (Papillon oder Butterfly) und Fledermausschleife (Batswing). Für die → Frack- und → Smoking-Schleife gelten besondere Vorschriften. Der weiße Querbinder gilt als obligatorisches Beiwerk des → Fracks, während die schwarze Querschleife die Berufskleidung des Kellners kennzeichnet.

Schlitzleiste: Am Hosenschlitz an der linken Vorderhose mit Knopflöchern bzw. Reißverschluß gearbeiteter Übertritt.

Schlitztasche: Eingeschnittene Tasche mit oder ohne Patte (→ Paspeltasche).

Schlußröcke: Frack und Jackett sind Schlußröcke, weil sie einen festen Schluß in der Taille haben und mit angesetztem Schoß gearbeitet sind.

8 Quelle: Salatsch, Adolf: S. 50f.

Schneider (franz. Tailleur, engl. Tailor): Schon früh wurde man sich der Wichtigkeit des Zuschnitts für die Form der Kleidung bewußt.

Schneiderbürste: Sie dient dazu, den beim → Glanzabziehen in Unordnung geratenen Strich des Stoffes wieder zurecht zu bürsten, solange der Stoff noch feucht und warm ist. Auch lockern sich beim Glanzabziehen die Deckhaare des Stoffes durch den sich entwickelnden Wasserdampf. Um die Deckhaare noch im warmen Zustand wieder anzudrücken, wird der Stoff mit dem Bürstenrücken geklopft. Der Bürstenrücken wird auch eingesetzt, um frisch gebügelte Partien möglichst glatt zu drücken und ein rascheres Abkühlen der Ware zu fördern.

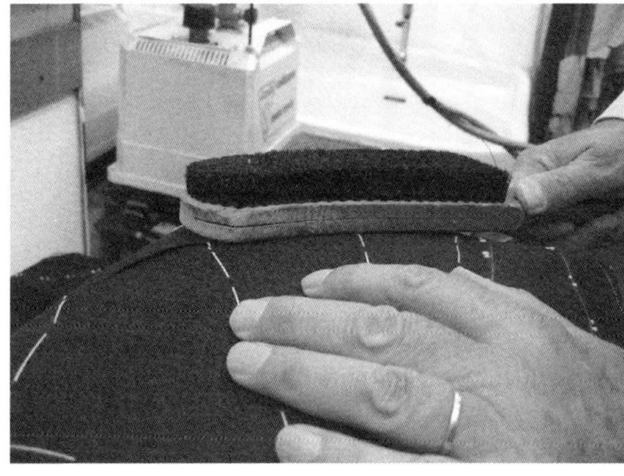

Schneiderbürste, A. Konsal.

Schneiderfett: In Wien frühere Bezeichnung für die Schulterauflage im Sakko.

Schneidergang: Bezeichnung für das vergebliche Bemühen des Schneiders, die offenen Rechnungen seiner Kundschaft einzutreiben.

Schneiderleinen: → Steifleinen.

Schneiderschultern: Abfällig gebrauchte Bezeichnung für die von Schneidern mit reichlicher Wattierung (→ Schneiderfett) versehene Schulterpartie.

Schneidersitz: In vergangenen Zeiten die typische Arbeitshaltung des Schneiders: auf dem Tisch der Werkstatt, mit ineinander gekreuzten Beinen und Rundrücken über der Handarbeit sitzend. Heute ist diese frühere Arbeitshaltung nur mehr das Erscheinungsbild eines gedrückten Handwerkerstandes: „Als Gesellen hockten sie zwei Drittel ihrer ganzen, oft sehr kurzen Lebenszeit, in engen, düsteren, dumpfen Werkstätten mit unterschlagenen Beinen auf den Arbeitstischen, tief niedergebeugt über das Nähzeug, so daß Magen und Lunge zusammengedrückt und die Augen frühzeitig geschwächt wurden.“[9]

Schneider von Ulm. Schneidermeister Ludwig Albrecht Berblinger baute einen Apparat mit Flügeln und wollte wie ein Vogel fliegen. Im Mai 1811 machte er in Gegenwart König Friedrichs von Württemberg seinen ersten Versuch, von der Adlerbastei über die Donau zu fliegen. Sein Versuch mißlang. Der Schneider fiel in die Donau und wurde zum Gespött der lachenden Zuschauer und der Nachwelt.[10]

Schniebel: Volkssprachliche Bezeichnung für den → Frack.

Schnitt: Im Unterschied zur Falte (Drapierung) hat das künstliche, rational-technische Prinzip des Schneidens etwas Unwiderrufliches.[11] Seine Irreversibilität verlangt daher nach der Beherrschung der Technik des Schnitterstellens, die die gründliche Kenntnis von Ana-

9 Wagner, Richard, S. 76.

10 Der Schneider von Ulm. In: Die Wiener Herrenschneiderei. Wien, 1. Jahrgang, Nr. 1, 15. April 1929, S. 16.

11 Vgl. Kraft, Kerstin, S. 102

tomie und Geometrie voraussetzt und zur hohen Kunst der Herrenkleidermacher zählt. Der Schnitt bezeichnet Form und Gestalt eines Gegenstands, nicht nur eines geschneiderten Kleidungsstücks.

Schoß: Bezeichnete die vorderen und hinteren Schoßteile eines → Fracks, → Jacketts (→ Cutaway) oder → Gehrocks (→ Schlußröcke). Ohne Schoß werden das → Sakko, der → Smoking, der → Spenzer und diverse Mäntel gearbeitet.

Schößel: In Wien bezeichneten die Schößel das Rückenteil des Fracks und Cuts von der Taille abwärts.

Schoßfalte: Am rückwärtigen Schoßteil von → Cutaway und → Frack im Verlauf der seitlichen Flankennähte angebrachte vertikale Teilung, die als schmale, festgenähte Falte links und rechts des → Hakenschlitzes gearbeitet wird.

Schoßnaht: Bei Schlußröcken (→ Cut, → Gehrock, → Frack) zu finden.

Schoßknöpfe: Bei dreigeteilten Rückenpartien (Frack, Cut) werden an den zwei Punkten, an denen sich die Seitennähte mit der Taillennaht (Schoßnaht) kreuzen, als besonderer Abschluß Knöpfe angenäht.

Schräg-Dressur: Dressur an Vorder- und Rückenteil, die sich der Formbarkeit (Dehnung) des Materials schräg zum Fadenlauf bedient. Auch Diagonal-Dressur genannt.

Schrittbeilage: An Maßhosen im Bereich der vorderen Gesäßnaht und der Schrittnaht mitverarbeitetes, schräg geschnittenes, viereckiges Futterstück. Dient als Verstärkung einer besonders tragebeanspruchten Stelle.

Schrittnaht: Sie verbindet Vorder- und Hinterhose auf der Beininnenseite.

Schulterklappen: Element aus der Uniformkleidung, am → Trenchcoat, sportlichen Mänteln und gelegentlich am → Norfolk zu finden.

Schulterstütze: Zur Formung und als Stütze wird die Schulterpartie der Sakkofronteinlage mit einem ein- oder zweiteiligen, in Fadenlauf und Form genau an die Einlage angepaßten Stück → Steifleinen (→ Roßhaarsieb) verstärkt. Für die → Hohlung wird die Schulterstütze im Bereich des Armlochs etwas geöffnet. Die Schulterstütze wird zwischen der Ganzeinlage und dem Plack plaziert.

Schulterpolster: Unsichtbarer, fakultativer Helfer zur Stütze, Formgestaltung und Betonung (Verbreiterung) der Schulterpartie. Meist fertig im Handel angeboten, bestehen Schulterpolster aus mehreren Lagen natürlicher (Baumwolle) oder synthetischer Watte und Filz. Vom Herrenschneider gefertigte Schulterauflagen bestehen gelegentlich nur aus einem Deckblatt, das aus Einlagen- und Futterresten hergestellt wird.

Schwalbenschwanz: Im Volksmund verwendeter Begriff für den → Frack.

Schwarzer Anzug: Er wird zu den → Gesellschaftsanzügen gezählt, die sowohl tagsüber als auch abends bei kleinen gesellschaftlichen Gelegenheiten getragen werden können. Als Einreiher oder Doppelreiher, aber meist mit steigender Fasson gearbeitet. Er wird mit schwarzem Binder und Weste zum kleinen → Abendanzug ergänzt.

Schwarzweißstil: Einstmals der gewählte Ausdruck, wenn vom Abendanzug die Rede war, denn weder Frack noch Smoking erlaubten damals den geringsten Farbeffekt. Nicht einmal die → Knopflochblume durfte Farbe bekennen.

Schwedenpasse: An sportlichen Mänteln kann in Kollerhöhe eine Steppnaht rundum quer über die Brust, den eingesetzten Ärmel und den Rücken gelegt werden. Im Vergleich zur → Rundumpasse verläuft diese Nahttrennung auch über den Ärmel.

Serge: Im besonderen ein (Sakko-)Futterstoff aus Viscose in Köperbindung.

Seidenspiegel: Die → Spitzfasson von → Frack und → Smoking ist am Revers mit einem Seidenspiegel, manchmal mit Moiré besetzt. Die → Schalfasson ist ganz aus schräg geschnittener Seide gearbeitet. Der Seidenspiegel kann auch als → Trottoirspiegel gearbeitet sein.

Seitentaschen: An Sakko und Mantel vom vorderen Brustabnäher über die Seitenteilnaht verlaufende, meist gerade, am Reitsakko und modisch-dandyhaften Modellen auch schräg angeordnete Eingrifftaschen. Bei Tagesanzügen werden die Seitentaschen überwiegend als paspelierte → Pattentaschen gearbeitet, beim → Smoking wird auf Patten verzichtet. An der Hose bezeichnen Seitentaschen die in die Seitennaht eingearbeiteten Nahttaschen.

Seitenschnallen: Zur Bundweitenregulierung am Hosenbund seitlich angebrachte, stufenlos regulierbare Schnallen, die nur auf Kundenwunsch gearbeitet werden; oft bei Hosen, die ohne Gürtel getragen werden.

Seitenschlitze: Im Sakkorücken angebrachte Schlitze, die sich im Nahtverlauf zwischen Seitenteil und Rücken von Seitentaschenhöhe bis zum Saum fortsetzen. Aus Gründen der Bequemlichkeit fakultativ und alternativ zum Rückenmittelschlitz gearbeitet.

Sichelrevers: In den 70er Jahren Bezeichnung für die modische, stark nach außen geschwungende, breite Reversfasson. Diese Fassonform wird auch als Revers in Blattform beschrieben.

Sissonieren: Bezeichnet das im Zuschnitt erfolgende Legen von Abnähern in Oberstoff und Einlage, die die körpergerechte Form des Sakkos bedingen (→ Cisson).

Slipon: Einreihiger, lose fallender Wettermantel, meist in Raglanfasson, mit verdeckter Knopfleiste und großem Kragen. Gesteppte Kanten, Schubtaschen, Ärmelspangen und Gürtel gehören zur standardmäßigen Ausstattung. Nach ihm benennt sich die Slipon-Fasson, die ein verkümmertes Revers zeigt, das in seinem Verlauf einem hochgeschlossenen Modell entspricht.

Slipon-Fasson: → Slipon. Vor allem bei Mänteln und Freizeitjacken angewandt.

Smokinganzug: Der Smoking hat Sakkoform, ist schwarz oder dunkelblau, kann ein- oder zweireihig sein, meist mit Spitz- oder Schalfasson, selten mit fallender Fasson. Die generell lange Fasson (ein Knopf bzw. ein Schließknopfpaar, → Knopfriegel) des Smokings muß mit Seide belegt sein (→ Seidenspiegel). Die Seitentaschen werden immer ohne

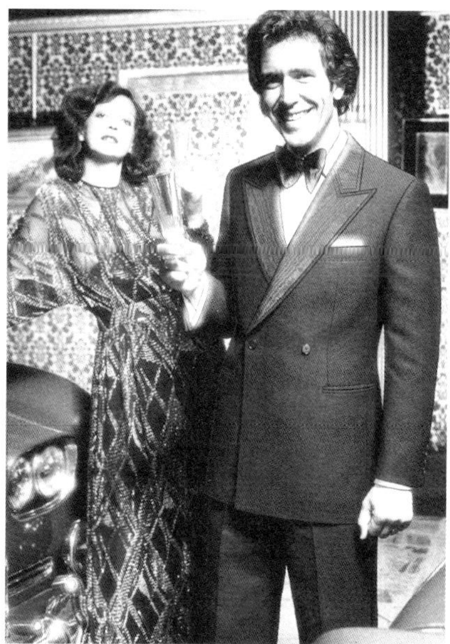

Patten als → Paspeltaschen gearbeitet. Als Abendanzug ist er mit aufschlagloser, seitlich galonbesetzter Hose (→ Smokinghose), → Weste oder → Kummerbund, → Smokinghemd und „black tie" (→ Smoking-Schleife) zu tragen. Sind Sakko und Hose nicht aus demselben Material, spricht man von einer Smoking-Kombination. Von den Vorgaben des modernen Smokinganzugs abweichende Modelle nennen sich → Dinnerjacketts und → Partyanzüge.

Smokinganzug mit Trottoirverarbeitung. Modell: Alfred Konsal. © F. P. Krammer, 1975.

Smokinghemd: Nachdem man vom gesteiften Frackhemd für den Smokinganzug abkam, wird zum Smoking heute meist ein Hemd mit Umlegekragen, leicht angestärkten Falteneinsätzen an der Front und Doppelmanschetten getragen.

Smokinghose: Hose ohne Aufschlag und mit einfachem → Galon.

Smoking-Schleife: Querbinder für den Smoking; immer aus schwarzer Seide gearbeitet. Auch der kleine → Abendanzug wird mit schwarzer Schleife ergänzt.

Sommersakko: Sakko mit oder ohne Fasson, teilweise ungefüttert, aus leichten, porösen und oft waschbaren Stoffen verschiedenster Art.

Spaßvogel: Schneiderumgangssprachlich gebrauchter Ausdruck für den am → Smoking verwendeten Knopfriegel. Wird auch als Steckknopf bezeichnet.

Spenzer: Wahrscheinlich nach dem berühmten bibliophilen George John Earl Spenzer (1758–1834) benannte, eng anliegende, bis zur Taille reichende westenartige Jacke; auch in der Trachtenmode zu finden (→ Messejacke, → Bordjacke).

Spiegel: → Seidenspiegel.

Spiegelnaht: Verbindungsnaht zwischen → Kragen und → Revers (Kassur, Crochet). Sie gestaltet den Kragenabstich, also die Schnittform, nach der der Oberkragen mit dem Revers zusammengefügt wird. Das → Stoßen der Spiegelnaht muß sorgfältig geschehen, so daß Kragen und Revers glatt (ohne Verschub und Spannung) und geradlinig mit unsichtbaren Stichen verbunden sind.

Spitzfasson: → Steigende Fasson.

Sportsakko: Voll ausgestattetes Einzelsakko (im Unterschied zum Sommersakko und Freizeitsakko). Folgt dem Anzugsakko im Schnitt, meist aus griffigen sportlichen Geweben und Streichgarnstoffen. Das Sportsakko gestattet dem Gestalter zahlreiche Variationsmöglichkeiten: gerne werden → Norfolk-Elemente, → Billettaschen, → aufgesetzte Taschen oder vom klassischen Fassonbild abweichende Kragen- und Reversformen verwendet, um das Modell modisch zu beleben. Das Sportsakko gilt als beliebtes Sakko in einer sogenannten → Kombination.

Sportmantel: Meist kürzer und lockerer geschnitten als der → Stadtmantel, in sportlicheren Stoffmustern (Donegal, Tweed, Fischgrät, Cheviot) gearbeitet, mit sportlichen Taschen (Einschubtaschen, → aufgesetzte Taschen, → Rahmentaschen) und gesteppten Kanten versehen. Zahlreiche Schnittabwandlungen und abweichende Innenausstattung sind möglich. Zu den Sportmänteln werden gerechnet: → Caban, → Dufflecoat, → Autocoat, → Stutzer, → Boxcoat.

Squarefront: Vertikaler, rechtwinkliger Abstich, auch Lotfront genannt; beim → Doppelreiher obligatorisch.

Stadtmantel: Verschiedene Mantelformen gelten als klassische Stadtmäntel: → Chesterfield, → Paletot, → Guardscoat, → Havelock. Sie unterscheiden sich in ihrem strengen, an das Sakko angelehnte Erscheinungsbild von modernen → Sportmänteln.

Stadtzweireiher: Doppelreihige Knopffront, die immer etwas an der Taillenbetonung interessiert ist; englisch orientierter Stil; Spitzfasson obligatorisch; meist lange Seitenschlitze, Grundtendenz: seriös.

Staffieren: Dauerhaftes Verbinden einer eingebugten Stoff- oder Futterkante mit einem Stoffteil durch von außen fast unsichtbare Stiche.

Steckerltasche: → Billettasche.

Stecktasche: Waagrechte oder nur leicht schräg liegende Taschen an Sakkos, Mänteln und Hosen.

Stehbrust: Allgemeine Bezeichnung für hochgeschlossene, reverslose Front an Sakkos und Westen. Bei Trachten üblich.

Steheckkragen: → Vatermörderkragen.

Stehkragen: In der französischen Mode auch Offizierskragen genannt. Kombiniert mit der → Stehbrust.

Steigende Fasson: Die klassische Fassonform von korrekter, strenger Eleganz entsteht aus Spitzrevers und Kragen. Die Spiegelnaht steigt nach außen an. Der mehr oder weniger steile Spitz des Revers kann zur Schulter, zur Kugel oder zum Armloch zeigen. Für alle korrekten doppelreihigen Tagesanzüge sowie den → Frack ist die steigende Fasson obligatorisch. Auch der → Smoking besitzt oft diese Fasson, ebenso der → Cutaway, der → Spenzer und das → Dinnerjackett. In analoger Verwendung bedienen sich elegante Mantelformen dieser Fasson (→ Paletot, → Havelock, → Balmacaan etc.).

Steifleinen: Auch Schneiderleinen genannt, unelastischer Einlagenstoff aus Leinen, Halbleinen oder Jute in Leinwandbindung (Leimappretur).

Steiltasche: Sehr steil angeordnete, aufgesetzte Leistentasche am Mantel.

Sticheinziehen: Herstellen von Merkstichen, Markierungen durch Heftstiche mit einfacher oder doppelter → Heftwolle.

Störer: Frühere Bezeichnung jener Schneider, die ihre Handwerkerarbeit beim Kunden auf der „Stör" verrichteten. Er wanderte mit seinem Meister von Hof zu Hof.

Stoßen: An der → Spiegelnaht das Verbinden des → Revers mit dem Kragen durch kleine, von Kante zu Kante wechselnde Stiche. Weil der Fadenlauf an Revers und Kragen schräg ist, verlangt dieser Arbeitsgang viel Sorgfalt und Geschick, damit sich ein schnurgerader Verlauf ergibt. Generell das Verbinden zweier Stoffteile, die sich nicht überlappen, sondern nur aneinanderstoßen. Auch bezeichnet Stoßen das Verbinden zweier offener Schnittkanten, die rechts auf rechts mit engen Stichen umwindelt werden. Anschließend wird die entstandene Verbindung der beiden Schnitteile möglichst flach gebügelt. Diese Technik kommt bei der Verarbeitung der vorderen Kante bei → Ulstermänteln und → Crombie-Mänteln zum Einsatz. Das Verstürzen der schweren Stoffe würde eine zu dicke Kante ergeben. Die gestoßene Kante kann durch zusätzliches → Randrieren noch gefestigt werden.

Strangbeutelseide: In Stücke geschnittener, fester Seidenzwirn zum Durchnähen (→ Staffieren) der vorderen Kante, des Saums und diverser Kanten an Kleinteilen (Patten, Leisten) an Sakko und Mantel.

Stresemann: Der deutsche Reichskanzler und spätere Außenminister Gustav Stresemann trug anstelle des → Cutaway einen kleinen → Abendanzug als → Gesellschaftsanzug für den Tag, bestehend aus einem schwarzen, ein- oder zweireihigen Sakko (oft Marengo), einer grau gestreiften aufschlaglosen Hose und silbergrauer Weste. Um 1920 als synonyme Bezeichnung für den offiziellen Besuchsanzug (kleinen Abendanzug) verwendet. Der Stresemann wird gelegentlich auch als kleiner Hochzeitsanzug bezeichnet.

Stückmeister: Im 19. und 20. Jahrhundert selbständig arbeitende Schneidermeister, die in eigener Werkstätte im Auftrag für einen Konfektionär oder → Kundenschneider Stücke einer Gattung fertigten (Westenschneider, Sakkoschneider, Großstückschneider, Hosenschneider etc.). Heute gibt es kaum noch Stückmeister.

Stulpe: Ein mehr oder weniger breiter → Umschlag an Hosenbeinen.

Stutzer (1): Der Stutzer gilt als personifiziertes Mißverständnis des eleganten Mannes. Der Homo elegans setzt auf Unauffälligkeit und vereint gute Manieren und eine tadellose Haltung mit einem gepflegten Äußeren. Der Stutzer jedoch hält sich nur an Äußerlichkeiten, übertreibt Modeformen und -farben, paart Auffälligkeit mit geziertem Wesen. In der Modegeschichte aller Zeiten wird er zum Gegenstand des Spottes (z. B. → Incroyables, → Zazous, → Be-Bobs).

Stutzer (2): Im Schneiderfach ein gestutzter Mantel, eine Art kurzer Sportpaletot.

Suit: Engl. Bezeichnung für den → Anzug.

Swing-Pocket: Vor allem an Jeans gebräuchliche, bogenförmig geschnittene Eingrifftaschen an der Vorderhose.

Tabs: An Ärmeln von Wettermänteln zum Abdichten angebrachte kleine Laschen in verschiedenen Formen, die mit Knopf die Ärmelweite am Saum verstellen lassen.

Tagesanzug: Bezeichnet den korrekten (formellen) Tages-, Straßen- oder Büroanzug. Tagesanzüge bilden den Hauptteil aller hergestellten Anzüge; sie sind zweiteilig (Sakko, Hose) oder dreiteilig (Sakko, Hose, Weste). Das Sakko ist überwiegend einreihig gearbeitet. Sakko, Hose und Weste sind stets aus dem gleichen Stoff geschnitten. Typisch sind hochwertige Kammgarnqualitäten in dezenter Farbwahl und unauffälliger Musterung. Sie können aus schweren und sommerlichen Qualitäten hergestellt werden.

Taille (franz. Schnitt, Figur): Bezeichnung der engsten Stelle des Rumpfes, also der natürlichen Gürtellinie. Auch das Aussehen der Herrenkleidung ist bestimmt durch losen oder taillierten Zuschnitt um die Körpermitte. „Tailleur" ist auch im Deutschen als Bezeichnung für ein (vom Herrenschneider) in englischer Schneidertechnik gearbeitetes Damenkostüm gebräuchlich.

Taillierung: Das Figurbewußtsein des Mannes setzt in der Taille an: Nur mit mehr oder weniger betonter Taille und einem Sakko mit ausgewogenen Längenverhältnissen läßt sich das schlanke Bild des schicken, sportlichen und unvergleichlich eleganten Herrn herstellen. Der Maßschneider versteht sich in seiner angewandten Kunst auf den Anschein, die angedeutete Taillierung, deren schlankmachende Wirkung auch dann erzielt wird, wenn dem Träger dieser natürliche Vorzug fehlt.

Taschen: In der Schneiderei ein vielgestaltiger Nutz- und Schmuckgegenstand. Nach den Gesetzen der englischen Schneidertechnik gearbeitet, gibt es folgende gebräuchliche Taschen für Herrenanzüge und Mäntel: → Billett- und → Seitentasche mit Patten (Klappen) am Herrensakko, → Paspeltasche (einfache Schlitztasche), → Pattentasche (Klappentasche), → Mufftasche (fast senkrecht gestellte Leistentasche), aufgesetzte Tasche mit Patte (→ Rahmentasche), Faltentasche mit geknöpften Patten (→ Norfolk) und die einfache → aufgesetzte Tasche. Nach ihrer Plazierung unterscheidet die Herrenschneiderei die Sakkotasche von der Hosentasche und Westentasche. Die Brustleistentasche wird an Sakko, Mantel und Weste gearbeitet.

Tellerkragen: Rund geschnittener, tellerähnlicher, spitz oder rund abgestochener Kragen, dessen Kragenecken sich auch im geschlossenen Zustand nicht berühren, sondern etwa leistenbreit voneinander getrennt sind. Er ist breiter als der Kragen der → Slipon-Fasson. An modernen Stadt-, Sport- und Wettermänteln zu finden.

Topper: Kurzer Raglan oder Kugelschlüpfer für Herren, besonders an leichten Übergangsmänteln aus Wolle oder Mischgeweben (Kammgarnstoffe).

Topperabstich: In Österreich Bezeichnung für die → Squarefront.[12] Eckiger, rechtwinkliger Abstich bei Anzügen und Freizeitsakkos; bei einreihigen Formen modisch, bei Zweireihern obligatorisch.

Topperärmel: Legerer Ärmelschnitt bei Sakkos und Mänteln mit überschnittenen, unwattierten Schultern, die eine hohe Bequemlichkeit und eine raglanähnliche Silhouette bewirken. Die Ärmel werden meist durch Kappnähte eingesetzt.

Transformable Revers: Reversformen, die das Hochschließen der Front gestatten: → Ulster-Revers, → Slipon, → Campusrevers. Bei diesen Reversformen darf die Spiegelnaht keinesfalls zu tief liegen.

Trachtenfasson: Die gewöhnliche, einreihige Trachtenfasson besteht aus einem relativ kurzen, → fallenden Revers und einem → Stehkragen. Das Revers kann an der Front festgeknöpft, die Fasson aus kontrastfarbigem Material gearbeitet oder paspeliert sein.

Trapezfront: Beim doppelreihigen Sakko wird heute statt der parallelen Plazierung der Knopfreihen meist das obere Knopfpaar (→ Trombonknöpfe) in erweitertem Abstand angeordnet. Die Knopfreihen liegen auf einer schräg nach unten zulaufenden Linie. Auch bei der zweireihigen Weste und dem → Hubertusfrack findet man diese Knopfanordnung. Für den Doppelreiher ist sie die Alternative zur → Deichselfront oder zur parallelen Knopfanordnung.

Trenchcoat: Ursprünglich der Regenmantel englischer Soldaten. Oft mit Raglanärmeln versehen, gegürtet in der natürlichen Taille. Meist zweireihiger Allwettermantel aus Baumwolle mit breitem → Revers, Gürtel und → Koller. Klassisch mit → Schulterklappen, → Windfang; mit Fassonkragen oder → Tellerkragen ausgestattet.

Trombonknöpfe: Bei zweireihigen Sakkos kam nach dem Ersten Weltkrieg die Mode auf, das oberste Knopfpaar der bislang parallelen Knopfreihen mit verbreitertem Abstand anzuordnen. Ein gut zur Geltung kommendes Hemd verlangte nämlich nach einem verhältnismäßig tiefen Sakkoausschnitt. Das machte wiederum ein längeres Revers und die Reduktion auf zwei schließende Knopfpaare notwendig. Das oberste, dritte Knopfpaar behielt man als Attrappe bei. Dem nicht zum Schließen bestimmten und in vergrößertem Abstand gesetzten blinden Knopfpaar gab man den Namen „Trombonknöpfe“, weil die Knopffront durch sie posaunenartig (Posaune oder Trombon) erweitert wird (→ Deichselfront, → Trapezfront).

Troikanaht: Im Rückenteil von → Frack und → Cutaway erinnert der Nahtverlauf der bogig die Mittelnaht flankierenden Seitennähte an die russische Troika, bei deren Dreigespann der Hals der Seitenpferde durch verkürzte Zügelführung nach außen gestellt wird; auch Flankennaht genannt.

Trottoir: Bei der Kantenverarbeitung an von mit Samt oder Seide besetzten Anzug- oder Mantelteilen reichen → Besetz, → Kragen und/oder → Ärmelaufschläge nicht bis zur Kante, sondern lassen einen schmalen Tuchstreifen (Trottoir) frei. Das Trottoir findet

12 Quelle: Döhne, W.: Textil-ABC. Wien 1977.

vor allem beim Frack und beim korrekten dunklen Paletot mit Samtkragen Verwendung (Jahrhundertwende, → Edwardian-Style).

Trottoirspiegel: Der Seidenspiegel läßt an der Kante ein schmales Stück Oberstoff sehen. Dieser Oberstoffstreifen entlang der Fassonkante wird Bordsteinkante genannt. An Spitzfasson und Schalfasson der männlichen Abendgarderobe zu sehen.

Tuffs: → Knopflochblume.

Turf-Cut: Meist mittelgraue Abart des → Cutaway, der bei offiziellen Pferderennen der großen Gesellschaft getragen wurde. Hose und Weste sind aus dem gleichen Material gefertigt. Damit gehört der Turf-Cut zur Gattung der → Rockanzüge, die vor dem Sakkoanzug in Mode waren.

Tuxedo: Amerikanische Bezeichnung für → Dinnerjackett und → Smoking.

Tweed: Echte Tweeds sind die sogenannten → Harris-Tweeds, benannt nach der schottischen Insel, wo sie aus kräftigen Wollgarnen handgewoben werden. Für → Sportsakkos sehr beliebt, besonders im → Pfeffer und Salz-Muster.

Überfall: An der Golf- und Kniehose fällt das Hosenbein über den Beinabschluß unterhalb des Knies.

Überzieher: Allgemeine Bezeichnung für verschiedenste Mäntel, die über dem Sakko getragen werden.

Uhrtasche: Meist in die Bundnaht der rechten Vorderhose (fakultativ) eingearbeitete Tasche mit etwa 8 cm Eingrifflänge.

Ulster: Lose geschnittener, wuchtiger Herrenwintermantel, in dem sich die Landbewohner von Ulster, der nördlichsten Provinz Irlands, zum ersten Mal zu Beginn des 19. Jahrhunderts zeigten. Der klassische Ulster hat bis heute folgende Kennzeichen: eine zweireihige, hochgeschlossene Knopffront, fünf Knopfpaare (statt der für hochgeschlossene Mäntel üblichen vier Knopfpaare), die völlig parallel bei gleichem Knopfabstand angeordnet sind. Das Revers wird niemals mit waagrechtem Einschnitt oder gar einem steigenden Winkel gearbeitet. Ein breiter Rückengurt, auf dem zwei Knöpfe übereinander plaziert sein können, hält die behäbige Weite zusammen. → Hakenschlitz oder → Kellerfalte, die bis zum breiten Kragen hinauf verlängert sein kann. Meist ist der Ulster mit → aufgesetzten Taschen (→ Rahmentaschen) gearbeitet, die gelegentlich durch eine → Flaptasche auf der Brust ergänzt werden.

Ulsterfasson: Kragen und Revers zeigen an der Fassonkante einen fast schalartigen Verlauf und sind durch eine fast völlig geschlossene → Crochetecke voneinander getrennt.

Ulsterpaletot: Unter seinem Begriff vereint dieser Herrenmantel ab etwa 1930 die Charakteristika beider Manteltypen: Er weicht vom rein auf ästhetische Vorzüge bedachten klassischen Stil ab. Befreit vom allzu offiziell und unbequem empfundenen Stil des → Paletot, integriert er die sportlichen Elemente des → Ulsters. Wurde vom → Guardscoat abgelöst.

Ulstertasche: → Rahmentasche.

Umfall: Frühere Bezeichnung für dem Reversumbruch der → Fasson.

Umlegekragen: Klassisch gewordener, gestärkter Hemdkragen zum → Sakko, → Smoking und → Cutaway. Kent- und Windsorkragen sind Umlegekragen in ihrer populärsten Form.

Umschlag: Stulpen am Hosensaum.

Untergilet: Ende des 19. Jahrhunderts wurde dem → schwarzen Anzug durch einen schmalen weißen Vorstoß, einen am → Westenausschnitt eingeknöpften Pikeestreifen, ein feierlicher Akzent für gewisse Gelegenheiten gegeben. Eine ähnlich dekorative Wirkung beabsichtigt die → Fantasieweste beim dunklen Zweireiher, von der ein schmaler Streifen sichtbar bleiben darf.

Unterschlagen: Bezeichnet die Tätigkeit des (für die Dauer der Bearbeitung bestimmten) Verbindens (→ Heften) von Oberstoff und Wattierung (→ Einlage) durch systematisch angeordnete Heftreihen am Sakko- oder Mantelvorderteil.

Unterkragen: → Filz; → Kragenleinen; → Salonsegelleinen:

Uzelnaht: Nach einem Wiener Schneider benannte Längsteilungsnähte in Vorder- und Rückenteil. Für das Sakko nicht gebräuchlich.

Vatermörderkragen: Hemdkragen aus der Biedermeierzeit, dessen Spitzen hoch in die Wangen stachen. Benannt nach einer Anekdote, die vom Mord eines aus der Fremde heimkehrenden Sohnes berichtet, der seinen Vater mit den Spitzen seines „neumodischen" Kragens aufgespießt haben soll. Obligatorische Ergänzung des → Fracks. Andere Bezeichnungen für diesen Kragen sind: Abendkragen, Eckenkragen.

Veston: Französische Bezeichnung für das → Sakko.

Vorderhosenfutter: Dient dazu, daß das abgebogene Knie den Oberstoff nicht ausbeult (fakultativ).

Vorhemd: Einsatz in Herrenoberhemden. So haben z. B. die modernen Frack- und Smokinghemden, die aus weißem Wäschebatist gearbeitet sind, ein glanzgebügeltes, steifes Vorhemd aus festem Leinen oder Pikee.

Watteline: Weiches, trikotartiges Wollgewebe mit watteartiger, dicker Decke. Man benutzt es in der Schneiderei als Zwischenfutter, bei der Armkugel (→ Ärmelfische) und als Wärmeeinlage für Mäntel.

Wattierung: Bezeichnet allgemein die gesamte formbildende und formerhaltende Ausstattung eines Kleidungsstücks. Sie besteht beim Anzug aus einer ganzteiligen → Einlage, dem → Plack und einer → Schulterstütze, mitunter auch einer filzähnlichen Abdeckung von vorderem Armloch und Schulterpartie. Da heute kaum noch Watte für den Unterbau eines Sakkos verwendet wird, wird der Begriff → Einlage auch synonym für das gesamte formbildende Gerüst eines Sakkos aufgefaßt.

Weltkongreß der Maßschneider: Alle zwei Jahre findet an wechselnden Schauplätzen die

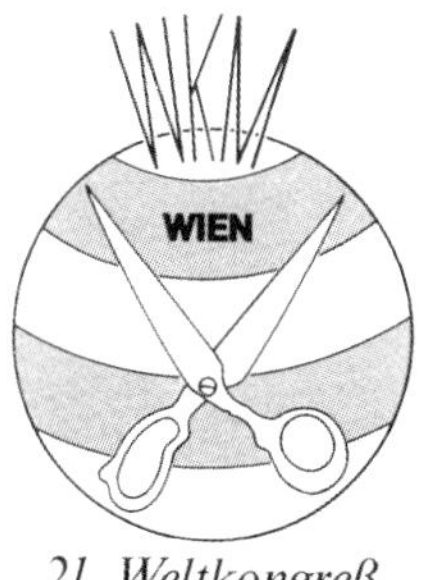

21. Weltkongreß der Maß-Schneider
24. bis 28. August 1985

größte Zusammenkunft führender Schneidermeister(innen) statt. Auf Anregung der österreichischen Innung der Kleidermacher beteiligten sich seit dem Pariser Weltkongreß von 1981 auch Damenschneider(innen) mit ihren Meistermodellen. Grundintention dieser Fachbegegnungen sind einerseits der Erfahrungs- und Wissensaustausch, der Vergleich nationaler Besonderheiten sowie das verstärkte allgemeine Interesse an Werbung zur Aufwertung der Maßschneiderei. Tendenzen in der Herren- und Damenmode bleiben das vorausschauende Thema aller Weltkongresse. 1985 fand der 21. Weltkongreß in Wien statt.

Werthertracht: Durch Goethes „Leiden des jungen Werther" (1774) berühmt gewordene, aus England stammende männliche Garderobe, bestehend aus einem blauen Frack mit gelber Weste, grauer Lederhose und Stulpenstiefeln, einem Rundhut oder einem Zylinder.

Weste: Was wir im Deutschen unter Weste verstehen, entspricht dem französischen „Gilet". „Veste" im Französischen ist die Bezeichnung für Rock oder Sakko. Die Weste entwickelte sich aus der zu Zeiten Ludwigs XIV. getragenen Ärmelweste. Als gegen Ende des 18. Jahrhunderts die Überröcke in Stoff und Form einfacher wurden, blieb die nunmehr kurze, ärmellose Weste Gegenstand modischer Phantasie. Nur ihr Vorderteil scheint gesellschaftsfähig zu sein. Das Rückenteil ist aus Futterstoff gearbeitet, weshalb es bis zum heutigen Tag als schlechter Ton gilt, wenn der Herr das Sakko ablegt und das unvollkommene Kleidungsstück im ganzen präsentiert. Die weiße → Pikeeweste wird heute nur noch zum Frack getragen. Die Westen zu den Tagesanzügen werden meist aus dem gleichen Stoff gearbeitet (→ Tagesanzug, dreiteilig). Beim Doppelreiher und beim Sportsakko wird heute oft auf eine Weste verzichtet.

Westenausschnitt: Der Ausschnitt der Weste gibt den Blick auf Hemd und Krawatte frei. Er kann entweder V- oder U-förmig sein. Die Länge des Westenausschnitts muß auf die Länge der Fasson des Sakkos abgestimmt und soll im V-Ausschnitt des geschlossenen Sakkos sichtbar sein. Spezielle Richtlinien gelten für die → Pikeeweste des → Frackanzugs.

Westenschlinge: Hinter der rechten vorderen Kante (Untertritt) am Besetz der Weste befestigt, dient sie dem Anhängen der Weste am Knopf des Ho-

Westenschlinge, © Modell: A. Konsal.

senbundes. Dadurch wird verhindert, daß die Weste bei Bewegungen über den Hosenbund rutscht. Wird nur auf Wunsch angebracht.

Wetterfleck: Bezeichnung für das Regencape, das auch Glocke oder Kotze genannt wird.

Wettermantel: Eleganter oder halb sportlicher Mantel in wetterfester Ausstattung: → Covercoat, → Trenchcoat, → Slipon, Staubmantel.

Whipcord: Bezeichnung für einen festen Wollstoff mit schnurartiger, durch eine besondere Webart erzeugter Rippenstruktur.

Wiener Modering: → Kapitel IV. dieses Buches.

Wiener Naht: In der Damenschneiderei Bezeichnung einer aus dem Armloch über die Brust und im Rücken über das Schulterblatt verlaufenden, taillierenden Nahtführung. In der Herrenschneiderei wenig gebräuchlich. Hier wird von der → Flankennaht gesprochen (Rückengestaltung an → Frack, → Cut).

Windfang: Beim → Trenchcoat an der rechten Front in Kollerhöhe übliche, passenähnlich geschnittene, im Armloch mitgefaßte und mit Knopf am Vorderteil befestigte Klappe.

Wolle: Man versteht darunter die mehr oder weniger gekräuselten Haare der Schafe, Ziegen, Kamele, Lamas und Kaninchen. Die englische Schneiderei ist undenkbar ohne die Woll-Lust der Wolle, vor allem der Schafwolle.

Zazous: Um 1943/44 setzten die Zazous die Pariser Salons mit ihren schlotterig weiten und langen Sakkos, kurzen Hosen und langen Haaren in Erstaunen.

Zigarettentasche: Linke, untere Futtertasche am Sakko.

Zuschnitt: Er bestimmt die spätere Form des herzustellenden Kleidungsstücks grundlegend. Als ureigenste Disziplin des Schneiders gehört der gelungene Zuschnitt zur hohen Kunst der Kleidermacher. Dem Zuschnitt kommt in der Herrenschneiderei größte Bedeutung zu, da er Bedingung der Möglichkeit vortrefflicher Paßform ist.

XI. Literaturverzeichnis

Amies, Hardy: Anzug und Gentleman. Von der feinen englischen Art sich zu kleiden. Ein persönlicher Blick auf Geschichte, Gegenwart und Zukunft des Anzugs und seines notwendigen „Zubehörs". Münster 1997.

Amt für Berufserziehung und Betriebsführung der Deutschen Arbeitsfront unter Mitarbeit der Arbeitsgemeinschaft Herrenschneiderhandwerk: Das Berufsbild des Schneiders. Berlin 1937.

Angeloni, Umberto: The Boutonniere. Style in One's Lapel. New York 2000.

Aristoteles: Die Nikomachische Ethik. München 1991.

Asendorf, Dirk: Der digitale Maßanzug. In: Die Zeit, 31.10.2002, S. 32.

Astra Modenverlag (Hg.): Men's Tailor. 1962–1967, Wien.

Bachwitz, A. G. (Hg.): Die Wiener Herrenschneiderei. Ein fachlicher Ratgeber. Wien 1929.

Balzac, Honore de: Physiologie des eleganten Lebens. Unveröffentlichte Aufsätze. Eingeleitet und hg. von W. Fred. München 1911.

Baudot, François: Die Mode im 20. Jahrhundert. Aus dem Französischen übertragen von Sabine Herting. München 1999.

Baudot, François: The allure of men. New York 2002.

Behounek: Modetrends für 1978: Der Oesterreicher ist Individualist. In: Südost-Tagespost, 25. November 1977, S. 17.

Bekleidung und Wäsche. Zeitschrift für die gesamte Bekleidungsindustrie. Hg.: Lappverlag. Mönchengladbach 1968.

Berger, John: Der Anzug und die Photographie. In: ders.: Das Leben der Bilder. Die Kunst des Sehens. Aus dem Englischen von Stephen Tree. Berlin 1981.

Berlin Volk und Wissen (Hg.): Fachkunde Mass- und Industrieschneider für Herrenoberbekleidung. Lehrbuch für die Berufsausbildung. Berlin 1955.

Beyer, Stefan: „Mein Stil ist die Individualität." Münchens Edel-Schneider Max Dietl über Modesünden und seinen Gentlemanlook. In: Welt am Sonntag, 1. Jänner 2006.

Boehn, Max von (Hg.): Die Mode. Menschen und Moden im 19. Jahrhundert. 1790–1817. 4. Auflage. München 1925.

Boehn, Max von (Hg.): Die Mode. Menschen und Moden im 19. Jahrhundert. 1818–1842. 5. Auflage, München 1924.

Bönsch, Annemarie: Formengeschichte europäischer Kleidung. Wien 2001.

Bovenschen, Silvia (Hg.): Die Listen der Mode. Frankfurt a. M. 1986.

Boyer, G. Bruce: Fred Astaire Style. New York 2004.

Braun-Ronsdorf, Margarete: Modische Eleganz. Europäische Kostümgeschichte von 1789 bis 1929. München 1963.

Bründl, Sonja: The Gentleman Ideal. The development of an image of man in early eighteenth-century society as reflected in the literature of the day. Göttingen 2003.

Brunelin, André: Jean Gabin. Sein Leben – seine Filme – seine Frauen. Berlin 1991.

Budde, C. H.: Das moderne Schneidergewerbe. 2. Auflage, Nordhausen 1920.

Bufalino, Gesualdo: Museum der Schatten. Geschichten aus dem alten Sizilien. Berlin 1982.

Buzzaccarini, Vittoria de: Pantaloni & Co. Il novecento storie di moda. Modena 1989.

Brummel, Georges: Der gut gekleidete Mann. Ein Berater für Geschmack und Korrektheit in der Herrenkleidung. Dresden 1910.

Bundesinnung der Kleidermacher Österreichs (Hg.): Österreich. Maßkleidung für Herren. Tracht, Sport, Jagd. Wien 1967.

Casalino, Nino: La moda e la ragione. Fashion and Exposition. Un percorso di duecento anni di moda e stile. Milano 2005.

Cech, Kamilla u. Pernecker, Elise: Das Wiener Nähbuch. Ein Hilfsbuch für Haus und Schule. Wien 1944.

Chenoune, Farid: A History of Men's Fashion. Translated from the French by Deke Dusinberre. Paris 1993.

Chenoune, Farid: Brioni. Magier der Mode. Aus dem Französischen übertragen von Caroline Gutberlet. München 1999.

Chic Parisien-Bachwitz A.-G. (Hg.): Der Wiener Schneidermeister. Wien 1937–1939.

Chronik berühmter Schneider. Kurze Lebensschilderungen der vornehmsten Berufsgenossen des Schneiders nebst einem Anhang, betitelt: Die Bedeutung der Schneider in der Weltgeschichte. Dresden o. J.

Computer Leasing (Hg.): Majestät. Krawatte und ihre Vorgänger. Wien 2000.

Coudenhove-Kalergi, Richard: Der Gentleman. Zürich o. J.

Czech, Hermann, u. a.: Das Looshaus. 3. Auflage, Wien 1984.

David, Maria, u. a.: Materialkunde für das Kleidermachergewerbe, 2 Bände, Wien 1962.

Davis, R. I.: Men's Garments 1830–1900. A Guide to Pattern Cutting. London 1989.

De Boor, Lisa: Kleidung als Urbild. Hemd, Hut und Hose. 2. Auflage, Stuttgart 1981.

De Greef, John: Männermode. Sakkos & Anzüge. Bonn 1989.

De la Haye, Amy (Hg.): The cutting edge. 50 years of British Fashion 1947–1997. London 1997.

Deutsche Bekleidungsakademie München: Lehrbuch der Zuschneidekunst für Herrenbekleidung. System M. Müller & Sohn. Elfte Auflage, München o. J.

Deutsche Bekleidungsakademie München (Hg.): Moderne Verarbeitung in der Herrenschneiderei. 2. Auflage, München o. J.

Deutsche Bekleidungsakademie München (Hg.): Der Zuschnitt für die Herrenschneiderei. System Müller & Sohn. 17. Auflage, München, o. J.

Deutsches Institut für Herrenmode (Hg.): Der Anzug – Deine Visitenkarte. Tendenzbericht der Herrenmode 1955/56. Berlin 1955.

Deutsches Institut für Herrenmode (Hg.): Herrenmode, ernst genommen. Tendenzbericht 1955, Berlin 1955.

Die Herrenwelt. Zeitschrift für die Herrenmode. Heft 1. Wien, Januar 1916.

Donald, Diana: Followers of Fashion. Graphic Satires from the Georgian Period. London 2002.

Dorner, Renate: Textiles Österreich, 2. Republik. Kontraste und Parallelen. Wien 1988.

Döcker, Ulrike: Zur Konstruktion des bürgerlichen Menschen. Verhaltensideale und Verhaltenspraktiken in der bürgerlichen Gesellschaft (1788–1938). Dissertation, Wien 1992.

Döhne, W. (Redaktion): Textil ABC. Erläuterungen von Materialbezeichnungen und Modebegriffen mit Textilkennzeichnungsverordnung und Textilpflegekennzeichnungsverordnung. Hg. im Auftrag der Textilhandelsgremien von Wien und Niederösterreich. Wien 1977.

Eelking, Baron von: Anzugs-Almanach der internationalen Herrenmode. Göttingen u. a. 1959.

Eelking, Baron von: Lexikon der Herrenmode. Göttingen 1960.

Eelking, Baron von: Das Bildnis des eleganten Mannes. Ein Zylinderbrevier von Werther bis Kennedy. Berlin 1962.

Eelking, Baron von: Bilanz der Eitelkeit. Die Geschichte der Krawatte. Göttingen 1976.

Eelking, Freiherr von (Hg.): Das Herrenjournal. Eine Monatszeitschrift für Modekultur. Berlin, Heft 2, 10. Jahrgang, 1937.

Eine Schneider-Apologie. In: Wiener Zeitschrift für Kunst, Literatur, Theater und Mode, Nr. 256, 26. Dezember 1843, S. 2043ff.

Engelmeier, Regine und Peter W. (Hg.): Film und Mode. Mode im Film. 2. Auflage, München 1990.

Ernst, Michaela: Masters of Maß. In: Trend 9/2005.

Esquire-Coronet (Hg.): Apparel Arts. Volume VIII, Number I, July–August, Chicago 1937.

Europäische Modenzeitung für Herren-Garderobe, Diverse Jahrgänge 1851–1897.

Evers, Bernd (Hg.): Sprechende Hände. Sammlungskatalog der Kunstbibliothek. Berlin 2006.

Fachzeitung „Der Schneidermeister“ (Hg.): Die Zuschneidekunst „Herrenkleidung“. VI. Auflage, Hannover 1938.

Faustmann, Jolanthe: Maßschneider suchen Weg gegen Jeans und Konfektion. In: Kleine Zeitung, 3. Dezember 1977, S. 15.

Fink, Thomas und Mao, Yong: Die 85 Methoden, eine Krawatte zu binden. München 2006.

Flingelli, Willi: Plädoyer für Maßkleidung. In: Herren-Rundschau 7–8/2005, S. 36f.

Flügel, J. C.: Psychologie der Kleidung. In: Bovenschen, Silvia (Hg.): Die Listen der Mode. Frankfurt a. M. 1986, S. 208–263.

Flusser, Alan: Dressing the Man. Mastering art of permanent fashion. New York 2002.

Flusser, Alan: Style and the Man. Die Kultur der persönlichen Kleidung. Aus dem Amerikanischen übersetzt von Brunhild Lenkeit-Takors. Moisburg 1997.

Folledore, Giuliano: Il capello da uomo. Il novecento storie da moda. Modena 1988.

Friedlaender, Jan H.: Ein Name, der zum Begriff wurde. In: Silhouette Journal Couture, Krailling o. J. S. 41–43.

Fröba, Hans G.: Herrenmode – damals und heute. In: Rundschau für internationale Herrenmode, München 6/1984, S. 357–360.

Gaarder, Christine: Die Kulturgeschichte der Herrenmode. Egelsbach u. a. 2001.

Gauteur, Claude und Vincendeau, Ginette: Jean Gabin. Anatomie d'un mythe. Paris 1993.

Grein, Franz Ch. (Hg.): Modering Wien. Wien 1965.

Guggenbühl, Paul: Kunst und Handwerk. Von den Anfängen bis zur Romantik. Zürich 1968.

Habe, Hans: Der Sieg der Eleganz. In: Rundschau für internationale Herrenmode. München 6/1973, S. 269–271.

Hann, Edith: Herrenkleider-Magazin Jacob Rothberger. Eine Fallstudie zur Entwicklung der Wiener Herrenkonfektion. In: Lehne, Andreas: Wiener Warenhäuser 1865–1914. Wien 1990, S. 85–122.

Handwerktechnisches Institut (Hg.): Klebetechnik im Herrenkleidermachergewerbe. Wien 1968.

Hansen, Henny Harald: Knaurs Kostümbuch. Die Kostümgeschichte aller Zeiten. Aus dem Dänischen übersetzt von Wolfheinrich von der Mülde. Kopenhagen 1954.

Hänsel-Rosshaar GmbH. (Hg.): Hänsel Echo. Iserlohn 1964, Nr. 18.

Hänsel-Rosshaar GmbH. (Hg.): Alles auf Hänsel. Hänsel Sammelheft Nr. 3. Hänsel in der Herrenschneiderei. Iserlohn 1955.

Harbrecht, Ursula: Alfred Konsal. Haute Couture Pour Monsieur. In: Silhouette Journal Couture, Krailling o. J. S. 34–37.

Hasenauer, Eva: Dandytum und Mode. Der Dandy von 1800 bis zur Gegenwart. (Diplomarbeit) Salzburg 1986.

Herrenjournal. Fachzeitschrift für Herrenmode. Frankfurt a. M., Heft 2/1982.

Herzberg, Franz: Die Kunst des Schneiders. 6 Bände. Fachzeitung „Der Schneidermeister". Hannover 1919.

Historisches Museum der Stadt Wien (Hg.): Wiener Mode aus dem Biedermeier. Wien 1991.

Hofer, Alfons: HAKA. Herrenbekleidung, Freizeitbekleidung, Legerbekleidung. Frankfurt a. M. 1978.

Hofmann, Hans: Der Herr nach Maß. Kleines Modemagazin von Ihrem Maßschneider. Salzburg 1955.

Hollander, Anne: Anzug und Eros. Eine Geschichte der modernen Kleidung. Aus dem Amerikanischen von Nele Löw-Beer. Berlin 1995.

Hollander, Anne: Feeding the eye. Essays. Berkeley, 2000.

Hübl, Anton K. G.: Elegante Herrenmoden. Frühjahr und Sommer 1955.

Hussmann, Heinz: Praktische Grundbildung im Bekleidungshandwerk. München o. J.

Innung der Kleidermacher (Hg.): Der Wiener Modering präsentiert die Herbst- und Wintermode 1968/69 in der Damen- und Herrenmaßbekleidung. Wien 1968.

Innung der Kleidermacher (Hg.): Der Wiener Modering präsentiert die Frühjahrs- und Sommermodelinie 1968 in der Damen- und Herrenmaßbekleidung. Wien 1968.

Innung der Kleidermacher (Hg.): Der Wiener Modering präsentiert die Frühjahrs- und Sommermode 1970, Damen- und Herrenmaßbekleidung. Wien 1970.

Innung der Kleidermacher (Hg.): Der Wiener Modering präsentiert die Herbst- und Wintermode 1970/71 in der Herrenmaßbekleidung. Wien 1970.

Innung der Kleidermacher (Hg.): Der Wiener Modering präsentiert die Herbst- und Wintermode 1971/72 in der Herrenmaßbekleidung. Wien 1971.

Jankowitsch, Regina Maria: Mode und Uniformen unter Kaiser Franz Joseph. Wien 1997.

Kainer, Ludwig: Allgemeine Verfahrenstechnik in der Bekleidungsindustrie. Wien 1980.

Kammer der gewerblichen Wirtschaft für Wien, Wirtschaftsförderungsinstitut (Hg.): Herrenschnittzeichnen. Einführung und Fachtechnik. Wien o. J.

Kammerer, Vitus: Wiener Herrenschneiderei. Lehrbuch für den Zuschnitt der gesamten Herrenbekleidung. Wien 1927.

Katterfeld, Anna: Leuchtendes Leben. Vom Werden, Wirken und Wesen Peter Roseggers. 2. Auflage, Stuttgart 1950.

Kaut, Hubert: Modeblätter aus Wien. Mode und Tracht von 1770 bis 1914. Wien 1970.

Kaut, Hubert: Mode des Wiener Biedermeier. Kalender für 1972. Wien 1972.

Kisch, Wilhelm: Die alten Strassen und Plätze Wiens und ihre historisch interessanten Häuser. Wien 1883.

Kisch, Wilhelm: Das Gunkel'sche Haus Nr. 1144 (neu 16). In: ders.: Die alten Strassen und Plätze Wiens und ihre historisch interessanten Häuser. Wien 1883, S. 130f.

Klein, Ruth: Lexikon der Mode. Drei Jahrtausende europäischer Kostümkunde. Baden-Baden 1950.

Kelly, Ian: Beau Brummell. The ultimate dandy. London 2005.

Kiton. Artisan tailors for men and woman, o. J.

Koebner, F. W. (Hg.): Der Mann von Welt. Ein Herrenbrevier. Berlin 1920.

Koebner, F. W.: Römische Eleganz. In: Kühn, R. M. (Hg.): Herrenwelt. Berlin 1924, Heft 4, S. 18f.

Koebner, F. W.: Wer ist ein Herr? Ein nachdenklicher Essay. In: Kühn, R. M. (Hg.): Herrenwelt. Berlin 1924, Heft 5, S. 16f.

Koebner, F. W.: Der inkorrekte Prinz. In: Kühn, R. M. (Hg.): Herrenwelt. Berlin 1925, Heft 1, S. 2f.

Kofahl, Georg: Über das Knittern der Herren-Anzugstoffe. München 1935.

König, Hermann: Vollständiges Lehrbuch der Zuschneidekunst für Herrenkleidermacher. Ein Leitfaden zum Selbstunterrichte nach einer leichtfasslichen Methode. Wien 1858.

Koppetsch, Cornelia (Hg.): Körper und Status. Zur Soziologie der Attraktivität. Konstanz 2000.

Kraft, Kerstin: kleider.schnitte. In: Mentges, Gabriele/Nixdorff, Heide (Hg.): Textil – Körper – Mode. Dortmunder Studien zur Kulturanthropologie des Textilen. Band 1. zeit.schnitte. Berlin 2001, S. 16–138.

Kreuzig, Anton: Männerkleider und Costüme. In: Kreuzig, Anton u. a.: Officieller Ausstellungs-Bericht, hg. durch die General-Direction der Weltausstellung 1873, Fertige Kleider, Wien 1873, S. 6–10.

Kruse, Katrin und Waldhuber, Heinz: Aristokratischer Chic auf der Insel Brioni, 1893–1919. Wien 2006.

Kuchta, David: The Three-Piece Suit and Modern Masculinity. England 1550–1850. Berkeley 2002.

Kunkler, Jos. u. a.: Form und Linie in der Herrenkleidung. Proportionslehre, Formenkunde, Modeskizzieren. Berlin 1949.

Kupfer, Peter: Alt, aber neu im Bild. Die Fernsehsprecher präsentierten ihre neuen Dienstanzüge. In: Kurier, 11. Oktober 1973, S. 16.

Kühn, R. M. (Hg.): Herrenwelt. Berlin 1924–1925.

Küpper, Heinz: Illustriertes Lexikon der deutschen Umgangssprache. 8 Bände. Stuttgart 1984.

La moda maschile. Milano 9/10 1956.

Landesinnung Wien der Kleidermacher (Hg.): Modering Wien präsentiert Herbst- und Wintermode 1963/64 für Damen und Herren. Modellbericht. Wien 1963/64.

Landesinnung Wien der Kleidermacher (Hg.): Modische Maßkleidung auch für Sie. Wien 1964/65.

Lehmann, Georg: Die Schneider-Propaganda. Ein Lehrbuch für Reklame und Erreichung guter Erfolge im Schneider-Gewerbe. Dresden o. J.

Lehne, Andreas: Wiener Warenhäuser 1865–1914. Mit Beiträgen von Gerhard Meißl und Edith Hann. Wien 1990.

Lehnert, Gertrud: Geschichte der Mode des 20. Jahrhunderts. Köln 2000.

Lenk, Elisabeth: Wie Georg Simmel die Mode überlistet hat. In: Bovenschen, Silvia (Hg.): Die Listen der Mode. Frankfurt a. M. 1986, S. 415–437.

Löffler & Diehl (Hg.): Materialkunde für das Herrenschneider-Handwerk. Peine o. J.

Loos, Adolf: Läden und Lokale. Mit einer Einführung von Markus Kristan. Wien 2001.

Loschek, Ingrid: Mode im 20. Jahrhundert. Eine Kulturgeschichte unserer Zeit. München 1984.

Loschek, Ingrid: Mode. Verführung und Notwendigkeit. Struktur und Strategie der Aussehensveränderungen. München 1991.

Lukas, Josef (Hg.): Schneider machen Leute. Das ehrbare Handwerk der Schneider. Ein kulturgeschichtliches Potpourri. Zürich 1987.

Man and his clothes. The business magazine of men's wear trades. Published by Fairchild Publications. London 1931–1937.

Maneker, Marion: Dressing in the Dark: Lessons im Men's Style from the Movies. New York 2002.

Mann, Otto: Der Dandy. Ein Kulturproblem der Moderne. 2. Auflage, Heidelberg 1962.

Männer werden jetzt Herren. In: Quick, o. J., S. 44.

Malossi, Giannino, u. a.: La regola estrosa. Cent'anni die eleganza maschile italiana. Milano 1993.

Massbuch 1913. Tuchversand-Haus Anton Hübl, k. u. k. Hoflieferant, Aussig – Wien – Prag, gegründet 1784, entbietet zum Jahreswechsel die besten Glückwünsche.

„Maßkleidung von der Stange". In: Spiegel spezial, Nr. 9/1996, Hamburg 1996, S. 12.

McDermott, Catherine: Made in Britain. Tradition and style in contemporary British fashion. London 2002.

Meier, Otto: Der individuelle Zuschnitt. Lehrbuch für den Zuschnitt und die Verarbeitung der Herren-Massbekleidung. Zürich 1953.

Mentges, Gabriele: Der vermessene Körper. In: Köhle-Hezinger, Christel/Mentges, Gabriele (Hg.): Der neuen Welt ein neuer Rock: Studien zu Kleidung, Körper und Mode an Beispielen aus Württemberg. Stuttgart 1993.

Mentges, Gabriele, u. a. (Hg.): Schönheit der Uniformität. Körper, Kleidung, Medien. Frankfurt a. M. 2005.

Metzger, Wolfgang: Der Begriff des Gentleman und der Fairplay-Gedanke auf den kritischen Prüfstand der modernen englischen Industriegesellschaft des 20. Jahrhunderts. Wien 2000.

Mitchell, J.: Men's Fashion Illustrations from the Turn of the Century. New York 1990.

Miketta, Hubert: Der Sieg des Sakkos. In: Kühn, R. M. (Hg.): Herrenwelt. Berlin 1924, Heft 1, S. 14f.

Miketta, Hubert: Der Frackmantel. In: Kühn, R. M. (Hg.): Herrenwelt. Berlin 1924, Heft 6, S. 17.

Mottl, Wendelin: Die Grundlage und die neuesten Fortschritte der Zuschneide-Kunst. 7. Auflage, Prag 1900.

Mottl, Wendelin: Sonst und Jetzt! Reflexionen über die heutige sociale Stellung des Kleidermachers. In: Europäische Modenzeitung für Herren-Garderobe, 13. Jg., Nr. 11, Dresden 1863.

Müller, Franz Xaver: Illustriertes Handbuch der neuesten praktischen und wissenschaftlichen Zuschneide-Kunst für Herren-Kleidermacher. „System der Zukunft" von Michael Müller. 6. Auflage, München, 1921.

Musée Galliera (Hg.): Modes en miroir. La France et la Hollande au temps des Lumières. Paris 2005.

Muß ein Maßanzug passen? In: Österreichische Schneider-Zeitung. Fachzeitschrift für Kleidermacher. Wien 1951, Nr. 12, S. 326 u. 337.

Naudet, Jean-Jacques: Marlene Dietrich. Photographs and Memories. London 2001.

Neckam, Wilhelm: Technologie des Schneidergewerbes. Ein Lehrbuch für den Unterrichtsgebrauch an fachl. Fortbildungsschulen für Herrenschneider und zur Vorbereitung auf die Meisterprüfung. Wien 1912.

Niemann, Otto: Der Zuschnitt im Wandel der Zeiten – Ein kulturhistorischer Einblick in die Zuschneidekunst des Bekleidungsgewerbes. Herausgegeben von der Braunschweiger Kasse. Hamburg 1993.

Niemann, Otto J.: Josef Gunkel: Begründer der Wiener Herrenmode. In: Herren-Rundschau 3/2005, S. 38f.

Peacock, John: Männermode – Das Bilderhandbuch: von der Zeit der Französischen Revolution bis zur Gegenwart. Aus dem Englischen übersetzt von Hilde D. Kathrein. Bern u. a. 1996.

Nicolay, Claire: Origins and reception of Regency Dandyism: Brummell to Baudelaire. Chicago 1998.

Österreichische Schneider-Zeitung. Fachzeitschrift für Kleidermacher. Wien 1951 und 1952.

Ottawa, Eva: Neuer Chic für den Bildschirm. In: Hörzu. Die illustrierte Fernseh- und Rundfunkzeitung, Nr. 41/1973, S. 2f.

Peek & Cloppenburg G. m. B. H. (Hg.): Neue Herrenmoden. Die neuen Moden für Frühjahr und Sommer 1925.

Pflaum, Gertrud Friederike: Geschichte des Wortes „Gentleman“ im Deutschen. Dissertation, München 1965.

Pistor, Gerhard: Die Wandlung der Fernseh-Modemuffel. In: Kurier, 7. Oktober 1973, S. 19.

Pistor, Gerhard: Fernsehsprecher sollen nicht mehr länger Modemuffel sein. In: Kurier, 4. Oktober 1973, S. 32.

Pollak, Gustav & Bruder: Ein Tag des eleganten Herrn. Abonnementprospekt, Wien, um 1910.

Quennell, Peter: George Bryan Brummell. In: Harper's Bazaar 1953.

Quinto, Enrico, u. a.: Un secolo di moda. Creazioni e miti del XX secolo. Rom 2003.

Rasche, Adelheid und Wolter, Gundula (Hg.): Ridikül! Mode in der Karikatur 1600 bis 1900. Berlin 2003.

Rouff, Maggy: Philosophie der Eleganz. Übersetzt aus dem Französischen. 2. Auflage, München 1951.

Röhrich, Lutz: Das große Lexikon der sprichwörtlichen Redensarten. 3 Bände. Freiburg 1992.

Rössler, Karl und Strahammer, Anton: Fach- und Werkstoffkunde für Herrenschneider. Bücher der Berufsschule. Wien, 1956.

Sander, Gunther (Hg.): August Sander: Menschen des 20. Jahrhunderts. Portraitphotographien 1892–1952.

Salatsch, Adolf und Werner, Hans: Fachkunde des Kleidermachergewerbes. Zum Gebrauche an den fachlichen Fortbildungsschulen der Kleidermacher und Kleidermacherinnen. Zweite, verbesserte und vermehrte Auflage, Wien 1920.

Sarnitz, August: Adolf Loos. 1870–1933. Architekt, Kulturkritiker, Dandy. Köln 2003.

Sawetz, Karin: Kleidung als kommunikatives System. Eine Untersuchung zu den Universalien der Kleidermode. Dissertation, Wien 1996.

Scabal (Hg.): Petite histoire de l'élégance masculine. Paris 1974.

Scabal (Hg.): L'Arbitre des élégances masculines. Paris 1974.

Scherer, Martin: Der Gentleman. Plädoyer für eine Lebenskunst. München 2003.

Schickedanz, Hans-Joachim: Ästhetische Rebellion und rebellische Ästheten. Eine kulturgeschichtliche Studie über den europäischen Dandyismus. Frankfurt a. M. 2000.

Schierbaum, Wilfried: Bekleidungslexikon. 2. Auflage, Berlin, 1982.

Schlaffer, Hannelore: Kleidersprache. Über die Mode. Zürich, 2005.

Schmidt, F. A.: Neues Trigonometrisches Zuschnitt-System für Herrenbekleidung. Dresden 1855.

Schneider – Künstler mit Stoff und Nadel. In: Männerjournal, Beilage Kurier 17. Oktober 1990, S. 10f.

Schubert, Fritz und Joachim: Fachwörterbuch Textil. Deutsch–Italienisch. Frankfurt a. M. 1989.

Sennett, Richard: Verfall und Ende des öffentlichen Lebens. Die Tyrannei der Intimität. Aus dem Amerikanischen übersetzt von Reinhard Kaiser. 2. Auflage, Frankfurt a. M. 1983.

Sherwood, James: The London Cut Savile Row. L'arte inglese della sartoria. Venezia 2007.

Springschitz, Leopoldine: Wiener Mode im Wandel der Zeit. Ein Beitrag zur Kulturgeschichte Alt-Wiens. Wien 1949.

Spiel, Hilde (Hg.): Wien. Spektrum einer Stadt. Wien 1971.

Sprecher machen Mode. In: Kurier, 14. März 1974, S. 28.

Steuckart, Helmut: Die Grundlagen der Frontfixierung. In: Bekleidung und Wäsche. Zeitschrift für die gesamte Bekleidungsindustrie. Hg.: Lappverlag. Mönchengladbach, Heft 15, August 1968.

Stikarofsky, Johann (Hg.): Der Herrenschneider. Fachblatt für das Schneidergewerbe. Brünn 1902–1905.

Sogra (Hg.): Der elegante Herr. Fashions for Gentlemen. Published by Sogra editions de mode. Wien 1954–1962.

Thiel, Erika: Künstler und Mode. Vom Modeschöpfer zum Modegestalter. Berlin 1979.

Thull, Stefan: Männermode. Das Lexikon. Stuttgart 1998.

Torregrossa, Richard: Cary Grant. A celebration of style. New York 2006.

Vergani, Guido: Sarti d'Abruzzo. Le botteghe di ieri e di oggi protagoniste del vestire maschile. Milano 2004.

Vereinigung der Herrenkunden-Schneidermeister Wiens (Hg.): Wiener Herrenmode. Wien 1911–1912.

Vereinigung Wiener Schneidermeister und -Meisterinnen (Hg.): Wiener Schneiderzeitung. Organ zur Wahrung der Interessen der Kundenstückmeister und -Meisterinnen. Wien 1913–1918.

Verlag der Europäischen Modenzeitung (Hg.): Was der Schneider wissen muss. Dresden o. J.

Villarosa, Riccardo, u. a.: Homo Elegans. How to construct an ideal wardrobe. Milano 1992.

Wagner, Richard: Geschichte der Kleiderarbeiter in Oesterreich im 19. Jahrhundert und im ersten Viertel des 20. Jahrhunderts. Wien 1930.

Wallach, Janet. Coco Chanel: Eleganz und Erfolg ihres Lebens. Aus dem Amerikanischen von Ursula Bischoff. München 1999.

Warhol, Andy: Style, style, style. Boston 1997.

Waugh, Norah: The Cut of Men's Clothes 1600–1900. London 1964.

Weich und sportlich. In: Kurier, 21. Februar 1971, S. 17.

Wieser, Willi: Kleine Verarbeitungspraxis für die Herrenschneiderei. Ein praktisches Hilfs- und Nachschlagebuch für das Schneiderhandwerk. 2. Auflage, Wien, 1962.

Wien: Das Parkett der großen weiten Welt. In: Rundschau (Herren), München 3/2005, S. 12ff.

Wiener Moden-Industrie-Comptoir (Hg.): Praktische Anweisung in der Schneiderkunst oder gründlicher Selbstunterricht nach der ganz neuen Allgemeinen Moden-Zeitung, durch Eintheilung im Maaße richtig und schnell zeichnen und zuschneiden zu können; Nebst einer deutlichen Anweisung in der Decatirkunst, wie man durch die Kenntniß und Anwendung der besten und zweckmäßigsten und vollständigen Kunst, allen Tüchern und Zeugen mit einer Bürste Glanz und Schönheit machen, alle Flecke ausbringen, die zerstörten Farben wieder herstellen kann. Für jeden Schneider anwendbar. Wien 1835.

Willy, I.: Mein Schneider und ich. In: Kühn, R. M. (Hg.): Herrenwelt. Berlin 1924, Heft 4, S. 27ff.

Wisniewski, Claudia: Kleines Wörterbuch des Kostüms und der Mode. Stuttgart 1999.

Wittkop-Ménardeau, Gabrielle: Unsere Kleidung. Aus der Geschichte der Moden bis zum Jahr 1939. Frankfurt a. M. 1985.

Zatschek, H.: Handwerk und Gewerbe in Wien. Von den Anfängen bis zur Erteilung der Gewerbefreiheit im Jahre 1859. Wien 1949.

Zauner, Erich: Menschentypen und Poesie. Schriftenreihe der Zeitschrift „Moderne Sprachen" des Verbandes der österreichischen Neuphilologen. Heft 36, Wien 1995.

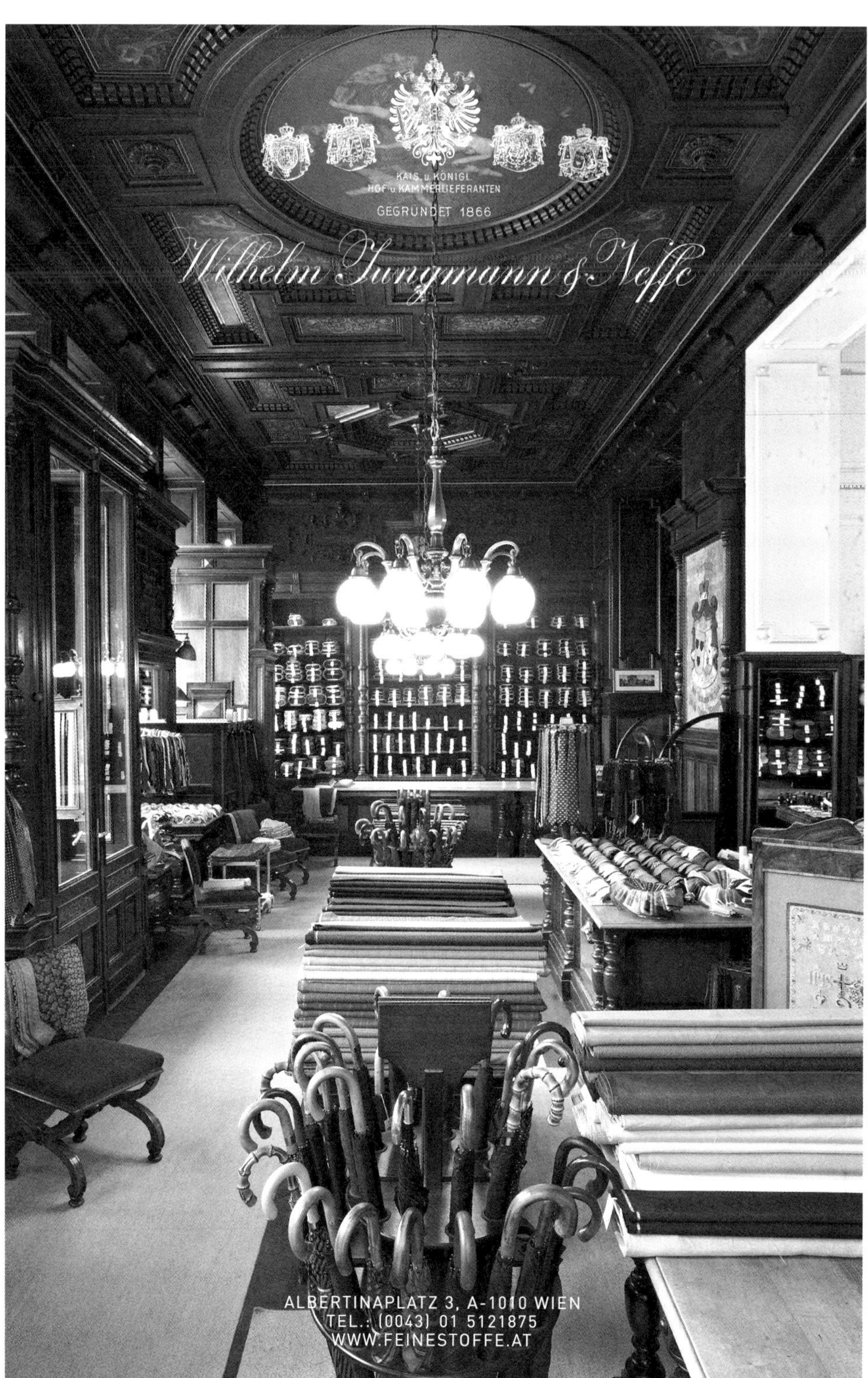
KAIS. u. KÖNIGL.
HOF u. KAMMERLIEFERANTEN
GEGRÜNDET 1866
Wilhelm Jungmann & Neffe
ALBERTINAPLATZ 3, A-1010 WIEN
TEL.: (0043) 01 5121875
WWW.FEINESTOFFE.AT